职业教育改革与创新系列教材

# 机 械 基 础

丛书主编　吴必尊
主　　编　贺汉明
副 主 编　石文明　谢　黧
参　　编　王世润　王伟文　陈　靖

机 械 工 业 出 版 社

本书根据当前我国职业教育课程改革的最新理念和职业院校学生的学习特点，以及教育部最新发布的《机械基础教学大纲》编写而成。

本书内容可分为三大模块：基础模块、选学模块和综合实践模块。基础模块共9章，内容包括静力学、材料力学、工程材料、机械传动、常用机构和支承零部件等，是机械类专业必修的基础性教学内容；选学模块共3章，内容包括机械零件的精度、液压传动和气压传动等，可根据专业学习的实际需要而取舍，是满足学生全面发展及继续学习的选修内容；综合实践模块安排了若干个综合实践项目，可以根据专业需要选择完成其中一个或几个项目。此外，本书大部分章节均附有单元实训项目，可以让学生在“学中做、做中学、学做合一、讲练结合”，以增强学生对专业知识的理解和掌握，符合感知、认知与实践相结合的学习过程的需要。

本书可作为职业院校机械类专业及其他相关专业的教材，也可作为机械行业技术人员的岗位培训教材及自学用书。

**图书在版编目（CIP）数据**

机械基础/贺汉明主编．—北京：机械工业出版社，2013.1（2022.8重印）
职业教育改革与创新系列教材
ISBN 978-7-111-41269-4

Ⅰ.①机…　Ⅱ.①贺…　Ⅲ.①机械学—职业教育—教材　Ⅳ.①TH11

中国版本图书馆CIP数据核字（2013）第015330号

机械工业出版社（北京市百万庄大街22号　邮政编码100037）
策划编辑：王佳玮　责任编辑：王莉娜　王佳玮
版式设计：张　薇　责任校对：肖　琳
封面设计：张　静　责任印制：郜　敏
北京盛通商印快线网络科技有限公司印刷
2022年8月第1版·第7次印刷
184mm×260mm·19印张·465千字
标准书号：ISBN 978-7-111-41269-4
定价：46.00元

凡购本书，如有缺页、倒页、脱页，由本社发行部调换

电话服务
服务咨询热线：010-88379833
读者购书热线：010-88379649

网络服务
机 工 官 网：www.cmpbook.com
机 工 官 博：weibo.com/cmp1952
教育服务网：www.cmpedu.com
金 书 网：www.golden-book.com

**封面无防伪标均为盗版**

# 前　言

在全国职业教育课程改革逐步深入的背景下，我们依据广泛深入的调查研究和一线教师的意见，根据当前职业教育课程改革的最新理念和学生的学习特点，结合教育部最新发布的《机械基础教学大纲》，编写了本书。

“机械基础”是职业院校机械类专业的一门综合性技术基础课。本书整合了工程力学、工程材料、机械零件与传动、极限与配合、液压与气压传动等多门学科，内容较为全面，通过本书的学习能使学生系统全面地掌握专业技术基础知识，为后续课程的学习和进一步的深造打下坚实的基础。本书的培养目标是：使学生具有对构件进行受力分析的基本知识，会判断直杆的基本变形；具有机械工程常用材料的种类、牌号、性能的基本知识，会正确选用材料；熟悉机械传动、常用机构的结构和特性，掌握主要机械零部件的工作原理、结构和特点，初步掌握其选用的方法；了解机械零件几何精度的国家标准，识读极限与配合、几何公差标注的含义；了解液压传动和气压传动的原理、特点及应用，会正确使用常用气压和液压元件，并会搭建简单常用回路；能够分析和处理一般机械运行中发生的问题，具有维护一般机械的能力；具备获取、处理和表达技术信息，执行国家标准，使用技术资料的能力；能够运用本课程知识和技能参加机械小发明、小制作等实践活动，尝试对简单机械进行维修和改进。

本书在编写过程中，还依据国家技能型紧缺人才培养工程对职业教育的要求，参照机械类中级技术工人等级标准，在教材中充实了新知识、新技术、新设备和新材料等方面的内容。对教材内容的深度、难度作了较大程度的调整，增加了机械安装、使用和维护等职业技能方面的知识，增加了实践性教学内容，充分地体现了对学生综合素质和职业能力的培养。

具体来说，本书具有以下几个特点：

1. 教材总的编写原则是：够用为度、实用为本、应用为主。编写中将理论与实践结合起来，减少理论推导和计算，突出生产实际应用知识，注重职业能力的培养。

2. 在课程结构上，设置了基础模块、选学模块和综合实践模块，明确了基础模块应达到的基本规格，而选学模块具有弹性，兼顾了跨机械大类专业的需要，兼顾了教学改革进展程度不同和教学基础条件差别的实际，满足不同教学要求。

3. 教材中附有单元实训项目和综合实践项目，这些实训项目是按照“以工作任务为引领”的项目课程的模式编写，体现了“以能力为本位，重视实践能力培养”的教学理念，突出了职业技术教育的特色。

4. 教材中大量采用图片、实物照片和表格形式将各知识点生动地展示出来，通过图形的直观表达，避免了繁琐的文字叙述，使所介绍的内容易懂、易记，达到事半功倍的效果；利用表格对知识、数据进行比较和整理，既清晰明了，又能培养学生查阅技术手册的能力。

本书的教学总学时建议为108，附加1~2周综合实践，学时分配与教学建议详见下表。

| 内　容 | 课　时 | 说明或教学建议 |
| --- | --- | --- |
| 绪论 | 4 | 可组织学生参观实验室或实习工厂 |
| 第一章　物体的静力分析 | 8 | 可采用讲练结合的教学方法，结合实训项目使学生掌握力的基本原理 |
| 第二章　构件的承载能力分析 | 12 | 可采用案例教学法或实验法，使学生掌握简单的强度计算方法 |
| 第三章　工程材料 | 12 | 可采用例举法、对比法，结合实训项目使学生掌握选材或识别材料的性能 |
| *第四章　机械零件的精度 | 10 | 可采用项目教学法，结合实训了解零件的测量方法，理解精度指标的含义 |
| 第五章　连接 | 4 | 可采用实物教学，使学生掌握键、销、螺纹、联轴器等连接的安装与调试 |
| 第六章　带传动与链传动 | 6 | 可采用实物或者演示教学，使学生掌握带传动和链传动的安装与调试 |
| 第七章　齿轮传动 | 8 | 可采用实物教学，掌握齿轮的参数计算和维护方法 |
| 第八章　齿轮系与减速器 | 6 | 可结合实训进行减速器的拆装与维护，掌握轮系传动的基本原理 |
| 第九章　常用机构 | 12 | 可采用实物或者演示教学，使学生能够分析各种机构的运动规律 |
| 第十章　支承零部件 | 14 | 可采用实物教学，结合实训项目使学生掌握轴承的拆装和维护 |
| *第十一章　液压传动 | 10 | 可采用实物、实验或演示教学，使学生能用液压元件搭建简单的液压回路 |
| *第十二章　气压传动 | 2 | 可采用实物教学，使学生了解气压传动的基本原理 |
| 第十三章　综合实践项目 | 1~2周 | 可根据各学校的实际情况安排 |
| 总课时 | 108+（1~2）周 | |

注：内容中打“*”号的章节为选学内容。

以上课时分配仅供参考。教学过程中，任课教师可根据专业特点和学生实际情况对教学内容进行适当调整。

本套书由吴必尊任丛书主编，吴必尊老师在职业教育教材改革与创新方面倾注了极大心血。本书由贺汉明担任主编，石文明、谢黧任副主编，参加编写的有王世润、王伟文、陈靖。其中，谢黧编写第一、二、六章，陈靖编写第三章，王伟文编写第四章，石文明编写绪论及第七、八章，王世润编写第五、九、十章，贺汉明统稿并编写第十一、十二、十三章。

本书的编写过程得到了广东省教育厅有关处室的大力支持，在此一并致以衷心的感谢！
由于编者水平有限，书中难免有疏漏和不妥之处，敬请广大读者批评指正。

编者

# 目　　录

# 绪论

人们的生活离不开机械。从代步的自行车、汽车、高速火车到飞机，从加工制造的普通机床到五轴加工中心、工业机器人，乃至家用电器，如电风扇、洗衣机、空调等，无不蕴含着机械的奥秘，如果你想了解它们的原理并控制和驾驭它们，你一定要好好学习《机械基础》这门课程

汽车

五轴加工中心

【学习目标】

◆ 叙述本课程的主要任务和学习要求。

◆ 叙述机器的组成，能区分机械、机器、机构、构件和零件。

◆ 叙述机械零件各方面的基本要求。

【学习重点】

◆ 区别机械、机器和机构。

## 第一节 课程的内容、性质、任务和基本要求

“机械基础”是职业学校机械类及相关专业的综合性基础课程。本课程的内容包括静力学、材料力学、工程材料、连接、机械传动、常用机构、支承零部件、机械零件的精度、液压与气动等方面的基础知识。

本课程的主要任务是使学生掌握必备的机械基本知识和基本技能，能够分析和处理一般机械运行中发生的问题，具有使用和维护一般机械的能力，具备获取、处理和表达技术信息，执行国家标准，使用技术资料的能力，具有良好的职业道德和团队合作意识，为学习后续专业课程、解决生产实际问题和职业生涯的发展奠定基础。

通过本课程的学习，应达到下列基本要求：

1）掌握构件的受力分析、直杆的基本变形和强度计算方法。

2）了解机械工程常用材料的种类、牌号和性能，会正确选用材料。

3）熟悉机械传动、常用机构和通用机械零件的工作原理、结构特点及应用；掌握通用机械零件的标准和选用原则。

4）理解机械零件几何精度的含义，能够识读、处理机械零件的有关技术资料。

5）掌握液压与气动的基本原理、特点及应用；能够用液压元件搭建简单的液压回路。

6）初步具有使用和维护一般机械的能力。

本课程是一门应用性很强的专业基础课程，在学习过程中，必须多观察、细思考、勤练习、常总结。观察生产、生活中遇到的各种机械，熟悉典型结构，增强感性认识；思考本课程的基本概念，注意各种知识的联系，融会贯通；勤练基本技能，提高分析能力和综合能力；及时总结、消化掌握课程内容，归纳学到的各种技术方法。特别应注重实践能力和创新精神的培养，多运用专业知识对生产、生活中的一般机械故障进行处理和维护，真正做到理论联系实际，从而提高自身的专业素质和综合职业能力。

## 第二节 一般机械的组成及基本要求

### 一、机器和机构

**1. 机器**

机器的种类繁多，如汽车、机床、发动机（图 0-1）、机器人等。在日常生活中，常用的机器有缝纫机（图 0-2）、洗衣机、电风扇、照相机、复印机等。它们的结构形式和用途不同，但从其组成、运动和功能角度看，都具有下列共同特征：

1）它是人为的多个实物（构件）的组合。

2）各实物之间具有确定的相对运动。

3）能够转换或传递能量、物料和信息，代替或减轻人类的劳动。

凡同时具有以上三个特征的实物组合体称为机器。

图 0-1　发动机

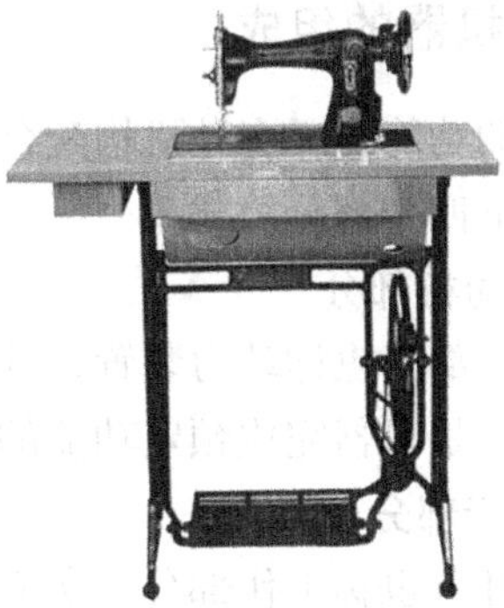

图 0-2　缝纫机

**2. 机构**

机构是用来传递运动和力的构件系统。与机器相比较，机构也是由构件组合而成的，各构件之间具有确定的相对运动，但不能做机械功，也不能实现能量转换。

机器与机构的区别主要是：机器能完成有用的机械功或转换机械能，而机构只是完成传递运动、力或改变运动形式的实体组合。例如，钟表、仪表、千斤顶、机床中的变速装置等都是机构。机器包含着机构，机构是机器的主要组成部分。一部机器必包含一个或一个以上的机构。

从运动和结构的观点来看，机构和机器之间并无区别。因此，通常将机构和机器统称为机械。

**3. 构件**

从运动的角度看，可以认为机器是由若干构件组成的。构件之间有确定的相对运动，其形状和尺寸主要取决于运动性质，所以，构件是机器的运动单元。构件可以是一个零件，也可能是若干个零件的刚性组合体。图 0-3 所示就是用键将齿轮与轴连成一个整体而成为一个构件，其中的齿轮、键和轴都是零件。

**4. 零件**

从制造的角度看，机器是由若干个零件组成的。零件是机器中不可再拆的最小单元，是机器的制造单元。机械中的零件可以分为两类：一类称为通用零件，它在各类机械中都能遇到，如齿轮、螺母、螺栓、轴等；另一类称为专用零件，它只适用于某些机械之中，如图 0-4所示发动机的曲轴与连杆等。

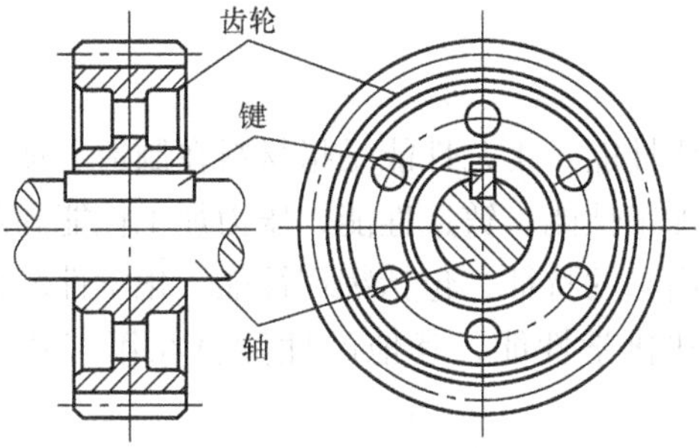


图 0-3　齿轮与键、轴联接的构件

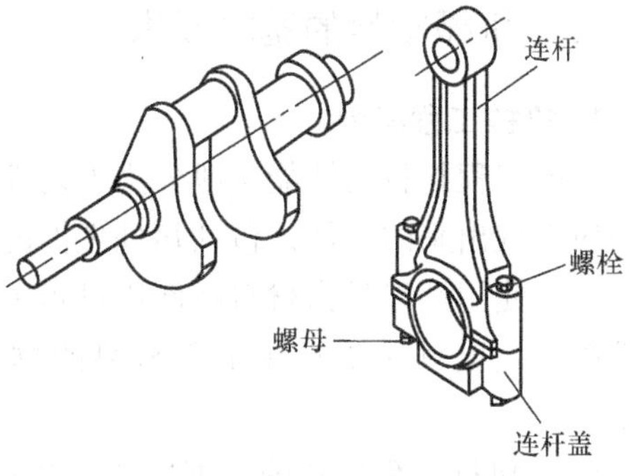


图 0-4　发动机的曲轴与连杆

## 二、机器的组成

机器的功能需要多种机构配合才能完成。按照各部分实体的不同功能，一台完整的机器通常由以下四个部分组成。

**1. 原动机部分**

原动机部分也称动力装置，其作用是把其他形式的能量转变成机械能，以驱动机器各部分运动。它是机器完成预定功能的动力源，常用的有发动机和电动机等。

**2. 执行部分**

执行部分也称工作部分（装置）。它是机器中直接完成工作任务的组成部分，如汽车的车轮、洗衣机的滚筒等。

**3. 传动部分**

传动部分是介于原动机部分和执行部分之间，用以完成运动和动力的传递及转换的部分。利用它可以减速、增速，改变转矩，以及运动形式等，满足工作机构的各种要求，如汽车的变速装置（图0-5）、自行车的链传动装置等。

**4. 操纵或控制部分**

这部分的作用是显示和反映机器的运行位置和状态，控制机器各部分的工作。控制装置可采用机械、电子、电气、光波等技术。图0-6所示为汽车的变速杆，用于控制换挡，从而使汽车以不同的速度行驶。

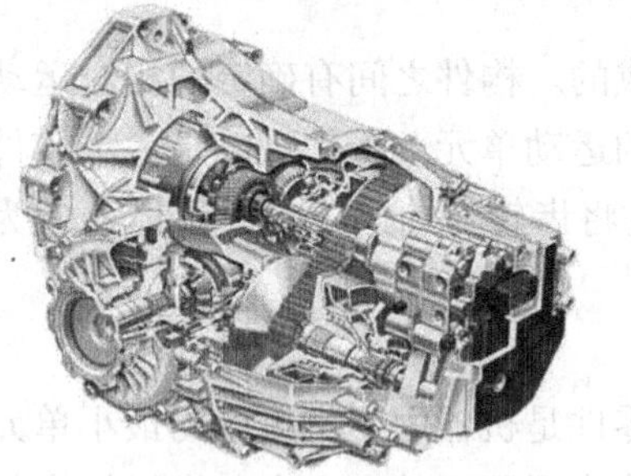

图0-5　汽车自动变速器

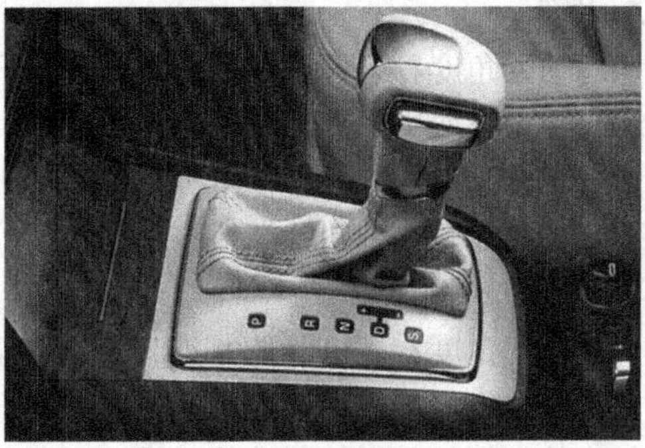

图0-6　汽车的换挡操纵杆

## 三、机械零件的基本要求

**1. 机械工程材料**

机械工程材料的性能一般分为工艺性能和使用性能。工艺性能是指材料在制造、加工过程中所表现出来的特征，包括热处理性能、切削加工性能、铸造性能、压力加工性能和焊接性能等；使用性能是指材料在使用过程中所表现出来的特征，包括物理性能、化学性能和力学性能。这里只介绍机械工程材料的物理性能和化学性能，其他的性能将在第三章详细介绍。

（1）机械工程材料的物理性能　机械工程材料的物理性能主要有密度、熔点、热膨胀性、导电性、导热性、磁性等（表0-1）。由于机械零件的用途不同，对其物理性能的要求也不同，例如，电动机、电器零件要考虑材料的导电性等；飞机零件应尽可能选用密度小的材料来制造等。

**表 0-1　机械工程材料的物理性能**

| 物理性能 | 概　念 | 备　注 |
|---|---|---|
| 密度 | 单位体积的质量，其单位为 kg/m$^3$ | 根据密度的大小，金属可分为轻金属和重金属。密度小于 $4.5\times10^3$kg/m$^3$ 的金属称为轻金属，如铝、钛等 |
| 熔点 | 材料从固体状态向液体状态转变时的温度，一般用摄氏温度（℃）表示 | 熔点低于 1000℃ 的金属称为低熔点金属，熔点在 1000～2000℃ 的金属称为中熔点金属，熔点高于 2000℃ 的金属称为高熔点金属。如铅的熔点为 323℃，钢的熔点为 1538℃ |
| 热膨胀性 | 材料在受热时体积会增大，冷却时则收缩的现象，常用线［膨］胀系数 $\alpha_l$ 表示 | 如铁在 0～100℃ 时 $\alpha_l = 11.76\times10^{-6}$℃$^{-1}$，即温度升高 1℃ 铁增加 11.76μm/m |
| 导电性 | 材料传导电流的性能 | 各种金属材料的导电性不同，其中以银为最好，铜、铝次之 |
| 导热性 | 材料传导热量的能力，一般用热导率 $\lambda$ 表示 | 在一般情况下，金属材料的导热性比非金属材料好。金属的导热性以银为最好，铜、铝次之 |
| 磁性 | 金属导磁的性能 | 具有导磁能力的金属材料都能被磁铁吸引。铁、钴等为铁磁性材料，锰、铬、铜、锌为无磁性或顺磁性材料 |

（2）机械工程材料的化学性能　化学性能是材料在常温或高温时抵抗各种化学作用的能力，如耐蚀性、抗氧化性和化学稳定性，见表 0-2。

**表 0-2　机械工程材料的化学性能**

| 化学性能 | 概　念 | 举例说明 |
|---|---|---|
| 耐蚀性 | 材料在常温下抵抗氧、水蒸气及其他化学介质腐蚀作用的能力 | 如钢铁生锈 |
| 抗氧化性 | 材料抵抗氧化作用的能力 | 如钢材在锻造、热处理、焊接等加热作业时，会发生氧化和脱碳，造成材料的损耗和各种缺陷 |
| 化学稳定性 | 材料的耐蚀性和抗氧化性的总称 | 用于制造在高温下工作的零件的金属材料，要有良好的热稳定性 |

（3）机械零件常用材料　常用的材料有钢、铸铁、非铁金属和非金属材料。选用时主要考虑使用要求、工艺要求和经济要求。

**2. 机械零件的结构**

机械零件的结构在满足功能的前提下，应力求简单，应尽可能采用简单的几何面（如平面、圆柱面）及其组合，各面之间尽量相互平行或垂直，避免倾斜、突变等不利于制造的因素。

在满足使用要求的条件下，应减少加工面的数量和面积，如底座的中央部位可内凹，不必加工；应增加相同形状和相同元素的数量，如尽量采用相同的螺纹、键、直径、圆角半径、退刀槽、齿轮模数等。

**3. 机械零件的承载能力**

机械和工程结构都是由许多构件组合而成的，任何一个构件都是用某种机械材料制成的。为了保证机械或结构在载荷作用下能正常工作，必须要求每个构件都具有足够的承受载荷的能力，简称承载能力。

为了保证构件能安全正常地工作，必须具有足够的承载能力，即具有足够的强度、刚度和稳定性，这是保证构件安全工作的三项基本要求。

**4. 机械零件的摩擦**

摩擦是自然界和生活中普遍存在的现象。它既有利又有弊，有利表现在车辆行驶、带传动和制动等利用摩擦作用的方面，有弊表现在机器在运动过程中由于摩擦的作用会产生磨损、发热和能量损耗。据估计，目前世界上约有 30% ~50% 的能量消耗在各种形式的摩擦中。

摩擦是指两物体的接触表面阻碍它们相对运动的机械阻力。

相互摩擦的两个物体的接触面称为摩擦副。机械零件的摩擦分类见表 0-3。

**表 0-3 机械零件的摩擦分类**

| 分类标准 | 类型 | | 图例 | 概念 | 特点 |
|---|---|---|---|---|---|
| 摩擦副的摩擦状态 | 固体摩擦 | 干摩擦 | 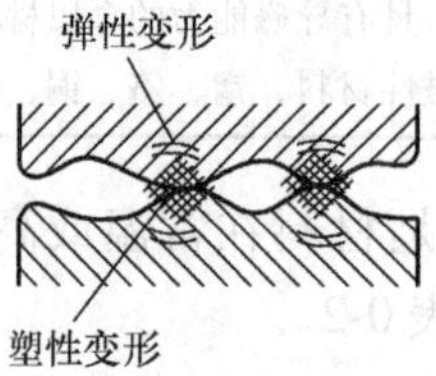 | 摩擦副在直接接触时产生的摩擦 | 摩擦因数大，磨损严重，应尽量避免 |
| | | 边界摩擦 | 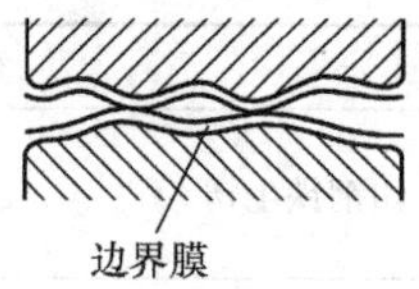 | 在摩擦副间施加润滑剂后，摩擦副的表面吸附一层极薄的润滑膜，这种摩擦状态称为边界摩擦 | 它的润滑膜强度低，容易破裂，致使摩擦副部分表面直接接触产生磨损 |
| | 液（气）摩擦 | | 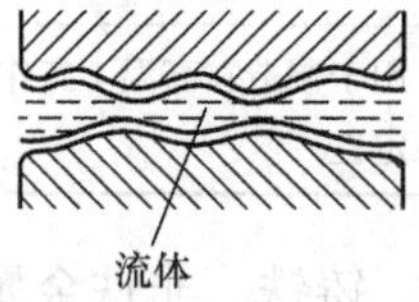 | 在摩擦副间施加润滑剂后，摩擦副的表面被一层具有一定压力和厚度的液体润滑膜完全隔开时的摩擦 | 摩擦副的表面不直接接触，摩擦因数很小，理论上不产生磨损，是一种理想的摩擦状态 |
| | 混合摩擦 | | 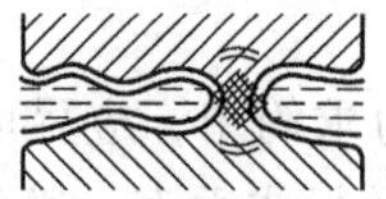 | 兼有固体摩擦和液（气）摩擦两种状态的一种摩擦状态 | 它的摩擦和磨损状况优于固体摩擦，但比液（气）摩擦差 |

**5. 机械零件的磨损**

运动副之间的摩擦将导致机件表面材料逐渐损耗形成磨损。

（1）磨损过程　一个机件的磨损过程大致可分为三个阶段，见表 0-4。

表 0-4　机械零件的磨损过程

| 磨损过程 | 说　明 | 磨损曲线图 |
| --- | --- | --- |
| 磨合阶段 | 在运转初期，摩擦副的接触面积较小，磨损速度较快。随着磨合的进行，实际接触面积不断增大，磨损速度在达到某一定值后即转入稳定磨损阶段 | 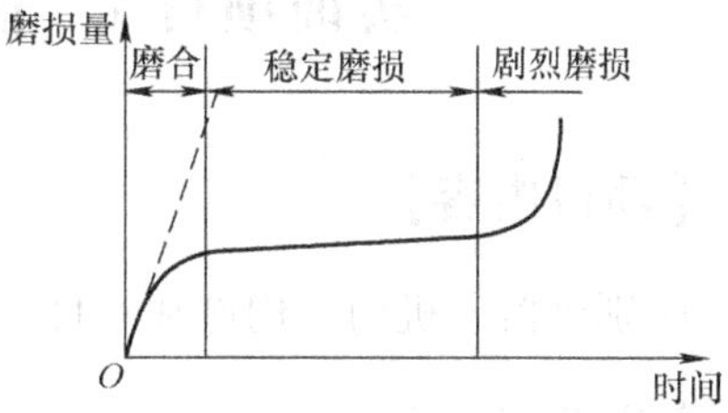 |
| 稳定磨损阶段 | 机件以平稳而缓慢的速度磨损，标志着摩擦条件保持不变。这个阶段的长短代表机件的使用寿命 | |
| 剧烈磨损阶段 | 出现噪声和振动，最终导致失效。这时必须更换零件 | |

（2）磨损的类型　根据磨损的机理及影响因素，磨损可分为五种，见表 0-5。

表 0-5　机械零件磨损的类型

| 磨损的类型 | 概　念 | 影响磨损的主要因素 |
| --- | --- | --- |
| 粘着磨损 | 当摩擦表面的不平度峰尖在相互作用的各点处发生粘着后，在相对滑动时，材料从一个表面转移到另一个表面，形成了粘着磨损 | 同类摩擦副材料比异类材料容易粘着；脆性材料比塑性材料的抗粘着能力高；一般情况，零件的表面粗糙度值越小，抗粘着能力越强 |
| 磨料磨损 | 进入摩擦面间的游离颗粒，如磨损造成的金属微粒，会在较软材料的表面上犁刨出很多沟纹，这样的微切削过程称磨料磨损 | 材料的硬度越高，耐磨性越好；磨粒平均尺寸越大，磨损就越大；磨损量随磨料硬度的提高而加大 |
| 疲劳磨损 | 当做滚动或滚滑运动的接触表面受到反复作用的接触应力时，可能会在零件工作表面或一定深度处形成疲劳裂纹，最终致使表面上出现许多月牙形浅坑，称为疲劳磨损 | 表面硬度越高，产生疲劳裂纹的危险性越小；高粘度的油有利于提高抗疲劳能力；提高表面质量，对零件的疲劳寿命有显著改善 |
| 冲蚀磨损 | 当一束含有硬质微粒的流体冲击到固体表面上时就会造成冲蚀磨损 | 磨粒与固体表面的摩擦因数、磨粒的冲击速度，以及磨粒冲击速度的方向同固体表面所夹的冲击角 |
| 磨蚀磨损 | 摩擦副受到空气中的酸、润滑油、燃油中残存的少量无机酸及水分的化学作用或电化学作用，在相对运动中造成材料的损失，称为磨蚀磨损 | 零件表面的氧化膜性质和环境温度 |

**6. 机械零件的润滑**

机械中的可动零部件，在压力下接触而作相对运动时，其接触表面间就会产生摩擦，造成能量损耗和零件磨损，影响机械运动精度和使用寿命。因此，在机械设计中，降低摩擦、减轻磨损是必须考虑的问题，其主要措施就是采用润滑。常用机械零部件的润滑剂、润滑方式的选用参见第十章第四节中的内容。

## 本章小结

本章主要讲解了下列内容：

1. 本课程的内容、性质、任务和基本要求。
2. 机械、机器、机构的概念和组成。

3. 机械工程材料的物理性能和化学性能，以及机械零件的结构和承载能力要求。
4. 摩擦、磨损的分类，以及润滑的基本要求。

## 实训项目1 区别机器、机构、构件和零件

### 【项目内容】

区别机器、机构、构件和零件。

### 【项目目标】

1）理解机器、机构、构件和零件的概念。
2）懂得区别机器、机构、构件和零件。

### 【项目实施】（表0-6）

**表0-6 区别机器、机构、构件和零件的实施步骤**

| 步骤名称 | | 操作步骤 |
|---|---|---|
| 分组 | | 分组实施，每小组3～4人，或视设备情况确定人数 |
| 工、量具及设备准备 | | 汽车、齿轮传动、机床、蜗杆传动、内燃机、电动机、机器人、缝纫机、螺母、洗衣机、螺栓、电风扇、齿轮、轴、V带轮等物品的图片 |
| 实施过程 | 认知 | 说出图片中的物品名称及作用 |
| | 区分 | 按照机器、机构、构件和零件的特征分类，将图片中的物品名称填写在下列横线上：<br>机器有：________<br>机构有：________<br>构件有：________<br>零件有：________ |
| | 分析 | 试举例分析，机器、机构、构件和零件相互之间的关系 |
| | 5S | 整理工具、清扫现场 |

### 【项目评价与反馈】（表0-7）

**表0-7 项目评价与反馈表**

班级：______ 姓名：______ ____年____月____日

| 序号 | 项目 | 自我评价 | | | | 小组评价 | | | | 教师评价 | | | |
|---|---|---|---|---|---|---|---|---|---|---|---|---|---|
| | | 优 | 良 | 中 | 差 | 优 | 良 | 中 | 差 | 优 | 良 | 中 | 差 |
| 1 | 概念是否清晰 | | | | | | | | | | | | |
| 2 | 能否正确区分 | | | | | | | | | | | | |
| 3 | 团队合作意识 | | | | | | | | | | | | |
| 4 | 实训小结 | | | | | | | | | | | | |
| 5 | 综合评价 | | | | | | | 综合评价等级： | | | | | |

## 【项目拓展】

自行查找相关书籍或上网搜索相关资料，了解机械零件常用的材料有哪些，以及常用机械工程材料的物理性能，填写表0-8。

**表0-8　分析机械工程材料的特征**

| 实验项目 | 具体内容 | 实验效果 | 互评 | 师评 |
|---|---|---|---|---|
| 机械零件常用的材料包括哪些，并举例说明 | | 正确程度 | | |
| | | | | |
| | | | | |
| | | | | |
| 查找金属的密度，并分别注明轻金属或重金属（单位：$kg/m^3$） | 铝的密度为　　　　，属于　　金属 | 正确程度 | | |
| | 钛的密度为　　　　，属于　　金属 | | | |
| | 铜的密度为　　　　，属于　　金属 | | | |
| | 铁的密度为　　　　，属于　　金属 | | | |
| | （　）的密度为　　　　，属于　　金属 | | | |
| 查找金属的熔点，并分别注明低、中、高熔点金属（单位：℃） | 铅的熔点为　　　，属于　　熔点金属 | 正确程度 | | |
| | 钢的熔点为　　　，属于　　熔点金属 | | | |
| | 铝的熔点为　　　，属于　　熔点金属 | | | |
| | 钨的熔点为　　　，属于　　熔点金属 | | | |
| | （　）的熔点为　　，属于　　熔点金属 | | | |
| 查找不同材料的线［膨］胀系数 $\alpha_l$（单位：$℃^{-1}$） | 铁的线［膨］胀系数 $\alpha_l$ 为 | 正确程度 | | |
| | 铜的线［膨］胀系数 $\alpha_l$ 为 | | | |
| | 铝合金的线［膨］胀系数 $\alpha_l$ 为 | | | |
| | 有机玻璃的线［膨］胀系数 $\alpha_l$ 为 | | | |
| | （　）的线［膨］胀系数 $\alpha_l$ 为 | | | |

# 第一章 物体的静力分析

力学是最古老的科学之一，它是社会生产和科学实践长期发展的产物。随着古代建筑技术的发展，简单机械的应用，静力学逐渐发展完善。公元前5～前4世纪，在中国的《墨经》中已有关于水力学的叙述。古希腊的数学家阿基米德(公元前3世纪)提出了杠杆平衡公式(限于平行力)及重心公式，奠定了静力学基础

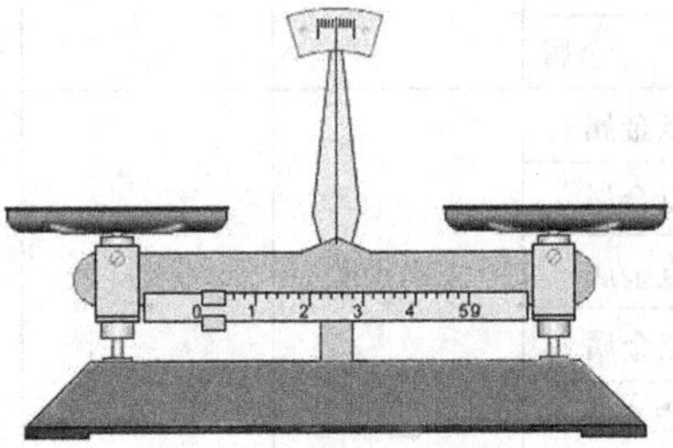
天平

杠杆原理

【学习目标】

- ◆ 叙述力、力矩、力偶的概念与基本性质。
- ◆ 区分约束的类型，会对物体进行受力分析。
- ◆ 会画受力图。

【学习重点】

- ◆ 力、力矩、力偶的概念与基本性质。
- ◆ 各种约束、约束力的特点。
- ◆ 受力图的画法。

# 第一节　静力分析基础

## 一、刚体的概念

刚体是指在力的作用下，其内部任意两点之间的距离始终不变的物体。这是一种理想化的模型。实际物体在力的作用下，都会产生不同程度的变形，但为了简化问题的研究，我们将这些微小的变形忽略不计。

在理论力学中，静力学研究的对象只限于刚体。

## 二、平衡的概念

静力分析主要研究物体在力系作用下的平衡规律。其中的平衡，是指物体相对于地面保持静止或匀速直线运动的状态。匀速直线运动并不常见，我们可以把一些运动近似地看成是匀速直线运动，如滑冰运动员停止用力后的一段滑行，站在商场自动扶梯上的顾客的运动等。平衡是物体机械运动的一种特殊状态。

## 三、力的概念

力的概念是人们在长期的生产劳动和生活实践中得来，例如，推车、提东西等，同样，机车牵引列车由静止到运动，拉伸试验机将试件拉长等，也是力的变化。

通过日常的经验可以知道：力是物体间相互的作用；力的作用效果是使物体的运动状态发生变化或者使物体发生变形。

物体之间的相互作用，大致可以分为两类，一类是接触作用（图 1-1a、b），例如，物体之间的挤压力。另一类是“场”对物体的作用，例如，电场对电荷的引力或斥力、磁铁对铁屑的磁场作用（图 1-1c）。

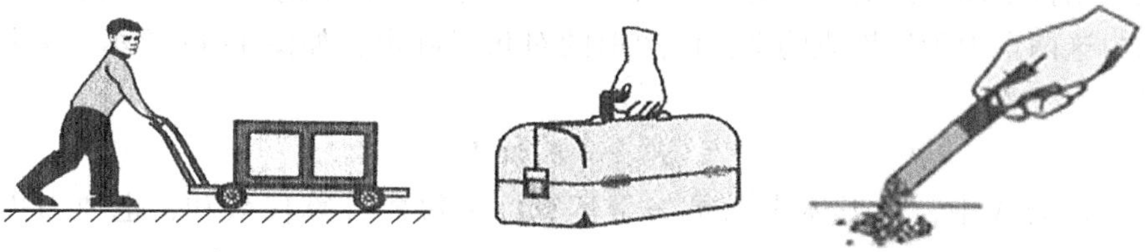

a)　　b)　　c)

图 1-1　力在实际中的应用

图 1-2　力的相互作用

力是不能脱离物体独立存在的。力是物体之间的相互作用，当某一个物体受到力的作用的时候，一定有另一个物体对它施加这种作用（图 1-2）。在分析物体受力情况的时候，必须区分哪个是受力物体，哪个是施力物体。要注意，受力物体和施力物体是相对而言的，是存在于两个不同的物体上的。

力使物体运动状态发生变化的效应称为力的外

效应，而使物体产生变形的效应是力的内效应。静力学研究力的外效应，材料力学研究力的内效应。

力的三要素包括力的大小、方向、作用点。力的三要素决定力的作用效果。

力是具有大小和方向的量，所以力是矢量。力的三要素可以利用带有箭头的有向线段（矢线）示于物体的作用点上（图 1-3），线段的长度按照一定的比例表示力的大小，箭头的指向表示力的方向，线段的起点或者终点代表力的作用点。通过力的作用点，沿着力的方向的直线，称为力的作用线。本书用黑体字母表示矢量（例如 $\boldsymbol{F}$），用 $F$ 表示力 $\boldsymbol{F}$ 的大小。

图 1-3 力的作用线

我国统一使用的力的法定计量单位是牛（牛顿），符号是 N，在工程中常采用的是 kN（千牛），$1\text{kN} = 10^3\text{N}$。

想一想

力的三要素决定力的作用效果，如果改变其中的任何一项，作用效果就会随之改变。你能否举例说明？

## 四、静力学公理

公理是人们在生活和生产实践内中长期积累的经验总结，被确认是符合客观实际的最普遍、最一般的规律。

**公理一** 力的平行四边形规则

作用在物体上同一点的两个力，可以合成一个合力。合力的作用点也在该点，合力的大小和方向由这两个力为边构成的平行四边形的对角线确定，如图 1-4a 所示。矢量表达式见式（1-1）。

$$\boldsymbol{F}_{合} = \boldsymbol{F}_1 + \boldsymbol{F}_2 \tag{1-1}$$

注意，在公式中，用黑体表示是矢量运算，不仅要计算代数和，也要考虑其方向的影响。

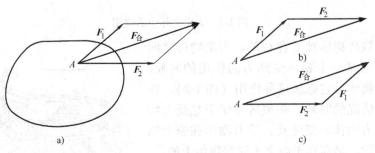

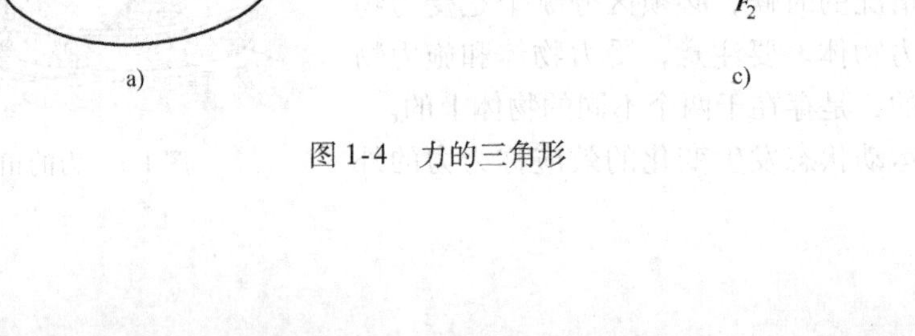

图 1-4 力的三角形

在计算的过程中，可以由任一点 $A$ 开始，作一力的三角形，如图 1-4b、c 所示。力的三角形的两个边分别为力矢 $\boldsymbol{F}_1$ 和 $\boldsymbol{F}_2$，第三个边 $\boldsymbol{F}_{合}$ 代表合力，合力的作用点在 $A$ 点，方向如图所示。

**公理二** 二力平衡公理

作用在刚体上的两个力，使刚体保持平衡的必要和充分条件是：这两个力的大小相等，方向相反，而且在同一直线上，如图 1-5 所示，$\boldsymbol{F}_1 = -\boldsymbol{F}_2$。

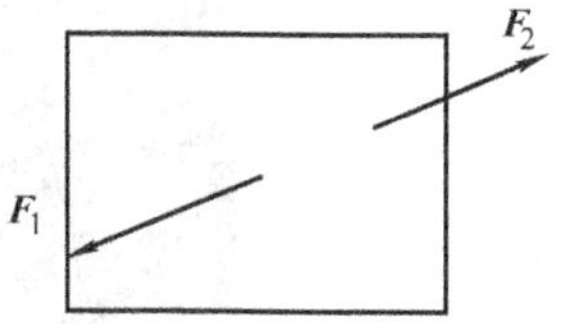


图 1-5 二力平衡

**公理三** 作用力与反作用力公理

两物体之间的作用力和反作用力，总是同时存在，它们的大小相等，方向相反，沿同一直线，分别作用在这两个物体上。

如图 1-6a 所示，小球放置在水平面上，重力为 $\boldsymbol{G}$；地面给小球一个向上的支撑力 $\boldsymbol{F}'_N$，力 $\boldsymbol{F}'_N$ 的施力物体是地面，受力物体是小球（图 1-6b）；在物体受到力 $\boldsymbol{F}'_N$ 作用的同时，物体也将给地面一个向下的压力 $\boldsymbol{F}_N$，这个力就是力 $\boldsymbol{F}'_N$ 的反作用力（图 1-6c），$\boldsymbol{F}_N$ 和 $\boldsymbol{F}'_N$ 大小相等，方向相反，沿同一条直线，分别作用在物体和地面上，是一对作用力和反作用力。

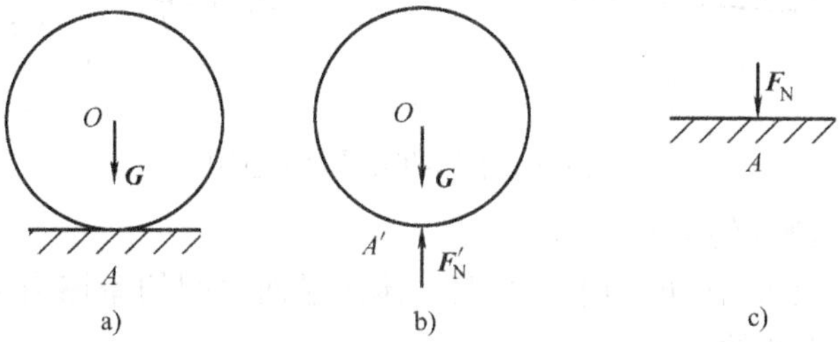


图 1-6 作用力和反作用力

## 五、约束和约束力

根据物体在力的作用下的运动情况，物体分为两大类：

1）凡是可以沿空间任何方向运动的物体称为自由体。例如，飞行中的飞机、游动的鱼。

2）凡是受周围物体限制而不能沿某些方向运动的物体称为非自由体。如图 1-7 所示的运动的火车，只能沿轨道运动；门受到铰链的限制，只能绕铰链轴线转动等。

一个物体的运动受到周围物体的限制的时候，这些周围的物体就称为该物体的约束，被限制运动的物体称为被约束的物体。约束施加给被约束物体的力就称为约束力。

下面介绍几种工程中常见的约束和确定约束力的方法。

**1. 柔体约束**

组成：由柔性绳索、胶带或链条等柔性物体构成，如图 1-8a 所示。

约束特点：只能受拉，不能受压。

约束力方向：作用在接触点，方向沿着柔体的中心线背离物体（图 1-8b）。通常用字母 $\boldsymbol{F}_T$ 表示。

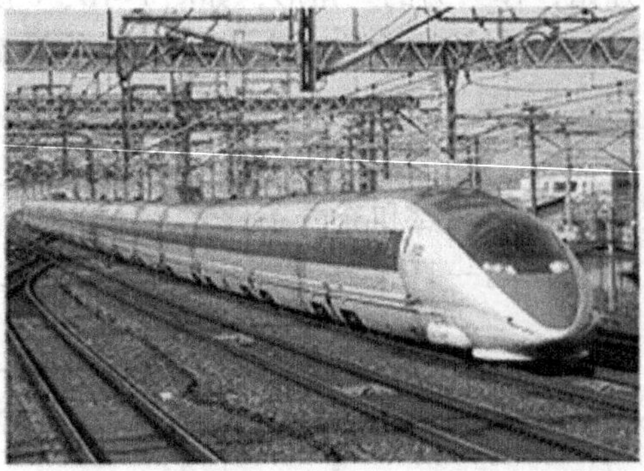

a）

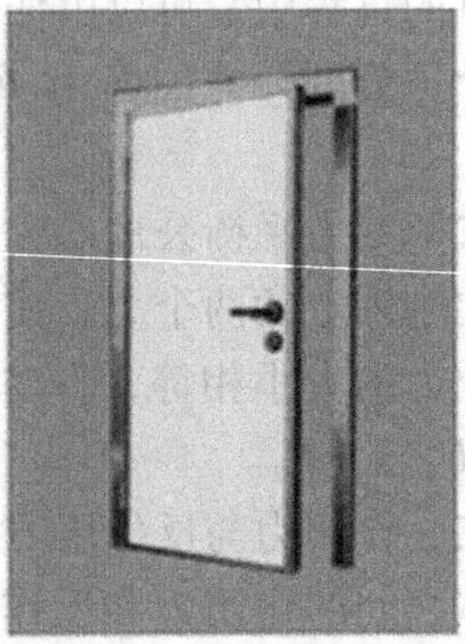

b）

图 1-7　约束实例

a）高速火车　b）门

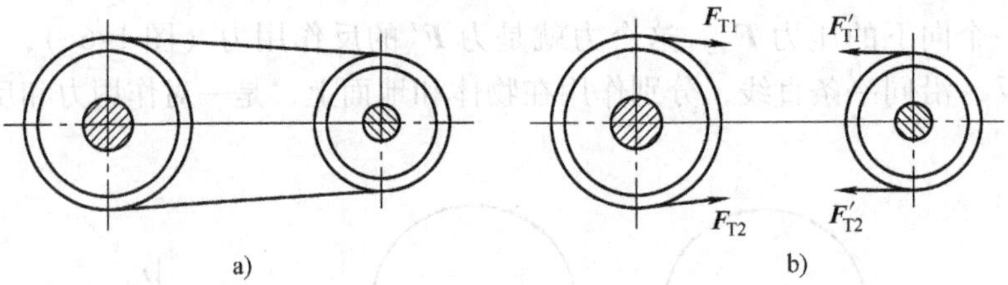


图 1-8　柔体约束受力示意图

**2. 光滑面约束**（刚性约束）

组成：由光滑接触面构成的约束。当两物体接触面之间的摩擦力小到可以忽略不计时，可将接触面视为理想光滑的约束。

约束特点：不论接触面是平面或曲面，都不能限制物体沿接触面切线方向的运动，而只能限制物体沿着接触面的公法线方向的运动。

约束力方向：通过接触点，并沿着接触面的公法线方向，指向受力物体（如图 1-9 中的 $\boldsymbol{F}_{NA}$、$\boldsymbol{F}_{NB}$、$\boldsymbol{F}_{NC}$），通常用字母 $\boldsymbol{F}_N$ 表示。

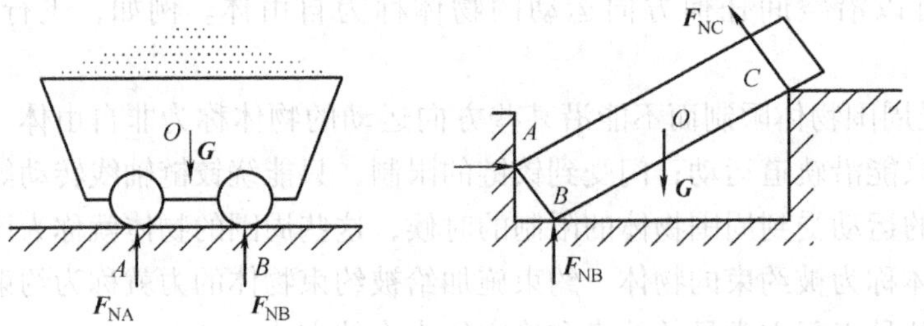


图 1-9　光滑面约束受力示意图

**3. 铰链约束**

组成：两物体分别钻有直径相同的圆柱形孔，用一圆柱形销钉连接起来，在不计摩擦时，即构成光滑圆柱形铰链约束，简称铰链约束，如图 1-10a 所示。

约束特点：这类约束的本质为光滑接触面约束，因其接触点位置未定，故只能确定铰链的约束力为一通过销钉中心的大小和方向均无法预先确定的未知力。通常此力就用两个大小未知的正交分力来表示，如图 1-10b 所示。

这类约束有连接铰链（中间铰链）约束、固定铰链支座约束、活动铰链支座约束等。

（1）连接铰链（中间铰链）约束　两构件用圆柱形销钉连接且均不固定，即构成连接铰链，其约束力用两个通过铰链中心的正交分力 $\boldsymbol{F}_{Cx}$ 和 $\boldsymbol{F}_{Cy}$ 表示，如图 1-10b 所示。

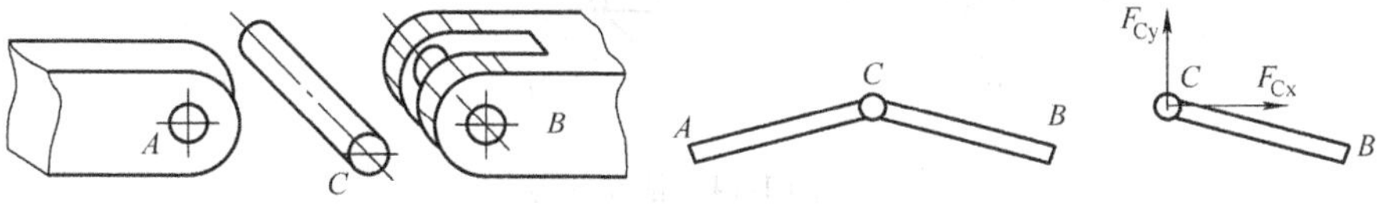


图 1-10　连接铰链（中间铰链）约束

（2）固定铰链支座约束　如果连接铰链中有一个构件与地基或机架相连，便构成固定铰链支座，如图 1-11 所示，其简化画法如图 1-12 所示，其约束力仍用两个正交的分力 $\boldsymbol{F}_{Cx}$ 和 $\boldsymbol{F}_{Cy}$ 表示，如图 1-13 所示。

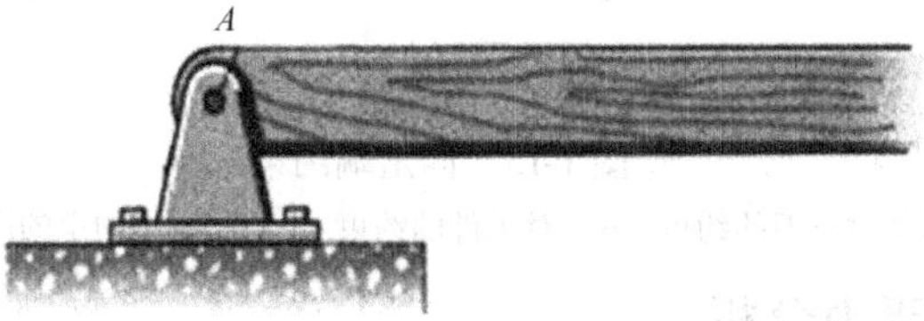


图 1-11　固定铰链实物

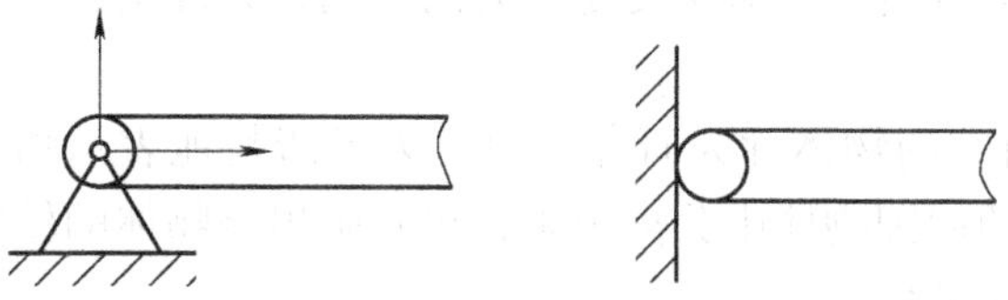


图 1-12　固定铰链简化画法

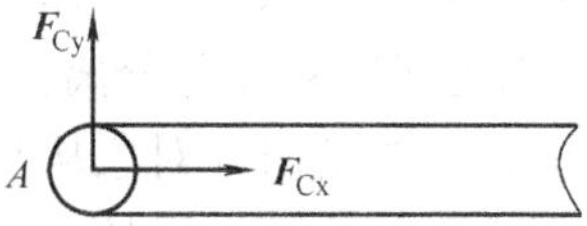


图 1-13　固定铰链受力图

（3）活动铰链支座约束　活动铰链支座在桥梁、屋架等工程结构中经常采用。在铰链支座的底部安装一排滚轮，可使支座沿固定支承面移动，如图 1-14a 所示，这种支座的约束性质与光滑面约束相同，其约束力必垂直于支承面，且通过铰链中心，如图 1-14c 所示。其简化画法如图 1-14b 所示。

**4. 固定端约束**

固定端约束能限制物体沿任何方向的移动，也能限制物体在约束处的转动。例如，车刀装夹在刀架中（图 1-15a），刀架限制了车刀的运动；工件装夹在卡盘中（图 1-15b），卡盘限制了工件的运动等。所以，固定端处的约束力可用两个正交的分力 $\boldsymbol{F}_x$、$\boldsymbol{F}_y$ 和力矩为 $M$ 的力偶表示，该约束的简化画法如图 1-15c 所示。

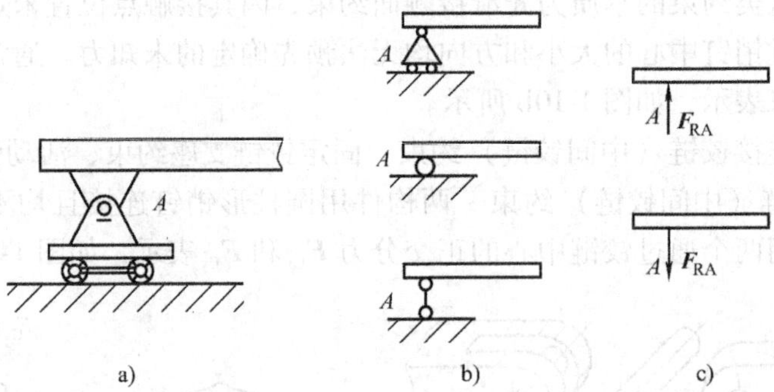


图 1-14 活动铰链

a）活动铰链示意图 b）简化画法 c）受力图

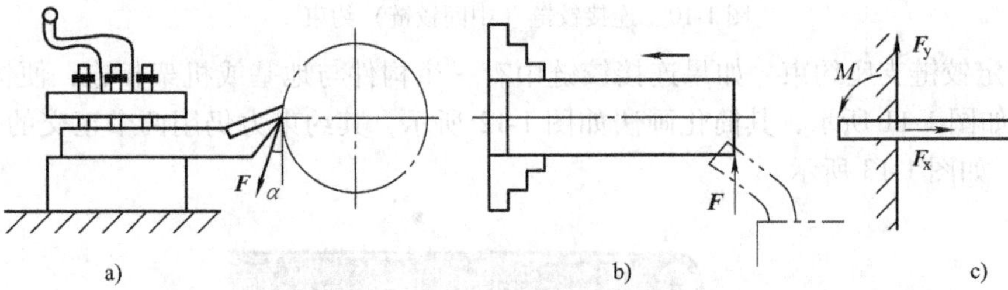


图 1-15 固定端约束

a）刀架对车刀的约束 b）对工件的约束 c）固定端约束的简化画法

## 六、受力图以及受力分析

在工程实际中，常常需要对结构系统中的某一物体或几个物体进行力学计算。此时，首先要确定研究对象，然后进行受力分析，即分析研究对象受哪些力的作用，并确定每个力的大小、方向和作用点。过程如下：

1）确定研究对象并分离。我们把所研究的物体称为研究对象。为了清楚地表示物体的受力情况，需要把研究对象从与它相联系的周围物体中分离出来，单独画出该物体的轮廓简图，使之成为解除约束后的自由物体——分离体。

2）作出分离体的主动力。

3）在分离体上解除约束的地方画出相应的约束力，用约束力代替约束。

下面举例说明受力图的画法。

**例 1-1** 如图 1-16a 所示，重量为 $\boldsymbol{G}$ 的均质杆 $AB$，其 $B$ 端靠在光滑铅垂墙的顶角处，$A$ 端放在光滑的水平面上，在点 $D$ 处用一水平绳索拉住，试画出杆 $AB$ 的受力图。

**解**：1）选 $AB$ 杆为研究对象，如图 1-16b 所示。

2）在杆件的中心 $C$ 处画主动力 $\boldsymbol{G}$。

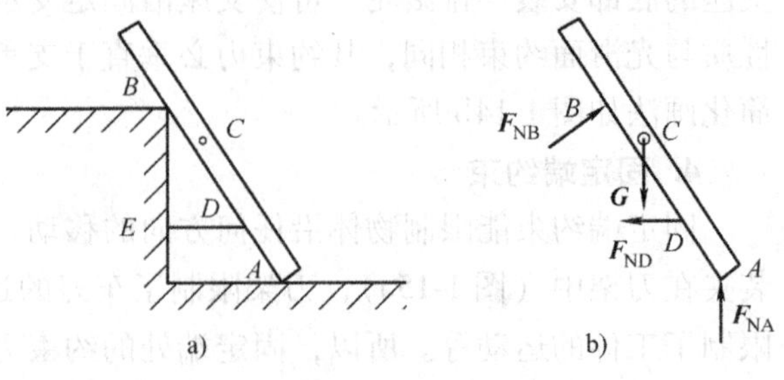


图 1-16 例 1-1

3）在 A、B、D 处画约束力（$\boldsymbol{F}_{NA}$、$\boldsymbol{F}_{NB}$、$\boldsymbol{F}_{ND}$）。

**例 1-2**　均质球重 $G$，用绳子牵住，并靠在光滑斜面上，如图 1-17a 所示，试分析该球的受力情况，并画出受力图。

**解**：1）确定小球为研究对象。

2）在小球的中心画出主动力，即球的重力 $\boldsymbol{G}$（作用在球心，垂直向下）。

3）画出约束力，斜面的约束力 $\boldsymbol{F}_{NB}$（作用在 $B$ 点，垂直于斜面并指向球心），绳子对小球的约束力 $\boldsymbol{F}_{NA}$，如图 1-17b 所示。

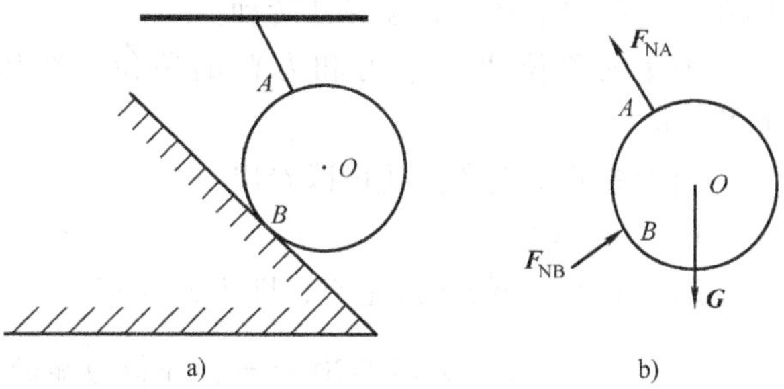


图 1-17　例 1-2

## 第二节　力矩和力偶

### 一、力对点的矩

人们在实际经验中体会到，力对物体的作用，不仅可以使物体运动，还可以使物体转动，如图 1-18 所示。开关门窗、踩下自行车的脚蹬等运动的特点都是用较小的力搬动很重的物体。为了度量力使物体绕一个定点转动的效应，力学中引入力对点的矩（简称力矩）的概念。

现在我们以图 1-19 所示的扳手拧螺母为例来说明力矩的概念。设力 $\boldsymbol{F}$ 作用在与螺母轴线垂直的平面内，由经验可以知道，螺母的拧紧不仅与力 $\boldsymbol{F}$ 的大小有关，而且与螺母的中心 $O$ 到力 $\boldsymbol{F}$ 作用线的距离 $L$ 有关。因此，我们以乘积 $FL$ 的大小并加以“+”或“-”作为力 $\boldsymbol{F}$ 使物体绕 $O$ 点转动效应的度量，称为力 $\boldsymbol{F}$ 对 $O$ 点（矩心）的矩，简称为力矩，以符号 $M_O(\boldsymbol{F})$ 表示，即

$$M_O(\boldsymbol{F}) = \pm FL \tag{1-2}$$

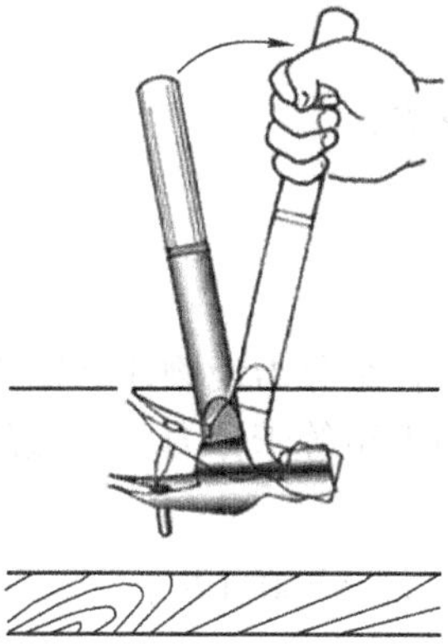

图 1-18　撬钉子

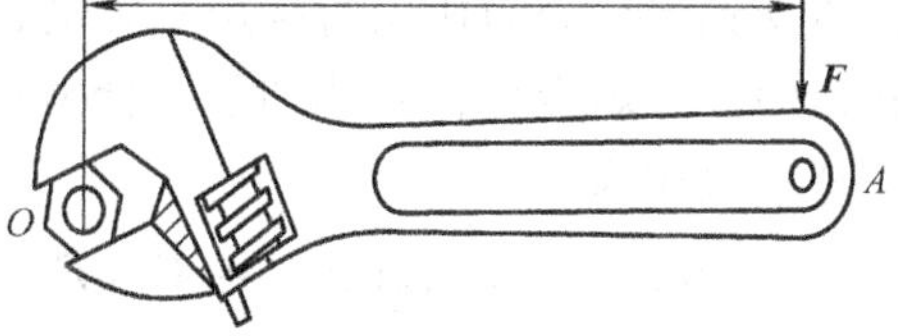


图 1-19　扳手拧螺母

公式中的 $O$ 点为力矩的中心（矩心）。$O$ 点到力 $\boldsymbol{F}$ 作用线的距离 $L$ 称为力臂。符号的规定如下：“+”即力矩为正，物体在力的作用下绕矩心逆时针转动；“-”即力矩为负，物

体在力的作用下绕矩心顺时针转动。

力矩的单位决定于力和力臂的单位，在国际单位制中，力矩的单位是牛米，符号是N·m。

由力矩的定义和公式可以看出，力矩在下面两种情况下为零：

1）力等于零。

2）力的作用线通过矩心，即力臂为零。

想一想

1）如图1-20所示，分析力矩的大小和正负？

2）如图1-20所示，用相同大小的力拧螺母，手放在哪个位置和方向最省力，为什么？

**例1-3** 简支架如图1-20所示，载荷 $F=20\text{kN}$，尺寸如图。试计算 $\boldsymbol{F}$ 对 $A$ 点之矩。

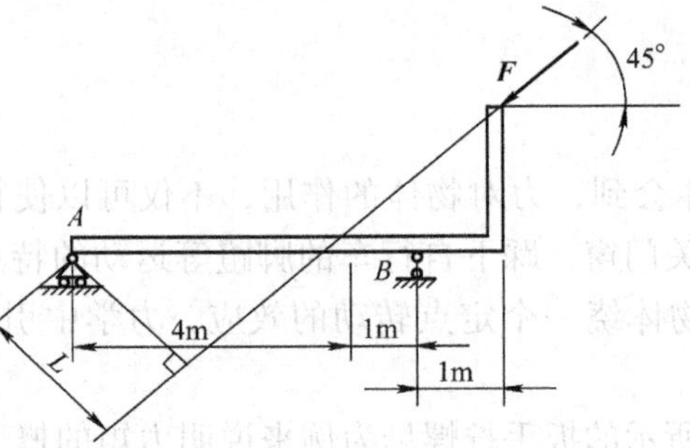


图1-20 简支架

**解**：过矩心 $A$ 对力 $\boldsymbol{F}$ 作垂线，距离 $L$ 为力臂。则根据式（1-2）得到力 $\boldsymbol{F}$ 对 $A$ 点的力矩为

$$M_A = FL = F \times 4\text{m} \times \sin45^\circ = 20 \times 4 \times \frac{\sqrt{2}}{2}\text{kN}\cdot\text{m} = 56.56\text{kN}\cdot\text{m}$$

想一想

1）你是否还有别的方法解上面的例题？

2）在上面的例题中，力 $\boldsymbol{F}$ 对 $B$ 点的力矩是多少？

## 二、合力矩定理

当物体受到多个分力作用时绕矩心转动，其转动效应等于各个分力使物体绕矩心转动的效应之和，即合力矩定理，表述如下：合力对平面上任一点的力矩等于分力对该点的力矩的代数和，公式表述为：

$$M_O(\boldsymbol{F}) = M_O(\boldsymbol{F}_1) + M_O(\boldsymbol{F}_2) + \cdots + M_O(\boldsymbol{F}_n) = \sum M_O(\boldsymbol{F}_i) \qquad (1\text{-}3)$$

## 三、力矩的平衡条件

在日常生活和生产中，常会遇到一些绕定点（定轴）转动的物体平衡的情况。我们用图1-21所示的杠杆为例研究平衡条件。

杠杆平衡条件为：动力×动力臂＝阻力×阻力臂。该条件反映了所有绕定点转动物体平衡时的共同规律。如果在具有固定转动中心的物体上作用有几个力，各个力对转动中心 $O$ 点的力矩分别为 $M_O(\boldsymbol{F}_1)$、$M_O(\boldsymbol{F}_2)$、…、$M_O(\boldsymbol{F}_n)$，则绕定点转动物体的平衡条件是：各力对转动中心 $O$ 点的力矩代数和等于零，即

$$M_O(\boldsymbol{F}) = M_O(\boldsymbol{F}_1) + M_O(\boldsymbol{F}_2) + \cdots + M_O(\boldsymbol{F}_n) = \sum M_O(\boldsymbol{F}_i) = 0 \tag{1-4}$$

图 1-21　杠杆原理

## 四、力偶的定义与性质

### （一）力偶的概念

在实践中，常可以看到物体受到两个大小相等、方向相反，不在同一作用线上的平行力使物体转动的情况，如图 1-22、图 1-23 所示。

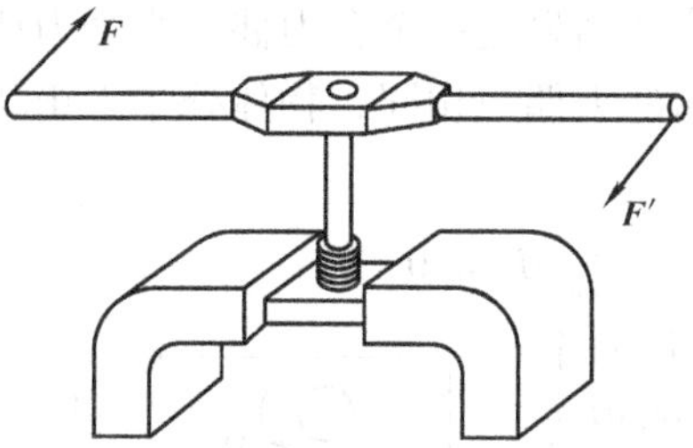

图 1-22　攻螺纹

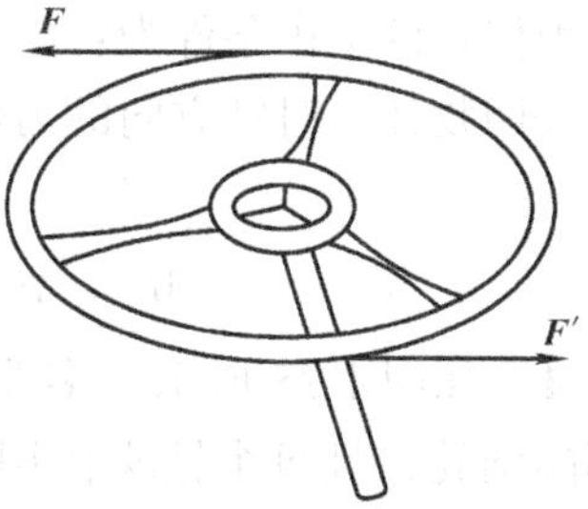

图 1-23　转向盘

这种两个大小相等，方向相反，且不共线的平行力组成的力系称为力偶。

力偶的书面表示法为 $(\boldsymbol{F}, \boldsymbol{F}')$。力偶中，两个力之间的距离 $L_d$ 称为力偶臂，力偶所在的平面称为力偶的作用面。

力偶对物体的作用效果的大小，用力偶矩 $M(\boldsymbol{F}, \boldsymbol{F}')$ 表示，即

$$M(\boldsymbol{F}, \boldsymbol{F}') = FL_d \tag{1-5}$$

力偶矩 $M(\boldsymbol{F}, \boldsymbol{F}')$ 也可以简写为 $M$。

力偶使物体在作用面内逆时针旋转力偶矩为正，顺时针旋转力偶矩为负，其单位为：牛米（N·m）或千牛米（kN·m）。

你能否判断图 1-22 和图 1-23 中力偶矩的正负？

### （二）力偶的主要性质

**性质 1**　力偶所包含的两个力既不平衡，也无合力，而且不能用一个力来平衡，是一种基本力系，对刚体只能产生转动的效果。

**性质 2**　力偶对其作用面内任意一点之矩，恒等于力偶矩，而与矩心的位置无关，即图 1-24 所示的三个力偶的作用效果是一样的。

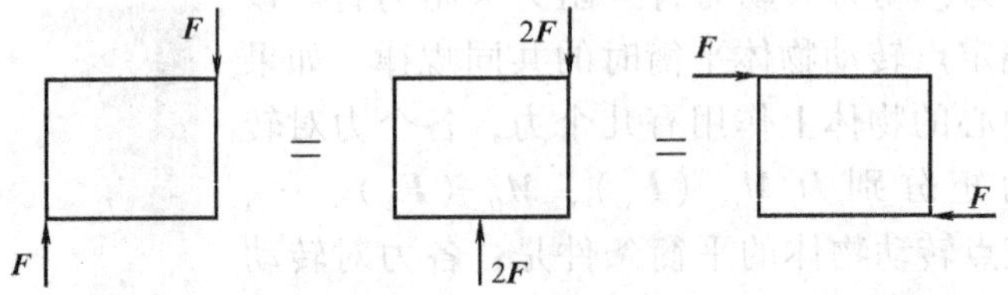


图 1-24　力偶的等效性

**性质 3**　力偶对刚体的转动效应取决于力偶的三要素：力偶矩的大小、力偶的转向和力偶作用面的方位。

## 五、平面力偶系的合成与平衡条件

平面力偶系的合成结果为一个合力偶，合力偶的力偶矩等于各分力偶的力偶矩的代数和，即

$$M = M_1 + M_2 + \cdots + M_n = \sum M_i \tag{1-6}$$

平面力偶系的平衡条件为：由于平面力偶系合成的结果是一个合力偶，当合力偶矩为零的时候，表明物体顺时针方向的力偶矩和逆时针方向的力偶矩相同，物体处于平衡状态，即相对静止。

$$M = M_1 + M_2 + \cdots + M_n = \sum M_i = 0 \tag{1-7}$$

**例 1-4**　如图 1-25 所示，多孔钻床在气缸盖上钻四个直径相同的圆孔，且每个钻头作用于工件的切削力偶矩为 $M_1 = M_2 = M_3 = M_4 = 2\text{N}\cdot\text{m}$，转向如图，求钻床作用于气缸盖上的合力偶矩 $M$。如果工件在 $A$、$B$ 处用螺栓固定，$A$、$B$ 之间的距离 $L = 0.2\text{m}$，试求两个螺栓在工件平面内所受力的大小。

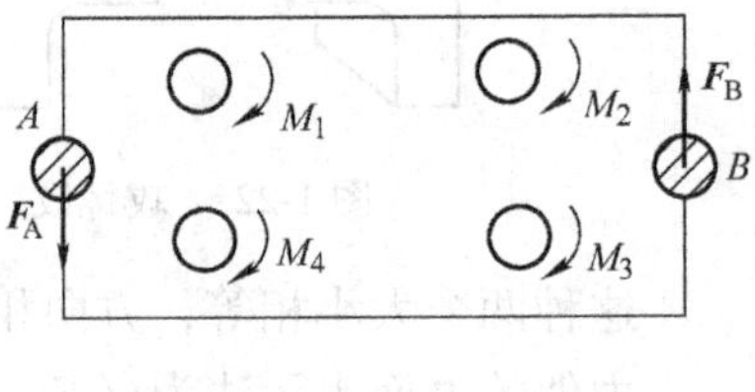


图 1-25　例 1-4

**解**：1）求四个主动力偶的合力矩：

$$M = M_1 + M_2 + M_3 + M_4 = -8\text{N}\cdot\text{m}$$

符号表示合力偶是顺时针方向。

2）求两个螺栓所受的力。选工件为研究对象，工件受四个主动力偶的作用和两个螺栓的反力作用而平衡，故两个螺栓的反力 $\boldsymbol{F}_\text{A}$ 和 $\boldsymbol{F}_\text{B}$ 必然组成一个力偶，设它们的方向如图，由平面力偶系的平衡条件 $\sum M_i = 0$ 有：

$$F_\text{A}L - (M_1 + M_2 + M_3 + M_4) = 0$$

可以解得：

$$F_\text{A} = F_\text{B} = \frac{M_1 + M_2 + M_3 + M_4}{L} = \frac{8\text{N}\cdot\text{m}}{0.2\text{m}} = 40\text{N}$$

即螺栓在 $A$、$B$ 两处对工件的作用力是 40N。

为什么攻螺纹时，需要用双手来操作？如用单手操作的时候，丝锥容易折断？

【知识链接】 关于杠杆定律的故事——“给我一个支点，我能撬动地球”

阿基米德（公元前287—前212）在数学、力学、天文学等领域都有很深的研究。尤其是在力学方面，在总结了关于埃及人用杠杆来抬起重物的经验的基础上，阿基米德系统地研究了物体的重心和杠杆原理，提出了精确地确定物体重心的方法，指出在物体的中心处支起来，就能使物体保持平衡。同时，他在研究机械的过程中，发现并系统地证明了阿基米德原理（即杠杆定律），为静力学奠定了基础。此外，阿基米德利用这一原理设计制造了许多机械。他在研究浮体的过程中发现了浮力定律，也就是著名的阿基米德定律。

## *第三节　平面力系的简化

### 一、平面力系的分类

平面力系是指各力的作用线都在同一平面内的力系。我们根据平面力系中各个作用力之间的关系，将平面力系细分为以下三类。

**1. 平面汇交力系**

在平面力系中，若各力的作用线交于一点，则称为平面汇交力系。平面汇交力系是各种力系中比较简单的一种，在工程实际中，经常会遇到平面汇交力系的实例。如图1-26所示的重物对吊钩的拉力 $\boldsymbol{T}_A$ 和 $\boldsymbol{T}_B$ 与吊绳对吊钩的拉力 $\boldsymbol{T}$ 三个力相交于 $C$ 点，则该力系就是平面汇交力系。本节主要以平面汇交力系中各个力之间的关系作为研究对象。

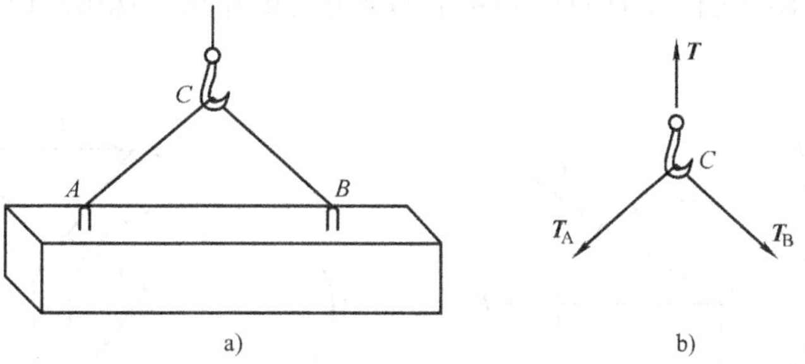


图1-26　平面汇交力系

**2. 平面平行力系**

若平面力系中各力的作用线相互平行，则该力系称为平面平行力系。如图1-27所示的起重设备，作用在上面的5个力的作用线相互平行。这一力系就是平面平行力系的实例。作用在桥梁、起重机等机构上的力系，常常可以简化为平行力系。

**3. 平面任意力系**

若力系中各力的作用线既不完全交于一点也不完全相互平行，是呈任意分布的力系，这样的力系称为平面一般力系或者平面任意力系（图1-28）。

我们将不同力系中的各个分力用一个合力来代替，找出合力大小和方向的方法称为力系的合成。找出力系合力的方法一般有两种，即几何法和解析法。

本节主要研究平面汇交力系的合成和平衡。

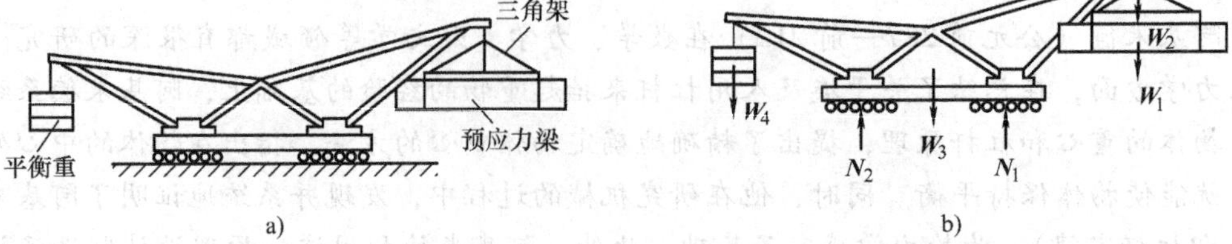


图 1-27 平面平行力系

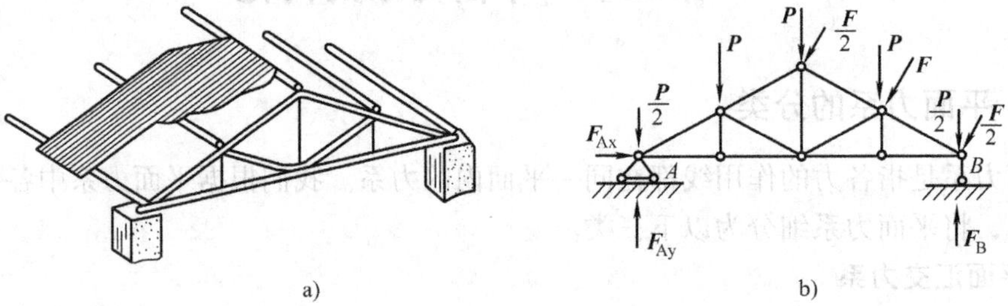


图 1-28 平面任意力系

## 二、平面汇交力系合成与平衡的几何法

如图 1-29a 所示的物体在 $O$ 点受到 4 个相交分力的作用，现用几何法求出其合力。

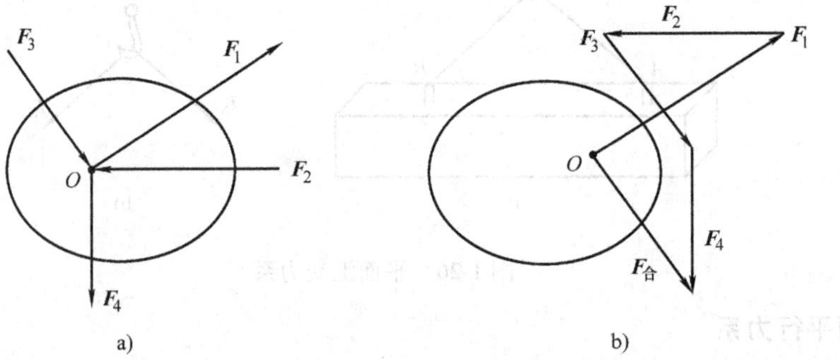


图 1-29 几何法求合力

按照第一节介绍的求合力的作图方法，首先从 $O$ 点出发，按照第一个分力 $\boldsymbol{F}_1$ 的方向和大小作出其力的图示，在 $\boldsymbol{F}_1$ 的箭尾照 $\boldsymbol{F}_2$ 的大小和方向作出其力的图示，依次类推，最后，连接 $O$ 点和 $\boldsymbol{F}_4$ 的箭尾，就得到了该物体的合力 $\boldsymbol{F}_合$。所得到的多边形就是力的多边形（图 1-29b）。用这种方法求得的合力，称为几何法求合力。

想一想

变换各分力的作图次序，力的多边形也会改变，那合力的大小和方向会变化么？以图 1-29 为例，变换作图时力的顺序，再做一个力的多边形出来。

从上面的例子可以看出，平面汇交力系可以简化为一个合力，合力的大小和方向等于各分力的矢量和，合力的作用线通过汇交点，用公式表示为：

$$\boldsymbol{F} = \boldsymbol{F}_1 + \boldsymbol{F}_2 + \cdots + \boldsymbol{F}_n = \sum \boldsymbol{F}_i \tag{1-8}$$

显然，平面汇交力系的平衡的必要与充分的几何条件是：力的多边形自行封闭，或各力矢的矢量和等于零。用公式表示为：

$$\boldsymbol{F} = \boldsymbol{F}_1 + \boldsymbol{F}_2 + \cdots + \boldsymbol{F}_n = \sum \boldsymbol{F}_i = 0 \tag{1-9}$$

想一想

如图 1-30 所示，两个力的多边形有什么不同？

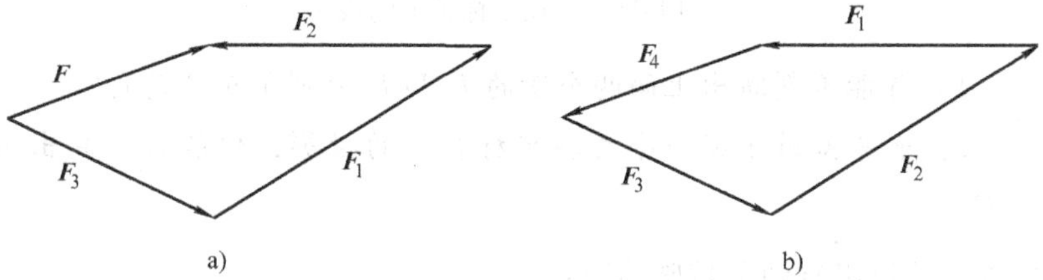


图 1-30　力的多边形

## 三、平面汇交力系合成与平衡的解析法

平面汇交力系合成与平衡的几何法虽然比较简易，但是作图要十分准确，否则将会引起比较大的误差，工程中更常用的方法是解析法。

**1. 力的分解**

将一个已知力分解为两个分力的过程称为力的分解。力的分解是力的合成的逆运算。力的合成是已知平行四边形的两个邻边，求对角线的过程，而力的分解则是已知平行四边形的对角线求两个邻边的过程。由一条对角线可以作出无数个平行四边形，这就有无数个解，为了限制其结果，工程上常用的是将已知力分解成两个相互垂直的分力。为了表述方便，我们建立一个正交坐标系，将已知力分解在两个坐标轴上。

**2. 力在正交坐标系的投影与力的解析表达式**

如图 1-31 所示，在直角坐标系 $Oxy$ 平面中，有一已知力 $\boldsymbol{F}$，此力与 $x$ 轴的夹角为 $\alpha$，从力 $\boldsymbol{F}$ 的两端 $A$、$B$ 分别向 $x$、$y$ 轴作垂线，得到线段 $ab$、$a'b'$。其中 $ab$ 称为力 $\boldsymbol{F}$ 在 $x$ 轴上的投影，以 $F_x$表示；$a'b'$称为力 $\boldsymbol{F}$ 在 $y$ 轴上的投影，以 $F_y$表示。

如图 1-31 所示，若已知力 $\boldsymbol{F}$ 的大小及其与 $x$ 轴所夹的锐角 $\alpha$，则力 $\boldsymbol{F}$ 在坐标轴上的投影 $F_x$和 $F_y$可按下式计算。

$$\begin{aligned} F_x &= \pm F\cos\alpha \\ F_y &= \pm F\sin\alpha \end{aligned} \tag{1-10}$$

当 $F_x$的方向分别和 $x$ 轴的正方向相同时，取正值，否则取负值。

同理，当 $F_y$的方向和 $y$ 轴的正方向相同时，取正值，否则取负值。

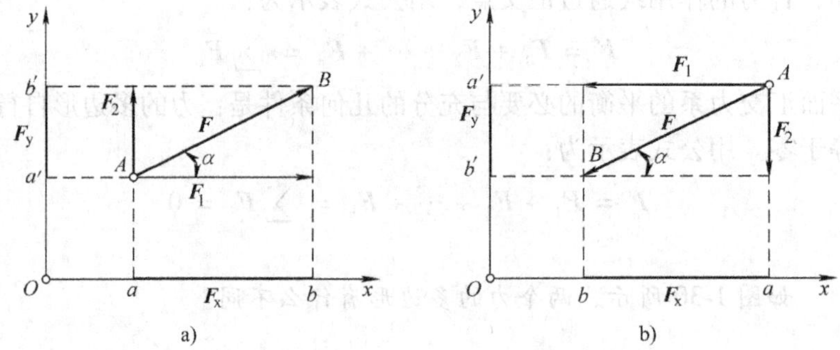


图 1-31 力在坐标轴上的投影

想一想

1）你能否判断出上面两个图的 $F_x$ 和 $F_y$ 分别是正还是负？

2）如果知道了某一个力在坐标轴上的投影，你能否计算出该力的大小和方向？

力在坐标轴上的投影有两种特殊情况：

1）当力与坐标轴垂直时，力在该轴上的投影等于零。

2）当力与坐标轴平行时，力在该轴上的投影的绝对值等于力的大小。

**例 1-5** 试分别求出图 1-32 所示各力在 $x$ 轴和 $y$ 轴上的投影。已知 $F_1=150\text{N}$，$F_2=120\text{N}$，$F_3=100\text{N}$，$F_4=50\text{N}$，各力的方向如图所示。

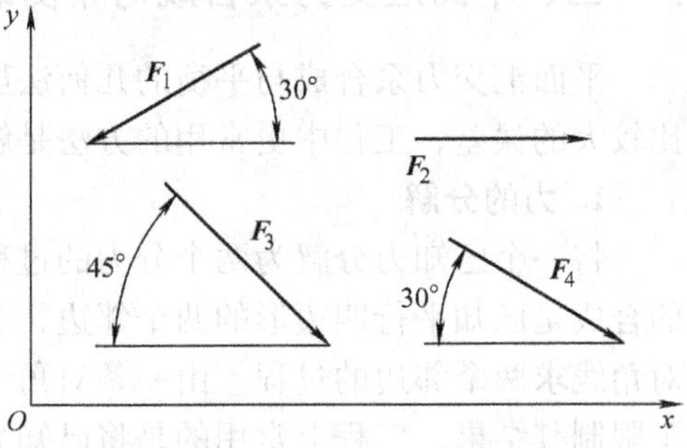


图 1-32 力的分解示例

**解**：力 $\boldsymbol{F}_2$ 与 $x$ 轴平行，与 $y$ 轴垂直，其投影可直接得出；其他各力的投影可由式（1-10）计算求得。故各力在 $x$、$y$ 轴上的投影分别为：

$\boldsymbol{F}_1$ 的投影为：

$$F_{1x} = -F_1\cos30° = -129.9\ \text{N}$$

$$F_{1y} = F_1\sin30° = -75\ \text{N}$$

$\boldsymbol{F}_2$ 的投影为：

$$F_{2x} = F_2 = 120\ \text{N}$$

$$F_{2y} = 0$$

$\boldsymbol{F}_3$ 的投影为：

$$F_{3x} = F_3\cos45° = 70.7\ \text{N}$$

$$F_{3y} = -F_3\sin45° = -70.7\ \text{N}$$

$\boldsymbol{F}_4$ 的投影为：

$$F_{4x} = F_4\cos30° = 43.3\ \text{N}$$

$$F_{4y} = -F_4\sin30° = -25\ \text{N}$$

同理，当力在 $x$ 轴和 $y$ 轴上的投影都已知的时候，力 $\boldsymbol{F}$ 的大小和它与 $x$ 轴所夹锐角 $\alpha$ 可以按照下面的公式计算：

$$\begin{cases} F = \sqrt{F_x^2 + F_y^2} = \sqrt{(\sum F_{ix})^2 + (\sum F_{iy})^2} \\ \tan\alpha = \left|\dfrac{F_y}{F_x}\right| = \left|\dfrac{\sum F_{iy}}{\sum F_{ix}}\right| \end{cases} \tag{1-11}$$

其中力 **F** 指向要根据投影的正负来确定。

想一想　你能否写出0°、30°、60°、90°这几个角度的正弦值和余弦值？

**3. 合力投影定理**

下面介绍平面汇交力系的各力与其合力在同一轴上的投影之间的关系——合力投影定理。

设有作用在刚体上的三个共点力 $\boldsymbol{F}_1$、$\boldsymbol{F}_2$、$\boldsymbol{F}_3$，如图1-33a所示，用力的多边形法则求得的合力为 **F**（图1-33b）。在力的多边形所示的平面中，建立直角坐标系，将各个分力和合力分别向两个坐标轴进行投影，如图1-33c所示。

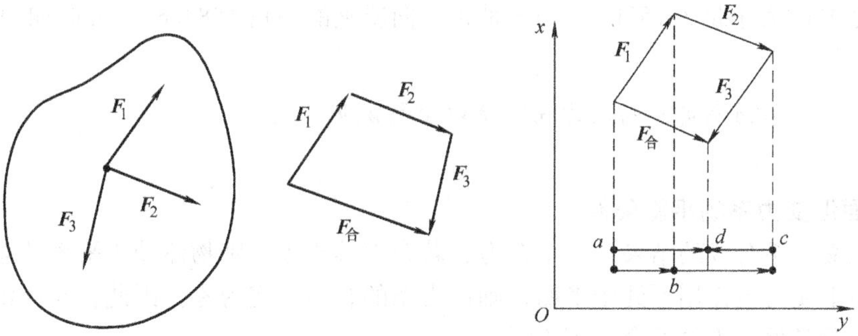


a)　　b)　　c)

图1-33　合力投影定理

各力在 $x$ 轴上投影：

$$F_{1x} = ab \qquad F_{2x} = bc \qquad F_{3x} = -cd$$

合力 **F** 在 $x$ 轴上投影：

$$F_x = ad = ab + bc - cd = F_{1x} + F_{2x} + F_{3x}$$

推广到任意多个力 $\boldsymbol{F}_1$、$\boldsymbol{F}_2$、$\cdots\boldsymbol{F}_n$组成的力系，可得：

如果平面汇交力系包含有 $n$ 个力，则上面两式中右边将各有 $n$ 项，即

$$F_x = F_{1x} + F_{2x} + \cdots + F_{nx}$$

简写为

$$F_x = \sum F_{ix} \tag{1-12}$$

$$F_y = F_{1y} + F_{2y} + \cdots + F_{ny}$$

简写为

$$F_y = \sum F_{iy} \tag{1-13}$$

上式表明了合力在任一轴上的投影等于各分力在同一轴上投影的代数和。我们称之为合

力投影定理。

**例 1-6** 如图 1-34 所示的吊环上作用有 3 个共面的拉力，各力的大小分别是 $T_1=2\text{kN}$、$T_2=1\text{kN}$、$T_3=1.5\text{kN}$，方向如图所示，试求其合力。

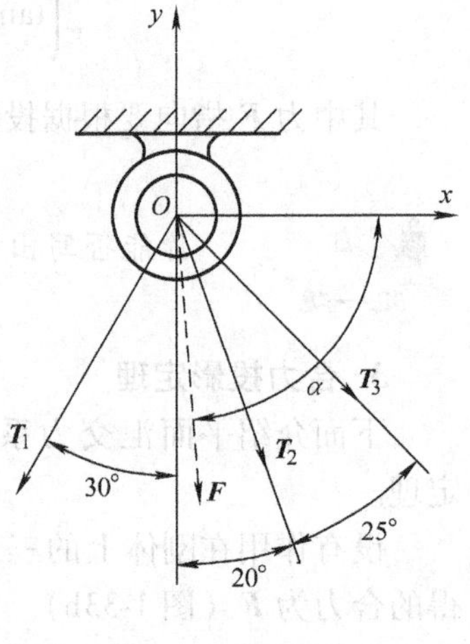

图 1-34 吊环

**解**：建立直角坐标系 $xOy$，如图 1-34 所示，根据式（1-12）和式（1-13）计算合力 $\boldsymbol{F}$ 在 $x$ 轴和 $y$ 轴上的投影为：

$$F_x=\sum F_{ix}=T_{1x}+T_{2x}+T_{3x}=0.403\text{kN}$$

$$F_y=\sum F_{iy}=T_{1y}+T_{2y}+T_{3y}=-3.733\text{kN}$$

又根据式（1-11），可以得到：

$$F=\sqrt{F_x^2+F_y^2}=\sqrt{(\sum F_{ix})^2+(\sum F_{iy})^2}$$

$$=\sqrt{0.403^2+3.733^2}=3.755\text{kN}$$

$$\tan\alpha=\left|\frac{F_y}{F_x}\right|=\left|\frac{\sum F_{iy}}{\sum F_{ix}}\right|=9.263$$

$$\alpha=83.8°$$

即合力 $\boldsymbol{F}$ 的大小是 3.755kN，与 $x$ 轴正方向所夹的锐角为 83.8°，方向如图所示。

如何确定 α 角的方向？试以上题说明？

**4. 平面汇交力系的平衡条件**

平面汇交力系合成的结果是一个合力，若合力等于零，则物体处于平衡状态。反之，若物体在平面汇交力系作用下处于平衡，则该力系的合力一定为零。因此，平面汇交力系平衡的必要和充分条件是力系的合力等于零。

根据式（1-11）可以知道，欲使合力 $F=0$，必须满足以下条件：

$$\begin{cases}\sum F_{ix}=0\\ \sum F_{iy}=0\end{cases}\tag{1-14}$$

根据以上分析，现归纳求解平面汇交力系平衡问题的一般步骤如下：

（1）选取研究对象　弄清题意，明确已知力和未知力，选取能反映出所要求的未知力和已知力关系的物体作为研究对象。

（2）画受力图　在研究对象上画出它所受到的全部主动力和约束力。

（3）选取适当的坐标系　最好使某一坐标轴与一个未知力垂直，以便简化计算。

（4）列平衡方程求解未知量　列方程时注意各力投影的正负号。当求出未知力是正值时，表示该力的实际指向与受力图上所假设的指向相同；如果是负值，则表示该力的实际指向与受力图上所假设的指向相反。

**例 1-7** 一平面刚架在 $B$ 点受一水平力 $P=20\text{kN}$ 的作用，尺寸及约束情况如图 1-35 所示。刚架的自重不计，试求 $A$ 与 $D$ 两处的约束力。

**解**：1）取刚架为研究对象，做受力图如图 1-35b 所示。根据铰链的性质，$\boldsymbol{F}_D$ 应该垂直

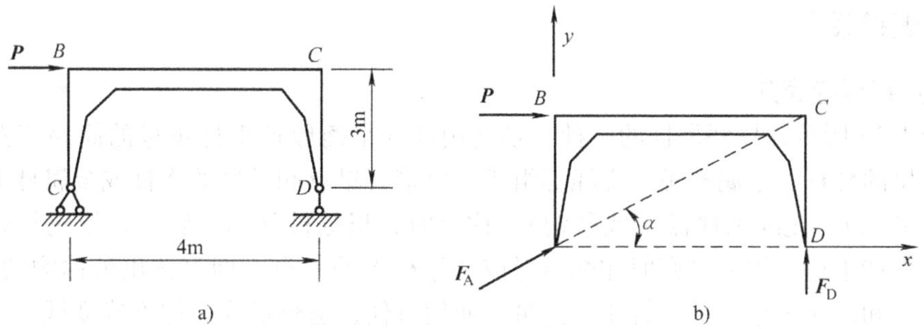


图 1-35 刚架

于支承面，并且刚架只受到三个力的作用，根据三力汇交于一点的原理可知，三个力汇交于 $C$ 点，$\boldsymbol{F}_A$的方向按照图示假定。

2）选取坐标系，如图所示，$\boldsymbol{F}_A$与 $x$ 轴的夹角为 $\alpha$ 。

3）根据式（1-14），$\sum F_{ix} = 0$ 得：

$$P + F_A\cos\alpha = 0$$

$$F_A = \frac{-P}{\cos\alpha} = \frac{-5P}{4} = -25\text{kN}$$

根据 $\sum F_{iy} = 0$ 得：

$$F_D + F_A\sin\alpha = 0$$

$$F_D = -F_A\sin\alpha = 15\text{kN}$$

即 $A$、$D$ 两点的约束力大小分别为 25kN 和 15kN。其中 $A$ 点的约束力与图示方向相反。

## 本章小结

本章主要讲解了下列内容：

1. 力、力矩、力偶的概念与基本性质。
2. 约束的类型，对物体进行受力分析，画受力图。

# 实训项目 2　杆秤的制作

### 【项目内容】

根据力矩平衡原理，手工制作杆秤，并能自行检验杆秤的精度。

### 【项目目标】

完成本项目后，应当达到以下目的：

1）掌握并能应用力矩和力矩平衡的计算公式。

2）了解杆秤的制作原理。

## 【知识链接】

### （一）杆秤的简介

如图1-36所示，杆秤是秤的一种，是利用杠杆平衡原理来称重量的简易衡器，由木制的带有秤星的秤杆、金属秤锤、提绳等组成，以带有星点和锥度的木杆或金属杆为主体，并配有砣（砝码）、砣绳和秤盘（或秤钩）。称重时，根据被称物的轻重，使砣与砣绳在秤杆上移动以保持平衡。根据平衡时砣绳所对应的秤杆上的星点，即可读出被称物的质量示值。杆秤的结构和制作工艺简单、轻小，携带、使用方便，造价低廉，但准确度低。

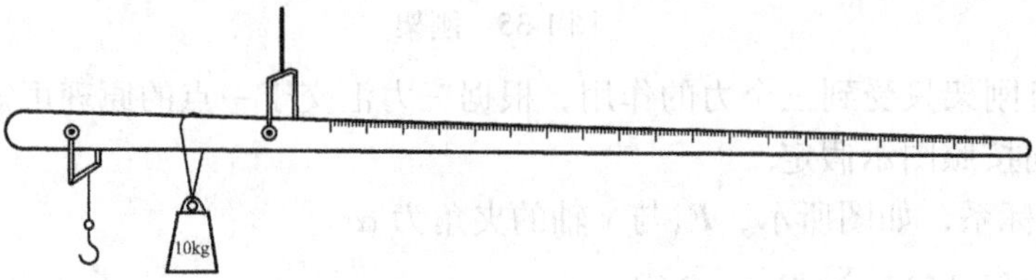


图1-36　杆秤

### （二）定盘星

秤杆靠近秤钩方向有一个提手，提起提手，秤钩上不放任何重物，此时，能让秤杆保持平衡的放置秤砣点，称为定盘星。定盘星是指杆秤零刻度。确定定盘星的位置很重要，只有正确地找到它的位置，才能使称量准确，否则就无法准确称量物体的重量。

## 【项目实施】（表1-1）

**表1-1　杆秤的制作实施步骤**

| 步骤名称 | | 操作步骤 |
|---|---|---|
| 分组 | | 分组实施，每小组3～4人，或视设备情况确定人数 |
| 工、量具及设备准备 | | 一根长40cm厘米左右的木棍，粗铁丝，螺钉2个，绳子若干，0.25kg，0.5kg，1kg，1.5kg重秤砣，尺子 |
| 实施过程 | 制作秤杆，找出定盘星 | 1）做一根长40cm的杆秤，靠近粗的一端1cm处和6cm处分别钻两个小孔。<br>2）在孔中固定如图1-26所示形状的穿钉。用粗铁丝弯一个钩作为秤钩，挂在第一个穿钉上，用一根较粗的线拴在第二个穿钉上做提纽<br>3）再用细线吊一个0.25kg的重物的秤砣。提起提纽，将秤砣挂在秤杆上，移动所挂的位置，直到杆秤处于平衡。此时，在秤杆内侧刻出秤砣所挂的位置，这个位置就是定盘星，是刻度的零点 |
| | 标刻线 | 将质量为0.5kg、1kg、1.5kg的物体分别挂在秤钩上，调整秤砣的位置，使杆秤平衡。秤砣的位置就是秤的0.5kg、1kg、1.5kg的刻度处，做好刻度标记，这几个刻度间距离是均匀的。根据这个规律即可以在秤杆上找出2kg、2.5kg等刻度的位置，把每0.5kg刻度间的距离等分成10份，每份间的距离就代表0.05kg |
| | 试称 | 找出一个物体，称大概的重量 |
| | 5S | 整理工具、清扫现场 |

## 【项目评价与反馈】（表 1-2）

**表 1-2　项目评价与反馈表**

班级：________姓名：________　　　　　　　　　　　　　　______年____月____日

| 序号 | 项　目 | 自我评价 | | | | 小组评价 | | | | 教师评价 | | | |
|---|---|---|---|---|---|---|---|---|---|---|---|---|---|
| | | 优 | 良 | 中 | 差 | 优 | 良 | 中 | 差 | 优 | 良 | 中 | 差 |
| 1 | 对本项目过程的了解程度 | | | | | | | | | | | | |
| 2 | 对小组活动的参与配合度 | | | | | | | | | | | | |
| 3 | 对数据的记录能力 | | | | | | | | | | | | |
| 4 | 对数据的分析和计算能力 | | | | | | | | | | | | |
| 5 | 动手能力 | | | | | | | | | | | | |
| 6 | 团队合作能力 | | | | | | | | | | | | |
| 7 | 实训小结 | | | | | | | | | | | | |
| 8 | 综合评价 | 综合评价等级： | | | | | | | | | | | |

## 【思考题】

在杆秤的制作过程中，为什么定盘星的正确定位很重要？

# 第二章 构件的承载能力分析

人们在建筑、桥梁或机械的建造过程中选择材料时，需要对材料的实际承载能力和内部变化进行研究，这就催生了材料力学。运用材料力学知识可以分析材料的强度、刚度和稳定性。材料力学还用于机械设计，使材料在相同的强度下可以减少材料用量，优化机构设计，以达到降低成本、减轻重量等目的

广州塔

高架桥

【学习目标】

- ◆ 能描述四种常见变形的概念，区分四种变形的受力特点和变形特点。
- ◆ 会进行直杆轴向拉伸和压缩时的强度计算。
- ◆ 能描述剪切和挤压的概念，正确区分剪切面和挤压面。
- ◆ 会分析圆轴扭转时横截面上切应力的分布规律。
- ◆ 会分析直梁纯弯曲时横截面上正应力的分布规律。

【学习重点】

- ◆ 四种变形的受力特点和变形特点。
- ◆ 直杆轴向拉伸和压缩的强度计算。
- ◆ 圆轴扭转时横截面上切应力的分布规律。
- ◆ 直梁纯弯曲时横截面上正应力的分布规律。

# 第一节　轴向拉伸和压缩

## 一、轴向拉伸和压缩的概念

在工程实际中，产生轴向拉伸或压缩的杆件很多。如图 2-1 所示的自卸车上液压缸的活塞杆受到汽车箱体对它的压力，吊车上的起重绳受到重物对它的拉力。这些都是轴向拉伸或压缩的实例。

a)

b)

图 2-1　轴向拉伸和压缩实例

a）自卸车　b）吊车

受轴向拉伸或压缩的构件大多是等截面直杆（统称为杆件），其受力情况可以简化如图 2-2 所示。它们的受力特点是：作用在杆件上的两个外力（或者是外力的合力）大小相等，方向相反，力的作用线与杆件轴线重合。变形特点是：杆件沿轴线方向伸长或缩短。

根据轴向拉伸和压缩的概念可以判断，图 2-3a 所示的三角架中的 *BC* 杆是轴向拉伸的直杆；图 2-3b 所示的三角架中的 *AB* 杆是轴向压缩的直杆。

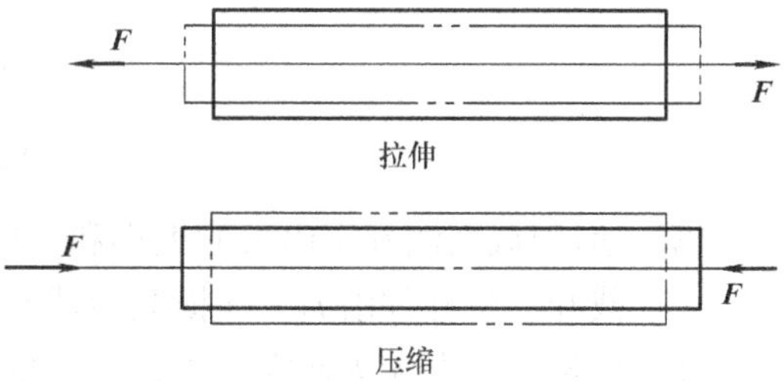


图 2-2　拉压变形的受力和变形特点

## 二、轴力的概念与计算

### （一）轴力的概念

杆件以外的物体对杆件的作用力称为杆件的外力。杆件在外力的作用下产生变形，内部材料微粒之间的相对位置发生变化，其相互作用也会发生变化。这种由于外力引起的材料微粒之间相互作用力的改变量，称为内力。在拉伸和压缩变形中，由于外力与轴线重合，所以内力也必在轴线上，这种与杆件轴线重合的内力称为轴力，用 $\boldsymbol{F}$ 来表示。

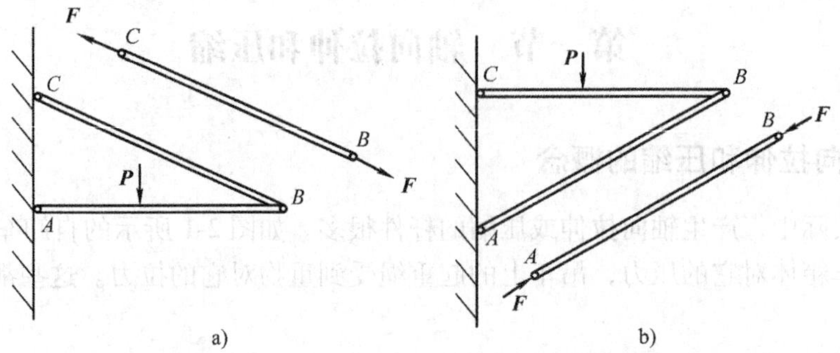


图 2-3 拉压直杆

a）拉杆的受力特点 b）压杆的受力特点

### （二）轴力的计算

1）轴力正负号的规定：当杆件受拉时，轴力为正；杆件受压时，轴力为负。

2）轴力的计算方法采用截面法。

设有承受轴向力 $\boldsymbol{F}$ 的杆件，如图 2-4a 所示，为了确定横截面 $m—m$ 上的内力，采用截面法，步骤见例 2-1。

**例 2-1** 如图 2-4 所示的杆件，受一对轴向拉力 $\boldsymbol{F}$ 的作用。求横截面 $m—m$ 上的轴力。

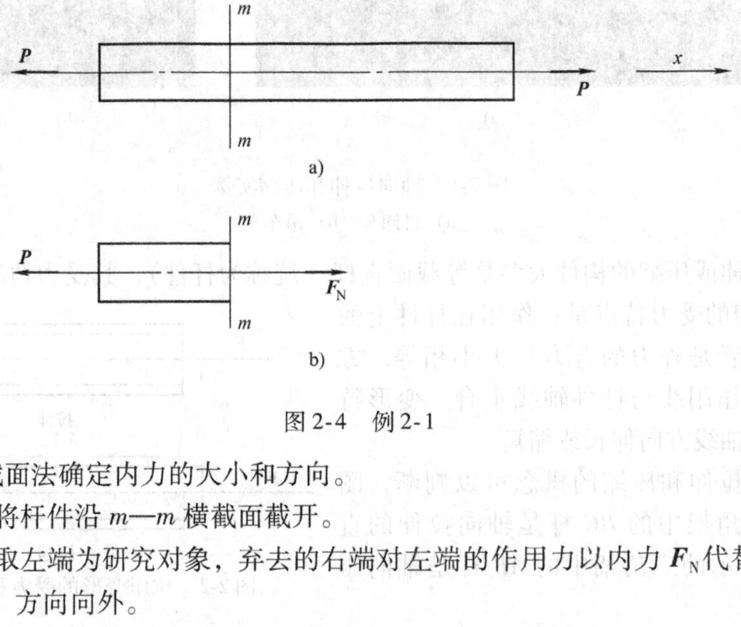


图 2-4 例 2-1

**解**：运用截面法确定内力的大小和方向。

1）截开：将杆件沿 $m—m$ 横截面截开。

2）代替：取左端为研究对象，弃去的右端对左端的作用力以内力 $\boldsymbol{F}_N$ 代替（图 2-4b）。假设 $\boldsymbol{F}_N$ 为拉力，方向向外。

3）平衡：由左端的受力图列静力平衡方程，即由 $\sum F_x = 0$，得

$$F_N - F = 0$$

$$F_N = F$$

杆件的轴力为拉力，大小为 $F$。

必须指出，在静力学中，列平衡方程是根据力在坐标中的方向来规定力的符号的。而在材料力学中，则是根据构件的变形来规定内力的符号，即要注意判断计算出来的正负与规定的内力正负是否相符。这是材料力学与静力学在方法上的不同，在今后的各种内力的计算

时，应该特别加以注意。

在上面的例题中，如果假设轴力 $\boldsymbol{F}_{\mathrm{N}}$ 为压力，应该如何列平衡方程？求出的 $\boldsymbol{F}_{\mathrm{N}}$ 为多少？此时的负号代表什么含义？

3）轴力图：为了能够直观形象地表示各横截面轴力的大小，我们用平行于杆轴线的 $x$ 坐标表示杆件横截面的位置，用与 $x$ 垂直的坐标 $F_{\mathrm{N}}$ 表示横截面上的轴力的大小，按照选定的比例，把轴力表示在 $x$—$\boldsymbol{F}_{\mathrm{N}}$ 坐标系中，描出轴力随着横截面位置变化的曲线，这样的图形称为轴力图。

通常两个坐标轴可省略不画，而将正值轴力画在 $x$ 轴的上方，负值轴力画在 $x$ 轴的下方。

**例 2-2**　如图 2-5a 所示的直杆，已知 $F_1=10\mathrm{kN}$；$F_2=20\mathrm{kN}$；$F_3=35\mathrm{kN}$；$F_4=25\mathrm{kN}$。求 1—1、2—2、3—3 截面的轴力大小，并画出图示杆件的轴力图。

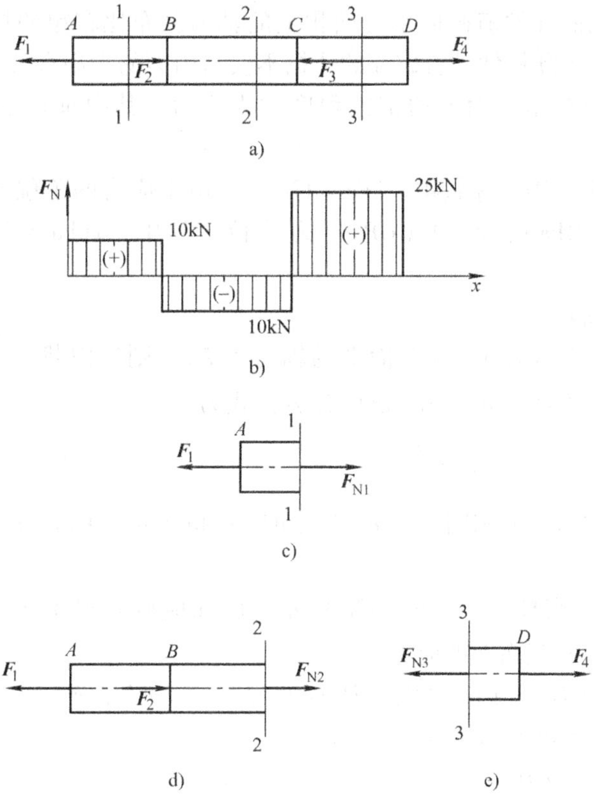


图 2-5　例 2-2

**解**：1）计算各段的轴力。

*AB* 段：选取截面 1-1，取左半段为研究对象，并画出受力图（图 2-5c），列平衡方程。由 $\sum F_x=0$，得 $F_{\mathrm{N1}}=F_1=10\mathrm{kN}$。

*BC* 段：选取截面 2-2，取左半段为研究对象，并画出受力图（图 2-5d），列平衡方程。

由 $\sum F_x = 0$，得 $F_{N2} + F_2 = F_1$。

$$F_{N2} = F_1 - F_2 = 10\text{kN} - 20\text{kN} = -10\text{kN}$$

*CD* 段：选取截面3-3，留取右半段为研究对象（如图2-5e所示），列平衡方程。由 $\sum F_x = 0$，得 $F_{N3} = F_4 = 25\text{kN}$。

2）绘制轴力图。建立 $x—F_N$ 坐标系，画出轴力图如图2-5b所示。

上面的例题中，*BC* 段的轴力为负值，此时的负号代表什么含义？

## 三、拉（压）杆横截面上的应力和变形计算

### （一）应力的概念

用相同外力拉伸两根材质相同但尺寸不同的杆件，为什么横截面小的杆件会比较容易变形？这是因为比较细的杆件横截面单位面积上的轴力分布比较粗的杆件上的轴力分布密度大。由此可以看出，判断杆件是否破坏的依据不仅与内力的大小有关，与横截面积的大小也有关系。我们把内力在横截面上的密集程度称为应力。其中垂直于横截面的应力称为正应力。

应力的国际单位是Pa，称做帕，$1\text{Pa} = 1\text{N/m}^2$。由于应力的单位比较小，工程上常以千帕（kPa）、兆帕（MPa）、吉帕（GPa）为单位。其中，$1\text{kPa} = 10^3\text{Pa}$，$1\text{MPa} = 10^6\text{Pa}$，$1\text{GPa} = 10^9\text{Pa}$。

### （二）应力的计算

设杆件横截面的面积为 $A$，横截面上的轴力为 $\boldsymbol{F}_N$，则该横截面上的正应力为 $\sigma$，如图2-6所示。$\sigma$ 的计算公式为：

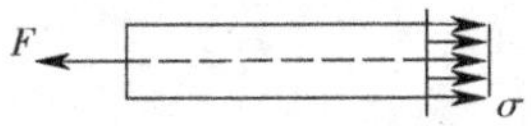


图2-6 应力分布示意图

$$\sigma = \frac{F_N}{A} \qquad (2\text{-}1)$$

$\sigma$ 的正负号规定与轴力相同，当 $F_N$ 为正时，$\sigma$ 也为正，称为拉应力；当 $F_N$ 为负时，$\sigma$ 也为负，称为压应力。

**例2-3** 一阶梯形直杆受力如图2-7a所示。已知横截面积 $A_1 = 400\text{mm}^2$，$A_2 = 300\text{mm}^2$，$A_3 = 200\text{mm}^2$，试求各横截面上的应力。

**解**：1）计算轴力，画轴力图。计算得 $F_{N1} = 50\text{kN}$，$F_{N2} = -30\text{kN}$，$F_{N3} = 10\text{kN}$，$F_{N4} = -20\text{kN}$。轴力图如图2-7b所示。

2）计算各段的正应力：

$$AB\text{段：}\sigma_{AB} = \frac{F_{N1}}{A_1} = \frac{50\times10^3}{400}\text{MPa} = 125\text{MPa}$$

$$BC\text{段：}\sigma_{BC} = \frac{F_{N2}}{A_2} = \frac{-30\times10^3}{300}\text{MPa} = -100\text{MPa}$$

$$CD\text{段：}\sigma_{CD} = \frac{F_{N3}}{A_2} = \frac{10\times10^3}{300}\text{MPa} = 33.3\text{MPa}$$

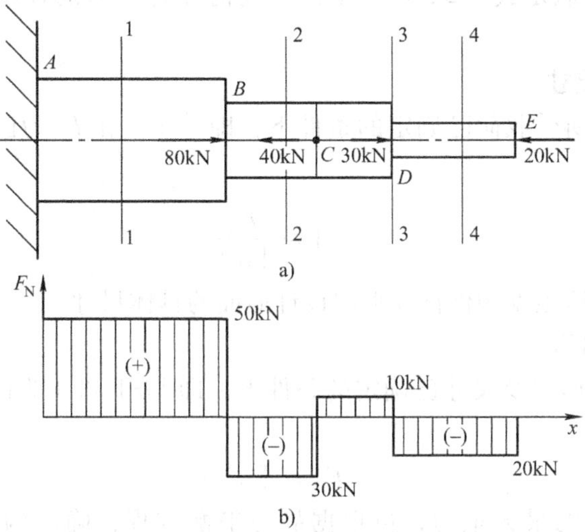


图 2-7　例 2-3

$$DE\text{ 段}:\sigma_{DE}=\frac{F_{N4}}{A_3}=\frac{-20\times10^3}{200}\text{MPa}=-100\text{MPa}$$

由计算结果可以知道，*AB* 段受到拉应力，大小为 125MPa；*BC* 段受到压应力，大小为 100MPa；*CD* 段受到拉应力，大小为 33.3MPa；*DE* 段受到压应力，大小为 100MPa。

能不能将上面例题中轴力的计算过程补充完整?

## *四、安全系数与强度校核

材料丧失工作能力时的应力称为极限应力，以 $\sigma^0$ 表示。

构件的工作应力应小于极限应力，构件在工作时允许产生的最大应力称为许用应力，用 $[\sigma]$ 表示。许用应力等于极限应力除以一个大于 1 的系数，此系数称为安全系数，用 $n$ 表示，即

$$[\sigma]=\frac{\sigma^0}{n} \tag{2-2}$$

要使构件在外力作用下能够安全、可靠地工作，必须使构件截面上的最大工作应力 $\sigma_{max}$ 不超过材料的许用应力，即

$$\sigma_{max}=\frac{F_N}{A}\leqslant[\sigma] \tag{2-3}$$

产生最大正应力的截面称为危险截面。对于等截面直杆，轴力最大的截面即为危险截面。对于变截面直杆，危险截面要结合 $F_N$ 和 $A$ 共同考虑来确定。

根据强度条件可以解决强度计算的三类问题。

### (一) 强度校核

具体做法是根据载荷和构件尺寸确定出最大工作应力 $\sigma_{max}$，然后和构件材料的许用应

力 $[\sigma]$ 相比较，如果满足式（2-3）的条件，则构件有足够的强度，反之，则构件的强度不够。

（二）设计截面尺寸

在构件的材料及所受载荷已确定的条件下，即 $[\sigma]$ 和 $F_N$ 为已知，把强度条件公式变换为

$$A \geqslant \frac{F_N}{[\sigma]} \tag{2-4}$$

计算出截面面积，然后根据构件截面形状设计截面的具体尺寸。

（三）确定许可载荷

在构件的材料和形状及尺寸已确定的条件下，即 $[\sigma]$ 和 $A$ 为已知，把强度条件公式变换为

$$F_N \leqslant [\sigma]A \tag{2-5}$$

计算出构件所能承受的最大轴力，再根据静力平衡方程，确定构件所能承受的最大许可载荷。

**例 2-4** 如图 2-8a 所示的木构架，悬挂重物的重力为 $F = 60\text{kN}$。$AB$ 支柱的横截面为正方形，横截面边长为 200mm，许用应力 $[\sigma] = 10\text{MPa}$。试校核 $AB$ 支柱的强度。

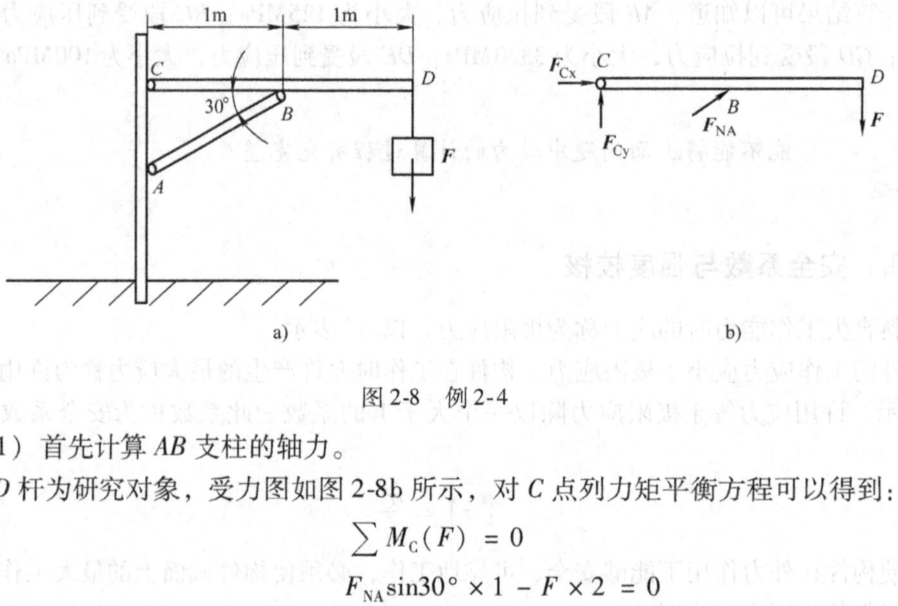


图 2-8 例 2-4

**解**：1）首先计算 $AB$ 支柱的轴力。

取 $CD$ 杆为研究对象，受力图如图 2-8b 所示，对 $C$ 点列力矩平衡方程可以得到：

$$\sum M_C(F) = 0$$

$$F_{NA}\sin 30° \times 1 - F \times 2 = 0$$

$$F_{NA} = \frac{2F}{\sin 30°} = 240\text{kN}$$

$AB$ 支柱的轴力 $= F_{NA} = 240\text{kN}$。

2）校核 $AB$ 支柱的强度。

$$\sigma = \frac{F_{NA}}{A} = \frac{240 \times 10^3}{200 \times 200}\text{MPa} = 6\text{MPa}$$

由 $\sigma = 6\text{MPa} \leqslant [\sigma]$

可知 $AB$ 支柱的强度符合强度要求。

**例 2-5**　三角架由 $AB$ 和 $BC$ 两根材料相同的圆截面杆构成，如图 2-9a 所示，材料的许用应力 $[\sigma]=100\text{MPa}$，载荷 $F=10\text{kN}$。试设计两杆的直径。

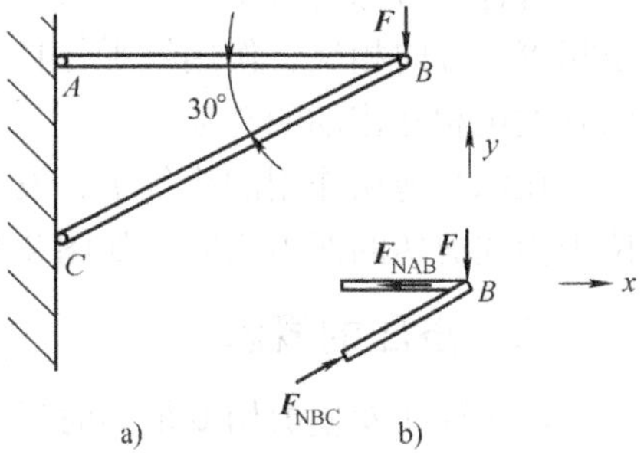

图 2-9　例 2-5

**解**：1）首先计算杆 $AB$ 和杆 $BC$ 的轴力。

用截面法截取结点 $B$ 为研究对象，受力图如图2-9b所示。由平衡方程 $\sum F_y=0$ 可以得到

$$F_{NBC}\sin 30°-F=0$$

$$F_{NBC}=\frac{F}{\sin 30°}=\frac{10}{\sin 30°}\text{kN}=20\text{kN}$$

由 $\sum F_x=0$ 可以得到

$$F_{NBC}\cos 30°-F_{NAB}=0$$

$$F_{NAB}=F_{NBC}\cos 30°=17.32\text{kN}$$

2）确定两杆直径。

根据式（2-4）可以得到

$$\frac{\pi d^2}{4}\geqslant\frac{F_N}{[\sigma]},\text{则 } d\geqslant\sqrt{\frac{4F_N}{\pi[\sigma]}}$$

得

$$d_{AB}\geqslant\sqrt{\frac{4F_{NAB}}{\pi[\sigma]}}=14.85\text{mm}$$

取 $AB$ 杆的直径为 15mm。

得

$$d_{BC}\geqslant\sqrt{\frac{4F_{NBC}}{\pi[\sigma]}}=15.95\text{mm}$$

取 $BC$ 杆的直径为 16mm。

## 第二节　剪切和挤压

### 一、剪切的概念

图 2-10a 所示为用销钉连接的两块钢板，当钢板受外力 $\boldsymbol{F}$ 作用的时候，钢板将外力传递到铆钉上，铆钉在这一对力的作用下，上下两部分将沿 $m$—$m$ 截面有相对错动的趋势，当外力足够大的时候，铆钉将沿着 $m$—$m$ 截面被截断。工程实际中，一些连接件的受力与上述情况类似。

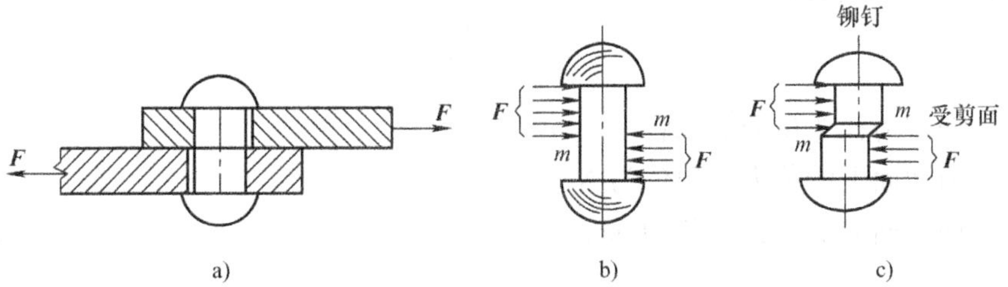

图 2-10　剪切实例

这种变形称为剪切变形，剪切变形的受力特点是：作用在构件两侧面上的外力的合力大小相等，方向相反，作用线平行且距离很近。其变形特点是：介于两外力作用线之间的横截面有发生相互错动的趋势。

在承受剪切作用的构件中，发生相对错动的面称为剪切面，它与作用力的作用线平行，位于构成剪切的两力之间。如图 2-10b、c 所示，*m*—*m* 面就是一个剪切面。

## 二、挤压的概念

连接件在发生剪切变形的时候，两构件在接触面上相互压紧，由于局部承受比较大的压力，会出现塑性变形，这种作用称为挤压。如图 2-10 所示的铆钉连接中，铆钉杆的上半部分左侧和下半部分的右侧都与钢板相互挤压。图 2-11 所示为图 2-10 在发生剪切变形时随之发生的挤压变形。

受到挤压作用的表面称为挤压面。作用在挤压面上的压力称为挤压力。挤压力过大，挤压接触面会出现局部产生显著塑性变形甚至压陷的破坏现象，称为挤压破坏。

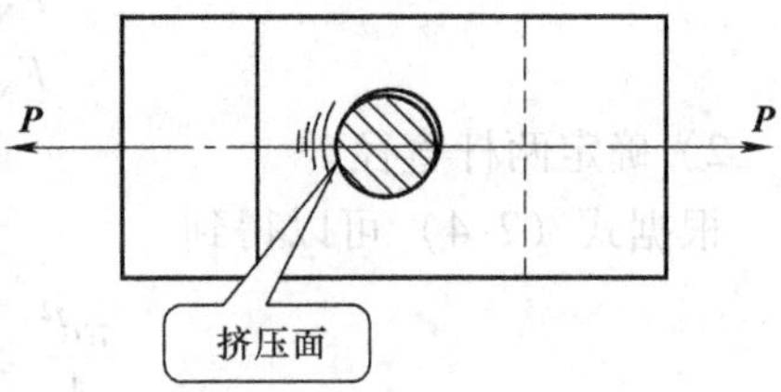

图 2-11　挤压现象

## *三、剪切的实用计算

图 2-12a 所示是用铆钉连接的两块钢板，铆钉受到剪切的作用。现分析铆钉杆部的内力和应力。仍用截面法，将铆钉沿 *m*—*m* 截面假想地截开，分为上下两部分（图 2-12b）。并取其中任一部分为研究对象，根据静力平衡条件，在剪切面内必有一个与该截面相切的内力，这个内力称为剪力，用 $\boldsymbol{F}_Q$ 表示。

剪力 $\boldsymbol{F}_Q$ 的大小由平衡条件确定，即 $\sum F_x = 0$，$F_Q - F = 0$，解得：

$$F_Q = F$$

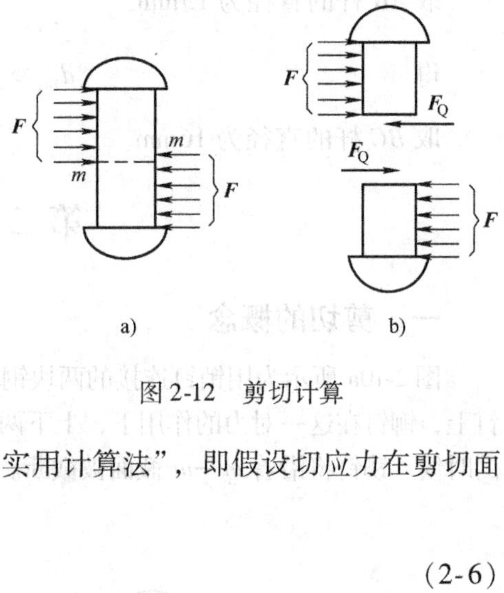

图 2-12　剪切计算

由于剪力 $\boldsymbol{F}_Q$ 的存在，剪切面上必然存在有平行于截面的切应力 $\tau$。切应力在截面上的实际分布规律比较复杂，工程上通常采用以实验等为基础的“实用计算法”，即假设切应力在剪切面上是均匀分布的，所以切应力的计算公式为：

$$\tau = \frac{F_Q}{A} \qquad (2\text{-}6)$$

式中　$\tau$——切应力，单位为 MPa；

$F_Q$——剪切面上的剪力，单位为 N；

$A$——剪切面的面积，单位为 $mm^2$。

如果已知图 2-12 中拉力 $\boldsymbol{F}$ 大小为 12kN，铆钉的直径为 16mm，试计算切应力的大小。

## *四、挤压的实用计算

在挤压面上，由挤压力引起的应力称为挤压应力，以 $\sigma_{jy}$ 表示。

挤压应力在挤压面上的分布规律也是比较复杂的，工程上同样采用“实用计算法”，即假设挤压应力在挤压面上是均匀分布的，因此挤压应力为：

$$\sigma_{jy} = \frac{F_{jy}}{A_{jy}} \tag{2-7}$$

挤压面积 $A_{jy}$ 的计算方法要根据接触面的具体情况而定。当接触面为平面时，挤压面积就是接触面积；当接触面为半圆柱面时，挤压面积为半圆柱体的正投影面积，如图2-13 所示，即 $A_{jy} = dh$，这样按式（2-7）计算所得的挤压应力和实际最大挤压应力值很接近。

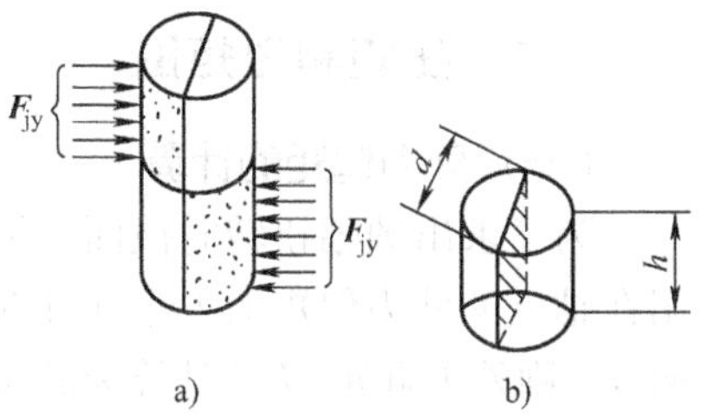


图 2-13　挤压面计算

# 第三节　扭转和弯曲

## 一、圆轴扭转的概念

扭转变形是杆件的基本变形形式之一。通常把发生扭转变形的杆件称为轴，本节只讨论等横截面圆轴的扭转问题。

在日常生活和工程实际中，我们经常会看到一些发生扭转变形的杆件，例如开锁时的钥匙，图 2-14a 所示的传动轴，图 2-14b 所示的水轮发电机的主轴。此外，还有丝锥、钻头、螺钉等，在工作的时候均受到扭转作用。

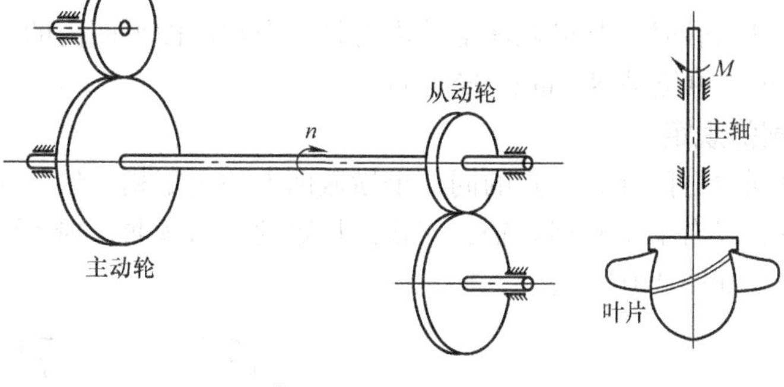


图 2-14　扭转实例

这些发生扭转变形的杆件的受力特点是：在垂直于杆件轴线的平面内，作用着一对大小相等、方向相反的力偶。变形特点是：杆件的任意两个横截面都绕轴线作相对转动。这种变形形式称为扭转。

你还能举出现实生活中扭转的实例么？

## *二、扭矩和扭矩图

### （一）外力偶矩的计算

为了求出圆轴扭转时截面上的内力，必须先计算出轴上的外力偶矩。在工程计算中，作用在轴上的外力偶矩的大小往往是不直接给出的，通常是给出轴所传递的功率 $P$ 和轴的转速 $n$，则外力偶矩 $M$ 的计算公式如下：

$$M = 9550 \times \frac{P}{n} \tag{2-8}$$

式中　$M$——外力偶矩，单位为 N · m；

$P$——轴所传递的功率，单位为 kW；

$n$——轴的转速，单位为 r/min。

注意：在确定外力偶矩 $M$ 的转向时，凡是输入的主动力偶矩的转向都应与轴的转向一致；凡是输出功率的从动力偶矩的转向都应与轴的转向相反。

### （二）圆轴扭转时的内力——扭矩

圆轴在外力偶矩的作用下发生扭转变形时，其横截面上将产生内力。计算内力的方法仍然采用截面法。现以图 2-15a 所示受扭转变形圆轴为例，假想地将圆轴沿着任意横截面 1-1 切开，并取左半部分为研究对象（图 2-15b）。由于整个轴是平衡状态，所以左半部分也是平衡状态。轴上作用外力偶矩，显然截面 1-1 上分布的内力也必然是力偶，内力偶矩用符号 $T$ 表示，方向如图所示，大小根据平衡方程 $\sum M_i = 0$ 获得，即

$$T - M = 0$$

$$T = M$$

由此可见，杆件扭转时，其横截面上的内力是一个在截面平面内的力偶，其力偶矩 $T$ 称为截面 1-1 上的扭矩，单位是 N · m 或 kN · m。

### （三）扭矩符号的规定

为了使取左段和取右段计算得到的同一个横截面上的扭矩相一致，通常采用右手螺旋法则规定扭矩的正负，以右手手心握着轴，四指沿扭矩的方向弯曲，拇指的方向离开截面，扭矩为正，反之为负，如图 2-16 所示。

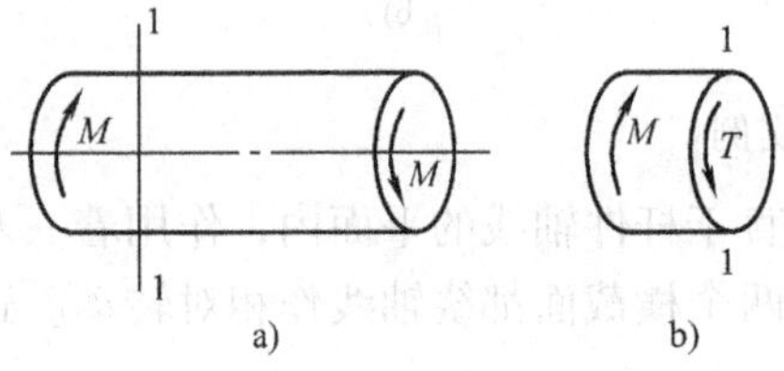


图 2-15　扭转的计算

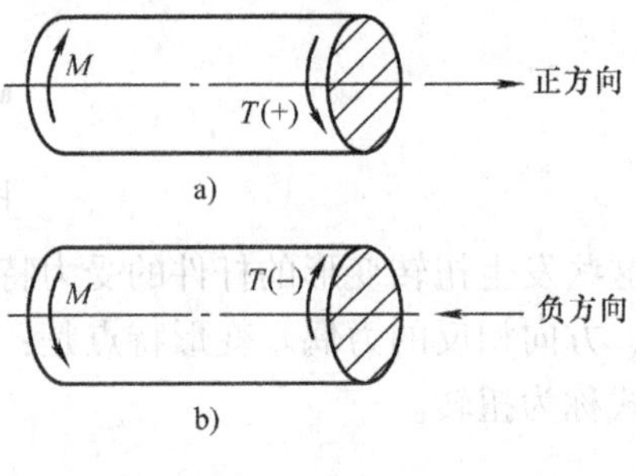


图 2-16　扭转方向规定

## （四）扭矩图

为了显示整个轴上各个横截面上扭矩的变化规律，以便分析最大的扭矩所在的截面位置。常用横坐标表示轴上各个横截面的位置，纵坐标表示相应横截面上的扭矩。扭矩为正时，曲线画在横坐标的上方；扭矩为负时，曲线画在横坐标的下方。这种曲线称为扭矩图。

**例 2-6**　如图 2-17a 所示的传动轴，主动轮输入的功率为 $P_1 = 500\text{kW}$，三个从动轮输出的功率分别为 $P_2 = P_3 = 150\text{kW}$，$P_4 = 200\text{kW}$，轴的转速为 300r/min，试作出轴的扭矩图。

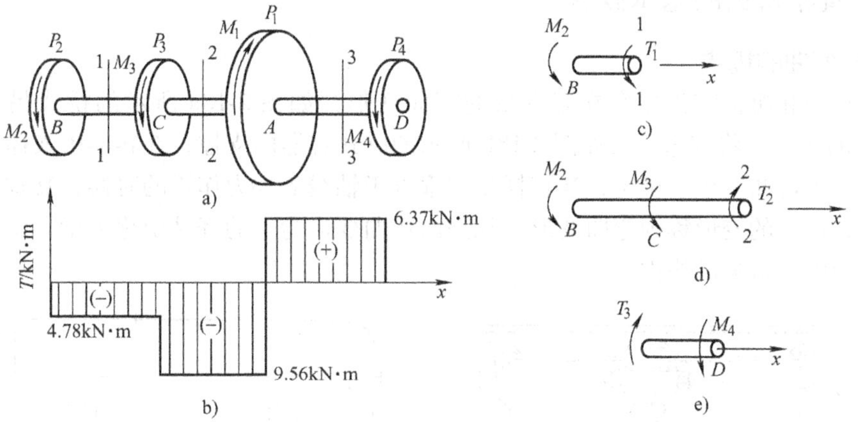


图 2-17　例 2-6

**解**：按式（2-8）计算外力偶矩：

$$M_1 = 9550 \times \frac{P_1}{n} = 9550 \times \frac{500}{300}\text{N} \cdot \text{m} \approx 1.59 \times 10^4\text{N} \cdot \text{m} = 15.9\text{kN} \cdot \text{m}$$

$$M_4 = 9550 \times \frac{P_2}{n} = 9550 \times \frac{200}{300}\text{N} \cdot \text{m} = 6.37 \times 10^3\text{N} \cdot \text{m} = 6.37\text{kN} \cdot \text{m}$$

$$M_2 = M_3 = 9550 \times \frac{150}{300}\text{N} \cdot \text{m} = 4.78 \times 10^3\text{N} \cdot \text{m} = 4.78\text{kN} \cdot \text{m}$$

用截面法即可计算出各段的扭矩：

1）$BC$ 段：在截面 1-1 处将轴截开，取左段为研究对象，截面 1-1 上的扭矩为正，如图 2-17c 所示，列平衡方程得：

$$T_1 + M_2 = 0$$

$$T_1 = -M_2 = -4.78\text{kN} \cdot \text{m}$$

2）$CA$ 段：在截面 2-2 处将轴截开，取左段为研究对象，截面 2-2 上的扭矩 $T$ 为负，如图 2-17d 所示，列平衡方程得：

$$T_2 - M_2 - M_3 = 0$$

$$T_2 = M_2 + M_3 = 9.56\text{kN} \cdot \text{m}$$

注意：$T_2$的假设是负方向，因此所求扭矩按照扭转方向判断应该是负值。

3）$AD$ 段：在截面 3-3 处将轴截开，取右段为研究对象，如图 2-17e 所示，列平衡方程得：

$$T_3 - M_4 = 0$$

$$T_3 = M_4 = 6.37\text{kN} \cdot \text{m}$$

其扭矩图如图 2-17b 所示。由图可知，最大扭矩在 *CA* 段内，其值等于 9.56kN · m 。

如果将从动轮 *D* 和 *C* 对调，试着作扭矩图，比较与上面的扭矩图有何不同？

## 三、直梁弯曲的基本概念

### （一）弯曲的概念

工程结构和机械零件中存在着大量的弯曲变形，如图 2-18a 所示的桥式吊车横梁 *AB*，在荷载 **F** 的作用下将变弯。又如图 2-18b 所示的卧式容器的支撑，在容器中液体重力的作用下，也会产生弯曲变形。可见，当直杆受到垂直于轴线的外力作用的时候，其轴线将由直线变成曲线，这样的变形称为弯曲变形。凡是以弯曲变形为主的杆件统称为梁。梁是机器设备和工程结构中最常见的构件。

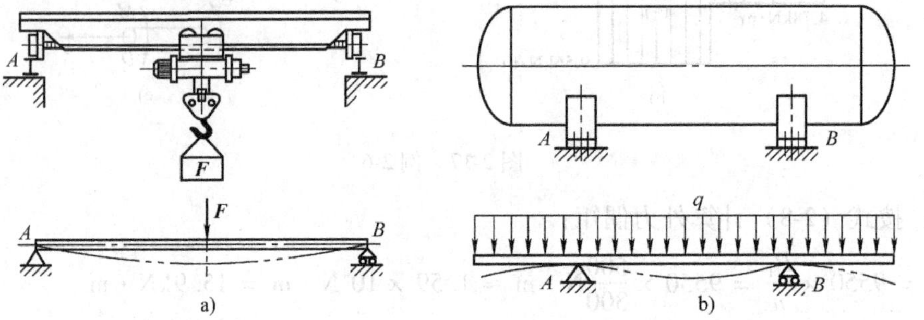


图 2-18　弯曲变形实例

### （二）平面弯曲的概念

工程中使用的梁，其横截面的形状若具有一个对称轴 *y*，则对称轴与梁的轴线构成的平面称为纵向对称面（图 2-19a）。当作用在梁上的外力或者力偶都位于这个对称面内时，梁变形后的轴线将是在此对称面内的一条平面曲线，这种情况称为平面弯曲，简化画法如图 2-19b 所示。若这些外力只是一对等值相反的力偶，则称为纯弯曲，这是弯曲中最简单的情形，也是工程实际中比较常见的一种情况。

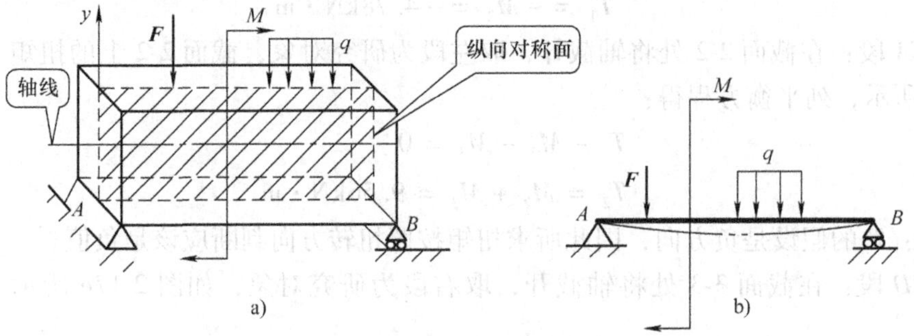


图 2-19　平面弯曲概念

（三）梁的计算简图

在工程实际中，梁的支座情况和载荷作用的形式是复杂多样的，为便于研究，对它们常作一些简化。在计算简图中，通常以梁的轴线表示梁。

作用在梁上的载荷，一般可以简化为三种形式：

1）集中力（如图 2-19b 所示的 $\boldsymbol{F}$ 和 $A$、$B$ 的约束力）。

2）集中力偶（如图 2-19b 所示的 $M$）。

3）分布载荷（如图 2-19b 所示的均布载荷 $q$）。

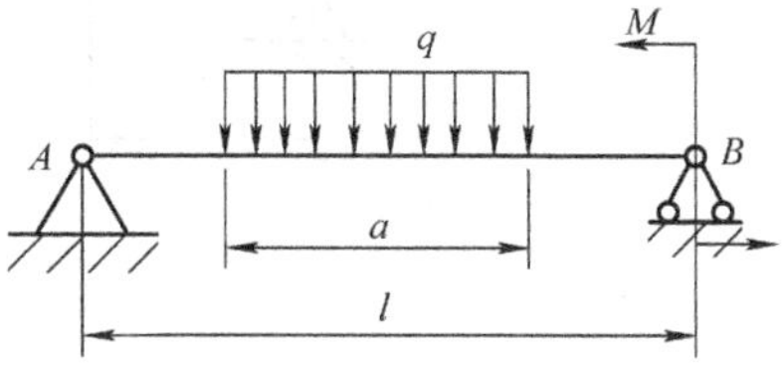

图 2-20　简支梁的简化画法

工程中常见的梁也可以简化成以下的三种类型：

1）简支梁：一端为活动铰链支座，另一端为固定铰链支座的梁（图 2-20）。

2）外伸梁：一端或两端伸出支座之外的简支梁，并在外伸端有载荷作用（图 2-21）。

3）悬臂梁：一端为固定端的约束，另一端为自由端的梁（图 2-22）。

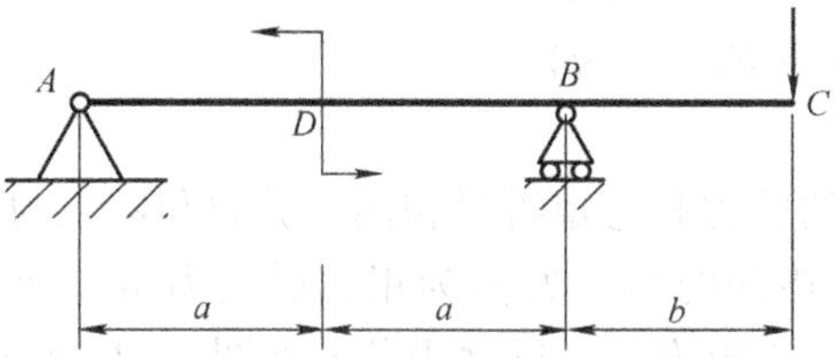

图 2-21　外伸梁简化画法

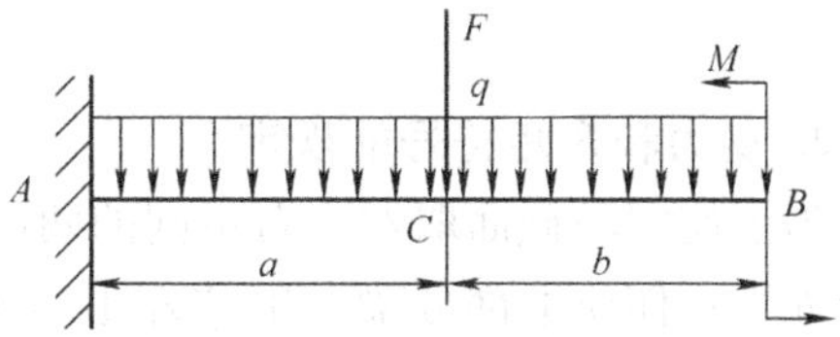

图 2-22　悬臂梁的简化画法

火车轮轴和受到切削力的车刀可以简化为哪一种梁？所受到的力是哪一种力？

## ＊四、梁弯曲变形时的内力：剪力和弯矩

为了计算梁的应力和变形，首先应该确定梁在外力作用下任一横截面上的内力。

（一）剪力和弯矩的概念

以图 2-23a 所示的简支梁为例。该梁受到集中力 $\boldsymbol{F}_1$、$\boldsymbol{F}_2$、$\boldsymbol{F}_3$ 和支座约束力 $\boldsymbol{F}_A$ 和 $\boldsymbol{F}_B$ 作用而平衡，此 5 个力是作用在梁的纵向对称面的平面力系。为了显示出任一截面 $m—m$ 上的内力，采用截面法，假想沿着截面 $m—m$ 将梁切开，分成左右两段，选择左段为研究对象（图 2-23b）。为了保证左段的平衡，截面上必有一个力 $\boldsymbol{F}_Q$ 与外力平衡，我们称 $\boldsymbol{F}_Q$ 为剪力。

此外，外力又有使左半部分梁转动的趋势，因此在截面上还有一个内力偶矩 $M$，这个力偶矩称为弯矩。

（二）剪力和弯矩的计算

**1. 剪力和弯矩大小的计算**

由梁的平衡条件计算出支座约束力 $F_A$、$F_B$ 后，将梁沿着截面 $m—m$ 截开，取左段为研究对象（图 2-23b），以截面形心 $O$ 为矩心，由静力平衡方程可以得到：

$$\sum F_y = 0$$

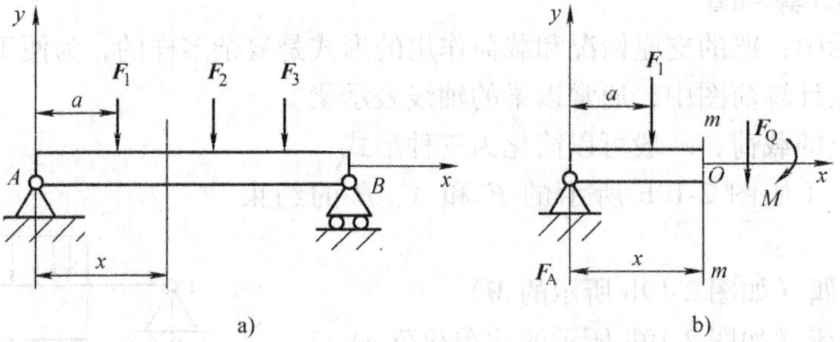


图 2-23 剪力和弯矩

$$F_Q + F_1 - F_A = 0$$

得到

$$F_Q = F_A - F_1$$

$$\sum M_O = 0$$

$$M + F_1(x - a) = F_A x$$

$$M = F_A x - F_1(x - a)$$

**2. 剪力和弯矩符号的规定**

为了使同一截面取左、右不同的两段时求得的剪力和弯矩符号相同，剪力和弯矩的符号规定如下：使所取部分梁产生“左上右下”相对错动的剪力方向为正，反之为负，如图 2-24a 所示；使所取部分梁的弯曲呈“上凹下凸”时弯矩为正，反之为负，如图 2-24b 所示。

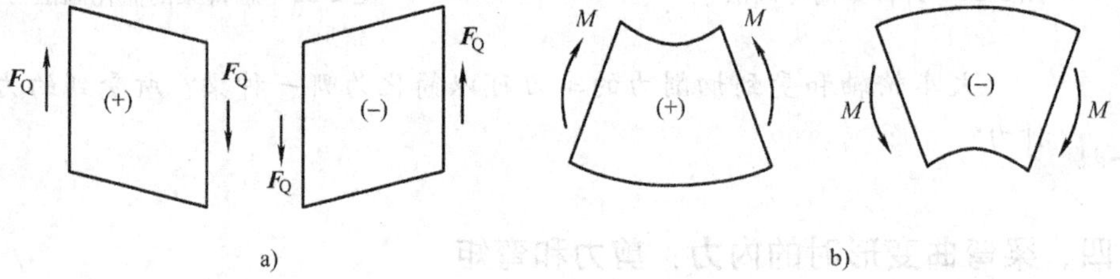


图 2-24 剪力和弯矩符号的规定
a）剪力符号的规定 b）弯矩符号的规定

**3. 弯矩图**

在工程中，梁各个横截面上的弯矩随着横截面位置的不同而发生变化。若取梁的轴线为 $x$ 轴，坐标表示截面的位置，则梁在各横截面上的弯矩 $M$ 可以写成 $x$ 的函数：

$$M = M(x)$$

上式称为弯矩方程。根据方程建立坐标系，作出弯矩方程的曲线，该曲线称为弯矩图。

**例 2-7** 如图 2-25a 所示，受到集中力 $\boldsymbol{F}$ 的简支梁，$\boldsymbol{F}$、$l$、$a$、$b$ 均已知，试求弯矩方程并画出弯矩图。

**解**：1）求支座约束力如下：

$$F_B = \frac{Fa}{l} \qquad F_A = \frac{Fb}{l}$$

2）建立弯矩方程。因为截面 $C$ 处有集中力 $\boldsymbol{F}$ 作用，梁的弯矩在 $AC$ 和 $BC$ 段不能用同一方程表示，必须分别考虑。以梁的左端为坐标原点，$x$ 表示任意截面的位置，在 $AC$ 和 $BC$

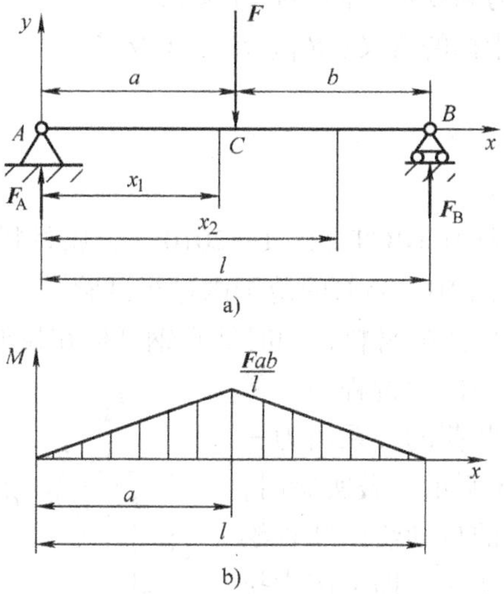


图 2-25　例 2-7

a）简支梁的受力图　b）弯矩图

段分别取坐标 $x_1$ 和 $x_2$ 的任意截面，求出截面上的弯矩分别为：

$$M(x_2) = F_A x_2 - \boldsymbol{F}(x_2 - a) = \frac{\boldsymbol{F}b}{l}x_2 - \boldsymbol{F}(x_2 - a) \qquad (a \leqslant x_2 \leqslant l)$$

$$M(x_1) = F_A x_1 = \frac{\boldsymbol{F}b}{l}x_1 \qquad (0 \leqslant x_1 \leqslant a)$$

3）画弯矩图，如图 2-25b 所示。

## 本章小结

本章主要讲解了下列内容：

1. 四种常见变形的概念、受力特点和变形特点。
2. 拉压变形中正应力的计算。
3. 剪切和挤压变形中的应力计算。
4. 扭转变形中的切应力计算。
5. 弯曲变形中正应力的计算。

# 实训项目 3　低碳钢拉伸性能的测试

### 【项目内容】

观察低碳钢的拉伸过程及破坏现象，并测定其主要的力学性能指标：下屈服强度 $R_{eL}$、抗拉强度 $R_m$、延伸率 $A$ 及截面收缩率 $Z$。

### 【项目目标】

1）加深对材料力学性能的理解。

2）了解低碳钢试样受力和变形之间的相互关系。

3）理解材料力学性能指标的含义：$R_{eL}$、$R_m$、$A$ 及 $Z$。

## 【知识链接】

### 1. 实验原理

按我国目前执行的国家标准 GB/T 228.1—2010《金属材料　拉伸试验　第 1 部分：室温试验方法》的规定，在室温 10 ~ 35℃的范围内进行试验。

低碳钢是工程上使用最广泛的材料，同时低碳钢试样在拉伸试验中所表现出的变形与抗力间的关系也比较典型。整个试验过程中，低碳钢试样工作段的伸长量与载荷的关系由力—延伸曲线图表示，如图 2-26 所示。做实验时，可利用电子万能材料试验机的自动绘图装置绘出低碳钢试样的力—延伸曲线图，即下图中拉力 $F$ 与伸长量 $\Delta L$ 的关系曲线。拉伸过程大致可分为四个阶段：

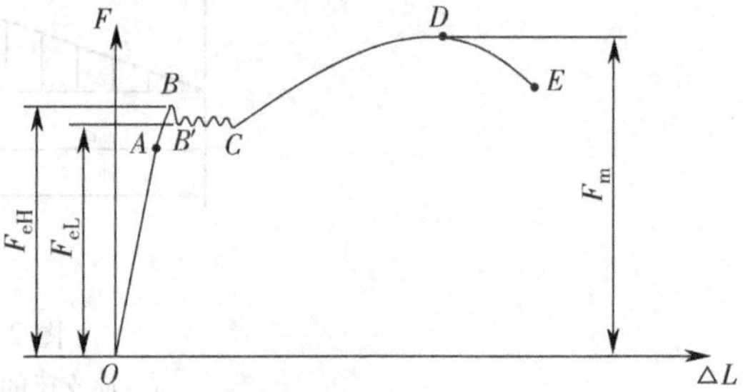


图 2-26　力—延伸曲线图

弹性阶段 $OA$：这一阶段试样的变形完全是弹性的，全部卸除载荷后，试样将恢复其原长。

屈服阶段 $BC$：当拉力增加到一定程度时，试验机的示力指针（主动针）开始摆动或停止不动，曲线上出现锯齿状或平台，这说明此时试样所受的拉力几乎不变，但变形却在继续，这种现象称为材料的屈服。低碳钢的屈服阶段常呈锯齿状，其上屈服点 $B$ 受变形速度及试样形式等因素的影响较大，而下屈服点 $B'$ 则比较稳定。因此工程上常以其下屈服点 $B'$ 所对应的力值 $F_{eL}$ 作为材料屈服时的力值。

强化阶段 $CD$：屈服阶段过后，虽然变形仍继续增大，但力值也随之增加，曲线又继续上升，这说明材料又恢复了抵抗变形的能力，这种现象称为材料的强化。在强化阶段内，试样的变形主要是塑性变形，比弹性阶段内试样的变形大得多，在达到最大力 $F_m$ 之前，试样标距范围内的变形是均匀的，曲线是平缓上升的，这时可明显地看到整个试样的横向尺寸在缩小。

缩颈阶段 $DE$：试样伸长到一定程度后，载荷读数反而逐渐降低。此时可以看到试样某一段内横截面面积显著地收缩，出现“缩颈”的现象，一直到试样被拉断。

### 2. 试样

按国家标准规定，本实验采用长比例圆形截面定标距试样。圆截面拉伸试样由夹持段、过渡段和平行段构成。如图 2-27 所示，平行段的长度 $L_c$ 按国家标准中的规定取 $L_o + d_o$，$L_o$ 是试样中部测量变形的长度，称为原始标距。$d_o$ 为圆形试样平行长度部分的原始直径，通常取 $d_o = 10\text{mm}$，$L_o = 100\text{mm}$。

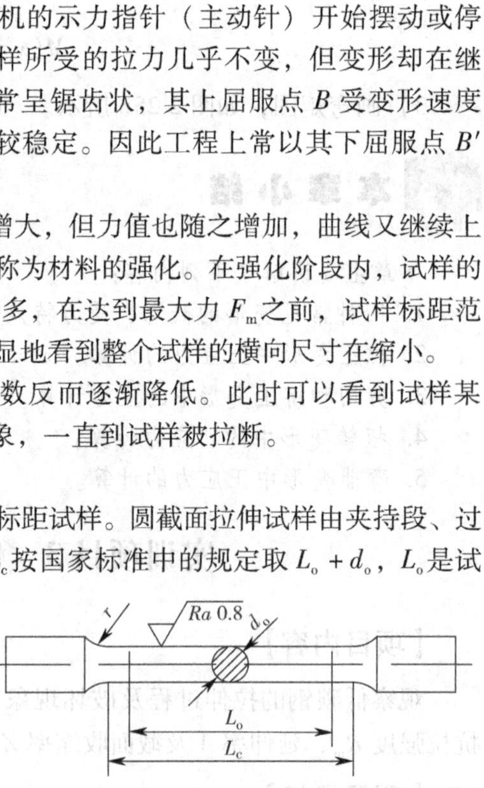


图 2-27　拉伸试样

### 3. 实验数据计算公式

强度指标有下屈服强度与上屈服强度两个，其单位为 $\text{N/mm}^2$。

下屈服强度：$R_{eL} = \frac{F_{eL}}{S_o}$

抗拉强度：　$R_m = \frac{F_m}{S_o}$

塑性指标有断后伸长率与断面收缩率两个。

断后伸长率：$A = \frac{L_u - L_o}{L_o} \times 100\%$

断面收缩率：$Z = \frac{S_o - S_u}{S_o} \times 100\%$

式中　$F_{eL}$——下屈服载荷，单位为 N；

$F_m$——试样在屈服阶段之后所能抵抗的最大力，单位为 N；

$S_o$——试样之原始最小截面面积，单位为 $mm^2$；

$S_u$——试样拉断后，缩颈处之最小截面积，单位为 $mm^2$；

$L_o$——试样之原始标距，单位为 mm；

$L_u$——试样拉断后标距，单位为 mm。

## 【项目实施】（表 2-1）

**表 2-1　低碳钢拉伸性能的测试实施步骤**

| 步骤名称 | | 操作步骤 |
|---|---|---|
| 分组 | | 分组实施，每小组 3～4 人，或视设备情况确定人数 |
| 工、量具及设备准备 | | 试样（图 2-27）、液压式电子万能实验机（能够绘制力－延伸曲线图）、游标卡尺 |
| 实施过程 | 试样准备 | 在试样上划出长度为 $L_o$ 的标距线，在标距的两端及中部三个位置上，沿两个相互垂直方向各测量一次直径取平均值，再从三个平均值中取最小值作为试件的直径 $d_o$，并以此计算横截面面积 $S_o$，其中 $S_o = \pi d^2/4$。将相关数据填入表 2-2 中 |
| | 试验机准备 | 按试验机→计算机→打印机的顺序开机，开机后须预热 10 分钟才可使用。按照“软件使用手册”，运行配套软件 |
| | 安装夹具 | 根据试件情况准备好夹具，并安装在夹具座上。若夹具已安装好，对夹具进行检查 |
| | 开始实验 | 按运行命令按钮，按照软件设定的方案进行实验 |
| | 记录数据 | 试件拉断后，取下试件，将断裂试件的两端对齐、靠紧，用游标卡尺测出试件断裂后的标距长度 $L_u$ 及断口处的最小直径 $d_u$（一般从相互垂直方向测量两次后取平均值），并计算缩颈处最小截面积 $S_u$。将实验数据填入表 2-3 中 |
| | 计算结果 | 按公式计算试样的强度指标和塑性指标，并将计算结果填入表 2-4 中 |
| | 5S | 整理工具、清扫现场 |
| | 注意事项 | 1）由于电气参数初始化的原因，开机、关机时要注意顺序，开机顺序为试验机—计算机—打印机，关机顺序为试验机—打印机—计算机<br>2）安装试样前要注意将横梁限位调整好，以防止损坏机器<br>3）文明操作、注意安全、轻拿轻放、爱护工具和设备 |

**表 2-2 试样原始尺寸**

| 材料 | 标距 $L_o$ /mm | 直径 $d_0$/mm | | | | | | | | | 最小横截面面积 $S_0$/mm |
|---|---|---|---|---|---|---|---|---|---|---|---|
| | | 横截面Ⅰ | | | 横截面Ⅱ | | | 横截面Ⅲ | | | |
| | | (1) | (2) | 平均 | (1) | (2) | 平均 | (1) | (2) | 平均 | |
| | | | | | | | | | | | |

**表 2-3 实验数据**

| 材料 | 下屈服载荷 $F_{eL}$/kN | 最大载荷 $F_m$/kN | 拉断后标距 $L_u$/mm | 颈缩处直径 $d_u$/mm | | | 缩颈处最小横截面积 $S_u$/mm² |
|---|---|---|---|---|---|---|---|
| | | | | (1) | (2) | 平均 | |
| | | | | | | | |

**表 2-4 计算结果**

| 材料 | 强度指标 | | 塑性指标 | |
|---|---|---|---|---|
| | 下屈服强度 $R_{eL}$/MPa | 抗拉强度 $R_m$/MPa | 断后伸长率 $A$（%） | 断面收缩率 $Z$（%） |
| | | | | |

## 【项目评价与反馈】（表 2-5）

**表 2-5 项目评价与反馈表**

班级：________姓名：________　　　　　　　　　　　　　　______年____月____日

| 序号 | 项目 | 自我评价 | | | | 小组评价 | | | | 教师评价 | | | |
|---|---|---|---|---|---|---|---|---|---|---|---|---|---|
| | | 优 | 良 | 中 | 差 | 优 | 良 | 中 | 差 | 优 | 良 | 中 | 差 |
| 1 | 对本项目的过程了解程度 | | | | | | | | | | | | |
| 2 | 对数据的记录能力 | | | | | | | | | | | | |
| 3 | 对数据的分析和计算能力 | | | | | | | | | | | | |
| 4 | 动手能力 | | | | | | | | | | | | |
| 5 | 团队合作能力 | | | | | | | | | | | | |
| 6 | 实训小结 | | | | | | | | | | | | |
| 7 | 综合评价 | 综合评价等级： | | | | | | | | | | | |

【思考题】

在所得到的力—延伸曲线中，你能否指出试件的弹性变形与塑性变形的位置，并说明含义？

# 第三章 工程材料

在我们周围，大到桥梁,建筑,小到手表,玩具等,无不是由相应材料制成,材料是人类生产和生活的重要物质基础。进入21世纪,现代工业正朝着高速、自动、精密的方向迅速发展,在国民经济的各个行业或人民的日常生活用品中,都离不开工程材料的使用,尤其是金属材料，由于金属材料具有良好的力学，物理、化学性能,并可用不同的方法加工成所需要的零件,是目前使用最广的工程材料

建 筑

玩具汽车

【学习目标】

- ◆ 叙述金属材料力学性能主要指标的含义及应用。
- ◆ 叙述钢的热处理的类型及作用。
- ◆ 叙述常用钢的牌号、种类、性能和应用。
- ◆ 知道常用铸铁的牌号、性能和应用。
- ◆ 知道铜及其合金的分类、性能及应用。
- ◆ 知道铝及其合金的分类、性能及应用。
- ◆ 能根据工作条件正确选用工程材料。

【学习重点】

- ◆ 金属材料的主要力学性能。
- ◆ 常用钢的牌号、性能及应用。
- ◆ 工程材料的选择及应用原则。

# 第一节　金属材料的性能

金属材料的性能是金属应用的重要依据，在机械制造过程中，材料的选择是否得当，极大地影响到产品的质量和成本。为了设计制造具有较强市场竞争力的产品，必须了解和掌握金属材料的各种性能。通常我们把金属材料的性能分为使用性能和工艺性能。使用性能是金属材料在使用过程中表现出来的性能，包括物理性能、化学性能和力学性能；工艺性能是指金属材料在各种加工过程中所表现出来的性能，也就是金属材料采用某种成形加工方法制成成品的难易程度。

## 一、金属材料的力学性能

金属材料的力学性能又称为机械性能，是指材料在不同环境（如温度、介质、湿度）下，承受各种外加载荷（拉伸、压缩、弯曲、扭转、冲击、交变应力等）时所表现出的力学特征。

### （一）强度

强度是指在外力作用下，金属材料抵抗变形和断裂的能力。工程上常用的强度指标有屈服强度和抗拉强度。测量方法通常采用拉伸试验。

拉伸试验是在拉伸试验机（图 3-1）上进行的。试验之前，先将被测金属材料制成拉伸用的标准试样（图 2-27）。试验时，将试样装夹在拉伸试验机上，然后在试样两端缓慢地施加拉伸力，随着拉伸力不断地增大，试样被逐步拉长，直到拉断。在拉伸过程中，试验机将自动记录每一瞬间的载荷 $F$ 和伸长量 $\Delta L$，并绘出 $F-\Delta L$ 的关系曲线，如图 2-26 所示。

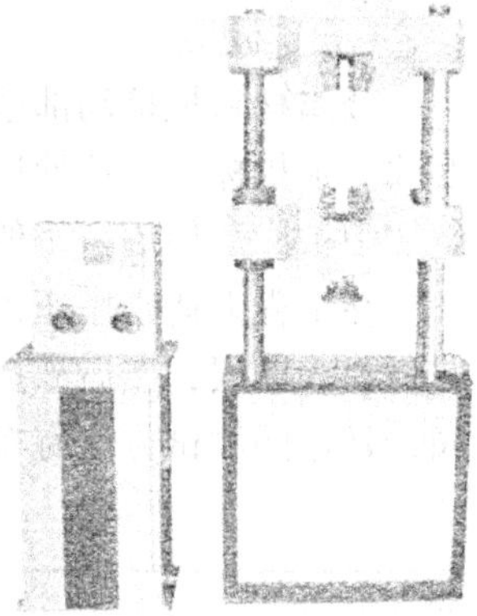

图 3-1　拉伸试验机

#### 1. 屈服强度

屈服强度是指金属材料发生塑性变形而力不增加的应力点，分为上屈服强度和下屈服强度。

试样发生屈服而力首次下降前的最高应力称为上屈服强度，用 $R_{eH}$表示，单位为 MPa（$N/mm^2$）。

在屈服期间，不计初始瞬时效应时的最低应力称为下屈服强度，用 $R_{eL}$表示，单位为 MPa（$N/mm^2$）。

$$R_{eH}=\frac{F_{eH}}{S_o}\qquad R_{eL}=\frac{F_{eL}}{S_o}$$

式中　$F_{eH}$——上屈服载荷，单位为 N；

$F_{eL}$——下屈服载荷，单位为 N。

$S_o$——试样原始最小横截面积，单位为 $mm^2$。

对于没有明显屈服现象的金属材料，可以测定规定非比例延伸强度 $R_{p0.2}$，作为该材料的屈服强度。

#### 2. 抗拉强度

材料在屈服阶段之后所能抵抗的最大力的应力称为抗拉强度，用 $R_m$表示，单位为 MPa（$N/mm^2$）。

$$R_m = \frac{F_m}{S_o}$$

式中　$F_m$——试样在屈服阶段之后所能抵抗的最大力，单位为 N。

（二）塑性

塑性是指金属材料产生塑性变形而不被破坏的能力。常用的塑性指标是断后伸长率 $A$ 和断面收缩率 $Z$。

$$A = \frac{L_u - L_o}{L_o} \times 100\%$$

式中　$L_u$——试样拉断后的标距长度，单位为 mm；

　　　$L_o$——试样的原始标距长度，单位为 mm。

$$Z = \frac{S_o - S_u}{S_o} \times 100\%$$

式中　$S_u$——试样拉断后缩颈处的最小横截面积，单位为 $mm^2$

金属材料的断后伸长率和断面收缩率越大，表明材料的塑性越好。塑性好的金属材料可以发生大量的塑性变形而不被破坏，易于顺利地进行锻压、轧制等成型加工，制成复杂形状的零件。

（三）硬度

金属材料抵抗局部塑性变形、压痕或划痕的能力称为硬度。硬度是衡量金属材料软硬程度的一项指标。与拉伸试验相比，硬度试验简便易行，可直接在工件上进行测试，因此，在生产中被广泛使用。一般来说，金属材料的硬度越高，其耐磨性也越高。

在工程上通常用压入法进行硬度的测定，即在规定的压力作用下，将一定的压头压入金属材料表面层，然后根据压痕的面积或深度测定其硬度值。根据载荷、压头和表示方法的不同，常用的测试方法有布氏硬度、洛氏硬度和维氏硬度，见表 3-1。

表 3-1　三种硬度测试法的原理、特点及应用

| 测试方法 | 实验机 | 原理示意图 | 实验说明 | 特点及应用 |
|---|---|---|---|---|
| 布氏硬度 | 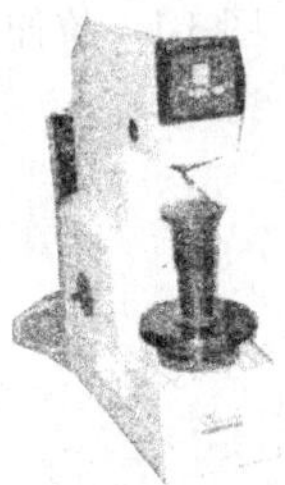 | 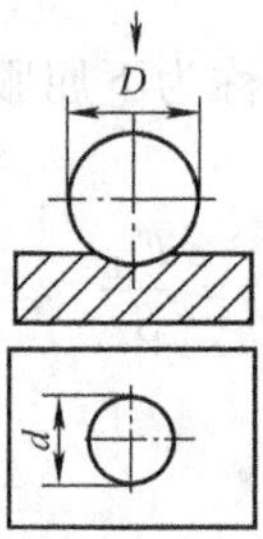 | 压头：硬质合金球<br>硬度值：根据压痕直径大小，通过查表得出<br>标注方法：HBW | 硬度值准确，数据重复性强，但因压痕较大，不宜测量成品或薄件。一般用于测量硬度不是很高的铸铁、非铁金属、经退火或正火处理的金属材料 |
| 洛氏硬度 |  | 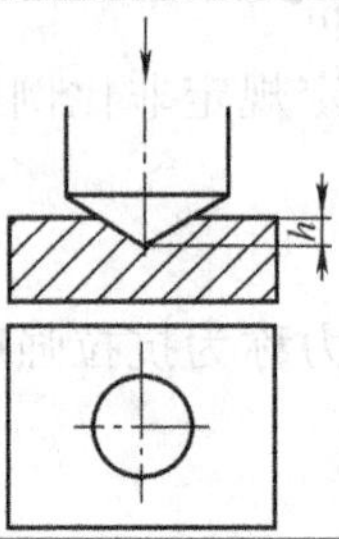 | 压头：锥角为 120°的金刚石圆锥体或淬火钢球<br>硬度值：根据压痕深度来确定，可以从洛氏硬度计的刻度盘上直接读出<br>标注方法：HRA、HRB、HRC | 可测量的硬度范围大，测量简单、迅速；压痕小，常用于测量成品及较薄工件；硬度值的准确性不如布氏硬度，数据重复性差，一般要选取不同部位的三点测试硬度值，取其平均值作为该材料的硬度 |

（续）

| 测试方法 | 实验机 | 原理示意图 | 实验说明 | 特点及应用 |
| --- | --- | --- | --- | --- |
| 维氏硬度 |  | 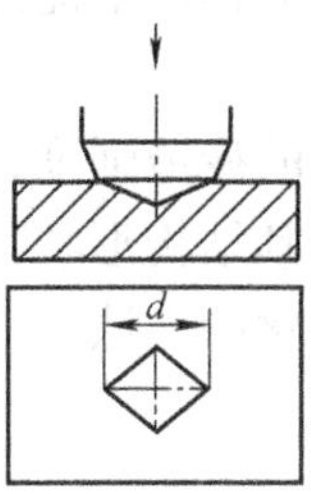 | 压头：相对面夹角为136°的正四棱锥体金刚石<br>硬度值：根据压痕两条对角线的平均长度，从表中直接查出<br>标注方法：HV | 测量硬度范围宽，可测从很软到很硬的材料，尤其适用于测量零件表面层的硬度，如渗层硬度的测量，且准确性高。其缺点是测量压痕对角线长度较繁琐，且需查表或计算，由于压痕小，对试样表面质量要求较高 |

## （四）冲击性能

强度、塑性、硬度等力学性能指标是在静载荷作用下测定的，但许多机械零件在工作中，往往要受到冲击载荷的作用，如锻锤的锤头、火车的挂钩等，这些工件除要求具备足够的强度、塑性、硬度外，还必须具有一定抵抗冲击的能力。金属材料抵抗冲击载荷的能力称为冲击性能。

冲击性能通常采用摆锤式冲击试验机（图3-2）测定。测定时，一般是将带缺口的标准冲击试样放在试验机上，然后用摆锤将其一次冲断。在冲击试验中，由指针或其他指示装置示出的能量值，称为冲击吸收能量，用符号$KV_2$、$KV_8$（V型缺口）或$KU_2$、$KU_8$（U型缺口）表示，单位为J（焦耳），下标数字2或8表示摆锤切削刃半径。显然，冲击吸收能量越大，材料抵抗冲击试验力而不破坏的能力越强。

冲击试验对材料的缺陷很敏感，它能灵敏地反映出材料的宏观缺陷、显微组织的微小变化和材料质量，因此冲击试验是生产上用来检验冶炼、热加工、热处理工艺质量的有效方法。

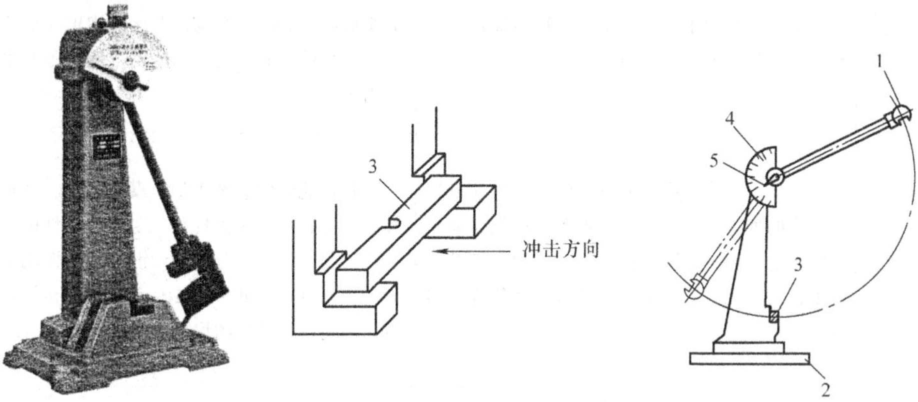


a)　　　　b)

图3-2　冲击试验机及冲击试验原理示意图

a）实物图　b）原理图

1—摆锤　2—机架　3—试样　4—刻度盘　5—指针

## （五）疲劳强度

机械上的许多零件，如曲轴、齿轮、连杆、弹簧等是在周期性或非周期性动载荷（称为疲劳载荷）的作用下工作的。这些承受疲劳载荷的零件发生断裂时，其应力往往低于该材料的强度极限，这种断裂称做疲劳断裂。零件失效形式中，约有 80% ~90% 是由于疲劳断裂而造成的。疲劳强度就是指金属材料在循环应力作用下能经受无限多次循环而不断裂的最大应力值。

为了防止疲劳断裂的产生，必须设法提高零件的疲劳强度，除在选材时要注意材料的内部质量，避免气孔、夹杂等缺陷外，还应注意改善其结构形状，减少应力集中；降低零件表面粗糙度值，提高表面质量，还可采用各种表面强化的方法。

## 二、金属材料的工艺性能

工艺性能是指金属材料适应加工工艺要求的能力，也就是金属材料采用某种成形加工方法制成成品的难易程度。它包括铸造性能、压力加工性能、焊接性能、切削加工性能及热处理性能等，见表 3-2。

表 3-2　金属材料的工艺性能

| 类　型 | 概　念 | 说　明 |
| --- | --- | --- |
| 铸造性能 | 将熔炼好的熔融金属液浇注到一定形状的铸型中，冷却凝固后获得铸件的方法称为铸造。金属材料在铸造过程中获得外形完整、内部健全铸件的能力称为金属材料的铸造性能。铸造性能通常包括流动性、收缩性、成分偏析、吸气性等 | 流动性好的金属易于充满铸型空腔，易于获得外形完整、尺寸准确、轮廓清晰或壁薄而复杂的铸件；金属凝固时收缩小，铸件不易产生缩孔，冷却时不发生变形或开裂；成分偏析严重会使凝固后的铸件力学性能变坏。在金属材料中，灰铸铁和青铜的铸造性能较好 |
| 压力加工性能 | 压力加工是指在外力作用下使金属坯料产生塑性变形而改变形状、尺寸与性能的加工方法。金属材料利用压力加工方法塑造成形的难易程度称为压力加工性能 | 压力加工性能的好坏主要同金属材料的塑性和变形抗力有关。塑性越好，变形抗力越小，金属材料的压力加工性能越好。例如，铜、铝的合金在室温下就具有很好的压力加工性能；碳素结构钢在加热状态下压力加工性能较好；铸铜、铸铝、铸铁等几乎不能进行压力加工 |
| 焊接性能 | 焊接是指通过加热或加压，使两工件达到原子结合的加工方法，是一种永久性连接金属材料的工艺方法。金属材料在一定的焊接工艺条件下，获得优质焊接接头的难易程度称为焊接性能 | 焊接性能好的金属能获得没有裂纹、气孔等缺陷的焊缝，并且焊接接头具有一定的力学性能。材料的焊接性能与其化学成分有关。钢的焊接性能主要取决于碳的质量分数。低碳钢具有良好的焊接性能，而高碳钢、不锈钢、铸铁的焊接性能则较差 |
| 切削加工性能 | 利用切削刀具从工件上切除多余材料的加工方法称为切削加工。切削加工性能是指金属材料在切削加工时的难易程度 | 切削加工性能与金属材料的硬度、导热性、金属内部结构等因素有关。切削加工性能好的金属材料对使用的刀具磨损量小，可以选用较大的切削用量，加工表面也比较光洁。铸铁、铝合金、铜合金及非合金钢都具有较好的切削加工性能，而高合金钢的切削加工性能较差 |

# 第二节 钢

钢和铸铁是制造机器设备的主要金属材料，它们都是以铁、碳为主组成的合金，即铁碳合金。其中钢是碳的质量分数小于 2.11% 的铁碳合金，铸铁是碳的质量分数大于 2.11%、且杂质比钢多的铁碳合金。

**【知识链接】 $Fe-Fe_3C$ 相图**（又称铁碳合金相图）

钢和铸铁都是铁碳合金，因此要了解各类钢和铸铁的组织、性能和加工方法等，首先就要了解铁碳合金的化学成分、组织与性能的关系。表 3-3 列出了铁碳合金在固态下的几种组织与力学性能。铁碳合金相图（图 3-3）是研究钢和铸铁的成分、温度及组织结构之间关系的基本图形，它是制订热处理，以及铸造、锻压等热加工工艺的重要依据。

**表 3-3 铁碳合金在固态下的几种基本组织与力学性能**

| 序号 | 组织名称 | 含义 | 力学性能 |
|---|---|---|---|
| 1 | 铁素体 | 碳溶于 $\alpha-Fe$（即温度在 912℃以下的纯铁）中形成的固溶体称为铁素体，用符号 F 表示 | 铁素体的力学性能与纯铁相似，即塑性、冲击性能很好，强度、硬度较低 |
| 2 | 奥氏体 | 碳溶于 $\gamma-Fe$（即温度在 912～1394℃的纯铁）中的固溶体，称为奥氏体，用符号 A 表示 | 奥氏体的力学性能与其溶碳量有关。一般来说，其强度、硬度不高，但塑性优良，因此，在锻造时常把钢材加热到奥氏体状态（温度大于 727℃），再锻压成形 |
| 3 | 渗碳体 | 渗碳体是铁与碳形成的一种金属化合物，它具有复杂的晶格形式，用化学式 $Fe_3C$ 表示 | 渗碳体的硬度极高（800HBW），而塑性、韧性极低，断后伸长率和冲击韧度几乎为零。钢中碳的质量分数越小、渗碳体越少，硬度越低、塑性越好 |
| 4 | 珠光体 | 铁素体和渗碳体组成的机械混合物称为珠光体，以符号 P 或（$F+Fe_3C$）表示 | 珠光体有着良好的力学性能，如其抗拉强度高、硬度较高，且仍有一定的塑性和冲击性能 |
| 5 | 莱氏体 | 莱氏体也是机械混合物。在温度高于 727℃时，由奥氏体和渗碳体组成的为高温莱氏体，用符号 Ld 或（$A+Fe_3C$）表示；在温度低于 727℃时由珠光体和渗碳体组成的称为低温莱氏体，用符号 L’d 或（$P+Fe_3C$）表示 | 莱氏体的平均碳的质量分数为 4.3%。由于莱氏体中有大量的渗碳体存在，故性能与渗碳体较接近，硬而脆 |

1）铁碳合金相图中的特性点的温度、碳的质量分数及其含义见表 3-4。

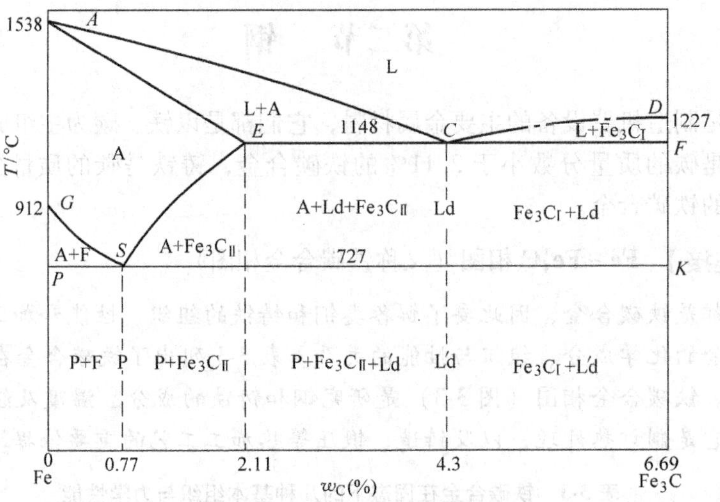


图 3-3 Fe－$Fe_3C$ 相图

**表 3-4 铁碳合金相图中的特性点**

| 特性点 | 温度/℃ | $w_C$（%） | 特性点的含义 |
|---|---|---|---|
| *A* | 1538 | 0 | 纯铁的熔点或结晶温度 |
| *C* | 1148 | 4.3 | 共晶点，结晶出奥氏体与渗碳体的混合物，即莱氏体 |
| *D* | 1227 | 6.69 | 渗碳体的熔点 |
| *E* | 1148 | 2.11 | 碳在 γ－Fe 中的最大溶解度 |
| *F* | 1148 | 6.69 | 共晶渗碳体的化学成分点 |
| *G* | 912 | 0 | α－Fe 与 γ－Fe 的同素异构转变点 |
| *S* | 727 | 0.77 | 共析点，奥氏体发生共析转变，从奥氏体中同时析出铁素体和渗碳体的机械混合物，即珠光体。碳的质量分数为此值的钢为共析钢（碳的质量分数小于 0.77% 的为亚共析钢，大于 0.77% 的为过共析钢） |
| *P* | 727 | 0.0218 | 碳在 α－Fe 中的最大溶解度 |

2）铁碳合金相图中的主要特性线如下：

*ACD* 线：液相线，铁碳合金处于此线以上的温度区域时全部是液体；冷却至 *AC* 线温度时开始结晶出奥氏体，冷却到 *CD* 线温度时开始结晶出渗碳体。

*AECF* 线：固相线，铁碳合金处于此线以下的温度区域时全部为固体。

*ECF* 线：共晶线，为一水平线，相应温度为 1148℃。在此线上液态铁碳合金将发生共晶转变，从液相中结晶出奥氏体和渗碳体，组成机械混合物莱氏体。碳的质量分数为 2.11% ~6.69% 的铁碳合金均会发生共晶转变。

*PSK* 线：共析线，通常称为 $A_1$ 线，也为水平线，相应温度为 727℃。在此线上固态奥氏体将发生共析转变，结晶出铁素体和渗碳体，组成机械混合物珠光体。碳的质量分数大于

0.0218%的铁碳合金均会发生共析转变。

*GS* 线：从奥氏体中析出铁素体的开始线，通常称为 $A_3$线。

*ES* 线：从奥氏体中析出二次渗碳体（$Fe_3C_{II}$）的开始线，通常称为 $A_{cm}$线。

## 一、钢的热处理

钢的热处理是采用适当方式对钢进行加热、保温和冷却，以改变钢的内部组织，从而获得所需要性能的一种加工工艺。其工艺过程可用图 3-4 所示的工艺曲线来表示。热处理是机械零件及工具制造过程中的重要工艺，在这一过程中，不改变零件的形状和尺寸，而通过改变其内部的组织结构，达到改善钢铁材料的力学性能，提高零件的使用寿命，发挥钢铁材料潜力的目的。所以，大多数重要的机械零件都经过热处理才使用。所有的量具、模具、刃具和轴承，70% ~80%的汽车零件和拖拉机零件，60% ~70%的机床零件，都必须进行各种专门的热处理，才能合理地加工和使用。

钢的热处理过程主要是由三个阶段组成，即加热、保温和冷却。只有选择合适的加热温度、保温时间、和冷却介质，才能获得所需要的组织和性能，因此制订合理的热处理工艺，是达到热处理目的的关键。大多数热处理工艺是将钢加热到临界温度以上，使原有组织转变为均匀的奥氏体后，采用适当的冷却方法，得到所需要的组织，从而获得所需要的性能。由 $Fe-Fe_3C$ 相图可知，组织转变的临界温度曲线 $A_1$、$A_3$、$A_{cm}$是在无限缓慢地加热或冷却条件下测定出来的，而在实际生产中的加热和冷却大多不是极其缓慢的，它要比结晶变化速度快，也就是说，加热时的结晶转变温度高于临界温度，冷却时的结晶转变温度低于临界温度。通常将加热时实际临界转变温度用 $Ac_1$、$Ac_3$、$Ac_{cm}$表示，冷却时实际临界转变温度用 $Ar_1$、$Ar_3$、$Ar_{cm}$表示，如图 3-5 所示。下面是几种常见的热处理方法。

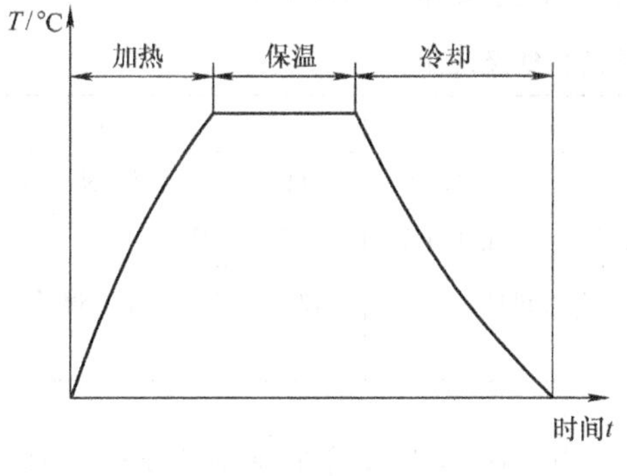


图 3-4　热处理工艺曲线示意图

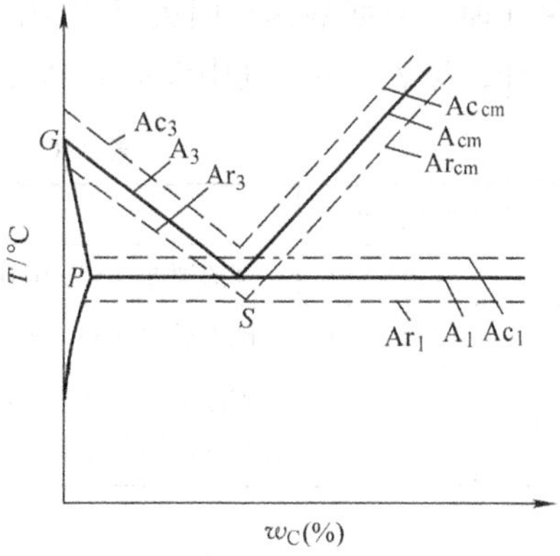


图 3-5　实际加热（或冷却）时，$Fe-Fe_3C$ 相图上各相变点的位置

**1. 退火**

退火是将钢加热到 $Ac_1$或 $Ac_3$以上 20 ~30℃，保温一段时间后，在炉中或埋入灰中使其缓慢冷却的热处理工艺。退火的目的是降低钢材硬度，以利于切削加工或其他种类加工；细化晶粒，提高钢的塑性和韧性；消除内应力，并为最终热处理作好组织准备。由于退火的目的不同，其工艺方法主要有完全退火、球化退火、去应力退火等，见表 3-5。

表 3-5 三种常用退火的组织及应用

| 退火方式 | 加热温度 | 室温组织 | 应用 |
|---|---|---|---|
| 完全退火 | $Ac_3$ +30～50℃ | 铁素体和珠光体 | 亚共析钢制作的铸件、锻件、焊件等 |
| 球化退火 | $Ac_1$ +30～50℃ | 球状珠光体 | 共析钢、过共析钢制作的刃具、量具、模具等 |
| 去应力退火 | 500～650℃ | 无组织变化 | 消除工件在加工中产生的应力 |

**2. 正火**

正火是将钢加热到 $Ac_3$ 或 $Ac_{cm}$ 以上 30～50℃，保温一段时间后在空气中冷却的热处理方法。正火与退火的目的基本相同，但正火的冷却速度比退火稍快，故正火后得到的珠光体组织比较细，强度、硬度比退火钢高。正火主要用于改善低碳钢的切削加工性；消除过共析钢中的网状渗碳体组织，改善钢的力学性能，为球化退火作组织准备。

**3. 淬火**

淬火是指将钢加热到 $Ac_1$ 或 $Ac_3$ 以上 30～70℃，保温一定时间后，快速冷却的热处理方法。淬火的目的主要是提高钢件的硬度和强度，增加工件的耐磨性。淬火工艺的关键是冷却速度，不同的钢种对冷却速度要求不一样，常用的淬火冷却介质有油、水、盐水、碱水等，只有合理选择淬火冷却介质，才能达到淬火的目的，如果淬火冷却介质选择不当，可能导致工件变形、开裂或不能淬硬。合金钢通常选择在油中淬火，以防淬裂；高碳钢需在水中淬火；低碳钢一般无法淬硬。

**4. 回火**

回火是指将淬火后的工件重新加热到 $Ac_1$ 以下的某一温度，保温一定时间，然后冷却到室温的热处理方法。回火的目的在于降低淬火钢的脆性，消除淬火钢的内应力，稳定组织，调整工件的性能以获得较好的强度与韧性配合。回火是在淬火之后进行的，通常也是零件的最终热处理。根据钢材在回火过程中的加热温度，可将回火分为低温回火、中温回火和高温回火三种，见表 3-6。其中淬火后高温回火的热处理工艺又称为调质处理。

表 3-6 三种回火方法的性能及应用

| 回火工艺 | 加热温度/℃ | 性能 | 应用 |
|---|---|---|---|
| 低温回火 | 150～250 | 高的硬度（55～62HRC）和耐磨性，塑性和韧性低 | 刃具、量具、滚动轴承等高碳钢 |
| 中温回火 | 250～500 | 硬度适中（35～50HRC），弹性极限和屈服强度较高 | 弹性零件等 |
| 高温回火 | 500～650 | 硬度适中（23～35HRC），强度、塑性和韧性较高，具有良好综合力学性能 | 轴、连杆、齿轮、螺栓等重要零件 |

想一想

当我们做饭时，由于忘了加水或加油，而不小心将不锈钢锅烧红，该怎样将锅冷却？能直接用加凉水的方法吗？

**5. 表面淬火**

表面淬火是最常用的表面热处理，是指仅对工件表层进行淬火，而心部仍保持未淬火状态的一种局部淬火工艺。表面淬火时，通过快速加热，使工件表面层很快达到淬火温度，在热量来不及传到工件心部时就立即冷却。其目的是使工件表面获得高硬度、高耐磨性，而心部保持较好的塑性和韧性，常用于机床主轴、齿轮、发动机的曲轴等。

按加热方法的不同，表面淬火方法主要有感应淬火、火焰淬火、接触电阻加热淬火等。目前生产中应用最多的是感应淬火。

**6. 化学热处理**

化学热处理是将工件置于一定的活性介质中加热、保温，使活性介质的原子渗入到它的表层，以改变表层化学成分、组织和性能的热处理工艺。化学热处理与表面淬火相比，其特点是表层不仅有组织的变化，而且有化学成分的变化。化学热处理的目的，是使零件表面获得所需的某些特殊的力学性能或物理化学性能。

根据零件表面的性能要求不同，所渗入的元素不同，化学热处理有渗碳（常用方法是将煤油滴入密封的高温炉中，煤油遇热分解，产生活性碳原子，渗入工件表面）、渗氮（常用方法是将氨气通入密封加热炉中，氨气分解，产生活性氮渗入工件表面）、碳氮共渗（常用方法是同时滴入煤油和通入氮气）及渗金属（将零件放入密封炉内的金属粉中加热，使金属原子渗入工件表面）等几种。

**【知识链接】**

以气体渗碳为例，化学热处理的工艺过程如下：将工件置于密封的井式渗碳炉中，向炉中通入气体渗碳剂（如煤油），加热到渗碳温度（900~950℃），渗碳剂在高温下分解，产生活性碳原子，被工件表面吸收，并向工件内部扩散形成一定深度的渗碳层。渗碳后，工件表面碳的质量分数可达0.85%~1.05%。加热时间越长，渗碳层越深。根据工件要求不同，渗碳层的深度一般在0.5~2mm之间。

## 二、工业用钢

钢的种类繁多，按化学成分分类，可把钢划分为非合金钢、低合金钢和合金钢，非合金钢也称为碳素钢。按用途分类，可分为结构钢、工具钢和特殊性能钢。结构钢主要用于工程结构（如桥梁、建筑等）和机械零件（如齿轮、轴等），工具钢主要用于制造各类刃具、模具、量具等。按质量分类，主要分为普通钢、优质钢和高级优质钢等。

### （一）非合金钢（碳素钢）

非合金钢（碳素钢）是碳的质量分数在1.4%以下的铁碳合金，并含有少量的硅（Si）、锰（Mn）、磷（P）、硫（S）等杂质元素。其中硅、锰是炼钢后期为了脱氧，而有意加入的，是钢中的有益元素，而磷和硫会使钢产生脆性，是有害元素，含量越少越好。非合金钢（碳素钢）价格低廉、工艺性能好、力学性能能够满足一般工程和机械制造的使用要求，是工业生产中用量最大的工程材料。

**【知识链接】**

钢中的硫和磷是有害元素，应严格控制它们的含量。但硫和磷有时也有有利的一面。例如，硫可以改善钢材的切削加工性能，提高加工表面质量，所以在自动切削车床上用的易切削钢，其硫的质量分数高达0.15%。炮弹钢的磷含量高，其目的在于提高钢的脆性，增加弹片的碎化程度，提高炮弹的杀伤力。

**1. 非合金刚（碳素钢）的分类**

按钢中碳的质量分数分类，可分为低碳钢（$w_C < 0.25\%$）、中碳钢（$w_C = 0.25\% \sim$

0.60%）、高碳钢（$w_C$=0.60%～1.40%）。

按质量等级分类，可分为普通钢（$w_S$≤0.050%，$w_P$≤0.045%）、优质钢（$w_S$≤0.035%，$w_P$≤0.035%）、高级优质钢（$w_S$≤0.030%，$w_P$≤0.030%）。

**2. 非合金钢（碳素钢）的牌号及应用**

（1）普通碳素结构钢　普通碳素结构钢的牌号，规定由代表钢材屈服强度的“屈”字汉语拼音首字母Q、屈服强度的数值（三位数字）、质量等级和脱氧方法四部分组成。质量等级由低到高，用字母A、B、C、D表示。脱氧方法也用字母表示，F表示沸腾钢，Z表示镇静钢，TZ代表特殊镇静钢。其中Z和TZ可以省略。

例如，牌号“Q235AF”，表示屈服强度为235MPa、质量等级为A级沸腾钢的普通碳素结构钢。

普通碳素结构钢以低碳钢为主，这类钢尽管硫、磷等有害杂质的含量较高，但性能上仍能满足一般结构及一些机件的使用要求，且价格低廉，因此得到了广泛应用。如图3-6、图3-7所示的桥梁、建筑均可采用普通碳素结构钢。常用普通碳素结构钢的力学性能及应用见表3-7。

图3-6　钢桥梁图

图3-7　建筑构件

**表3-7　普通碳素结构钢的力学性能及应用**

| 牌号 | 质量等级 | 屈服强度 $R_{eH}$/MPa≥ 钢材厚度或直径/mm | | | | 抗拉强度 $R_m$/MPa | 断后伸长率 $A$（%）≥ 钢材厚度或直径/mm | | | | 特性 | 应用 |
|---|---|---|---|---|---|---|---|---|---|---|---|---|
| | | ≤16 | 16～40 | 40～60 | 60～100 | | ≤40 | 40～60 | 60～100 | 100～150 | | |
| Q195 | | 195 | 185 | — | — | 315～430 | 33 | — | — | — | 具有高的塑性、韧性和焊接性，良好的压力加工性能，但强度低 | 用于制造地脚螺栓、犁铧、烟筒、屋面板、铆钉、低碳钢丝、薄板、焊管、拉杆、吊钩、支架、焊接结构 |
| Q215 | A<br>B | 215 | 205 | 195 | 185 | 335～450 | 31 | 30 | 29 | 27 | | |
| Q235 | A<br>B<br>C<br>D | 235 | 225 | 215 | 215 | 370～500 | 26 | 25 | 24 | 22 | 具有良好的塑性、韧性和焊接性、冷冲压性能，以及一定的强度、好的冷弯性能 | 广泛用于一般要求的零件和焊接结构。如受力不大的拉杆、连杆、销、轴、螺钉、螺母、套圈、支架、机座、建筑结构、桥梁等 |

（续）

| 牌号 | 质量等级 | 屈服强度 $R_{eH}$/MPa≥ | | | | 抗拉强度 $R_m$/MPa | 断后伸长率 A（%）　≥ | | | | 特　性 | 应　用 |
|---|---|---|---|---|---|---|---|---|---|---|---|---|
| | | 钢材厚度或直径/mm | | | | | 钢材厚度或直径/mm | | | | | |
| | | ≤16 | 16～40 | 40～60 | 60～100 | | ≤40 | 40～60 | 60～100 | 100～150 | | |
| Q275 | A<br>B<br>C<br>D | 275 | 265 | 255 | 245 | 410～540 | 22 | 21 | 20 | 18 | 具有较高的强度、较好的塑性和切削加工性能、一定的焊接性 | 用于制造要求强度较高的零件，如齿轮、轴、链轮、键、螺栓、螺母、农机用型钢、输送链和链节 |

（2）优质碳素结构钢　优质碳素结构钢的牌号规定用两位数字表示，这两位数字表示钢中平均碳的质量分数的万分数，如果钢中锰的质量分数较高（0.7%～1.2%），在两位数字后面加“Mn”；如果该钢是沸腾钢，在两位数字后面加“F”。

例如，45 表示碳的质量分数为万分之四十五（即为 0.45%）的优质碳素结构钢；50Mn 表示碳的质量分数约为 0.50%，锰的质量分数较高的优质碳素结构钢；10F 表示碳的质量分数为 0.10% 的沸腾钢优质碳素结构钢。

优质碳素结构钢的硫、磷含量较低（≤0.035%），主要用来制造较为重要的零件，如图 3-8 所示的垫片、齿轮、轴、弹簧等。常用优质碳素结构钢的力学性能及应用见表 3-8。

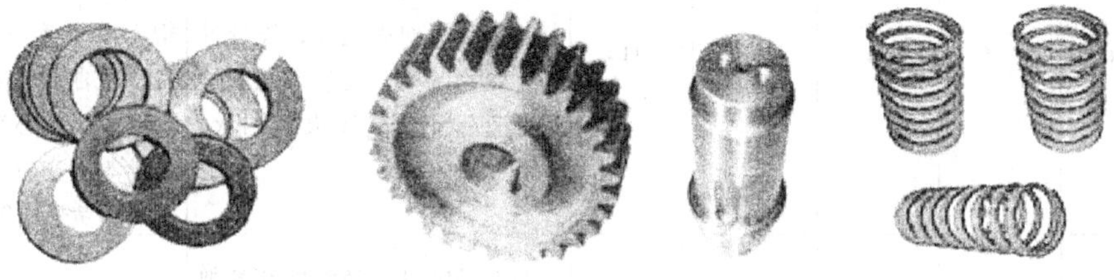

a)　b)　c)　d)

图 3-8　优质碳素结构钢制造的零件

a）垫片　b）齿轮　c）轴　d）弹簧

**表 3-8　优质碳素结构钢的力学性能及应用**

| 牌号 | 抗拉强度 $R_m$/MPa | 下屈服强度 $R_{eL}$/MPa | 断后伸长率 A（%） | 断面收缩率 Z（%） | 冲击吸收能量 $A_{KU_2}$/J | 特　性 | 应　用 |
|---|---|---|---|---|---|---|---|
| 08 | 325 | 195 | 33 | 60 | — | 强度、硬度很低，塑性、韧性极好，冷加工性好，淬透性、淬硬性极差，不宜切削加工，退火后，导磁性能好 | 宜轧制成薄板、薄带、冷变形材、冷拉、冷冲压、焊接件、表面硬化件 |
| 20 | 410 | 245 | 25 | 55 | — | 强度、淬硬性低，但有很好的塑性、韧性、焊接性及可加工性。经正火可提高表面硬度、耐磨性 | 制作塑性好的零件，如垫片、摇杆、吊钩螺栓及冲压件、焊接件，小型渗碳零件，如齿轮、凸轮轴等 |

（续）

| 牌号 | 抗拉强度 $R_m$/MPa | 下屈服强度 $R_{eL}$/MPa | 断后伸长率 $A$（%） | 断面收缩率 $Z$（%） | 冲击吸收能量 $A_{KU_2}$/J | 特性 | 应用 |
|---|---|---|---|---|---|---|---|
| 30 | 490 | 295 | 21 | 50 | 71 | 强度、硬度较高，塑性好、焊接性尚好，可在正火或调质后使用，适于热锻、热压，切削加工性良好 | 用于受力不大，温度低于150℃的低载荷零件，如丝杠、拉杆、轴键、齿轮、轴套筒等 |
| 40 | 570 | 335 | 19 | 45 | 47 | 强度较高，切削加工性良好，冷变形能力中等，焊接性差，无回火脆性，淬透性差，多在调质或正火后使用 | 适于制造曲轴、心轴、传动轴、活塞杆、连杆、链轮、齿轮等，焊接时需先预热，焊后缓冷 |
| 45 | 600 | 355 | 16 | 40 | 39 | 最常用的中碳调质钢，综合力学性能良好，淬透性差，水淬时易生裂纹。小型件宜采用调质处理，大型件宜采用正火处理 | 主要用于制造强度高的活动件，如压缩机活塞、轴、齿轮、齿条、蜗杆等。焊接时注意焊前预热，焊后消除应力退火 |
| 50 | 630 | 375 | 14 | 40 | 31 | 高强度中碳结构钢，冷变形能力低，切削加工性中等，焊接性差，无回火脆性，淬透性较差，水淬时，易生裂纹。使用状态：正火、淬火后回火、高频感应淬火 | 适用于在动载荷及冲击作用不大的条件下耐磨性高的机械零件，可锻造齿轮、轧辊、轴摩擦盘、机床主轴、发动机曲轴、农业机械、犁铧、重载荷心轴及各种轴类零件等，及较次要的减振弹簧、弹簧垫圈等 |
| 60 | 675 | 400 | 12 | 35 | — | 具有高强度、高硬度和高弹性。冷变形时塑性差，切削加工性中等，焊接性不好，淬透性差，故大型件用正火处理 | 可用于制造轧辊、轴类、轮箍、弹簧圈、减振弹簧、离合器、钢丝绳等 |
| 65 | 695 | 410 | 10 | 30 | — | 适当热处理或冷作硬化后具有较高强度与弹性。焊接性不好，切削加工性差，冷变形塑性低，淬透性不好，一般采用油淬，大截面件采用水淬油冷，或正火处理 | 宜用于制造形状简单、受力小的扁形或螺旋形弹簧零件。如气门弹簧等，也宜用于制造高耐磨性零件，如轧辊、凸轮及钢丝绳等 |

（3）碳素工具钢　碳素工具钢都是优质钢或高级优质钢。其牌号用“碳”字拼音字首“T”再加碳的质量分数的千分数表示。例如，T7 表示碳的质量分数为 0.7% 的碳素工具钢。若为高级优质碳素工具钢则在数字后面加注“A”。

碳素工具钢的含碳量高，一般 $w_C$ 都大于 0.7%，它们淬火后有高的硬度（>60HRC）和良好的耐磨性，但淬透性和热硬性差，常用来制造尺寸不大，较为简单的锻工、木工、钳工工具和小型模具，如图 3-9 所示。常用碳素工具钢的力学性能及应用见表 3-9。

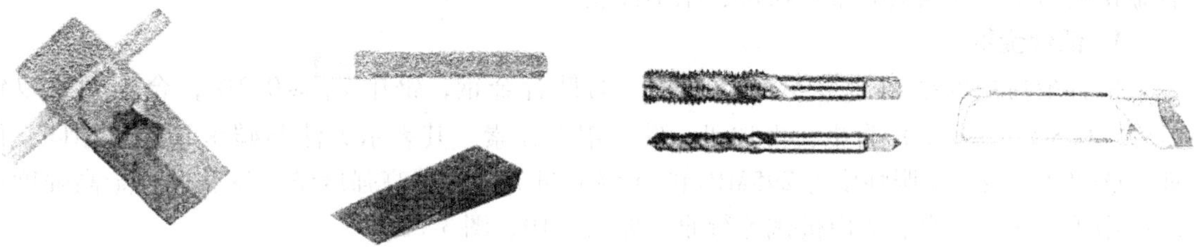

a) b) c) d)

图 3-9 碳素工具钢制造的工具
a）木工工具 b）錾子 c）丝锥 d）手用锯

**表 3-9 碳素工具钢的力学性能及应用**

| 牌号 | 碳的质量分数 | 特 性 | 应 用 |
|---|---|---|---|
| T7、T7A | 0.65～0.74 | 具有较好的塑性、冲击性能和强度，以及一定的硬度，能承受震动和冲击负荷，但切削能力差 | 用于制造承受冲击负荷不大，且要求具有适当硬度和耐磨性，及较好韧性的工具，如锻模、锤、冲头、錾子、扩孔钻、木工工具、风动工具、钳工工具等 |
| T8、T8A | 0.75～0.84 | 淬火加热时容易过热，变形也大，塑性和强度比较低，不宜制造承受较大冲击的工具，但经热处理后有较高的硬度和耐磨性 | 用于制造工作时不易变热的工具，如加工木材用的铣刀、斧、凿、简单的模子、冲头及手用锯、圆锯片、滚子、钳工装配的工具等 |
| T9、T9A | 0.85～0.94 | 具有较高的硬度和耐磨性，但塑性和强度较低 | 用于制造有韧性又有硬度的工具，如冲模冲头、木工工具等，还可做农机切割零件，如刀片等 |
| T10、T10A | 0.95～1.04 | 晶粒细，在淬火加热时（温度达800℃）仍能保持细晶粒组织；淬火后钢中有未溶的过剩碳化物，所以具有比T8、T8A钢更高的耐磨性，但冲击性能较低 | 用于制造手工锯、麻花钻、拉丝细模、小型冲模、丝锥、车刀、刨刀、扩孔刀具、板牙、铣刀、钻极硬岩石用钻头、螺纹车刀、刻锉刀用的錾子等 |
| T11、T11A | 1.05～1.14 | 具有较好的综合力学性能（如硬度、耐磨性和冲击性能等） | 用于制造工件时不易变热的工具，如丝锥、锉刀、刮刀，尺寸不大和截面无急剧变化的冷模及木工工具等 |
| T12、T12A | 1.15～1.24 | 由于碳的质量分数高，所以淬火后硬度和耐磨性高，但冲击性能低，且淬火变形大。不适于制造切削速度高和受冲击负荷的工具 | 适于制造车速不高、切削刃不易变热的车刀、铣刀、钻头、铰刀、扩孔钻、丝锥、板牙、刮刀、量规及断面尺寸小的冷切边模、冲孔模、金属锯条、铜用工具等 |
| T13、T13A | 1.25～1.35 | 属碳素工具钢中碳的质量分数最高的钢种，硬度极高，力学性能较低，不能承受冲击，只能做切削高硬度材料的刀具 | 用于制造剃刀、切削刀具、车刀、刻刀、刮刀、拉丝工具、钻头、硬石加工用工具、雕刻用的工具 |

## （二）低合金钢和合金钢

低合金钢和合金钢是指为改善钢的某些性能，而在碳钢的基础上有意识地加入某些合金元素而得到的钢种。常用的合金元素有铬（Cr）、钨（W）、钼（Mo）、钒（V）、钛（Ti）、镍（Ni）、锰（Mn）、铝（Al）、硼（B），以及稀土元素（RE）等。加入合金元素的种类和加入量的不同，钢的性能也会有明显不同，合金元素的加入使低合金钢和合金钢具有优于非合金钢的力学性能或具有某些物理、化学性能。

**1. 低合金钢**

低合金高强度结构钢是一类应用极广的低合金钢，钢中 $w_C \leqslant 0.2\%$，合金元素以锰（$w_{Mn}=0.8\% \sim 1.7\%$）为主，再加钒、钛、铝等元素。其表示方法与碳素结构钢相同，例如，Q295A，表示屈服强度为295MPa的A级质量的低合金高强度结构钢。低合金高强度钢广泛用于船舶、建筑、矿山机械等行业，如图3-10、图3-11所示。

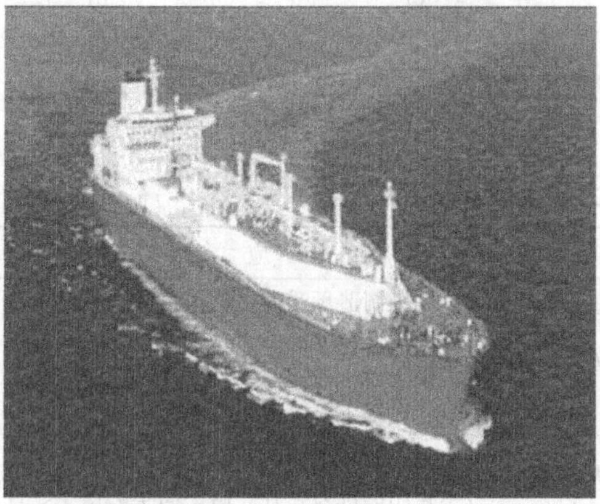

图3-10 船舶

图3-11 鸟巢钢结构

常用的低合金高强度钢的性能和用途见表3-10。

表3-10 低合金高强度钢的力学性能及应用

| 牌号 | 抗拉强度 $R_m$/MPa | 下屈服强度 $R_{eL}$/MPa | 断后伸长率 $A$（%） | 特性 | 应用 |
|---|---|---|---|---|---|
| Q345 | 470 ~ 630 | ≥345 | ≥21 | 综合力学性能好，焊接性，冷、热加工性能和耐蚀性均好 | 船舶、桥梁、电站设备、起重运输机械及其他较高载荷的焊接结构件等 |
| Q390 | 490 ~ 650 | ≥390 | ≥20 | 综合力学性能比Q345钢高，焊接性、热加工性和低温冲击韧度好 | 高压锅炉钢筒、石油、化工容器、高应力起重机械、运输机械构件等 |
| Q420 | 520 ~ 680 | ≥420 | ≥19 | 强度高，特别是在正火或正火加回火状态有较高的综合力学性能 | 大型船舶、桥梁、电站设备，中、高压锅炉，高压容器、机车车辆，矿山机械及其他大型焊接结构件 |
| Q460 | 550 ~ 720 | ≥460 | ≥17 | 强度高，综合力学性能好 | 大型挖掘机、起重机、运输机械，钻井平台等 |

**2. 合金钢**

（1）合金结构钢　合金钢一般按用途可分为合金结构钢、合金工具钢和特殊性能钢。合金结构钢的表示方法为“两位数＋合金元素＋数字＋…”，前边的两位数为碳的质量分数的万分数，之后用元素符号表明钢中的主要合金元素，含量用其后的数字标明，平均含量少于1.5%时则不标含量，例如，60Si2Mn表示平均碳的质量分数为0.6%，主要合金元素Si的平均质量分数为2%，Mn的质量分数低于1.5%。

合金结构钢的成分、性能、热处理特点及用途见表3-11。

**表 3-11 合金结构钢的成分、性能、热处理特点及用途**

| 类别 | 热处理特点 | 性能特点 | 常用钢号 | 抗拉强度 $R_m$/MPa | 下屈服强度 $R_{eL}$/MPa | 断后伸长率 $A$（%） | 断面收缩率 $Z$（%） | 冲击吸收能量 $A_{KU2}$/J | 用途 | 举例 |
|---|---|---|---|---|---|---|---|---|---|---|
| 合金渗碳钢 $w_C$=0.10%～0.25% | 渗碳后淬火加低温回火 | 表面具有高硬度和高耐磨性，心部具有好的塑性和韧性 | 20Cr | 835 | 540 | 10 | 40 | 47 | 凸轮轴、小拖拉机传动齿轮、较重要渗碳件 | 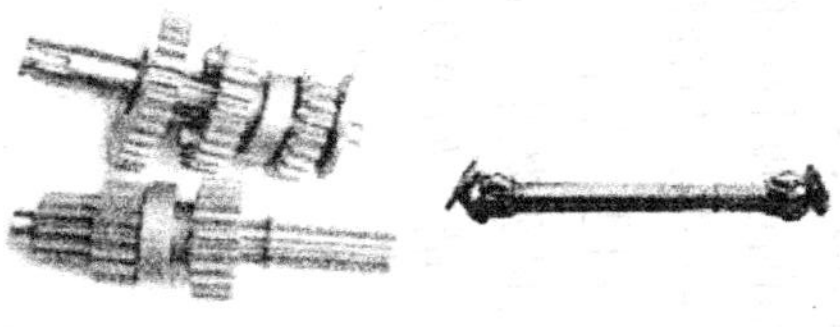 |
| | | | 20CrMnTi | 1080 | 850 | 10 | 45 | 55 | 汽车、拖拉机的变速齿轮、传动轴 | |
| | | | 18Cr2Ni4WA | 1180 | 835 | 10 | 45 | 78 | 大型渗碳齿轮和轴类 | |
| 合金调质钢 $w_C$=0.25%～0.50% | 淬火加高温回火（调质处理） | 具有高强度、高韧性相结合的良好综合力学性能 | 40Cr | 980 | 785 | 9 | 45 | 47 | 螺杆、连杆、进气阀螺栓、重要齿轮、轴 |  |
| | | | 35CrMo | 980 | 835 | 12 | 45 | 63 | 曲轴、齿轮、电动机转子 | |
| | | | 40CrMnMo | 980 | 785 | 10 | 45 | 63 | 高级调质钢、航空发动机轴及结构件 | |
| 合金弹簧钢 $w_C$=0.50%～0.70% | 淬火加中温回火 | 具有高的弹性极限，高的疲劳极限与足够的塑性和韧性 | 65Mn | 980 | 785 | 8 | 30 | — | 弹簧、板簧、弹簧发条、气门弹簧、冷卷弹簧 |  |
| | | | 60Si2Mn | 1275 | 1180 | 5 | 25 | — | 重要弹簧和工作温度低于250℃的耐热弹簧 | |
| | | | 50CrVA | 1275 | 1130 | 10 | 40 | — | 大截面（50mm）高应力螺旋弹簧和工作温度低于300℃的耐热弹簧 | |
| 高碳铬轴承钢 $w_C$=0.95%～1.15% | 淬火加低温回火 | 具有高硬度和耐磨性、高的接触疲劳强度、足够的韧性，以及耐蚀能力 | GCr9 | — | — | — | — | — | 直径小于20mm的球形滚子、圆柱滚子及滚针 | 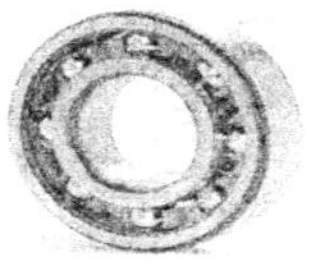 |
| | | | GCr15 | 588～676 | 353～382 | 40～59 | 20～27 | — | 壁厚小于20mm的套圈、直径小于50mm的球形滚子 | |

（2）合金工具钢　与碳素工具钢相比，合金工具钢具有更高的硬度、耐磨性和热硬性。一般用于制造尺寸大、精度高和形状复杂的模具、量具，以及切削速度较高的刃具，如图3-12所示。合金工具钢的表示方法为“一位数＋合金元素＋数字＋…”，与合金结构钢大致相同，只是第一个数字为碳的质量分数的千分数，且当 $w_C \geq 1.0\%$ 时，不标含碳量数字。如9SiCr，平均含的质量分数为0.9%，主要合金元素为Si、Cr，质量分数小于1.5%。

高速钢的钢号，一般不标出碳的含量，而仅标出合金的含量，如W9Mo3Cr4V，表示 $w_W = 9\%$、$w_{Mo} = 3\%$、$w_{Cr} = 4\%$、$w_V = 1.30\% \sim 1.70\%$。

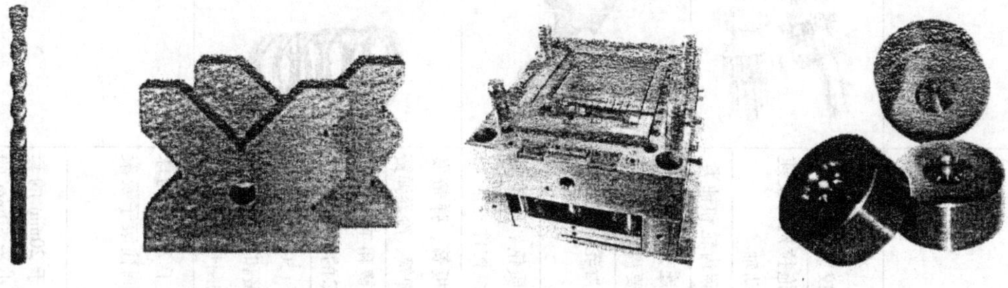

a)　b)　c)　d)

图3-12　合金工具钢制造的工具、量具、模具

a）钻头　b）量具　c）热作模具　d）拉丝模

常用合金工具钢的性能及牌号见表3-12。

**表3-12　常用合金工具钢的性能及应用**

| 类　别 | 常用钢号 | 主要特性 | 应　用 |
|---|---|---|---|
| 量具刃具用钢 | 9SiCr | 高的硬度和耐磨性，良好的淬透性，足够的强度和韧性 | 适用于耐磨性高、切削不剧烈且变形小的刃具，如板牙、丝锥、钻头、拉刀等，还可用于制作冷冲模及冷轧辊 |
| | 8MnSi | | 多用于木工工具，如凿子、锯条等，小尺寸热锻模与冲头、紧固件、拉丝模、冷冲模和切削工具 |
| | Cr2 | | 多用于低速、进给量小、加工材料不很硬的切削刀具，如锉刀、刮刀等，还可用作量具、样板、量规等 |
| 高速工具钢 | W18Cr4V | 高的硬度和耐磨性，足够的塑性和韧性，很高的热硬性 | 一般用途的高速切削车刀、刨刀、铣刀、钻头等 |
| | W6Mo5Cr4V2 | | 用于承受冲击力较大的刀具，如插齿刀、钻头、丝锥等 |
| 冷作模具用钢 | Cr12 | 高硬度，高耐磨性，高的淬透性，热处理变形小 | 多用于耐磨性高又不承受冲击的冷冲模、量具、拉丝模、搓丝板 |
| | CrWMn | | 多用于长而形状复杂的切削刀具，如拉刀、长丝锥、长铰刀、量规及形状复杂、高精度的冷冲模 |
| 热作模具用钢 | 5CrMnMo | 高的强度和韧性，高的淬透性，抗热疲劳能力高，导热性好 | 适用于做中、小型热模锻，且边长小于或等于400mm |
| | 3Cr2W8V | | 高应力压模、螺钉或铆钉热压模、压铸模等 |

（3）特殊性能钢 特殊性能钢是指作特殊用途和具有特殊物理、化学性能的钢。常用的有不锈钢、耐热钢、耐磨钢等。特殊性能钢的表示方法为“两位或三位数＋合金元素＋数字＋…”，其中两位或三位数表示碳含量的万分之几或十万分之几，合金元素后面的数字表示合金元素的质量分数。例如，022Cr18Ti 表示 $w_C \leqslant 0.03\%$、$w_{Cr}=16\% \sim 19\%$、$w_{Ti}=0.1\% \sim 1.0\%$ 的不锈钢；20Cr25Ni20 表示 $w_C \leqslant 0.25\%$、$w_{Cr}=24\% \sim 26\%$、$w_{Ni}=19\% \sim 22\%$ 的耐热钢。

1）不锈钢。不锈钢是指能抵抗大气或酸、碱、盐等化学介质腐蚀的钢。其成分上的特点是低碳，并加入大量（超过13%）的铬，铬在金属表面被腐蚀时，形成一层与基体金属结合牢固的钝化膜，从而提高钢的耐蚀性。

常用不锈钢按其组织特点，可分为铁素体型、马氏体型和奥氏体型。

铁素体型不锈钢耐蚀性、高温抗氧化性、塑性和焊接性好，但强度低，主要用于制造化工设备的容器、零件、管道等，常用牌号为10Cr17。

马氏体型不锈钢的强度、硬度和耐磨性高于铁素体不锈钢，但耐蚀性下降，主要用于制造要求力学性能较高，并有一定耐蚀性的零件，如汽轮机叶片、阀门、喷嘴等。常用牌号为12Cr13、20Cr13、30Cr13、40Cr13等。

奥氏体不锈钢为镍铬不锈钢。铬、镍使钢有良好的耐蚀性和耐热性，较高的塑性和韧性，而且冷热加工性和焊接性也很好，是目前应用最广的一类不锈钢，广泛用于食品设备、化工设备等零部件。常用的牌号为12Cr18Ni9（原1Cr18Ni9）、06Cr19Ni10（原0Cr18Ni9）等。

2）耐热钢。耐热钢是指在高温下不发生氧化，并具有较高热强性的钢。常用的耐热钢有珠光体型耐热钢，常用牌号有15CrMo、12CrMoV等，此类钢使用温度小于600℃，主要用于制作锅炉材料、耐热紧固件等。马氏体型耐热钢是在Cr13型不锈钢的基础上加入一定量的钼、钨、钒等元素，以提高钢的高温强度，此类钢常用于制作承载较大的零件，如汽轮机叶片、气阀等，常用牌号有13Cr13Mo、14Cr11MoV等。奥氏体型耐热钢含有较多的铬、镍，工作温度可高于650℃，可用于制作汽轮机叶片、内燃机重负荷排气阀等，常用钢号为06Cr19Ni9、45Cr14Ni14W2Mo等。

3）耐磨钢。耐磨钢主要是指高锰钢，主要用于制造承受严重磨损和强烈冲击的零件，如铁路道岔、破碎机齿板、坦克和拖拉机履带、挖掘机铲齿等。这类钢由于机械加工困难，因此基本上由铸造生产，常用牌号为ZGMn13。

## 第三节 铸铁

铸铁是碳的质量分数大于2.11%的铁碳合金，其杂质含量比钢高。铸铁具有良好的铸造性、耐磨性和切削加工性，且生产简单，成本低廉，是工业生产中重要材料之一。它广泛用于制作机床床身、主轴箱、减速器箱盖、箱座、内燃机气缸体、缸套、凸轮轴等，如图3-13所示。但铸铁的强度、塑性较低，一般不能通过压力加工成形。

### 一、铸铁的分类

根据铸铁中石墨存在的形式不同，铸铁可分为以下几种：

（1）白口铸铁 铸铁中的碳大部分以 $Fe_3C$ 形式存在，断口呈银白色，故称为白口铸

a)

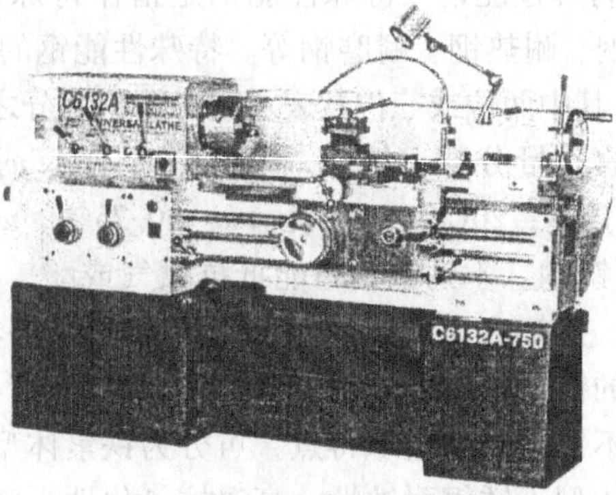


b)

图 3-13 铸铁的应用

a）内燃机 b）机床

铁。这类铸铁的性能既硬又脆，很难进行切削加工，所以很少直接用来制造机器零件。

（2）灰铸铁 铸铁中的碳主要以片状石墨形式存在，断口呈灰色，故称为灰铸铁。

（3）可锻铸铁 铸铁中的石墨呈团絮状存在，因其塑性和冲击性能比灰铸铁好，故称可锻铸铁，但实际上并不可锻压加工。

（4）球墨铸铁 铸铁中的石墨呈圆球状存在，故称球墨铸铁。这种铸铁的强度高，铸造性能好。

（5）蠕墨铸铁 铸铁中的石墨呈蠕虫状存在，故称蠕墨铸铁。

## 二、常用铸铁

### 1. 灰铸铁

灰铸铁的化学成分大致是 $w_C = 2.5\% \sim 4.0\%$，$w_{Si} = 1.0\% \sim 3.0\%$，锰、硫、磷总的质量分数不超过 2.0%。灰铸铁的牌号以“灰铁”汉语拼音字首“HT”表示，后接最低抗拉强度，如 HT200，表示最低抗拉强度为 200MPa 的灰铸铁。灰铸铁的抗拉强度、塑性、冲击性能都较低，但抗压强度较高，减震性、减摩性好，是目前应用最广的一种铸铁。灰铸铁的牌号、性能及应用见表 3-13。

表 3-13 常用灰铸铁的牌号、性能及应用

| 类别 | 牌号 | 抗拉强度 $R_m$/MPa ≥ | 硬度/HBW | 应用 |
|---|---|---|---|---|
| 铁素体灰铸铁 | HT100 | 100 | 143 ~ 229 | 低载荷和不重要零件，如下水管、盖、手轮 |
| 铁素体-珠光体灰铸铁 | HT150 | 150 | 163 ~ 229 | 承受中等应力的零件，如底座、床身、阀体及一般工作条件要求的零件 |
| 珠光体灰铸铁 | HT200 | 200 | 170 ~ 241 | 承受较大应力和重要的零件，如气缸体、齿轮、飞轮、齿轮箱、床身等 |
|  | HT250 | 250 | 170 ~ 241 |  |
| 孕育铸铁 | HT300 | 300 | 187 ~ 225 | 受力较大的机床床身、立柱、机床导轨，大型发动机缸体、缸盖、曲轴等 |

### 2. 可锻铸铁

可锻铸铁是由一定化学成分的白口铸铁经可锻化退火，使渗碳体分解而获得团絮状石墨的铸铁。可锻铸铁并不能进行锻压加工。其牌号以“可铁”汉语拼音字首“KT”表示，后接种类代号、最低抗拉强度和最低伸长率。种类代号有“H”表示“黑心”，“Z”表示“珠光体”，如 KTH300-06，表示最低抗拉强度为 300MPa、最低伸长率 6% 的黑心可锻铸铁。可锻铸铁的强度比灰铸铁高，塑性和韧性也有很大提高。但由于退火周期长，工艺复杂，成本高，只适用于薄壁零件。常用可锻铸铁的牌号、性能及应用见表 3-14。

**表 3-14 常用可锻铸铁的牌号、性能及应用**

| 牌号 | 抗拉强度 $R_m$/MPa | 规定非比例延伸强度 $R_{p0.2}$/MPa | 断后伸长率 $A$ (%) $L_o=3d$ | 硬度/HBW | 应用 |
|---|---|---|---|---|---|
| | ≥ | | | | |
| KTH300-06 | 300 | — | 6 | ≤150 | 承受低动载荷及静载荷，如管接头、中低压阀门 |
| KTH330-08 | 330 | — | 8 | | 承受中等动载荷，如扳手、车轮壳等 |
| KTH350-10 | 350 | 200 | 10 | | 承受较高冲击、振动的零件，如汽车、拖拉机后桥和转向机构壳体，农具等 |
| KTH370-12 | 370 | — | 12 | | |
| KTZ450-06 | 450 | 270 | 6 | 150～200 | 承受高载荷、高耐磨性，并有一定韧性要求的重要零件，如曲轴、连杆、齿轮、万向联轴器、凸轮轴等 |
| KTZ550-04 | 550 | 340 | 4 | 180～230 | |
| KTZ650-02 | 650 | 430 | 2 | 210～260 | |

### 3. 球墨铸铁

球墨铸铁是将普通灰铸铁熔化的铁液，经球化处理而得到的。其牌号以“球铁”汉语拼音字首“QT”表示，后接最低抗拉强度和最低伸长率。由于球墨铸铁中石墨呈球形，对金属基体的割裂作用小，使得基体比较连续，且在拉伸时引起的应力集中也很小。因此与灰铸铁相比，球墨铸铁具有较高的抗拉强度和疲劳强度、较好的塑性和韧性，而且铸造性能好，成本低，在工业上得到广泛应用。表 3-15 为常用球墨铸铁的牌号、性能及应用。

**表 3-15 常用球墨铸铁的牌号、性能及应用**

| 牌号 | 抗拉强度 $R_m$/MPa | 规定非比例延伸强度 $R_{p0.2}$/MPa | 断后伸长率 $A$ (%) | 硬度/HBW | 应用 |
|---|---|---|---|---|---|
| | ≥ | | | | |
| QT400-18 | 400 | 250 | 18 | 120～175 | 承受冲击载荷，要求具有一定强度的零件，如阀体、汽车、内燃机车零件、机床零件、农机具的犁铧、犁柱等 |
| QT450-10 | 450 | 310 | 10 | 160～210 | |
| QT500-7 | 500 | 320 | 7 | 170～230 | 机油泵齿轮、机车、车辆轴瓦等 |
| QT600-3 | 600 | 370 | 3 | 190～270 | 要求高强度并有一定韧性的零件，如内燃机曲轴、凸轮轴；气缸体、气缸套；部分机床主轴；活塞环等 |
| QT700-2 | 700 | 420 | 2 | 225～305 | |
| QT800-2 | 800 | 480 | 2 | 245～335 | |
| QT900-2 | 900 | 600 | 2 | 280～360 | 要求高强度高耐磨性零件，汽车的弧齿锥齿轮、拖拉机减速齿轮、转向节等 |

### 4. 蠕墨铸铁

蠕墨铸铁中，蠕虫状石墨的形态介于灰铸铁中的片状石墨与球墨铸铁中的球状石墨之间，所以蠕墨铸铁的性能也介于灰铸铁与球墨铸铁之间，即强度和韧性高于灰铸铁，但不如球墨铸铁，导热性、铸造性能和切削加工性能优于球墨铸铁。蠕墨铸铁的牌号以“蠕铁”汉语拼音字首“RuT”表示，后接最低抗拉强度。表 3-16 为常用蠕墨铸铁的牌号、性能及应用。

**表 3-16　常用蠕墨铸铁的牌号、性能及应用**

| 牌号 | 抗拉强度 $R_m$/MPa | 规定非比例延伸强度 $R_{p0.2}$/MPa | 断后伸长率 $A$（%） | 硬度/HBW | 应　用 |
|---|---|---|---|---|---|
| RuT420 | ≥420 | ≥335 | ≥0.75 | 200~280 | 活塞环、制动盘、钢珠研磨盘、泵体、玻璃磨具等 |
| RuT380 | ≥380 | ≥300 | ≥0.75 | 193~274 | |
| RuT340 | ≥340 | ≥270 | ≥1.0 | 170~249 | 机床工作台、大型齿轮箱体、飞轮等 |
| RuT300 | ≥300 | ≥240 | ≥1.5 | 140~217 | 变速器箱体、气缸盖、排气管等 |
| RuT260 | ≥260 | ≥195 | ≥3.0 | 121~197 | 汽车底盘零件、增压器零件等 |

## 第四节　非铁金属

1）我们常用的电线是用什么材料制成的？为什么？

2）为什么飞机上的许多零件选用铝合金？

金属材料通常分为钢铁材料和非铁金属两大类。除钢铁材料以外的其他金属称为非铁金属。非铁金属的种类很多，其产量和使用量虽不及钢铁材料，但由于具有许多特殊的性能，在工业生产中也得到了广泛的应用。

### 一、铜及铜合金

如图 3-14 所示为铜及铜合金制造的产品。

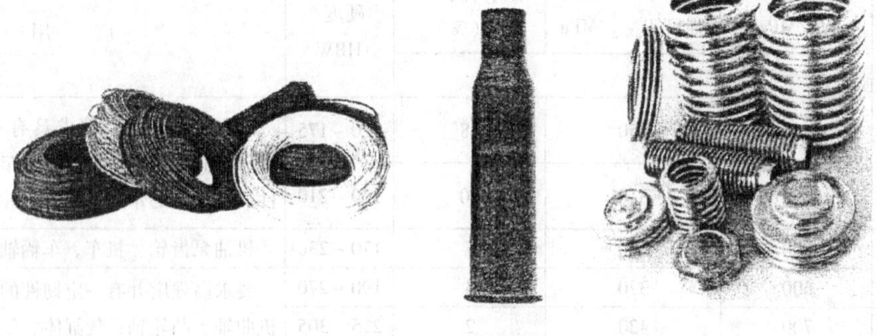

a)　　b)　　c)

图 3-14　铜及铜合金产品

a）电线电缆　b）弹壳　c）波纹管

### （一）纯铜

纯铜又称为紫铜，具有很高的导电性、导热性和耐蚀性，其抗拉强度不高，硬度很低，但塑性很好，易于热压或冷压加工。由于纯铜的强度低，不宜作为结构材料使用，而广泛用于制造电线、电缆、电刷、铜管，以及作为配制合金的原料。工业纯铜中铜的质量分数为99.5% ~99.95%，根据杂质含量不同，可分为三种：T1、T2、T3，编号越大，纯度越低。

### （二）铜合金

铜合金分为黄铜、青铜和白铜，应用较为广泛的是黄铜和青铜。

**1. 黄铜**

以铜和锌组成的二元铜合金称为普通黄铜，它的牌号用“黄”字的汉语拼音字首“H”加铜的平均质量分数表示。如 H68 表示平均铜的质量的分数为 68% 的普通黄铜。

普通黄铜色泽美观，对海水和大气腐蚀有相当好的抗力，加工性能也很好。当锌的质量分数低于 32% 时，随着含锌量的增加，合金的强度和塑性都升高；当锌的质量分数超过 32% 后，塑性开始下降，但强度继续升高；当锌的质量分数高于 45% 时，其强度和塑性随含锌量的增加急剧下降，在生产中已无实用价值。

为了改善普通黄铜的某些性能，在普通黄铜的基础上添加其他合金元素，这样得到的铜合金称为特殊黄铜。特殊黄铜的牌号以“H + 添加元素符号 + 数字 + 数字”，数字依次表示铜的质量分数和加入元素的含量。如 HPb59-1，表示铜的质量分数为 59%，铅的质量分数为 1% 的特殊黄铜。如果是铸造用的黄铜，其牌号用“ZCuZn + 数字”表示，数字表示锌的质量分数。常用黄铜的牌号、性能及应用见表 3-17。

**表 3-17 常用黄铜的牌号、性能及应用**

| 类别 | 牌号 | 主要性能 | 应用 |
|---|---|---|---|
| 普通黄铜 | H80 | 强度较高，塑性较好，在大气、淡水及海水中有较高的耐蚀性 | 造纸网、薄壁管、波纹管及装饰品 |
| | H68 | 塑性极好，强度较高，能承受冷热加工，易焊接，有应力腐蚀开裂倾向 | 弹壳、冷凝器管、雷管、散热器外壳等冷冲件，深冲件 |
| | H62 | 良好的力学性能，热加工性、切削加工性好，易焊接，耐腐蚀，有应力腐蚀开裂倾向 | 一般机器零件、散热器零件、垫圈、螺母、铆钉、导管、气压表零件 |
| 特殊黄铜 | HPb59-1 | 切削加工性好，有良好的力学性能，能承受冷热压力加工，易焊接，耐蚀性一般，有应力腐蚀开裂倾向 | 热冲压和切削加工制作的各种零件，如销、螺钉、螺母、衬套等 |
| | HMn58-2 | 耐蚀性好，力学性能良好，导热导电性低，热态下压力加工性好，但有应力腐蚀开裂倾向 | 腐蚀条件下工作的重要零件和弱电工业用零件 |
| 铸造黄铜 | ZCuZn38 | 良好的铸造性能和可加工性能，力学性能较高，可焊接，有应力腐蚀开裂倾向 | 一般结构件和耐蚀零件，如法兰、阀座、螺杆、支架、手柄等 |
| | ZCuZn16Si4 | 具有较高的力学性能和良好的耐蚀性，铸造性能好 | 在海水、淡水、蒸汽（<265℃）条件下工作的铸件及船舶零件 |
| | ZCuZn31Al2 | 铸造性能良好，在空气、淡水、海水中耐蚀性较好，易切削，可以焊接 | 适用于压力铸造，如电机、仪表等压铸零件，以及造船和机械制造业的耐蚀件 |

**2. 青铜**

青铜是人类历史上应用最早的合金。青铜原指铜锡合金，但是工业上习惯把铜基合金中不含锡而含有铝、镍、锰、硅、铍、铅等特殊元素组成的合金也称为青铜。青铜可分为压力加工青铜和铸造青铜两类。青铜的牌号以“Q＋主加元素符号＋数字＋数字”表示，“Q”为“青”字汉语拼音的字首，数字依次表示主加元素的质量分数和其他元素的质量分数。如QSn4-3，表示锡的质量分数为4%、锌的质量分数为3%、其余为铜的锡青铜。铸造青铜的牌号用“ZCu＋主加元素符号＋数字＋其他加入元素符号＋数字”表示。常用青铜的牌号、性能及应用见表3-18。

**表3-18 常用青铜的牌号、性能及应用**

| 类别 | 牌号 | 特性 | 应用 |
|---|---|---|---|
| 加工青铜 | QSn4-3 | 有高的耐磨性和弹性，抗磁性良好，冷热态压力加工性均好；在硬态时，切削性好；易焊接，在大气、淡水和海水中耐蚀性好 | 用于制作弹性元件，化工设备上的耐蚀、耐磨零件、抗磁零件等 |
| | QAl9-4 | 有高的强度和减摩性，良好的耐蚀性，热态下压力加工性良好，可电焊和气焊 | 用于制作在高负荷下工作的抗磨、耐蚀零件，如轴承、齿轮、蜗轮、阀座等 |
| | QBe2 | 综合性能良好，经淬火调质后，具有高的强度、硬度、弹性、耐磨性、疲劳极限和耐热性，同时还具有高的导电性、导热性和耐寒性，易于焊接，在大气、淡水和海水中耐蚀性好 | 制作各种精密仪表、仪器中的弹簧和弹性元件，各种耐磨零件以及在高速下、高压、高温下工作的轴承、衬套等 |
| 铸造青铜 | ZCuSn5Pb5Zn5 | 耐磨性和耐蚀性好，易加工，铸造性能和气密性较好 | 用于在较高载荷、中等滑动速度下工作的耐磨、耐腐蚀零件，如轴瓦、衬套、缸套、泵件压盖及蜗轮等 |
| | ZCuSn10P1 | 硬度高，耐磨性极好，有较好的铸造性能和切削加工性能，在大气和淡水中有良好的耐蚀性 | 用于高载荷和高滑动速度下工作的耐磨零件，如连杆、衬套、轴瓦、齿轮、蜗轮等 |
| | ZCuAl9Mn2 | 有高的力学性能，在大气、淡水和海水中耐蚀性好，组织致密，气密性高，耐磨性好，可以焊接，不易钎焊 | 用于耐蚀、耐磨零件、形态简单的大型铸件，如衬套、齿轮、蜗轮、增压器内气封 |

## 二、铝及铝合金

如图3-15所示为铝及铝合金在航空及日常生活中的应用。

### （一）纯铝

纯铝是银白色的轻金属，强度低、易于铸造、易于切削，耐大气腐蚀能力强，导电、导

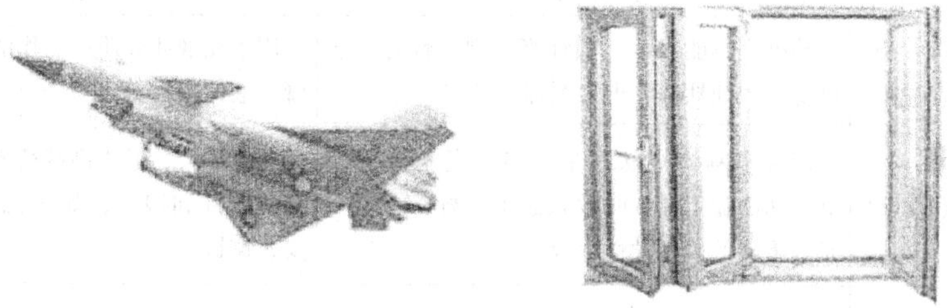

a)　　　　　　b)

图 3-15　铝及铝合金的应用
a）飞机　b）铝合金门窗

热性仅次于银和铜，主要用于制造电线、电缆，很少用作结构材料。常见的纯铝有 1070、1060、1050、1035 等，1070 纯度最高，依次递减。

### （二）铝合金

为了提高铝的强度，在纯铝中加入硅、铜、镁、锰、锌等合金元素，形成铝合金。铝合金具有比强度（抗拉强度与密度的比值）高，耐腐蚀，导热和塑性好等特点，广泛用于汽车制造、民用产品、航空和航天工业等领域。

铝合金按其成分和工艺特点不同可分为变形铝合金和铸造铝合金两大类。

- 铝合金
  - 变形铝合金
    - 防锈铝合金
    - 硬铝合金
    - 超硬铝合金
    - 锻铝合金
  - 铸造铝合金
    - 铝硅合金
    - 铝铜合金
    - 铝镁合金
    - 铝锌合金

#### 1. 变形铝合金

铝合金加热后，能形成单相固溶体组织，提高了塑性，适于压力加工，这类铝合金称为变形铝合金。除了防锈铝合金外，其余变形铝合金都能够通过热处理来提高力学性能。

变形铝合金的牌号按国家标准 GB/T 16474—2011 规定，采用四位字符牌号命名，牌号用 2×××~8×××系列表示，牌号第一位数字表示变形铝合金的组别，由主要合金元素按铜、锰、硅、镁、镁+硅、锌和其他元素的顺序来表示。牌号第二位的字母表示原始纯铝的改型情况，如果字母为 A，则表示为原始纯铝，若为其他字母，则表示为原始纯铝的改型。牌号的最后两位数字用来区分同一组中不同的铝合金，例如，2A12 表示原始铝铜合金，2B12 表示改型后的铝铜合金。

常用变形铝合金的牌号、性能及应用见表 3-19。

**表 3-19 常用变形铝合金的牌号、性能及应用**

| 类别 | 牌号 | 主要特性 | 应用 |
| --- | --- | --- | --- |
| 防锈铝 | 5A02（LF2） | 热处理不能强化，塑性高、焊接性好、强度低、耐蚀性好，但切削加工性差 | 用于在液体介质中工作的零件，如油箱、油管、液体容器等 |
| | 3A21（LF21） | | |
| 硬铝 | 2A12（LY12） | 退火和刚淬火状态下塑性中等、焊接性好、切削加工性在时效状态下良好，在退火状态下降低，耐蚀性中等 | 用量最大，适于高载荷零件和构件，但不包括冲压件和锻件，如飞机上的骨架零件、蒙皮、铆钉 |
| 超硬铝 | 7A04（LC4） | 退火和刚淬火状态下塑性中等、强度高、切削加工性良好、耐蚀性中等、点焊性能良好、气焊性能不良 | 用于承力构件和高载荷零件，如飞机上的大梁、桁条、加强框、起落架等 |
| 锻铝 | 2A50（LD5） | 高强度锻铝，锻造性能好，耐腐蚀性不高，切削加工性好 | 形状复杂和中等强度的锻件、冲压件 |
| | 2A70（LD7） | 耐热锻铝，热强性较高，耐腐蚀性不高，切削加工性好 | 内燃机活塞、叶轮，在高温下工作的复杂锻件 |

注：括号内为旧牌号

**【知识链接】 时效处理**

时效处理是指合金工件经固溶处理、冷塑性变形或铸造、锻造后，在较高的温度或室温下放置，使其性能、形状、尺寸随时间而变化的热处理工艺。时效处理的目的是消除工件的内应力，稳定组织和尺寸，改善力学性能等。20 世纪初叶，德国工程师 A. 维尔姆研究硬铝时发现，这种合金淬火后硬度不高，但在室温下放置一段时间后，硬度便显著上升，这种现象后来被称为沉淀硬化。这一发现在工程界引起了极大兴趣。随后人们相继发现了一些可以采用时效处理进行强化的铝合金、铜合金和铁基合金，开创了一条与一般钢铁淬火强化有本质差异的新的强化途径——时效强化。

### 2. 铸造铝合金

铸造铝合金一般含有较高的合金元素，良好的铸造性能，但塑性与韧性较低，不能进行压力加工，只用于成型铸造。表 3-20 为常用铸造铝合金的牌号、性能及应用。

**表 3-20 常用铸造铝合金的牌号、性能及应用**

| 类别 | 合金牌号（合金代号） | 性能 | 应用 |
| --- | --- | --- | --- |
| 铝硅合金 | ZAlSi12（ZL102）<br>YZAlSi12（YL102） | 铸造性能好，耐腐蚀、焊接性好，但切削性差，不能热处理强化，强度不高，耐热性较低 | 适用于铸造形状复杂、耐蚀性和气密性要求高、承受较低载荷、不高于 200℃工作的薄壁零件，如仪表壳罩、盖及船舶零件 |
| | ZAlSi5Cu1Mg（ZL105） | 铸造工艺性能和气密性良好，无热裂倾向，可热处理强化，强度高，但塑性、韧性差。焊接性能和切削性能良好，耐热性和耐蚀性一般 | 在航空工业中应用广泛，可铸造形状复杂、承受较高静载荷、225℃以下工作的零件，如气缸体、气缸盖及发动机曲轴箱等 |

（续）

| 类别 | 合金牌号（合金代号） | 性　　能 | 应　　用 |
|---|---|---|---|
| 铝铜合金 | ZAlCu5Mn（ZL201） | 铸造性能不好，气密性低，但可热处理强化。室温强度高，韧性好，耐热性能高，焊接快，切削性能好，但耐蚀性能差 | 工作温度在300℃以下，承受中等负载。可用于飞机受力铸件、低温承力件，用途广泛 |
| | ZAlCu4（ZL203） | 典型Al-Cu二元合金。铸造工艺性差，可热处理强化，有较高的强度和塑性，切削性能好。耐热性一般，人工时效状态耐蚀性差 | 形状简单的中等静载荷或冲击载荷、工作温度低于200℃的小零件，如支架、曲轴等 |
| 铝镁合金 | ZAlMg10（ZL301） | 铸造性能差，气密性低，可热处理强化。耐热性不高，焊接性差，切削加工性好，其最大优点是耐大气和海水腐蚀 | 承受高静载荷或冲击载荷、工作温度低于200℃、长期在大气或海水中工作的零件，如水上飞机、船舶零件 |
| | ZAlMg5Si1（ZL303） | 铸造性能较ZL301好，耐蚀性能良好，可加工性为铸造铝合金中最佳，焊接性能好，但热处理不能明显强化，室温力学性能较低，耐热性一般 | 低于200℃时承受中等载荷的耐蚀零件，如海轮配件、航空或内燃机车零件 |
| 铝锌合金 | ZAlZn11Si7（ZL401） | 铸造性能优良，在铸态下具有自然时效能力，不经热处理可达到高的强度。耐热、焊接性和切削性优良。耐蚀性低，可采用阳极化处理以提高耐蚀性 | 适于大型形状复杂、承受高静载荷、工作温度不超过200℃的铸件，如汽车零件、仪表零件、医疗器械、日用品等 |
| | ZAlZn6Mg（ZL402） | 铸造性能良好，铸造后有自然时效能力。有较强的力学性能，耐蚀性能良好，但耐热性能低。焊接性一般，而可加工性良好 | 高静载荷或冲击载荷、不能进行热处理的铸件，如空气压缩机活塞、精密仪表零件等 |

## 三、粉末冶金材料

粉末冶金是将金属粉末（或掺入部分非金属粉末）经过成形和烧结制成金属材料或机械零件的一种加工工艺方法。常用的粉末冶金材料有含油轴承材料（图3-16）和硬质合金材料（图3-17）。

图3-16　含油轴承

图3-17　硬质合金材料（刀片）

### 1. 含油轴承

含油轴承材料是利用粉末冶金方法将材料制成多孔状，再浸渍多种润滑油形成的减摩材料，用作轴承、衬套、轴瓦、滑板等。常用的含油轴承有铁基合金和铜基合金两种。

含油轴承与普通轴承相比具有一定的自润滑性。含油轴承工作时，由于摩擦发热，使轴承中的润滑油膨胀而从合金孔隙中压到工作表面，起到润滑作用。停止运转后，轴承冷却，表面层的润滑油大部分被吸回孔隙，少部分留在摩擦表面，使轴承再运转时避免发生干摩擦，即具有一定的自润滑性。这就保证了轴承能在相当长的时间内不必加油而能有效地工作。含油轴承已广泛应用于汽车、农机及矿山机械等方面。

**2. 硬质合金**

硬质合金是以高硬度、高熔点的粉末（WC、TiC 等）和胶结物质（Co、Ni 等），用粉末冶金工艺制成的一种粉末冶金材料。它虽不是合金工具钢，但是一种常用的刃具材料。

硬质合金具有硬度高、耐磨、强度和韧性较好、耐热、耐腐蚀等一系列优良性能，特别是它的高硬度和耐磨性，即使在500℃的温度下也基本保持不变，在1000℃时仍有很高的硬度。由于硬质合金的硬度很高，切削加工困难，因此形状复杂的刀具，如拉刀、滚刀就不能用硬质合金来制作。一般将硬质合金做成刀片，镶在刀体上使用。使用硬质合金刀具可以大大提高切削速度和零件加工质量。表3-21为常用硬质合金的种类及应用。

**表3-21 常用硬质合金的种类及应用**

| 名称 | 组分 | 特性 | 应用 |
|---|---|---|---|
| 钨钴类（YG） | WC、Co | 弯曲强度、冲击韧度、弹性模量较高，而硬度、耐磨性低 | 适于加工脆性材料，如铸铁、非铁金属、胶木等 |
| 钨钴钛类（YT） | WC、TiC、Co | 硬度、耐磨性、热硬性高于YG类，高速切削寿命长，强度稍低 | 适于加工韧性材料，如钢材 |
| 通用类（YW） | WC、TiC、TaC、Co | 抗氧化性、抗热振性好于YT类，寿命长，加工钢材时耐磨性优于YG类 | 既能加工钢，又能加工铸铁，还可用于不锈钢、耐热钢等难以加工的材料 |
| 碳化钛基类（YN） | TiC、Ni、Mo | 耐磨性高，弯曲强度高，允许切削速度较高 | 适用于各种钢材连续切削时的精加工 |

# *第五节 其他工程材料

## 一、工程塑料

工程塑料是塑料的一种，是指可以作为构件用及机械零件用的高性能塑料，能承受一定的外力作用，具有良好的力学性能和尺寸稳定性，在高、低温下仍能保持其优良的性能。其性能主要包括密度小、比强度高、耐腐蚀性好、电绝缘性优异、耐磨性好、良好的消声吸振性、耐热性差、热［膨］胀系数大、导热性差。常用工程塑料的特征及应用见表3-22。

表 3-22 常用工程塑料的特征及应用

| 类别 | 塑料名称 | 特征 | 应用 |
| --- | --- | --- | --- |
| 一般结构材料 | 丙烯腈-丁二烯-苯乙烯（ABS） | 良好的综合性能，硬度高，耐冲击，尺寸稳定，易于成型和机械加工，表面可电镀，电性能良好 | 一般结构或耐磨受力传动零件，如齿轮、轴承、汽车车身、电动机外壳、泵叶轮等 |
| | 聚丙烯（PP） | 最轻的塑料之一，较高的力学性能和抗应力开裂能力，耐热、耐蚀性好，高频绝缘性良好 | 一般结构零件、化工零件、电气绝缘零件，如汽车零件、化工容器、蓄电池匣等 |
| | 改性聚苯乙烯（PS） | 有较高的韧性和抗冲击强度，耐酸碱性好，不耐有机溶剂，电气性能优良，易成型，透光性好 | 一般结构零件和透明结构件，可做仪表零件、电镀表外壳切换开关、数字电压表壳 |
| 耐磨受力传动零件 | 聚酰胺尼龙（PA） | 冲击韧性好，耐磨、耐疲劳、耐油，耐水浸，但吸水性大，尺寸稳定性差 | 用于汽车、机械、化工和电气零件，如轴承、齿轮、密封圈、轴瓦等 |
| | 聚甲醛（POM） | 综合性能良好，耐疲劳、耐磨，吸水性小，耐化学药品侵蚀，尺寸稳定性好 | 轻载荷，无润滑的各种耐磨受力传动零件，如轴承、蜗轮、轴套、阀杆等 |
| | 聚碳酸酯（PC） | 力学性能优异，抗冲击强度高，尺寸稳定性好，耐热性好，透光性好，疲劳强度低，耐磨性欠好 | 可作支架、壳体、垫片等一般结构件，可做耐热透明结构零件，如防护玻璃等 |
| 减摩零件 | 聚四氟乙烯（F-4） | 摩擦因数低，不吸水，耐腐蚀，电绝缘性好，加工成形性差，强度低、刚性差 | 作耐腐蚀化工设备，减摩自润滑零件，如活塞环、密封圈等，做电绝缘材料与零件 |
| 耐腐蚀构件 | 聚三氟氯乙烯（F-3） | 耐各种强酸、强碱、强氧化剂 | 耐酸泵壳体、叶轮和阀座 |
| | 氯化聚醚（CPE） | 耐各种酸碱及有机溶剂，在高温下不耐浓硝酸、浓双氧水、湿氯气 | 腐蚀介质中的摩擦传动零件，可作为涂料涂敷在设备表面 |
| 耐高温零件 | 聚苯醚（PPO） | 强度、刚度、抗冲击和抗蠕变性高，耐热性高成型加工性好，尺寸稳定性好 | 高温下的耐磨受力传动件，如齿轮、轴承等，化工阀门、外科医疗器械等 |
| | 聚酰亚胺（PI） | 耐高温，强度高，可在260℃下长期使用，耐磨性好，电性能和耐辐射性能良好 | 适用于高温、高真空条件下作减摩、自润滑零件，高温电动机、电器零件 |

## 【知识链接】“水立方”的外挂材料

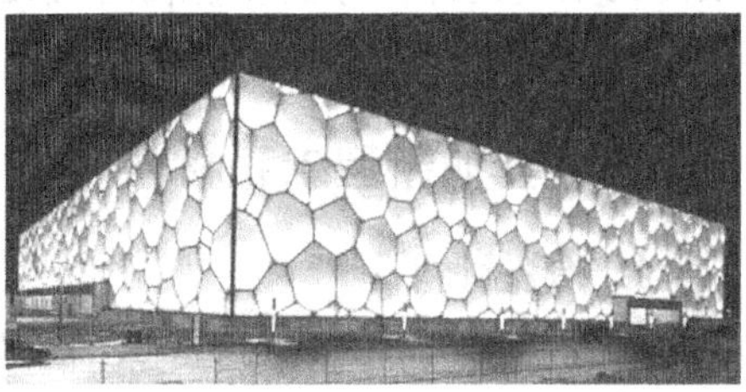

图 3-18 国家游泳中心“水立方”

国家游泳中心“水立方”（图 3-18）的外形看上去就像一个蓝色的水盒子，而墙面就像一个个无规则的泡泡。这个泡泡所用的材料就是 ETFE（乙烯－四氟乙烯共聚物）膜材料。这种材料质地轻巧，但强度却超乎想象。每块膜都能承受一辆汽车的重量。其抗剪切强度高，耐低温冲击性能是现有氟塑料中最好的，且耐蚀性、保温性俱佳，自洁能力强，是透明建筑结构中品质优越的替代材料。

## 二、复合材料

复合材料是以一种材料为基体，另一种材料为增强体组合而成的材料。各种材料在性能上互相取长补短，产生协同效应，使复合材料的综合性能优于原组成材料而满足各种不同的要求。与单一的材料相比，复合材料具有强度高，弹性模量高，抗疲劳性好，减震性能强，高温性能较好和断裂安全性高等优点。

复合材料的基体材料分为金属和非金属两大类。金属基体常用的有铝、镁、铜、钛及其合金。非金属基体主要有合成树脂、橡胶、陶瓷、石墨、碳等。增强材料主要有玻璃纤维、碳纤维、硼纤维、碳化硅纤维、石棉纤维、金属丝和硬质细粒等。

### 1. 树脂基复合材料

纤维增强树脂基复合材料是应用最广泛的复合材料，又称为玻璃钢。金属纤维、高分子材料颗粒或纤维和无机非金属纤维均可作为其增强材料。树脂基复合材料的性能特点是密度小，比强度高，耐蚀性好。常用的树脂基复合材料有热固性树脂和热塑性树脂。

(1) 热固性树脂　密度小、耐腐蚀、介电性好、易成型，比强度高于铜合金、铝合金及合金钢，但耐热性不高，易老化。只能一次加热和成型，在加工过程中易发生固化，因此不能再生。可用于汽车车身、飞机机身、火箭发动机外壳、电工绝缘件、管道等国防、电工、化工及民用工业中。

(2) 热塑性树脂　比强度高、耐热性、耐蚀性、耐电弧性好，热性能比未增强时有较大的提高。制品的收缩率小，成型工艺方便。可用于管道、轴承、汽车仪表盘、螺旋桨、空调器叶片等。

### 2. 金属基复合材料

金属基复合材料除了和树脂基复合材料同样具有高强度、高弹性模量外，还能耐高温，同时不燃、不吸潮、导热导电性好、抗辐射，是常用的航空航天用高温材料，可用作飞机涡轮发动机和火箭发动机热区和超声速飞机的表面材料。

【知识链接】

金属基陶瓷颗粒复合材料是一种发展很快的复合材料，它是将陶瓷微粒分散到金属基体中所制得的金属陶瓷，与一般的金属及合金相比具有强度高、耐磨损、耐腐蚀和耐高温等优点，是一种优良的工具材料。目前不断发展和完善的金属基复合材料以碳化硅颗粒铝合金发展最快。这种金属基复合材料的密度只有钢的1/3，为钛合金的2/3，与铝合金相近。它的强度比中碳钢好，与钛合金相近而又比铝合金略高。其耐磨性也比钛合金、铝合金好。目前已小批量应用于汽车工业和机械工业。

## 三、其他新型工程材料

### 1. 陶瓷材料

陶瓷是无机非金属材料，它的物理、化学和力学性能明显不同于金属。陶瓷的熔点高，热［膨］胀系数小，绝缘性好，耐高温、耐腐蚀、硬度高、耐磨性好，广泛用于制造日常生活制品和一般电工、化工及机械元件。陶瓷按原料来源不同，可分为普通陶瓷和特种陶瓷。

（1）普通陶瓷 普通陶瓷即粘土类陶瓷。多用于民用电器绝缘制品，一般的化工容器、管道和日常生活用陶瓷等。

（2）特种陶瓷 特种陶瓷又称为精细陶瓷，它以抗高温、超强度、多功能等优良性能在新材料世界独领风骚。特种陶瓷按性能可分为结构陶瓷、功能陶瓷和生物陶瓷。

1）结构陶瓷是主要以氧化铝、氧化铍、氧化锆为原料，或以氮化硼、碳化硅、碳化硼等非氧化物为主要成分的陶瓷材料。其特点是高温强度大、硬度高，耐磨性好，热稳定性好，化学稳定性高，导热性好，高频绝缘性佳，可用于制作高温轴承、高温器皿、特殊冶金坩埚、火花塞、金属切削刀具及其他耐磨、耐蚀零件。

2）功能陶瓷是利用陶瓷对声、光、电、磁、热等物理性能所具有的特殊功能而制造的陶瓷材料。如压电陶瓷、电介质陶瓷、光学陶瓷、半导体陶瓷、磁性陶瓷、导电陶瓷及超导陶瓷。

3）生物陶瓷的制造原料有氧化铝、氧化锆、带有陶瓷涂层的钛合金材料及碳基复合材料。生物陶瓷与生物机体有较好的相容性和生物活性，耐侵蚀性和耐蚀性好，可用于制作人造牙、人工关节及人工心脏瓣膜等。

**2. 橡胶**

橡胶是一种具有高弹性的有机高分子材料。它在很宽的温度范围内（$-50 \sim 150$℃）具有独特的高弹性，还具有良好的耐磨性、绝缘性、隔声性和阻尼性。常用来制造轮胎、传送带、密封圈，以及电器的绝缘体等。

## 四、材料的选择及运用

在机械零件产品的设计与制造中，如何合理地选择和使用材料是一项十分重要的工作，不仅要考虑到材料的性能适应于零件的工作条件，使零件经久耐用，同时还要求材料有较好的加工工艺性能和经济性，以提高生产率，降低成本，减少材料的消耗等。如果选材不当，可能导致机器设备的损坏和人身事故。

**1. 机械零件选材的原则**

（1）材料的使用性 使用性能是保证零件正常工作所必须具备的首要条件，对一般机械零件，主要是力学性能要求，这可根据零件的服役条件和失效形式进行确定，有时也要求具备一定的物理、化学性能，如密度、耐腐蚀、电绝缘、热膨胀等。不同零件所要求的使用性能是不一样的，因此，在选材时，首要任务就是准确地判断零件所要求的主要使用性能。

（2）材料的工艺性 材料工艺性能的好坏，对零件加工的难易程度，生产效率高低，生产成本大小等起着重要作用。同使用性能相比，工艺性能处于次要地位，但在特殊情况下，工艺性能也可能成为选材的主要依据。对于不同形式结构的零件，需要采用不同的制造方法，针对不同的制造方法，在满足零件使用条件的前提下，选用最适宜该种制造方法的材料。例如，设计焊接件时，应优先选用焊接性优良的低碳钢或低合金钢；盆形或筒形冲压件时要选用塑性好的低碳钢；而冲模则大多采用淬透性优良的合金工具钢。

（3）材料的经济性 经济性是选材时必须要考虑的一个问题。在保证使用与制造工艺要求的前提下，选用材料时就要力争使产品的成本最低，经济效益最大。材料的经济性主要涉及材料成本的高低、供应是否充足，加工工艺过程是否复杂，成品率的高低等。

**2. 典型零件的选材**

（1）轴类零件　轴是机器上的重要零件之一，主要用于支承回转体零件，传递动力和运动。轴的主要失效形式是疲劳断裂、变形和局部过度磨损。因此，为了保证轴的正常工作，轴类零件的材料应具备良好的综合力学性能、高的疲劳强度、易磨损部位（如轴颈）要有较高的硬度和耐磨性。表3-23为典型轴类零件的选材举例。

**表3-23　典型轴类零件的选材举例**

| 类型 | 工作条件 | 常用材料 | 热处理 | 应用举例 |
|---|---|---|---|---|
| 机床主轴 | 承受载荷小，冲击不大，磨损不严重 | 45钢 | 调质或正火＋轴颈高频淬火 | 卧式车床主轴 |
| | 承受中等载荷，磨损较严重，有一定冲击 | 40Cr钢 | 调质＋轴颈高频淬火 | 铣床主轴 |
| | 承受载荷大，磨损及冲击都较严重 | 20CrMnTi、20Cr | 渗碳＋淬火＋低温回火 | 组合机床主轴 |
| | 工作载荷不大，精度要求高 | 38CrMoAl | 调质＋氮化＋时效 | 精密镗床的主轴 |
| 内燃机曲轴 | 轻、中载荷及低、中速内燃机 | 球墨铸铁 | 轴颈表面淬火＋低温回火 | 农用柴油机曲轴 |
| | 重载、高速内燃机 | 合金调质钢 | 轴颈表面淬火＋低温回火 | 机车内燃机曲轴 |

（2）齿轮类零件　在各种机械装置中，齿轮主要用于传递动力、改变运动速度和运动方向。齿轮的主要失效形式为齿面磨损和齿根疲劳断裂。因此，对齿轮材料的力学性能要求高的接触疲劳强度和弯曲疲劳强度，高的硬度和耐磨性，足够的强度和冲击韧度。表3-24为典型齿轮零件的选材举例。

**表3-24　典型齿轮零件的选材举例**

| 工作条件 | 选用材料 | 热处理 | 应用举例 |
|---|---|---|---|
| 轻载、低速、不受冲击，精度要求不高 | 铸铁，如灰铸铁 | | 冶金矿山机械中的齿轮 |
| 承载不大、低中速、中等冲击、运动平稳 | 中碳钢或中碳合金钢，如45钢、40Cr等 | 调质＋高频感应淬火及回火 | 机床齿轮 |
| 重载、中高速、大冲击 | 低碳钢或低合金钢，如20Cr、20CrMnTi等 | 渗碳＋淬火＋低温回火 | 汽车、拖拉机变速齿轮 |
| 轻载、耐腐蚀、减摩 | 非铁金属，如铜合金、铝合金等 | | 仪器、仪表中的齿轮 |
| 轻载、高速、无润滑、需减振减噪 | 工程塑料，如夹布胶木、尼龙等 | | 办公机械的齿轮 |

## 本章小结

本章主要讲解了下列内容：

1. 金属材料的力学性能指标及热处理的概念。
2. 常用钢、铸铁的牌号、性能及应用。
3. 常用非铁金属的牌号、性能及应用。

4. 工程塑料、复合材料等常用非金属工程材料的性能及应用。
5. 工程材料的选择运用原则。

# 实训项目 4　几种常用零件、工具的材料选用

## 【项目内容】

任务描述：综合所学知识，熟悉各类常用钢的牌号、性能及应用，根据所给零件、工具的性能要求，按照选材原则，从已给定的钢号中选择最合适的汽车变速器齿轮、汽车内燃机曲轴、汽车板簧材料，钳工用锉刀、麻花钻头、锤头材料，并说明理由。

## 【项目目标】

1）熟悉各类常用钢的牌号、性能及应用。
2）掌握材料的选用原则，对典型的常用零件、工具能够初步确定牌号。
3）培养将所学到的知识运用到实际中去的能力，提高观察和思考的能力。

## 【项目实施】（表 3-25）

表 3-25　几种常用零件、工具材料的选用实施步骤

| 步骤名称 | | 操作步骤 |
|---|---|---|
| 分组 | | 分组实施，每小组 3～4 人，或视设备情况确定人数 |
| 工、量具及设备准备 | | 计算机（可上网）、金属材料工具书、机械设计手册等 |
| 实施过程 | 查找资料 | 通过互联网或相关工具书查找所列零件、工具的服役条件、失效形式和性能要求，填写表 3-26 |
| | 总结分析 | 利用所学知识，对所列材料的性能及应用进行总结分析，填写表 3-27 |
| | 选择材料 | 小组讨论，确定给定零件所选用的材料，并给出理由，填写表 3-28 |
| | 5S | 整理工具、清扫现场 |

表 3-26　零件、工具的服役条件、失效形式和性能要求

| 零件、工具 | 服役条件 | 失效形式 | 性能要求 |
|---|---|---|---|
| 变速器齿轮 | | | |
| 内燃机曲轴 | | | |
| 板簧 | | | |
| 锉刀 | | | |
| 麻花钻 | | | |
| 锤头 | | | |

表 3-27 材料的性能及应用

| 牌号 | 性能 | 应用 |
|---|---|---|
| 45 | | |
| 20CrMnTi | | |
| 60Si2Mn | | |
| T7 | | |
| T11 | | |
| W18Cr4V | | |

表 3-28 零件、工具的选材

| 零件、工具 | 所选材料 | 理由 |
|---|---|---|
| 变速器齿轮 | | |
| 内燃机曲轴 | | |
| 板簧 | | |
| 锉刀 | | |
| 麻花钻 | | |
| 锤头 | | |

## 【项目评价与反馈】（表 3-29）

表 3-29 项目评价与反馈表

班级：________姓名：________ ______年____月____日

| 序号 | 项目 | 自我评价 | | | | 小组评价 | | | | 教师评价 | | | |
|---|---|---|---|---|---|---|---|---|---|---|---|---|---|
| | | 优 | 良 | 中 | 差 | 优 | 良 | 中 | 差 | 优 | 良 | 中 | 差 |
| 1 | 项目完成的质量 | | | | | | | | | | | | |
| 2 | 问题解答的准确度 | | | | | | | | | | | | |
| 3 | 能否与同学相互协作共同完成项目 | | | | | | | | | | | | |
| 4 | 是否达到学习目标 | | | | | | | | | | | | |
| 5 | 存在的问题及建议 | | | | | | | | | | | | |
| 6 | 综合评价等级 | | | | | | | | | | | | |

# *第四章 机械零件的精度

机器是由成千上万个零件组成的，其中绝大多数机械零件都有精度要求，机械零件的精度是保证整机精度的基础，它主要取决于对零件的几何尺寸，形状及零件几何要素之间的位置和方向的控制，因此，本章主要讨论尺寸精度、配合精度，形状位置精度等机械几何精度的基本知识

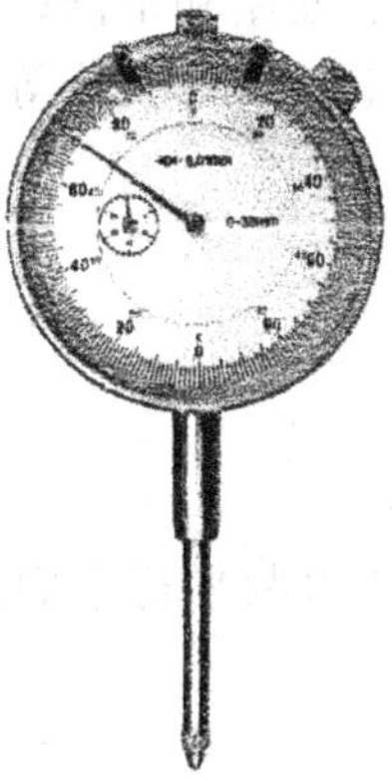

百分表

千分尺

【学习目标】

- ◆ 知道极限与配合的基本定义和相关国家标准。
- ◆ 懂得公差与配合的基本选用原则。
- ◆ 懂得配合制、公差等级与配合种类的选用。
- ◆ 能描述形状公差、位置公差各项目的含义。
- ◆ 懂得基本测量方法，会使用基本量具对零件进行测量。
- ◆ 会测量箱体零件的形位误差。

【学习重点】

- ◆ 配合制及配合种类的选用。
- ◆ 形状公差及位置公差各项目的含义。
- ◆ 形状公差项目、基准、公差数值的选用。
- ◆ 基本测量方法。

# 第一节　极限与配合

现代机械工业要求机器零件具有互换性，以便在装配时不经选择和修配就能达到预期的配合性能，从而有利于机械工业组织广泛协作，进行高效率的专业化生产。为使相互组合零件具有互换性，必须保证其尺寸、几何形状和相互位置，以及表面粗糙度等技术要求的一致性。就尺寸而言，互换性要求尺寸一致性，但这并不是要求所有相互组合的零件最终都要统一加工至一个指定的精确尺寸，而只是要求其最终尺寸处在某一合理的尺寸范围内即可。这个合理尺寸范围是指既能保证相互结合零件尺寸之间形成一定的关系，满足不同的使用要求，又能保证其在制造上是经济合理的。这就形成了“极限与配合”的概念。“极限”用于协调机器零件使用要求与生产制造经济性之间的矛盾；“配合”则是反映零件组合时相互之间的装配关系。

“极限”与“配合”的标准化，有利于机器的设计、制造、使用和维修；有利于保证产品精度、使用性能和寿命等各项使用要求；有利于刀具、量具、夹具、机床等工艺装备的标准化。

## 一、基本术语及其定义

### （一）孔和轴的定义

**1. 孔**

孔通常指工件的圆柱形内表面，也包括非圆柱形内表面（由两平行平面或切面形成的包容面）。

**2. 轴**

轴通常指工件的圆柱形外表面，也包括非圆柱形外表面（由两平行平面或切面形成的被包容面）。

在公差与配合中，孔和轴的关系表现为包容和被包容的关系，即孔为包容面，轴为被包容面。

在加工过程中，随着余量的切除，孔的尺寸由小变大，轴的尺寸则由大变小。

孔和轴的定义明确了极限与配合国家标准的应用范围。在公差与配合中，孔和轴都是由单一尺寸确定的，例如，圆柱体的直径、键与键槽的宽度等。由单一尺寸 $A$ 所形成的内、外表面如图 4-1 所示。

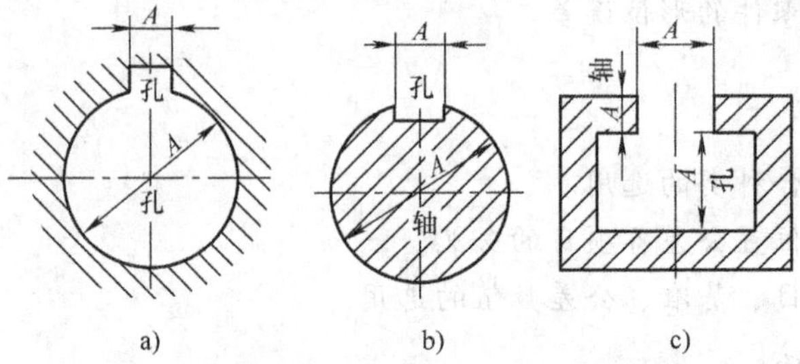


图 4-1　孔和轴的定义示意图

## （二）有关尺寸的术语及定义

**1. 尺寸**

以特定单位表示线性尺寸的数值称为尺寸，通常单位为 mm，如直径“$\phi$40”、半径“*R*20”、宽度“12”、高度“120”、中心距“60”等。

**2. 公称尺寸**

由设计给定的尺寸称为公称尺寸。用 *D* 和 *d*（*L* 或 *l*）表示（大写字母表示孔，小写字母表示轴）。它是按产品的使用要求，根据零件的强度、刚度等计算或试验、类比等经验而确定，并按标准直径或标准长度圆整后所得到的尺寸。相互配合的孔、轴公称尺寸相同。

**3. 极限尺寸**

允许尺寸变化的两个极限值称为极限尺寸。两个极限尺寸中，较大的一个称为上极限尺寸（孔 $D_{max}$、轴 $d_{max}$），较小的一个称为下极限尺寸（孔 $D_{min}$、轴 $d_{min}$），如图 4-2 所示。

合格零件的实际（组成）要素（即实际尺寸）应在上、下极限尺寸之间。

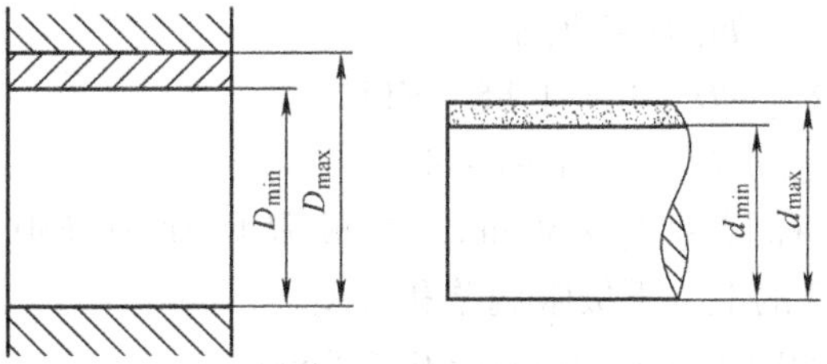


图 4-2 极限尺寸

标注为“$\phi\,30^{-0.020}_{-0.045}$”的轴，实际测量时尺寸恰好为 $\phi$30mm，请问此轴合格吗？

## （三）有关偏差和公差的术语及定义

**1. 尺寸偏差**（简称偏差）

尺寸偏差是指某一尺寸减其公称尺寸所得的代数差，简称偏差。由于某一尺寸可以大于、等于或小于公称尺寸，所以偏差可以为正值、负值或零，在计算和使用中一定要注意偏差的正、负号，不能遗漏。

**2. 极限偏差**

极限偏差是指极限尺寸减其公称尺寸所得的代数差，包括上极限偏差和下极限偏差。

上极限尺寸减其公称尺寸的代数差称为上极限偏差，代号为 ES（孔）、es（轴）；下极限尺寸减其公称尺寸的代数差称为下极限偏差，代号为 EI（孔）、ei（轴）。如图 4-3 所示。

合格零件的实际偏差应在上、下极限偏差之间。

国家标准规定，在图样和技术文件上标注极限偏差数值时，上极限偏差标注在公称尺寸的右上角，下极限偏差标注在公称尺寸的右下角。特别要注意的是，当上、下极限偏差为零值时，必须在相应的位置标注“0”，而不能省略。如“$\phi$30D9 $\left(^{+0.174}_{+0.100}\right)$”、“$\phi\,30^{+0.021}_{0}$”、“$\phi\,30^{+0.030}_{-0.010}$”。当上、下极限偏差数值相等而符号相反时，可简化标注，如 $\phi30\pm0.008$。

**3. 尺寸公差**（简称公差）

上极限尺寸与下极限尺寸的代数差称为尺寸公差，也等于上极限偏差与下极限偏差的代

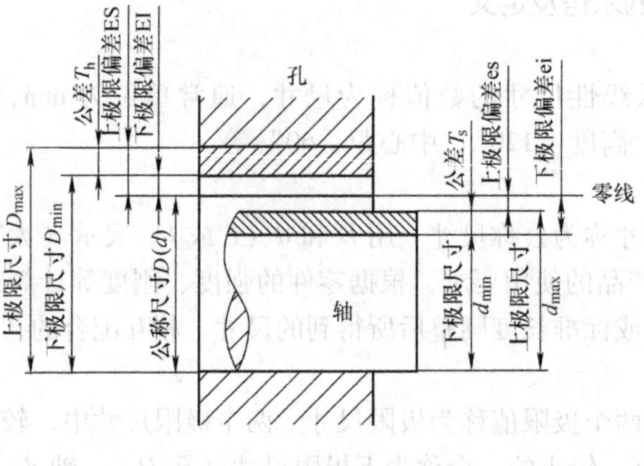


图 4-3 尺寸、偏差和公差

数差的绝对值。孔的公差用 $T_h$ 表示，轴的公差用 $T_s$ 表示。它是允许尺寸的变化量，尺寸公差是个没有符号的绝对值，如图 4-3 所示。

孔的公差 $T_h = |D_{max} - D_{min}| = |ES - EI|$ (4-1)

轴的公差 $T_s = |d_{max} - d_{min}| = |es - ei|$ (4-2)

**例 4-1** 某孔的公称尺寸为 $\phi$50mm，上极限尺寸为 $\phi$50.018mm，下极限尺寸为 $\phi$49.982mm，试计算该孔的上、下极限偏差和公差。

**解**：$ES = D_{max} - D = 50.018\text{mm} - 50\text{mm} = 0.018\text{mm}$

$EI = D_{min} - D = 49.982\text{mm} - 50\text{mm} = -0.018\text{mm}$

$T_h = |D_{max} - D_{min}| = |ES - EI| = |50.018\text{mm} - 49.982\text{mm}| = 0.036\text{mm}$

或 $T_h = |ES - EI| = |0.018\text{mm} - (-0.018\text{mm})| = 0.036\text{mm}$

【知识链接】

公差与偏差是两个不同的概念，公差代表制造精度的要求，是指尺寸上下的变动范围，反映加工难易的程度，当公称尺寸相同时，公差越大，制造难度越低，加工越容易；而偏差是表示偏离公称尺寸的多少，与加工的难易程度无关。公差是不为零的绝对值，而偏差可以为正、负或零。公差影响配合的精度，而偏差影响配合的松紧程度。

**4. 公差带图解**

由于公差和偏差的数值比公称尺寸的数值小得多，不能用同一比例表示，因此可只将公差值按规定放大画出，这种图称为极限与配合图解，也称公差带图解，如图 4-4 所示。

(1) 零线 在公差带图解中，确定偏差的一条基准直线，即零偏差线。通常零线表示公称尺寸。正偏差位于零线的上方，负偏差位于零线的下方。

(2) 公差带 在公差带图解中，由代表上、下极限偏差的两条直线所限定的一个区域，称为公差带。在国标中，公差带包括了“公差带大小”与“公差带位置”两个参数。前者由标准公差确定，后者由基本偏差确定。

为了区别轴和孔的公差带，一般在同一图中，孔和轴的公差带的剖面线方向应该相反，且疏密程度不同，如图 4-4 所示。

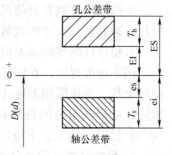

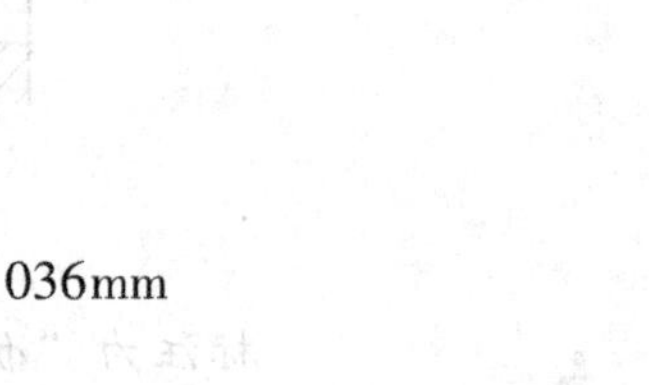


图 4-4 公差带图解

**例 4-2**　画出轴 $\phi 30_{-0.045}^{-0.020}$ mm 和孔 $\phi 30_{0}^{+0.030}$ mm 的公差带图解。

**解**：1）作零线、标注“0”、“+”、“-”，然后在零线左下方画上带单向箭头的尺寸线，标上公称尺寸“$\phi$30”。

2）选择合适比例，画出孔、轴公差带，标注极限偏差值，如图 4-5 所示。

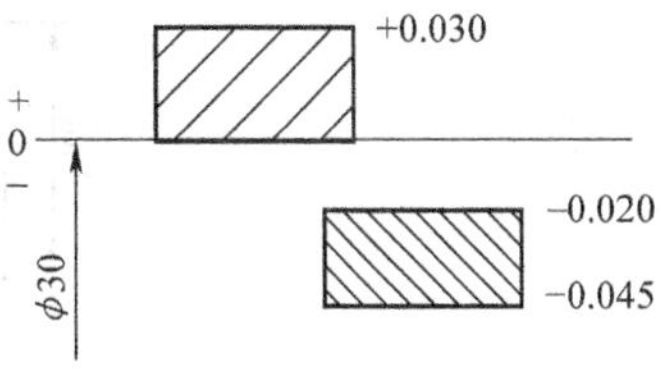


图 4-5　公差带图解例 4-2

（四）有关配合的术语及定义

**1. 配合**

配合是指公称尺寸相同的、相互结合的孔和轴公差带之间的关系。根据相互配合的孔和轴公差带不同的相互位置关系，配合一般可分为间隙配合、过盈配合和过渡配合三类。

**2. 间隙与过盈**

孔的尺寸减去相配合的轴的尺寸所得的代数差，其值大于零时称为间隙，小于零时称为过盈。一般用 $X$ 表示间隙量，用 $Y$ 表示过盈量。

**3. 间隙配合**

具有间隙（包括最小间隙等于零）的配合称为间隙配合。一般此时孔的公差带在轴的公差带之上，通常指孔大、轴小的配合，如图 4- 6 所示。

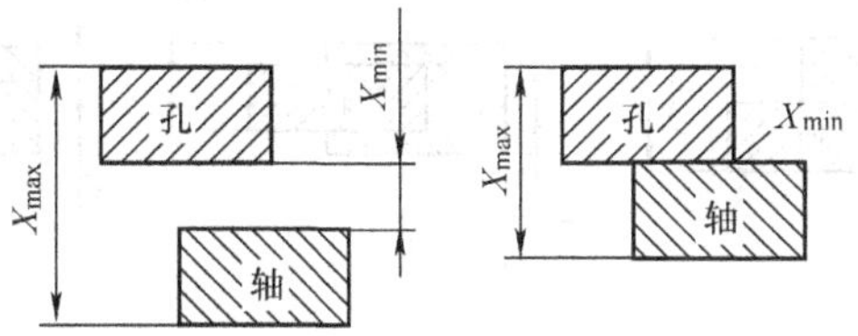


图 4-6　间隙配合

表示间隙配合松紧程度的特征值是最大间隙和最小间隙，也可用平均间隙表示。

最大间隙是指孔的上极限尺寸减去轴的下极限尺寸，用 $X_{max}$ 表示，即

$$X_{max} = D_{max} - d_{min} = ES - ei \qquad (4\text{-}3)$$

最小间隙是指孔的下极限尺寸减去轴的上极限尺寸，用 $X_{min}$ 表示，即

$$X_{min} = D_{min} - d_{max} = EI - es \qquad (4\text{-}4)$$

配合公差 $T_f$（或间隙公差）是允许间隙的变动量，它等于最大间隙与最小间隙之代数差的绝对值，也等于相互配合的孔公差和轴公差之和。

$$T_f = |X_{max} - X_{min}| = T_h + T_s \qquad (4\text{-}5)$$

**4. 过盈配合**

具有过盈（包括最小过盈等于零）的配合称为过盈配合。一般此时孔的公差带在轴的公差带之下，通常指孔小、轴大的配合，如图 4- 7 所示。

表示过盈配合松紧程度的特征值是最大过盈和最小过盈，也可用平均过盈。

最小过盈是孔的上极限尺寸减去轴的下极限尺寸，用 $Y_{min}$ 表示，即

$$Y_{min} = D_{max} - d_{min} = ES - ei \qquad (4\text{-}6)$$

最大过盈是孔的下极限尺寸减去轴的上极限尺寸，用 $Y_{max}$ 表示，即

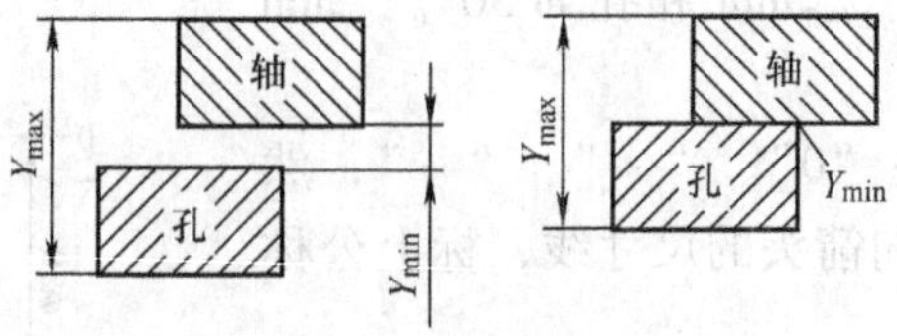


图 4-7 过盈配合

$$Y_{max} = D_{min} - d_{max} = EI - es \tag{4-7}$$

配合公差 $T_f$（或过盈公差）是允许过盈的变动量，它等于最小过盈与最大过盈之代数差的绝对值。也等于相互配合的孔公差和轴公差之和。

$$T_f = |Y_{min} - Y_{max}| = T_h + T_s \tag{4-8}$$

**5. 过渡配合**

可能具有间隙或过盈的配合称为过渡配合。一般此时孔的公差带与轴的公差相互交叠，如图 4- 8 所示。

表示过渡配合松紧程度的特征值是最大间隙和最大过盈。

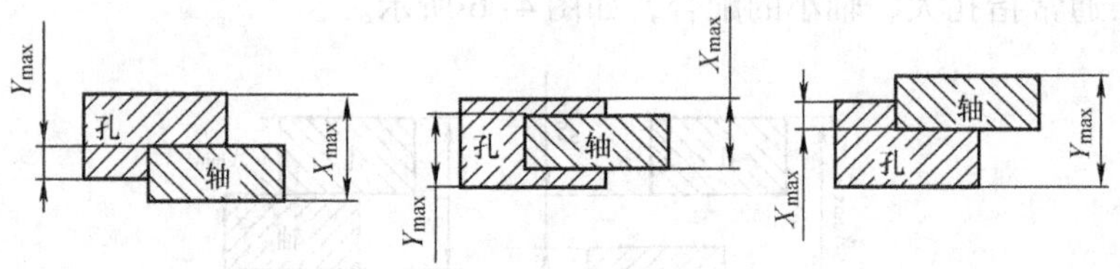


图 4-8 过渡配合

最大间隙是孔的上极限尺寸与轴的下极限尺寸之差，用 $X_{max}$ 表示，即

$$X_{max} = D_{max} - d_{min} = ES - ei \tag{4-9}$$

最大过盈是孔的下极限尺寸减轴的上极限尺寸之差，用 $Y_{max}$ 表示，即

$$Y_{max} = D_{min} - d_{max} = EI - es \tag{4-10}$$

配合公差 $T_f$ 等于最大间隙与最大过盈之代数差的绝对值，也等于相互配合的孔公差和轴公差之和，即

$$T_f = |X_{max} - Y_{max}| = T_h + T_s \tag{4-11}$$

**例 4-3** 用一个 $\phi 50^{+0.025}_{0}$ mm 的孔，分别与 $\phi 50^{-0.025}_{-0.041}$ mm、$\phi 50^{+0.050}_{+0.034}$ mm、$\phi$（50 ±0.030）mm 的轴配合，试判断孔、轴的配合性质。

**解**：1）画出孔 $\phi 50^{+0.025}_{0}$ mm、轴 $\phi 50^{-0.025}_{-0.041}$ mm、轴 $\phi 50^{+0.050}_{+0.034}$ mm 和轴 $\phi$（50 ±0.030）mm 的公差带图解如图 4-9 所示。

2）由于孔 $\phi 50^{+0.025}_{0}$ mm 的公差带在轴 $\phi 50^{-0.025}_{-0.041}$ mm 的上方，故此配合为间隙配合。

3）由于孔 $\phi 50^{+0.025}_{0}$ mm 的公差带在轴 $\phi 50^{+0.050}_{+0.034}$ mm 的下方，故此配合为过盈配合。

4）由于孔 $\phi 50^{+0.025}_{0}$ mm 的公差带和轴 $\phi$（50 ±0.030）mm 相互交叠，故此配合为过渡配合。

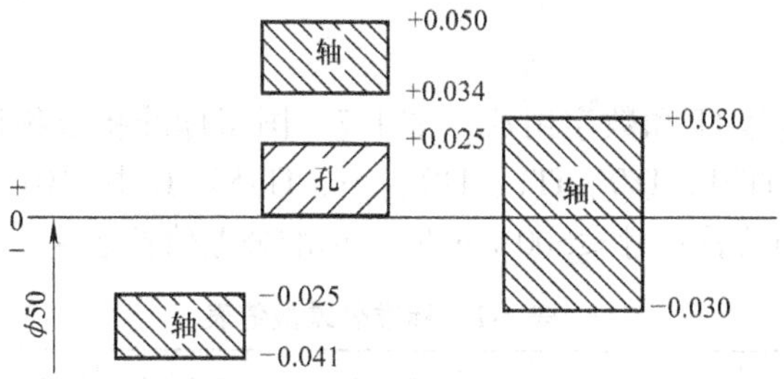


图 4-9　公差带图解例 4-3

对于孔轴间配合要求有相对运动的场合，并且容易拆卸，此时应选用怎样的配合种类？

**6. 基准制**

在确定配合的过程中，孔、轴公差带位置相对变动，就可获得不同配合性质。如果把其中一个公差带位置固定，而改变另一个公差带的位置，从中得到不同性质的配合，这样就可使配合问题简单化。这种把孔轴公差带之一固定而改变另一公差带位置，得到不同配合性质的方法称为基准制，其中孔公差带固定的称为基孔制，此孔称为基准孔。轴公差带固定的称为基轴制，此轴称为基准轴。基准孔和基准轴统称为基准体。基准体的公差均向零件的体内布置，即规定基准孔的下极限偏差 EI 为零，而基准轴的上极限偏差 es 为零。如图 4-10 所示，按照孔、轴公差带相对位置不同，两种基准制都可以形成间隙、过盈和过渡三种不同的配合性质。

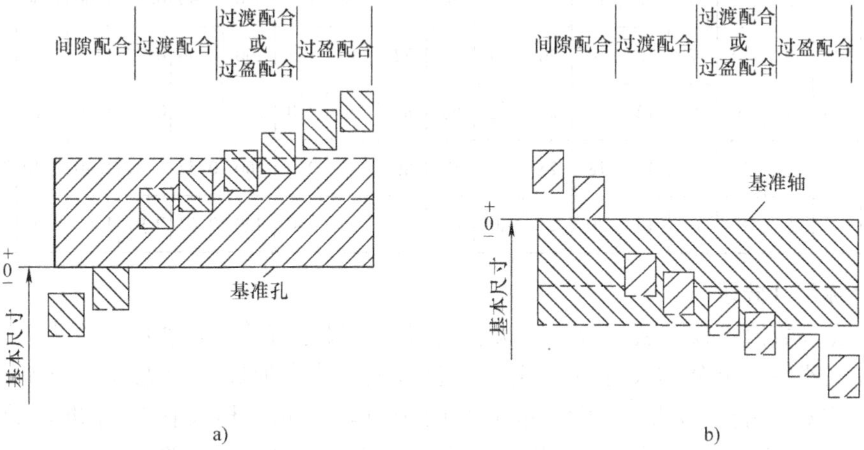


图 4-10　基孔制配合和基孔轴制配合公差带

## 二、公差与配合国家标准的构成

### （一）标准公差系列

国家标准规定，用以确定公差带大小的任一公差值称为标准公差。国家标准规定了公差与配合的标准公差系列，用以确定公差带的大小，该值由标准公差等级和公称尺寸分段确定。

**1. 标准公差等级**

标准公差等级由符号 IT 和数字组成，如 IT7。国家标准将公称尺寸至 500mm 的标准公差等级分为 20 级，即 IT01、IT0、IT1、IT2、…、IT18。其中 IT01 精度最高，其余依次降低，IT18 精度最低。当公称尺寸≤500 mm 时，标准公差值按表 4-1 取值。

**表 4-1　标准公差数值表**

| 公差等级 | IT01 | IT0 | IT1 | IT2 | IT3 | IT4 | IT5 | IT6 | IT7 | IT8 | IT9 | IT10 | IT11 | IT12 | IT13 | IT14 | IT15 | IT16 | IT17 | IT18 |
|---|---|---|---|---|---|---|---|---|---|---|---|---|---|---|---|---|---|---|---|---|
| 公称尺寸/mm | μm | | | | | | | | | | | | | mm | | | | | | |
| ≤3 | 0.3 | 0.5 | 0.8 | 1.2 | 2 | 3 | 4 | 6 | 10 | 14 | 25 | 40 | 60 | 0.10 | 0.14 | 0.25 | 0.40 | 0.60 | 1.0 | 1.4 |
| >3~6 | 0.4 | 0.6 | 1 | 1.5 | 2.5 | 4 | 5 | 8 | 12 | 18 | 30 | 48 | 75 | 0.12 | 0.18 | 0.30 | 0.48 | 0.75 | 1.2 | 1.8 |
| >6~10 | 0.4 | 0.6 | 1 | 1.5 | 2.5 | 4 | 6 | 9 | 15 | 22 | 36 | 58 | 90 | 0.15 | 0.22 | 0.36 | 0.58 | 0.90 | 1.5 | 2.2 |
| >10~18 | 0.5 | 0.8 | 1.2 | 2 | 3 | 5 | 8 | 11 | 18 | 27 | 43 | 70 | 110 | 0.18 | 0.27 | 0.43 | 0.70 | 1.10 | 1.8 | 2.7 |
| >18~30 | 0.6 | 1 | 1.5 | 2.5 | 4 | 6 | 9 | 13 | 21 | 33 | 52 | 84 | 130 | 0.21 | 0.33 | 0.52 | 0.84 | 1.30 | 2.1 | 3.3 |
| >30~50 | 0.6 | 1 | 1.5 | 2.5 | 4 | 7 | 11 | 16 | 25 | 39 | 62 | 100 | 160 | 0.25 | 0.39 | 0.62 | 1.00 | 1.60 | 2.5 | 3.9 |
| >50~80 | 0.8 | 1.2 | 2 | 3 | 5 | 8 | 13 | 19 | 30 | 46 | 74 | 120 | 190 | 0.30 | 0.46 | 0.74 | 1.20 | 1.90 | 3.0 | 4.6 |
| >80~120 | 1 | 1.5 | 2.5 | 4 | 6 | 10 | 15 | 22 | 35 | 54 | 87 | 140 | 220 | 0.35 | 0.54 | 0.87 | 1.40 | 2.20 | 3.5 | 5.4 |
| >120~180 | 1.2 | 2 | 3.5 | 5 | 8 | 12 | 18 | 25 | 40 | 63 | 100 | 160 | 250 | 0.40 | 0.63 | 1.00 | 1.60 | 2.50 | 4.0 | 6.3 |
| >180~250 | 2 | 3 | 4.5 | 7 | 10 | 14 | 20 | 29 | 46 | 72 | 115 | 185 | 290 | 0.46 | 0.72 | 1.15 | 1.85 | 2.90 | 4.6 | 7.2 |
| >250~315 | 2.5 | 4 | 6 | 8 | 12 | 16 | 23 | 32 | 50 | 81 | 130 | 210 | 320 | 0.52 | 0.81 | 1.30 | 2.10 | 3.20 | 5.2 | 8.1 |
| >315~400 | 3 | 5 | 7 | 9 | 13 | 18 | 25 | 36 | 57 | 89 | 140 | 230 | 360 | 0.57 | 0.89 | 1.40 | 2.30 | 3.60 | 5.7 | 8.9 |
| >400~500 | 4 | 6 | 8 | 10 | 15 | 20 | 27 | 40 | 60 | 97 | 155 | 250 | 400 | 0.63 | 0.97 | 1.55 | 2.50 | 4.00 | 6.3 | 9.7 |

**2. 公称尺寸分段**

标准公差数值不仅与公差等级有关，还与公称尺寸有关。在实际生产中，应用的公称尺寸很多，若每一个公称尺寸都对应一个公差值，就会形成一个庞大的公差数值表，既不利于实现标准化，又增加了实际生产的困难。因此，相关国家标准对公称尺寸至 3150mm 进行了分段。对同一尺寸分段内的公称尺寸，在相同公差等级时，具有相同的标准公差。属于同一公差等级，对于不同的公称尺寸段，虽然标准公差数值不同，但被认为具有同等的精度。

**（二）基本偏差系列**

在极限与配合制中，确定公差带相对于零线位置的那个极限偏差称为基本偏差，它可以是上极限偏差或下极限偏差，一般指靠近零线的那个偏差。它是国家标准中使公差带位置标准化的唯一指标。

**1. 基本偏差代号**

基本偏差的代号是用拉丁字母表示，大写字母表示孔，小写字母表示轴。在 26 个字母中去除 5 个容易混淆含义的字母：I、L、O、Q、W（i、l、o、q、w），同时增加七个双写字母：CD、EF、FG、JS、ZA、ZB、ZC（cd、ef、fg、js、za、zb、zc），构成 28 种基本偏差代号，图 4-11 所示为轴和孔的 28 个基本偏差的位置，即轴和孔的基本偏差系列。

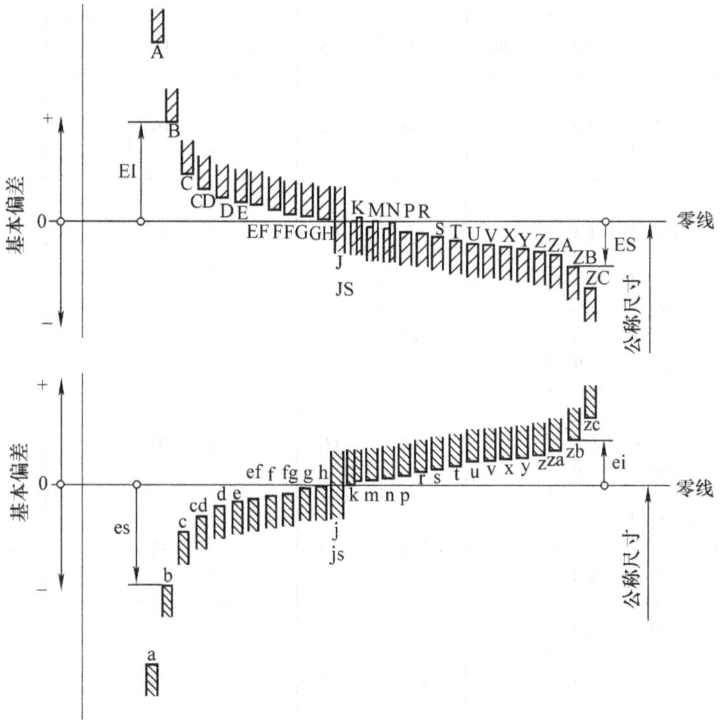


图 4-11 轴和孔的基本偏差系列图

基本偏差系列图中仅绘出了公差带一端的界线，而公差带另一端的界线未绘出。它将取决于公差带的标准公差等级和这个基本偏差的组合。因此，任何一个公差带都用基本偏差代号和公差等级数字表示，如孔公差带 H7、P8，轴公差带 h6、m7 等。

孔的基本偏差从 A 到 H 为下极限偏差 EI，从 J 到 ZC 为上极限偏差 ES。轴的基本偏差从 a 到 h 为上极限偏差 es，从 j 到 zc 为下极限偏差 ei。

JS、js 形成的公差带在各个公差等级中，完全对称于零线，标准规定 js 的基本偏差为上极限偏差（数值为 +IT/2），JS 的基本偏差为下极限偏差（数值为 −IT/2）。JS 和 js 将逐渐取代近似对称的偏差 J 和 j。所以国标中，孔仅保留了 J6、J7、J8，其基本偏差为上极限偏差，轴仅保留了 j5、j6、j7、j8 几种，其基本偏差为下极限偏差。

基本偏差中的 H 和 h 的基本偏差为零，H 代表基准孔，h 代表基准轴。对于公称尺寸≤500mm 孔和轴的基本偏差数值，可从表 4-2、表 4-3 中查取。

**表 4-2 公称尺寸≤500mm**

| 基本尺寸/mm | 基本偏差/μm | | | | | | | | | | | |
|---|---|---|---|---|---|---|---|---|---|---|---|---|
| | 上极限偏差 es | | | | | | | | | | | |
| | a | b | c | cd | d | e | ef | f | fg | g | h | js |
| | 所有标准公差等级 | | | | | | | | | | | |
| ≤3 | -270 | -140 | -60 | -34 | -20 | -14 | -10 | -6 | -4 | -2 | 0 | 偏差等于±IT/2 |
| >3~6 | -270 | -140 | -70 | -46 | -30 | -20 | -14 | -10 | -6 | -4 | 0 | |
| >6~10 | -280 | -150 | -80 | -56 | -40 | -25 | -18 | -13 | -8 | -5 | 0 | |
| >10~14 | -290 | -150 | -95 | | -50 | -32 | | -16 | | -6 | 0 | |
| >14~18 | | | | | | | | | | | | |
| >18~24 | -300 | -160 | -110 | | -65 | -40 | | -20 | | -7 | 0 | |
| >24~30 | | | | | | | | | | | | |
| >30~40 | -310 | -170 | -120 | | -80 | -50 | | -25 | | -9 | 0 | |
| >40~50 | -320 | -180 | -130 | | | | | | | | | |
| >50~65 | -340 | -190 | -140 | | -100 | -60 | | -30 | | -10 | 0 | |
| >65~80 | -360 | -200 | -150 | | | | | | | | | |
| >80~100 | -380 | -220 | -170 | | -120 | -72 | | -36 | | -12 | 0 | |
| >100~120 | -410 | -240 | -180 | | | | | | | | | |
| >120~140 | -460 | -260 | -200 | | -145 | -85 | | -43 | | -14 | 0 | |
| >140~160 | -520 | -280 | -210 | | | | | | | | | |
| >160~180 | -580 | -310 | -230 | | | | | | | | | |
| >180~200 | -660 | -340 | -240 | | -170 | -100 | | -50 | | -15 | 0 | |
| >200~225 | -740 | -380 | -260 | | | | | | | | | |
| >225~250 | -820 | -420 | -280 | | | | | | | | | |
| >250~280 | -920 | -480 | -300 | | -190 | -110 | | -56 | | -17 | 0 | |
| >280~315 | -1050 | -540 | -330 | | | | | | | | | |
| >315~355 | -1200 | -600 | -360 | | -210 | -125 | | -62 | | -18 | 0 | |
| >355~400 | -1350 | -680 | -400 | | | | | | | | | |
| >400~450 | -1500 | -760 | -440 | | -230 | -135 | | -68 | | -20 | 0 | |
| >450~500 | -1650 | -840 | -480 | | | | | | | | | |

注：1. 公称尺寸小于 1mm 时，各级的 a 和 b 均不采用。

2. js 的数值：对 IT7 至 IT11，若 IT 的数值为奇数，则取 js = ±（IT-1）/2。

**的轴的基本偏差值**

| 基本偏差/μm | | | | | | | | | | | | | | | | | | |
|---|---|---|---|---|---|---|---|---|---|---|---|---|---|---|---|---|---|---|
| 下极限偏差 ei | | | | | | | | | | | | | | | | | | |
| j | | | k | | m | n | P | r | s | t | u | v | x | y | z | za | zb | zc |
| IT5、IT6 | IT7 | IT8 | IT4 ~ IT7 | ≤IT3 >IT7 | 所有标准公差等级 | | | | | | | | | | | | | |
| -2 | -4 | -6 | 0 | 0 | +2 | +4 | +6 | +10 | +14 | — | +18 | — | +20 | — | +26 | +32 | +40 | +60 |
| -2 | -4 | — | +1 | 0 | +4 | +8 | +12 | +15 | +19 | — | +23 | — | +28 | — | +35 | +42 | +50 | +80 |
| -2 | -5 | — | +1 | 0 | +6 | +10 | +15 | +19 | +23 | — | +28 | — | +34 | — | +42 | +52 | +67 | +97 |
| -3 | -6 | — | +1 | 0 | +7 | +12 | +18 | +23 | +28 | — | +33 | — | +40 | — | +50 | +64 | +90 | +130 |
| | | | | | | | | | | | | +39 | +45 | — | +60 | +77 | +108 | +150 |
| -4 | -8 | — | +2 | 0 | +8 | +15 | +22 | +28 | +35 | — | +41 | +47 | +54 | +63 | +73 | +98 | +136 | +188 |
| | | | | | | | | | | +41 | +48 | +55 | +64 | +75 | +88 | +118 | +160 | +218 |
| -5 | -10 | — | +2 | 0 | +9 | +17 | +26 | +34 | +43 | +48 | +60 | +68 | +80 | +94 | +112 | +148 | +200 | +274 |
| | | | | | | | | | | +54 | +70 | +81 | +97 | +114 | +136 | +180 | +242 | +325 |
| -7 | -12 | — | +2 | 0 | +11 | +20 | +32 | +41 | +53 | +66 | +87 | +102 | +122 | +144 | +172 | +226 | +300 | +405 |
| | | | | | | | | +43 | +59 | +75 | +102 | +120 | +146 | +174 | +210 | +274 | +360 | +480 |
| -9 | -15 | — | +3 | 0 | +13 | +23 | +37 | +51 | +71 | +91 | +124 | +146 | +178 | +214 | +258 | +335 | +445 | +585 |
| | | | | | | | | +54 | +79 | +104 | +144 | +172 | +210 | +256 | +310 | +400 | +525 | +690 |
| -11 | -18 | — | +3 | 0 | +15 | +27 | +43 | +63 | +92 | +122 | +170 | +202 | +248 | +300 | +365 | +470 | +620 | +800 |
| | | | | | | | | +65 | +100 | +134 | +190 | +228 | +280 | +340 | +415 | +535 | +700 | +900 |
| | | | | | | | | +68 | +108 | +146 | +210 | +252 | +310 | +380 | +465 | +600 | +780 | +1000 |
| -13 | -21 | — | +4 | 0 | +17 | +31 | +50 | +77 | +122 | +166 | +236 | +284 | +350 | +425 | +520 | +670 | +880 | +1150 |
| | | | | | | | | +80 | +130 | +180 | +258 | +310 | +385 | +470 | +575 | +740 | +960 | +1250 |
| | | | | | | | | +84 | +140 | +196 | +284 | +340 | +425 | +520 | +640 | +820 | +1050 | +1350 |
| -16 | -26 | — | +4 | 0 | +20 | +34 | +56 | +94 | +158 | +218 | +315 | +385 | +475 | +580 | +710 | +920 | +1200 | +1550 |
| | | | | | | | | +98 | +170 | +240 | +350 | +425 | +525 | +650 | +790 | +1000 | +1300 | +1700 |
| -18 | -28 | — | +4 | 0 | +21 | +37 | +62 | +108 | +190 | +268 | +390 | +475 | +590 | +730 | +900 | +1150 | +1500 | +1900 |
| | | | | | | | | +114 | +208 | +294 | +435 | +530 | +660 | +820 | +1000 | +1300 | +1650 | +2100 |
| -20 | -32 | — | +5 | 0 | +23 | +40 | +68 | +126 | +232 | +330 | +490 | +595 | +740 | +920 | +1100 | +1450 | +1850 | +2400 |
| | | | | | | | | +132 | +252 | +360 | +540 | +660 | +820 | +1000 | +1250 | +1600 | +2100 | +2600 |

**表 4-3 公称尺寸≤500mm**

| 基本尺寸/mm | 基本偏差/μm | | | | | | | | | | | | | | | | | | |
|---|---|---|---|---|---|---|---|---|---|---|---|---|---|---|---|---|---|---|---|
| | 下极限偏差 EI | | | | | | | | | | | | 上极限偏差 ES | | | | | | |
| | A | B | C | CD | D | E | EF | F | FG | G | H | JS | J | | | K | | M | |
| | 所有标准公差等级 | | | | | | | | | | | | IT6 | IT7 | IT8 | ≤IT8 | >IT8 | ≤IT8 | >IT8 |
| ≤3 | +270 | +140 | +60 | +34 | +20 | +14 | +10 | +6 | +4 | +2 | 0 | 偏差等于±IT/2 | +2 | +4 | +6 | 0 | 0 | −2 | −2 |
| >3~6 | +270 | +140 | +70 | +46 | +30 | +20 | +14 | +10 | +6 | +4 | 0 | | +5 | +6 | +10 | −1+Δ | — | −4+Δ | −4 |
| >6~10 | +280 | +150 | +80 | +56 | +40 | +25 | +18 | +13 | +8 | +5 | 0 | | +5 | +8 | +12 | −1+Δ | — | −6+Δ | −6 |
| >10~14 | +290 | +150 | +95 | — | +50 | +32 | | +16 | | +6 | 0 | | +6 | +10 | +15 | −1+Δ | — | −7+Δ | −7 |
| >14~18 | | | | | | | | | | | | | | | | | | | |
| >18~24 | +300 | +160 | +110 | — | +65 | +40 | | +20 | | +7 | 0 | | +8 | +12 | +20 | −2+Δ | — | −8+Δ | −8 |
| >24~30 | | | | | | | | | | | | | | | | | | | |
| >30~40 | +310 | +170 | +120 | — | +80 | +50 | | +25 | | +9 | 0 | | +10 | +14 | +24 | −2+Δ | — | −9+Δ | −9 |
| >40~50 | +320 | +180 | +130 | | | | | | | | | | | | | | | | |
| >50~65 | +340 | +190 | +140 | — | +100 | +60 | | +30 | | +10 | 0 | | +13 | +18 | +28 | −2+Δ | — | −11+Δ | −11 |
| >65~80 | +360 | +200 | +150 | | | | | | | | | | | | | | | | |
| >80~100 | +380 | +220 | +170 | — | +120 | +72 | | +36 | | +12 | 0 | | +16 | +22 | +34 | −3+Δ | — | −13+Δ | −13 |
| >100~120 | +410 | +240 | +180 | | | | | | | | | | | | | | | | |
| >120~140 | +460 | +260 | +200 | — | +145 | +85 | | +43 | | +14 | 0 | | +18 | +26 | +41 | −3+Δ | — | −15+Δ | −15 |
| >140~160 | +520 | +280 | +210 | | | | | | | | | | | | | | | | |
| >160~180 | +580 | +310 | +230 | | | | | | | | | | | | | | | | |
| >180~200 | +660 | +340 | +240 | — | +170 | +100 | | +50 | | +15 | 0 | | +22 | +30 | +47 | −4+Δ | — | −17+Δ | −17 |
| >200~225 | +740 | +380 | +260 | | | | | | | | | | | | | | | | |
| >225~250 | +820 | +420 | +280 | | | | | | | | | | | | | | | | |
| >250~280 | +920 | +480 | +300 | — | +190 | +110 | | +56 | | +17 | 0 | | +25 | +36 | +55 | −4+Δ | — | −20+Δ | −20 |
| >280~315 | +1050 | +540 | +330 | | | | | | | | | | | | | | | | |
| >315~355 | +1200 | +600 | +360 | — | +210 | +125 | | +62 | | +18 | 0 | | +29 | +39 | +60 | −4+Δ | — | −21+Δ | −21 |
| >355~400 | +1350 | +680 | +400 | | | | | | | | | | | | | | | | |
| >400~450 | +1500 | +760 | +440 | — | +230 | +135 | | +68 | | +20 | 0 | | +33 | +43 | +66 | −5+Δ | — | −23+Δ | −23 |
| >450~500 | +1650 | +840 | +480 | | | | | | | | | | | | | | | | |

注：1. 公称尺寸小于1mm时，各级的A和B及大于8级的N均不采用。

2. JS的数值：对IT7至IT11，若IT的数值为奇数，则取JS = ±（IT−1）/2。

3. 特殊情况：当公称尺寸大于250mm且小于等于315mm时，M6的ES等于−9μm（不等于−11μm）。

4. 对小于或等于IT8的K、M、N和小于等于IT7的P至ZC，所需Δ值从表内右侧栏选取。例如，大于6mm且

**的孔的基本偏差值**

| 基本偏差/μm | | | | | | | | | | | | | | | Δ/μm | | | | | |
|---|---|---|---|---|---|---|---|---|---|---|---|---|---|---|---|---|---|---|---|---|
| 上极限偏差　ES | | | | | | | | | | | | | | | | | | | | |
| N | | P～ZC | P | R | S | T | U | V | X | Y | Z | ZA | ZB | | IT3 | IT4 | IT5 | IT6 | IT7 | IT8 |
| ≤IT8 | >IT8 | ≤IT7 | >IT7 | | | | | | | | | | | | | | | | | |
| -4 | -4 | 在大于IT7级的相应数值上增加一个Δ值 | -6 | -10 | -14 | — | -18 | — | -20 | — | -26 | -32 | -40 | -60 | 0 | | | | | |
| -8+Δ | 0 | | -12 | -15 | -19 | — | -23 | — | -28 | — | -35 | -42 | -50 | -80 | 1 | 1.5 | 1 | 3 | 4 | 6 |
| -10+Δ | 0 | | -15 | -19 | -23 | — | -28 | — | -34 | — | -42 | -52 | -67 | -97 | 1 | 1.5 | 2 | 3 | 6 | 7 |
| -12+Δ | 0 | | -18 | -23 | -28 | — | -33 | — | -40 | — | -50 | -64 | -90 | -130 | 1 | 2 | 3 | 3 | 7 | 9 |
| | | | | | | | | -39 | -45 | — | -60 | -77 | -108 | -150 | | | | | | |
| -15+Δ | 0 | | -22 | -28 | -35 | — | -41 | -47 | -54 | -65 | -73 | -98 | -136 | -188 | 1.5 | 2 | 3 | 4 | 8 | 12 |
| | | | | | | -41 | -48 | -55 | -64 | -75 | -88 | -118 | -160 | -218 | | | | | | |
| -17+Δ | 0 | | -26 | -34 | -43 | -48 | -60 | -68 | -80 | -94 | -112 | -148 | -200 | -274 | 1.5 | 3 | 4 | 5 | 9 | 14 |
| | | | | | | -54 | -70 | -81 | -95 | -114 | -136 | -180 | -242 | -325 | | | | | | |
| -20+Δ | 0 | | -32 | -41 | -53 | -66 | -87 | -102 | -122 | -144 | -172 | -226 | -300 | -400 | 2 | 3 | 5 | 6 | 11 | 16 |
| | | | | -43 | -59 | -75 | -102 | -120 | -146 | -174 | -210 | -274 | -360 | -480 | | | | | | |
| -23+Δ | 0 | | -37 | -51 | -71 | -91 | -124 | -146 | -178 | -214 | -285 | -335 | -445 | -585 | 2 | 4 | 5 | 7 | 13 | 19 |
| | | | | -54 | -79 | -104 | -144 | -172 | -210 | -254 | -310 | -400 | -525 | -690 | | | | | | |
| -27+Δ | 0 | | -43 | -63 | -92 | -122 | -170 | -202 | -248 | -300 | -365 | -470 | -620 | -800 | 3 | 4 | 6 | 7 | 15 | 23 |
| | | | | -65 | -100 | -134 | -190 | -228 | -280 | -340 | -415 | -535 | -700 | -900 | | | | | | |
| | | | | -68 | -108 | -146 | -210 | -252 | -310 | -380 | -465 | -600 | -780 | -1000 | | | | | | |
| -31+Δ | 0 | | -50 | -77 | -122 | -166 | -236 | -284 | -350 | -425 | -520 | -670 | -880 | -1150 | 3 | 4 | 6 | 9 | 17 | 26 |
| | | | | -80 | -130 | -180 | -258 | -310 | -385 | -470 | -575 | -740 | -960 | -1250 | | | | | | |
| | | | | -84 | -140 | -196 | -284 | -340 | -425 | -520 | -640 | -820 | -1050 | -1350 | | | | | | |
| -34+Δ | 0 | | -56 | -94 | -158 | -218 | -315 | -385 | -475 | -580 | -710 | -920 | -1200 | -1550 | 4 | 4 | 7 | 9 | 20 | 29 |
| | | | | -98 | -170 | -240 | -350 | -425 | -525 | -650 | -790 | -1000 | -1300 | -1700 | | | | | | |
| -37+Δ | 0 | | -62 | -108 | -190 | -268 | -390 | -475 | -590 | -730 | -900 | -1150 | -1500 | -1900 | 4 | 5 | 7 | 11 | 21 | 32 |
| | | | | -114 | -208 | -294 | -435 | -530 | -660 | -820 | -1000 | -1300 | -1650 | -2100 | | | | | | |
| -40+Δ | 0 | | -68 | -126 | -232 | -330 | -490 | -595 | -740 | -920 | -1100 | -1450 | -1850 | -2400 | 5 | 5 | 7 | 13 | 23 | 34 |
| | | | | -132 | -252 | -360 | -540 | -660 | -820 | -1000 | -1250 | -1600 | -2100 | -2600 | | | | | | |

小于等于 10mm 的 P6，$\Delta = 3\mu m$，所以 $ES = -15\mu m + 3\mu m = -12\mu m$。

**2. 公差带中另一极限偏差的确定**

基本偏差仅确定了公差带靠近零线的那一个极限偏差，另一个极限偏差的数值，则可由已知的基本偏差和标准公差的关系式进行计算确定。

孔 $ES = EI + IT$ 或 $EI = ES - IT$ (4-12)

轴 $es = ei + IT$ 或 $ei = es - IT$ (4-13)

（三）公差与配合在图样上的标注

零件图上一般有3种标注方法，如图4-12所示。

1）在公称尺寸后标注所要求的公差带，如"$\phi$50H7"，"$\phi$80P6"，"$\phi$50g6"。

2）在公称尺寸后标注所要求的公差带对应的偏差值，如"$\phi 50^{+0.025}_{0}$"。

3）在公称尺寸后标注所要求的公差带和对应的偏差值，如"$\phi$50g6（$^{-0.009}_{-0.025}$）"。

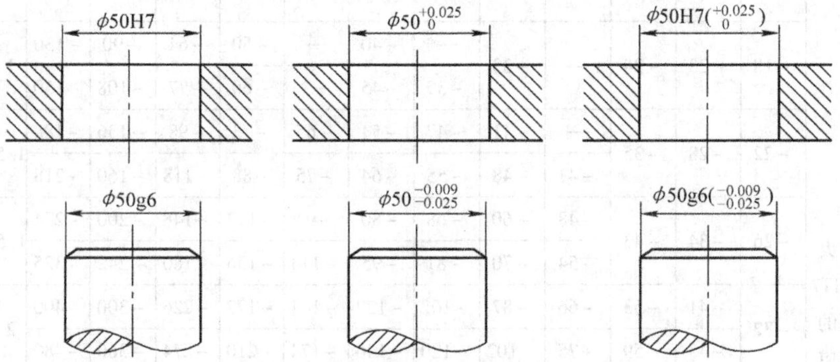


图4-12 孔轴公差带在零件图上的标注

装配图上，在公称尺寸后标注孔、轴公差带，国标规定，孔、轴公差带写成分数形式，分子为孔公差带，分母为轴公差带，如"$\phi$50H7/g6"或"$\phi 50\dfrac{H7}{g6}$"。

## 三、尺寸公差与配合的选用

公差与配合的选用是机械设计和制造的重要环节，这一环节包括基准制的选择、公差等级的确定，以及配合种类的选择，其原则是既保证机械产品的使用性能优良，又考虑成本的低廉，使效益最大化。

（一）基准制的选用

国家标准规定基准制有基轴制和基孔制两种。

**1. 通常应优先选用基孔制**

一般轴比孔容易加工，而且加工孔所用的刀具、量具和规格也多一些，因此采用基孔制可大大减少尺寸、刀具和量具的品种规格的采用，有利于生产及刀具、量具储备，从而降低生产成本，提高经济效益。

**2. 采用基轴制的情况**

1）在农业和纺织机械中，采用冷拉圆型钢材做轴时，由于这种型材尺寸、形状相当精确，表面光洁，不需加工表面就可直接使用，因而采用基轴制较为有利。

2）加工尺寸小于1mm的精密轴比同级孔要困难，因此在仪器、仪表、电子等行业中，常采用经过光轧成型的钢丝直接做轴，故采用基轴制较经济。

3）由于同一轴上与之配合的孔有多个，且配合的性质各不相同，宜采用基轴制配合，如发动机的活塞销轴与连杆铜套孔和活塞孔之间的配合。

**3. 与标准件配合时，一般按标准件确定配合制**

如滚动轴承，其外圈与箱体孔的配合应采用基轴制，内圈与轴的配合应采用基孔制。

**4. 非基准制配合**

为了满足特殊的配合需要，允许采用任一孔、轴公差带组成的配合。

### （二）公差等级的选用

公差等级的确定关系到零件加工尺寸的精度，由于尺寸精度与加工的难易程度、加工成本及零件的质量等关系密切，所以应充分考虑这些因素。选择公差等级的基本原则是在满足使用要求的前提下，尽量选用较低的公差等级。公差等级选用的方法主要是类比法，即参考经过实践证明是合理的典型产品的公差等级，结合待定零件的配合、工艺和结构等特点，经分析、对比后确定公差等级。选择时应考虑以下几个方面：

1）公称尺寸≤500mm 的高等级公差，孔比轴加工困难，所以在轴孔配合时，公差等级高于 IT8 时，国家标准推荐孔比轴低一级；公差等级为 IT8 时，国家标准推荐孔比轴低一级或同一级；公差等级低于 IT8 时，国家标准推荐孔、轴同一级。

2）各种加工方法所能够达到的公差等级，可查阅有关国家标准。

3）相配合零件或部件的精度要匹配。

4）在非基准制配合中，有的零件要求不高，可比相配合零件的公差等级低 2 ~3 级。

### （三）配合的选用

**1. 选用配合的方法**

选用配合的方法有计算法、类比法和试验法三种。一般情况下常用类比法，即与经过生产和使用验证后的某种配合进行比较，经过修正后确定其配合种类。

**2. 采用类比法选择配合时的大致步骤**

1）根据使用要求确定配合的类别，即确定是间隙配合、过盈配合，还是过渡配合。

2）根据工作条件选择配合类型，可查阅 GB/T 1801—2009《产品几何技术规范（GPS）极限与配合　公差带和配合的选择》。

3）调整配合的松紧程度。当待选部位与典型实例在工作条件上有所不同时，应对配合的松紧作适当的调整，最后确定选用哪种配合。表 4-4 定性地表示了工作条件不同时进行调整的趋势，供选择时参考。

**表 4-4　不同工作条件影响配合间隙或过盈的趋势**

| 工作条件 | 间隙增或减 | 过盈增或减 | 工作条件 | 间隙增或减 | 过盈增或减 |
|---|---|---|---|---|---|
| 经常拆卸 | — | 减 | 配合长度增大 | 增 | 减 |
| 材料强度小 | — | 减 | 装配时可能歪斜 | 增 | 减 |
| 有冲击载荷 | 减 | 增 | 旋转速度增高 | 增 | 增 |
| 工作时孔的温度高于轴的温度 | 减 | 增 | 润滑油粘度增大 | 增 | — |
| 工作时孔的温度低于轴的温度 | 增 | 减 | 有轴向运动 | 增 | — |
| | | | 表面趋向粗糙 | 减 | 增 |
| 配合面几何误差增大 | 增 | 减 | 成批生产相对于单件生产 | 增 | 减 |

# 第二节 几何公差

零件在加工过程中不仅有尺寸上的误差，在形状和相互的位置上也会产生误差（即几何误差）。形位误差对机械产品的工作精度、连接强度、运动平稳性、密封性、耐磨性、噪声和使用寿命等都有影响，因此从保证机械产品的质量和零件互换性角度出发，必须规定几何公差（即旧标准中的“形状和位置公差”），以限制几何误差。

## 一、几何公差项目的符号

按 GB/T 1182—2008《产品几何技术规范（GPS） 几何公差 形状、方向、位置和跳动公差标注》的规定，其名称和符号见表 4-5。标准规定几何公差分为四类：形状公差、方向公差、位置公差和跳动公差，其中形状公差 6 个、方向公差 5 个、位置公差 6 个、跳动公差 2 个。

表 4-5 几何公差特征符号

| 公差类型 | 几何特征 | 符号 | 有或无基准 | 公差类型 | 几何特征 | 符号 | 有或无基准 |
|---|---|---|---|---|---|---|---|
| 形状公差 | 直线度 | — | 无 | 位置公差 | 位置度 | ⌖ | 有或无 |
| | 平面度 | ⏥ | 无 | | 同轴度（用于中心点） | ◎ | 有 |
| | 圆度 | ○ | 无 | | | | |
| | 圆柱度 | ⌭ | 无 | | 同轴度（用于轴线） | ◎ | 有 |
| | 线轮廓度 | ⌒ | 无 | | | | |
| | 面轮廓度 | ⌓ | 无 | | 对称度 | ⌯ | 有 |
| 方向公差 | 平行度 | ∥ | 有 | | 线轮廓度 | ⌒ | 有 |
| | 垂直度 | ⊥ | 有 | | 面轮廓度 | ⌓ | 有 |
| | 倾斜度 | ∠ | 有 | 跳动公差 | 圆跳动 | ↗ | 有 |
| | 线轮廓度 | ⌒ | 有 | | 全跳动 | ⌰ | 有 |
| | 面轮廓度 | ⌓ | 有 | | | | |

## 二、几何公差的标注

### （一）几何公差的代号和基准符号

在技术图样中，规定几何公差一般应采用代号标注。当无法采用代号标注时，允许在技术要求中用文字说明。几何公差的代号包括：①几何公差特征符号，②几何公差框格及指引线，③几何公差数值和有关符号，④基准字母（形状公差无该项内容），如图 4-13 所示。

对有方向、位置、跳动公差要求的零件，在图样上必须标明基准。基准符号包括：①三角形（涂黑或空白），②方格，③连线（细实线），④基准字母，如图 4-14 所示。基准字母应与图样中的尺寸数字等高，且一律水平书写。

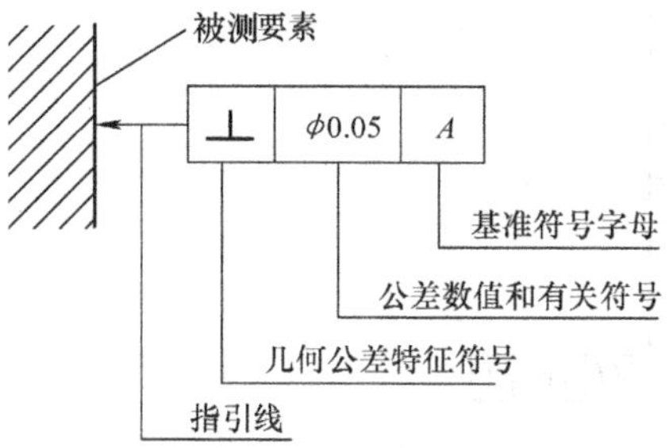


图 4-13　几何公差的代号

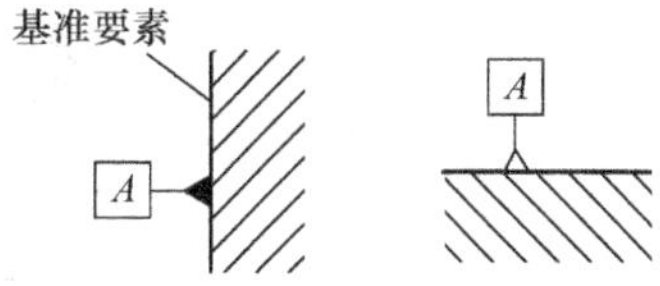


图 4-14　基准符号

## （二）几何公差标注的基本规定

1）当被测要素或基准要素为轮廓线时，将指引线的箭头或基准符号的三角形置于要素的轮廓线或轮廓线的延长线上，并与尺寸线明显地错开，如图 4-15a 所示。

2）当被测要素或基准要素为轮廓面时，指引线的箭头或基准三角形可置于该轮廓面引出线的水平线上，如图 4-15b 所示。

3）当被测要素或基准要素为中心线、中心平面或中心点时，指引线的箭头或基准三角形与确定导出要素的轮廓的尺寸线对齐，如图 4-15c 所示。

4）如只以要素的某一局部作被测要素或基准，则应用粗点画线示出该部分并加注尺寸，如图 4-15d 所示。

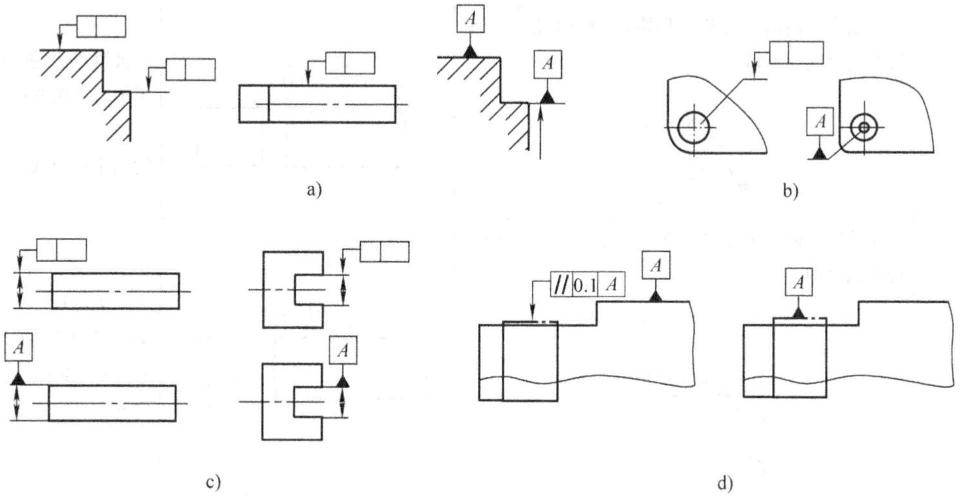


图 4-15　几何公差的标注

下面以图 4-16 所示图例来识读图中所注的几何公差含义。

1）“ϕ100h6”圆柱面的圆度公差要求为 0. 004mm。

2）“ϕ100h6”的圆柱面对“ϕ36p7”孔的轴线的圆跳动公差要求为 0. 015mm。

3）左右两端面的平行度公差要求为 0. 01mm。

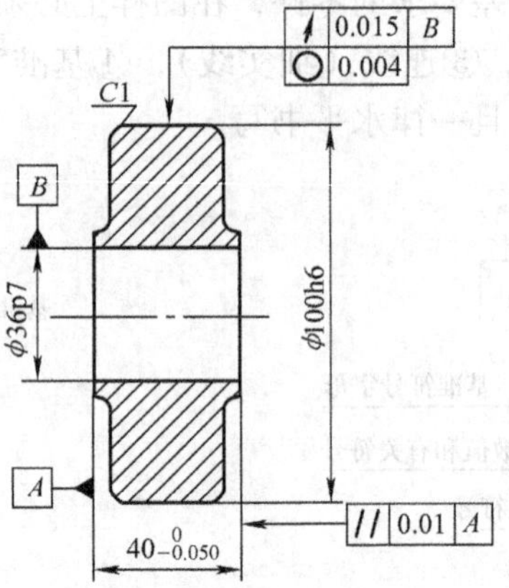


图 4-16　几何公差标注示例

## 三、几何公差带

几何公差带是限制实际（组成）要素变动的区域。显然，实际（组成）要素在公差带内，则为合格，反之，则为不合格，几何公差带比尺寸公差带复杂得多，除有一定的大小外，还有一定的形状，有的还有方向和位置的严格要求。

### （一）形状公差带

形状公差是指单一实际要素的形状所允许的变动量。形状公差带及其定义、标注和解释见表 4-6。

**表 4-6　形状公差带定义、标注和解释**

| 形状公差 | 公差带定义 | 标注和解释 | |
|---|---|---|---|
| 直线度 | 在给定平面内，公差带是距离为公差值 $t$ 的平行直线之间的区域 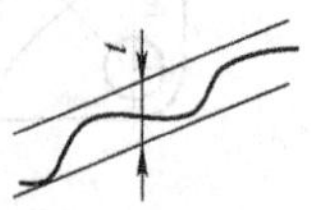  | 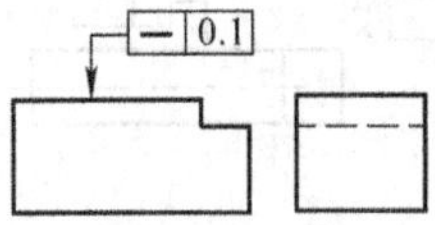  | 被测表面的素线必须位于平行于图样所示投影面且距离为公差值 0.1mm 的两平行直线间 |
| | 在给定方向上公差带是距离为公差值 $t$ 的两平行平面之间的区域 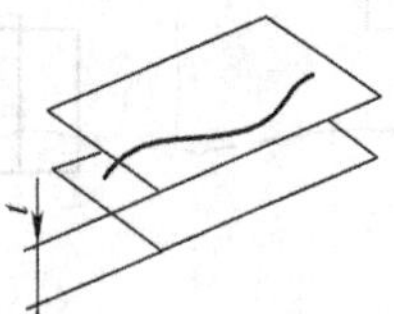  | 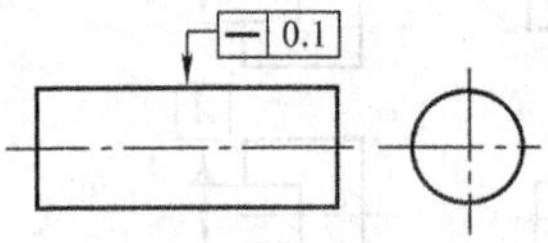  | 被测圆柱面的任一素线必须位于距离为公差值 0.1mm 的两平行平面之间 |
| | 如在公差值前加注 $\phi$，则公差带是直径为 $t$ 的圆柱面内的区域 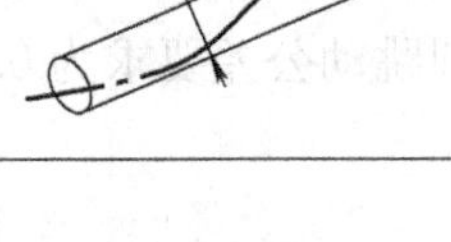  | 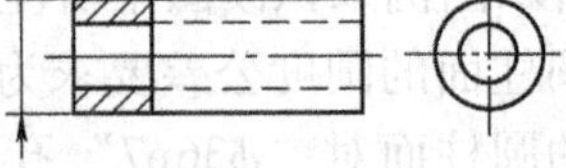  | 被测圆柱面的轴线必须位于直径为公差值 $\phi$0.08mm 的圆柱面内 |

（续）

| 形状公差 | 公差带定义 | 标注和解释 | |
|---|---|---|---|
| 平面度 | 公差带是距离为公差值 $t$ 的两平行平面之间的区域<br>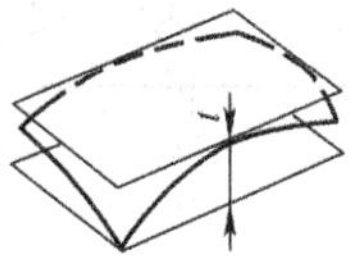 | 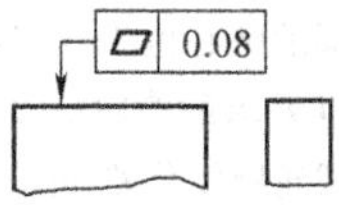 | 被测表面必须位于距离为公差值 0.08mm 的两平行平面内 |
| 圆度 | 公差带是在同一正截面上，半径差为公差值 $t$ 的两同心圆之间的区域<br>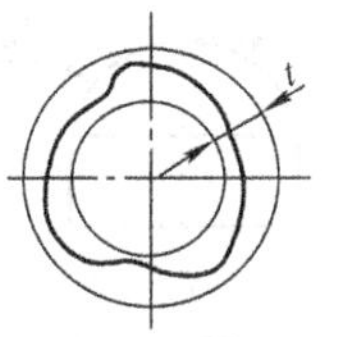 | 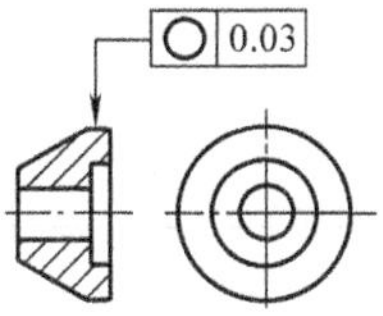 | 被测圆柱面任一正截面的圆周必须位于半径差为公差值 0.03mm 的两同心圆之间 |
| | | 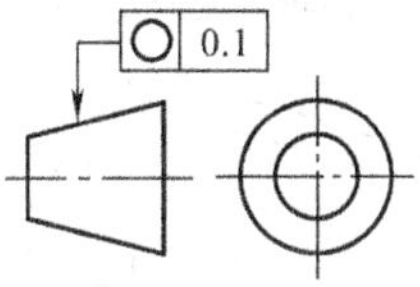 | 被测圆锥面任一正截面上的圆周必须位于半径差为公差值 0.1mm 的两同心圆之间 |
| 圆柱度 | 公差带是半径差为公差值 $t$ 的两同轴圆柱面之间的区域<br>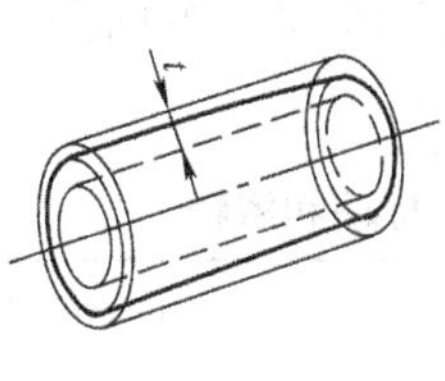 | 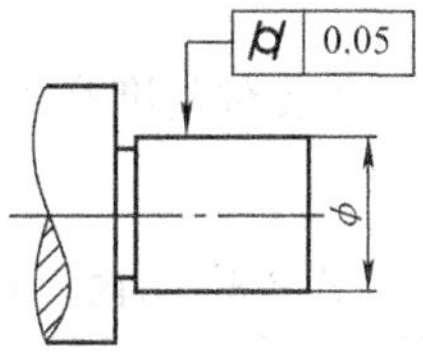 | 被测圆柱面必须位于半径差为 0.05mm 的两同轴圆柱面之间 |

如对同一圆柱表面同时提出圆度和圆柱度公差要求，哪一个公差值应小一些？

### （二）线轮廓度和面轮廓度公差带

轮廓度公差分为线轮廓度公差和面轮廓度公差。无基准要求时为形状公差，有基准要求时为方向公差或位置公差。线轮廓度和面轮廓度公差带的定义、标注和解释见表 4-7。

**表 4-7　线、面轮廓度公差带定义、标注和解释**

| 轮廓 | 公差带定义 | 标注和解释 | |
|---|---|---|---|
| 线轮廓度 | 公差带是包络一系列直径为公差值 $t$ 的圆的两包络线之间的区域。诸圆的圆心位于具有理论正确几何形状的线上，无基准要求的线轮廓度公差如图 a 所示，有基准要求的线轮廓度公差如图 b 所示<br>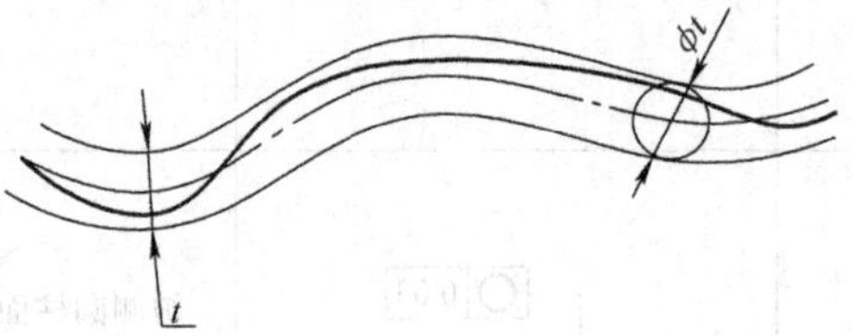 | 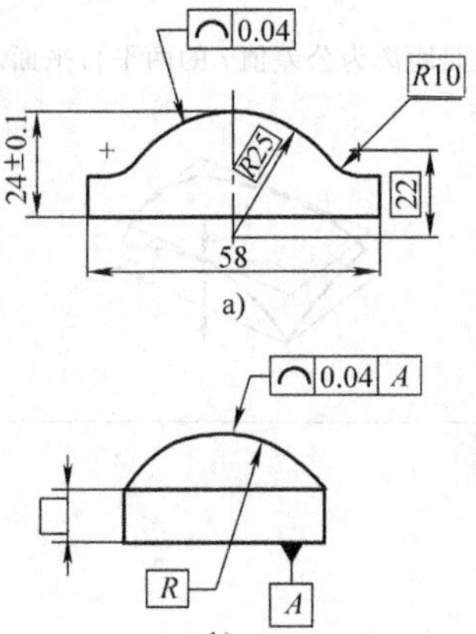<br>a)<br>b) | 在平行于图样所示投影面的任一截面上，被测轮廓线必须位于包络一系列直径为公差值 0.04mm，且圆心位于具有理论正确几何形状的线上的两包络线之间 |
| 面轮廓度 | 公差带是包络一系列直径为公差值 $t$ 的球的两包络面之间的区域，诸球的球心应位于具有理论正确几何形状的面上。无基准要求的面轮廓度公差如图 a 所示，有基准要求的面轮廓度公差如图 b 所示<br>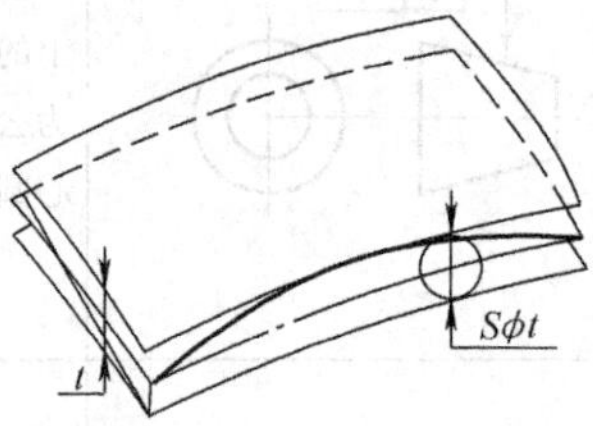 | 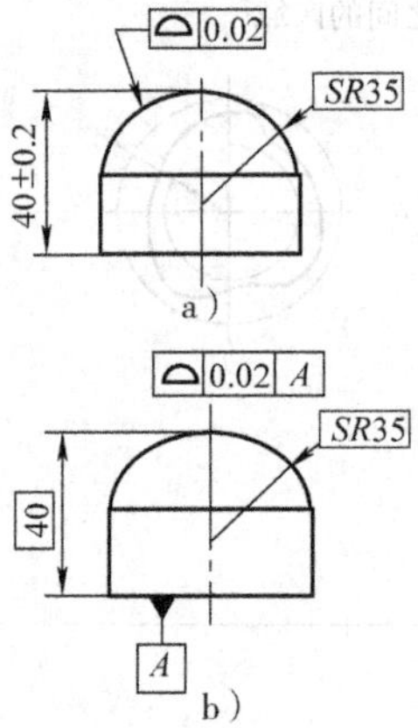<br>a)<br>b) | 被测轮廓面必须位于包络一系列球的两包络面之间，诸球的直径为公差值 0.02mm，且球心位于具有理论正确几何形状的面上的两包络面之间 |

## （三）方向公差带

方向公差是关联实际要素对基准在方向上允许的变动全量。方向公差的公差带定义、标注和解释见表 4-8。

**表 4-8　方向公差的公差带定义、标注和解释**

| 方向公差 | | 公差带定义 | 标注和解释 | |
|---|---|---|---|---|
| 平行度 | 面对面 | 公差带是距离为公差值 $t$ 且平行于基准平面的两平行平面之间的区域<br> | 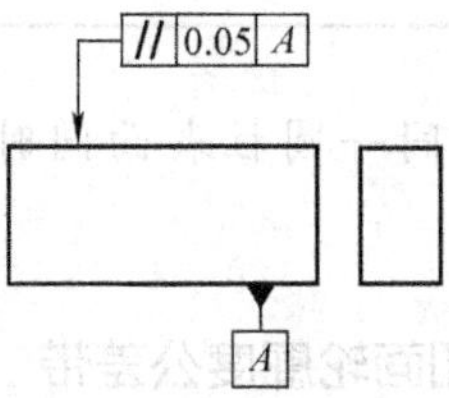 | 被测表面必须位于距离为公差值 0.05mm，且平行于基准面 A（基准平面）的两平行平面之间 |

（续）

| 方向公差 | | 公差带定义 | 标注和解释 | |
|---|---|---|---|---|
| 平行度 | 线对面 | 公差带是距离为公差值 $t$ 且平行于基准平面的两平行平面之间的区域<br>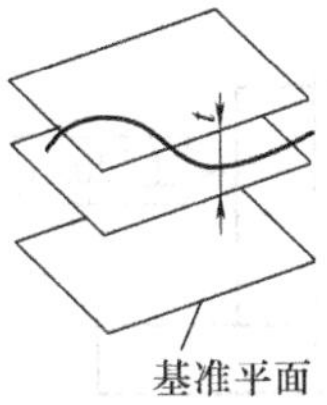 | 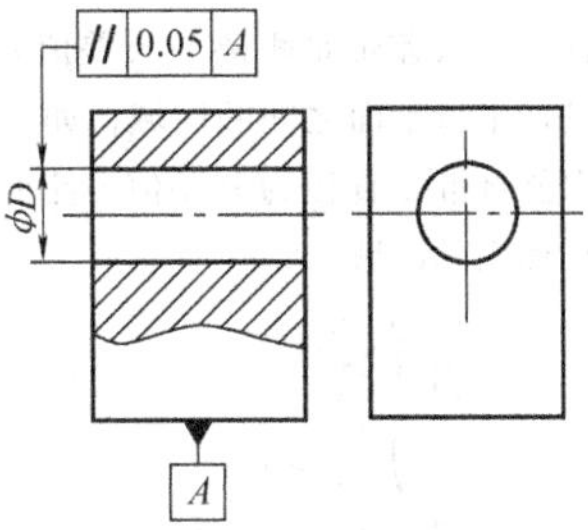 | 被测轴线必须位于距离为公差值0.05mm且平行于基准表面 $A$（基准平面）的两平行平面之间 |
| 平行度 | 面对线 | 公差带是距离为公差值 $t$ 且平行于基准平面的两平行平面之间的区域<br>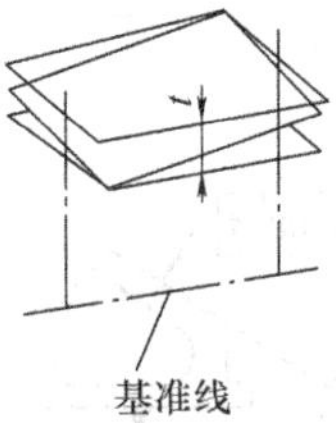 | 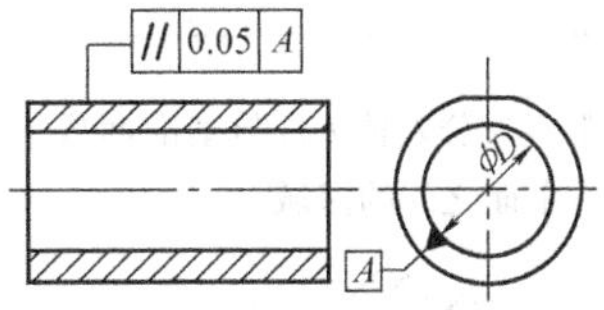 | 被测表面必须位于距离为公差值0.05mm且平行于基准线 $A$（基准轴线）的两平行平面之间 |
| 平行度 | 线对线 | 公差带是距离为公差值 $t$ 且平行于基准线、位于给定方向上的两平行平面之间的区域<br>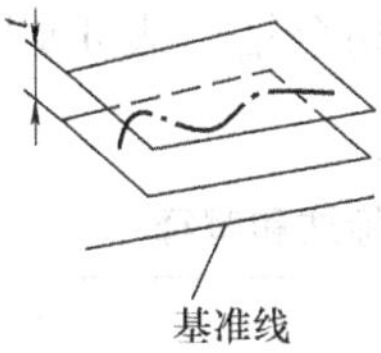 | 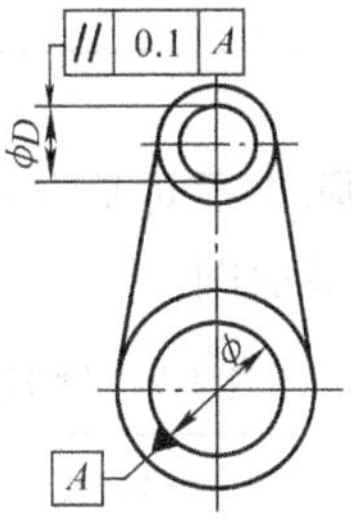 | 被测轴线必须位于距离为公差值0.1mm且在给定方向上平行于基准轴线的两平行平面之间 |
| 平行度 | 线对线 | 如公差值前加注 $\phi$，公差带是直径为公差值 $t$ 且平行于基准线的圆柱面内的区域<br>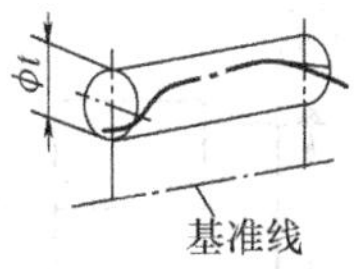 | 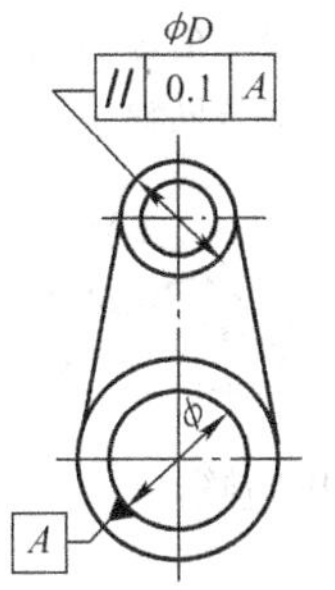 | 被测轴线必须位于直径为公差值0.1mm且平行于基准轴线的圆柱面内 |

（续）

| 方向公差 | 公差带定义 | 标注和解释 | |
|---|---|---|---|
| 垂直度 | 在给定方向上，公差带是距离为公差值 $t$ 且垂直于基准面的两平行平面之间的区域，如公差值前加注 $\phi$，则公差带是直径为公差值 $t$ 且垂直于基准面的圆柱面内的区域<br>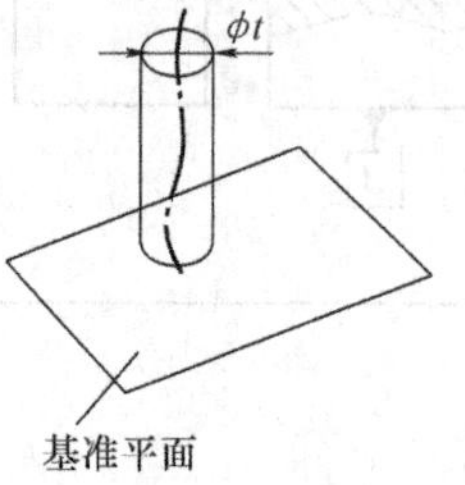 | 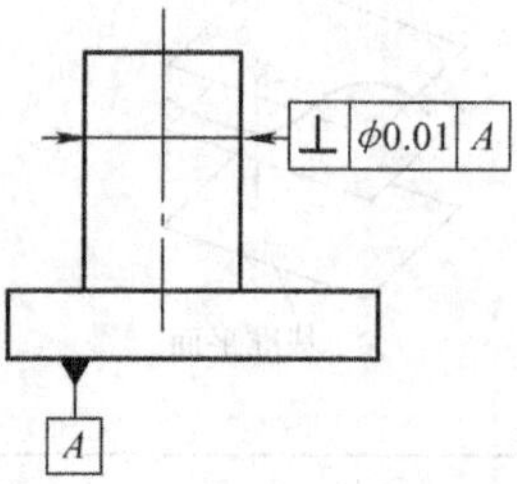 | 被测轴线必须位于直径为公差值 $\phi$0.01mm 且垂直于基准表面 $A$（基准平面）的圆柱面内 |
| 倾斜度 | 公差带是距离为公差值 $t$ 且与基准面成一给定角度的两平行平面之间的区域<br>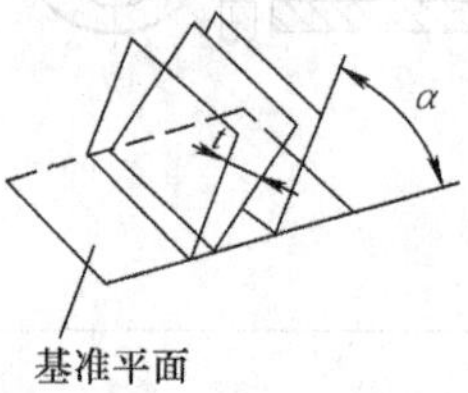 | 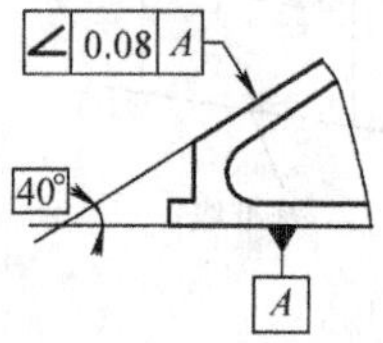 | 被测表面必须位于距离为公差值 0.08mm 且与基准面 $A$（基准平面）成理论正确角度 40°的两平行平面之间 |

## （四）位置公差带

位置公差是关联实际要素对基准在位置上允许的变动全量。表 4-9 是位置公差的公差带定义、标注和解释的典型示例。

**表 4-9　位置公差的公差带定义、标注和解释**

| 位置公差 | 公差带定义 | 标注和解释 |
|---|---|---|
| 同轴度 | 公差带是直径为公差值 $\phi t$ 的圆柱面内的区域，该圆柱面的轴线与基准轴线同轴<br>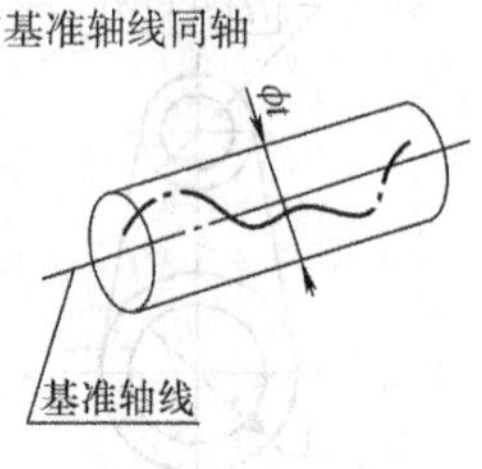 | 大圆柱面的轴线必须位于直径为公差值 $\phi$0.08mm 且与公共基准线 $A-B$（公共基准轴线）同轴的圆柱面内<br>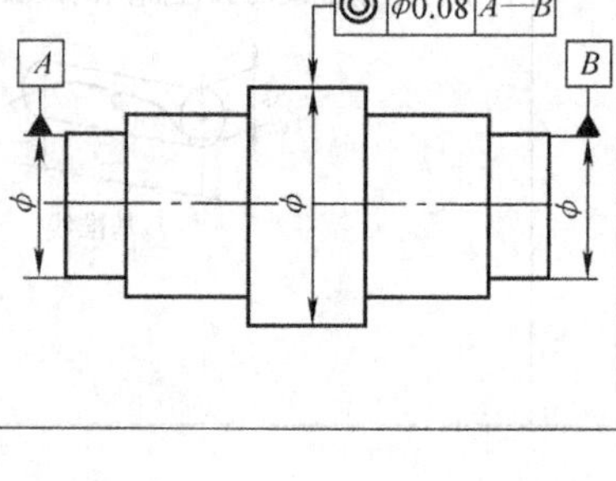 |

（续）

| 位置公差 | 公差带定义 | 标注和解释 |
|---|---|---|
| 对称度 | 公差带是距离为公差值 $t$ 且相对基准的中心平面对称配置的两平行平面之间的区域<br>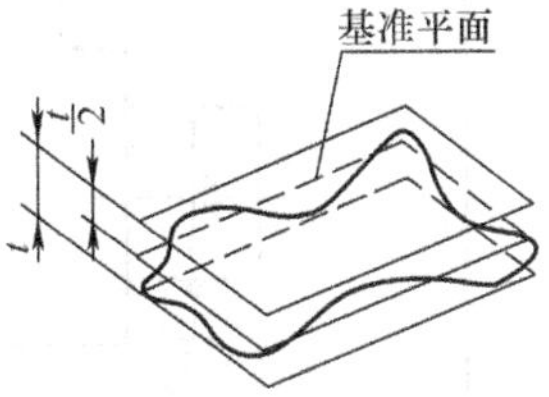 | 被测中心平面必须位于距离为公差值 0.08mm 且相对于基准中心平面 $A$ 对称配置的两平行平面之间<br>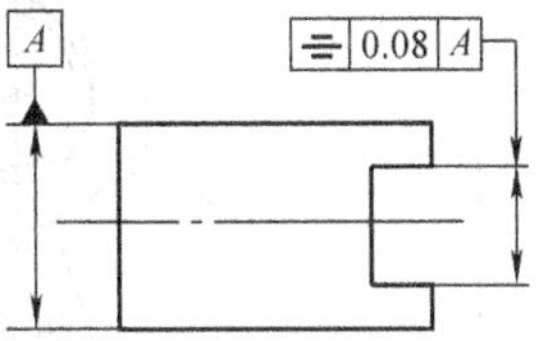 |
| 位置度 | 公差带是直径为公差值 $t$ 的圆内的区域，圆公差带的中心点的位置由相对于基准 $A$ 和 $B$ 的理论正确尺寸确定<br>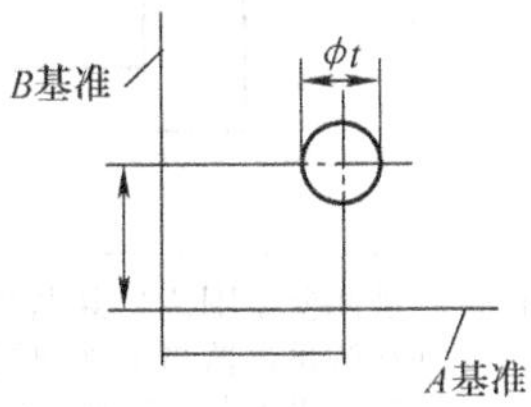 | 两个中心线的交点必须位于直径为公差值0.3mm 的圆内，该圆的圆心位于由相对基准 $A$ 和 $B$ 的理论正确尺寸所确定的点的理想位置上<br>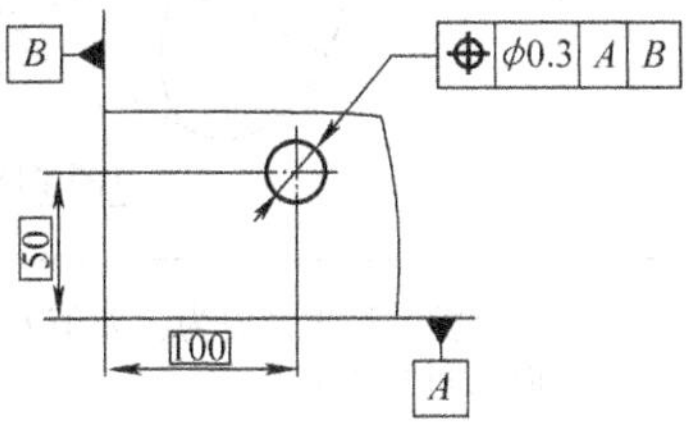 |

### （五）跳动公差带

跳动公差是关联实际要素绕基准轴线回转一周或连续回转时所允许的最大跳动量。跳动公差包括圆跳动公差和全跳动公差。

圆跳动公差是被测实际要素某一固定参考点围绕基准轴线旋转一周时（零件和测量仪器间无轴向移动）允许的最大变动量 $t$，圆跳动公差适用于每一个不同的测量位置。圆跳动误差可能包括圆度、同轴度、垂直度或平面度误差，这些误差的总值不能超过给定的圆跳动公差。圆跳动公差分为径向圆跳动公差和端面圆跳动公差。

全跳动公差是被测实际要素绕基准轴线作无轴向移动回转，同时指示器沿理想素线连续移动（或被测实际要素每回转一周，指示器沿理想素线作间断移动）时，在垂直于指示器移动方向上所允许的最大跳动量。全跳动公差有径向全跳动公差和端面全跳动公差。典型的跳动公差带定义、标注和解释见表 4-10 。

表 4-10　跳动公差带定义、标注和解释

| 跳动公差 | | 公差带定义 | 标注和解释 |
|---|---|---|---|
| 圆跳动 | 径向圆跳动 | 公差带是在垂直于基准轴线的任一测量平面内、半径差为公差值 $t$ 且圆心在基准轴线上的两个同心圆之间的区域<br>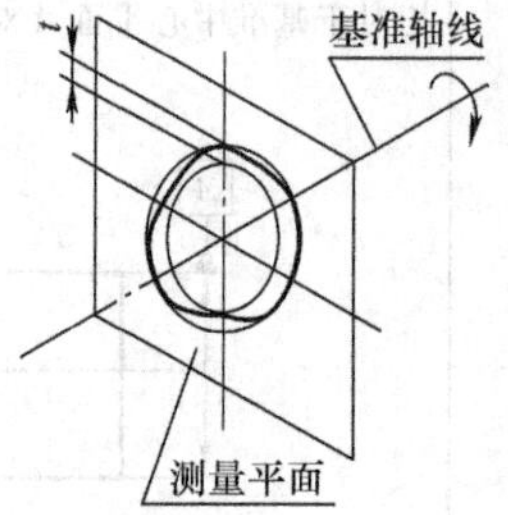 | 当被测要素围绕基准线 $A$（基准轴线）并同时受基准表面 $B$（基准平面）的约束旋转一周时，在任一测量平面内的径向圆跳动量均不得大于 0.05mm<br>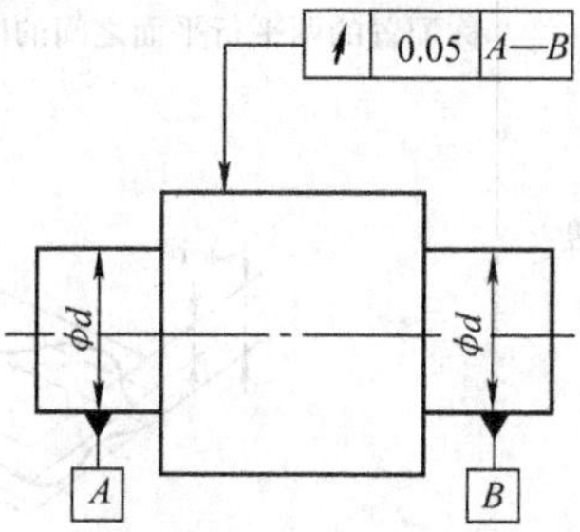 |
| | 端面圆跳动 | 公差带是在与基准同轴的任一半径位置测量圆柱面上距离为 $t$ 的两圆之间的区域<br>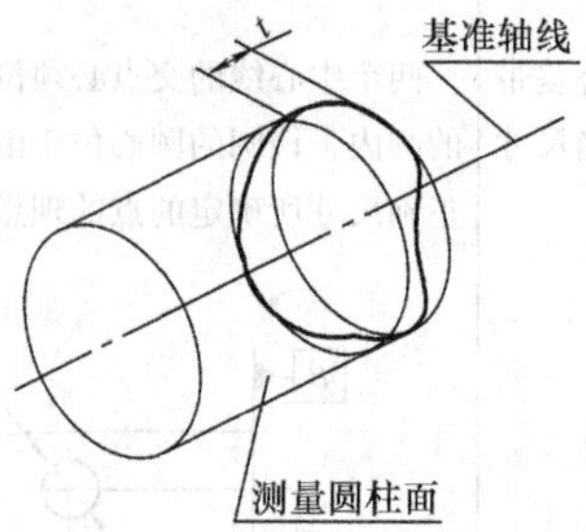 | 被测面围绕基准轴线 $A$ 旋转一周时，在任一测量平面内轴向的跳动量均不得大于 0.05mm<br>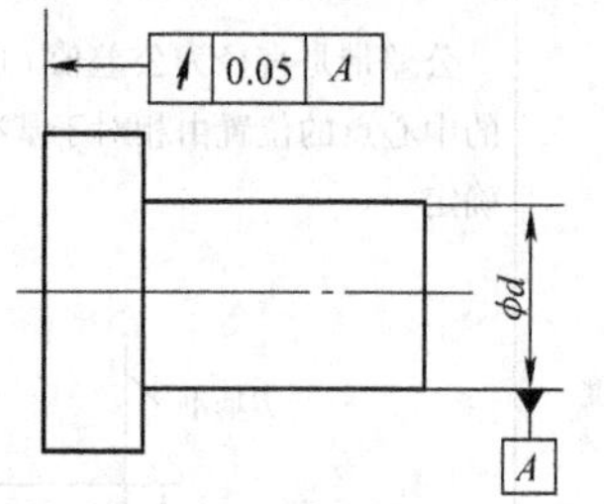 |
| 全跳动 | 径向全跳动 | 公差带是半径差为公差值 $t$ 且与基准同轴的两圆柱面之间的区域<br>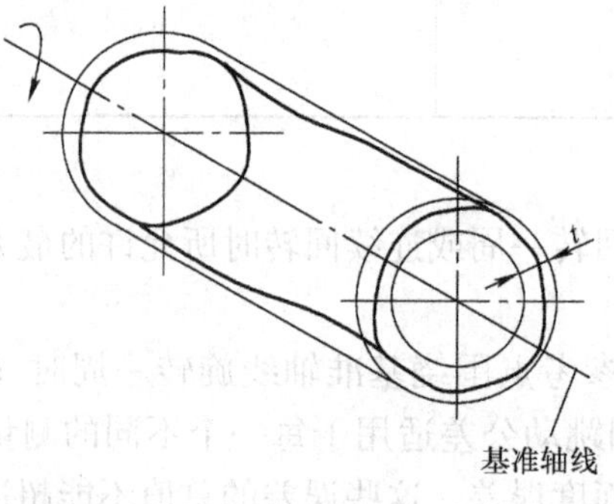 | 被测要素围绕公共基准线 $A-B$ 作若干次旋转，并在测量仪器与工件间同时作轴向的相对移动时，被测要素上各点间的示值差均不得大于 0.2mm。测量仪器或工件必须沿着基准轴线方向并相对于公共基准轴线 $A-B$ 移动<br>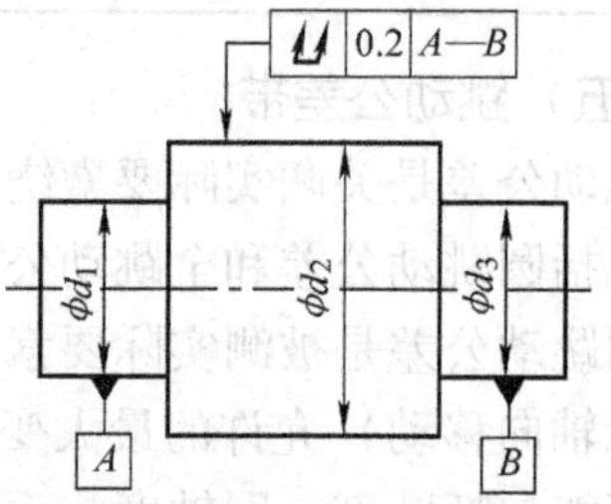 |
| | 端面全跳动 | 公差带是距离为公差值 $t$ 且与基准垂直的两平行平面之间的区域<br>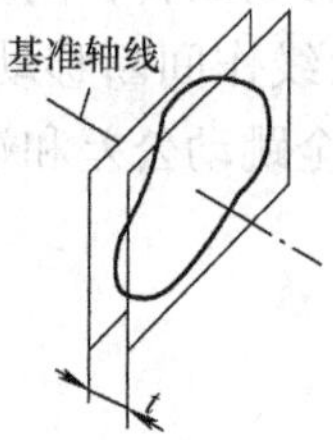 | 被测要素围绕基准轴线 $D$ 作若干次旋转，并在测量仪器与工件间作径向相对移动时，在被测要素上各点间的示值差均不得大于 0.1mm。测量仪器或工件必须沿着轮廓具有理想正确形状的线和相对于基准轴线 $D$ 的正确方向移动<br>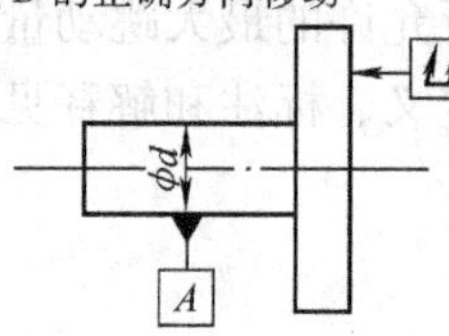 |

想一想

某工人加工某一规格的光轴，经过测量发现尺寸均在公差范围内，这个工人认为该零件合格，你说对吗？为什么？

径向圆跳动与圆度公差带形状是否相同？它们的区别在哪里？

## 本章小结

本章主要讲解了下列内容：

1. 极限与配合基本概念：孔和轴、尺寸、偏差与公差、配合。
2. 配合种类及特点。
3. 标准公差和基本偏差系列。
4. 公差与配合的选用。
5. 几何公差项目及代号。
6. 几何公差的标记。
7. 几何公差带的含义及示例。

## 实训项目5　箱体位置误差的测量

### 【项目内容】

综合所学知识，熟练运用量规和百分表，测量箱体类零件（图4-17）平行度、垂直度、对称度误差，并对测量结果进行分析处理，判断其是否满足几何公差的要求。

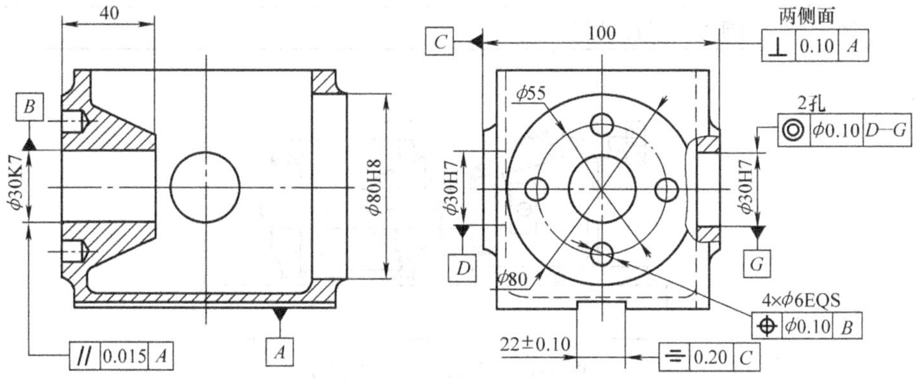


图4-17　箱体零件图

### 【项目目标】

1）掌握箱体类零件常见几何误差的测量方法。

2）掌握平行度误差、垂直度误差、对称度误差数据的处理方法。

## 【项目实施】（表4-11）

**表4-11 箱体位置误差的测量实施步骤**

| 步骤名称 | | 操作步骤 |
|---|---|---|
| 分组 | | 分组实施，每小组3~4人，或视设备情况确定人数 |
| 工、量具及设备准备 | | 标准平板、箱体（图4-17）、心轴、量规、杠杆百分表、钢直尺等 |
| 实施过程 | 测量平行度误差 | 测量“$\phi30K7$”基准孔相对于底面$A$的平行度误差<br>将箱体置于平板上，被测孔中心线由心轴模拟，如图4-18所示，在距离为$L_2$（用直尺测量）的$a$、$b$两点上分别用杠杆百分表测得读数$M_a$和$M_b$，则平行度误差值为$100f7\left(^{-0.036}_{-0.071}\right)$，并将计算结果填写于表4-12中。（$L_1$为被测孔长度，在图中为40mm） |
| | 测量垂直度误差 | 测量“$\phi30H7$”两孔侧面相对于$A$的垂直度误差<br>将表架置于垫铁上并放在平板上，如图4-19所示，用垂直放置于平板上的同轴度量规作圆柱角尺，使其测头和表座圆弧侧面与量规在同一素线上接触，转动表盘，将百分表调零，再将垫铁及平板上的表座圆弧侧面和百分表测头靠向箱体被测面，在表座圆弧侧面与箱体被测面保持接触的条件下，水平移动表座，取百分表读数最大差值作为垂直度误差，并将结果填写于表4-12中 |
| | 测量对称度误差 | 测量$A$面槽的对称度误差<br>1）将箱体置于平板上，如图4-20所示<br>2）在等距的三个测位上分别测量槽面至平板的距离$a_1$、$b_1$、$c_1$，记录指示表在各点的读数值<br>3）将箱体翻转180°，再测量另一槽面相同位置至平板的距离$a_2$、$b_2$、$c_2$，记录指示表在各点的读数值<br>4）将各对应点所测数值相减，取其中最大值为对称度误差，并将结果填写于表4-12中 |
| | 结论分析 | 对测量数据分析处理，将结论填写于表4-12中 |
| | 5S | 整理工具、清扫现场 |

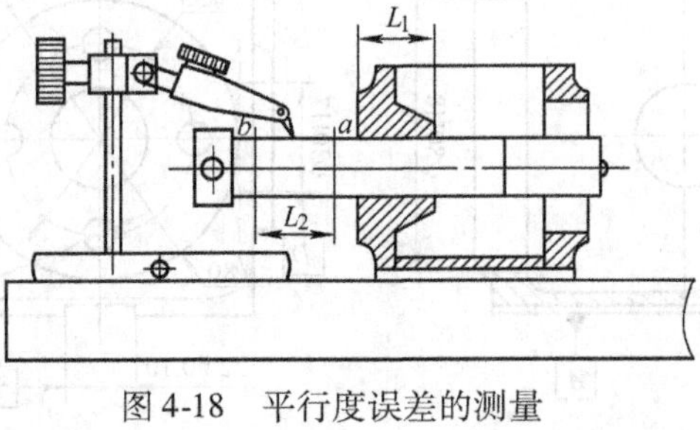


图4-18 平行度误差的测量

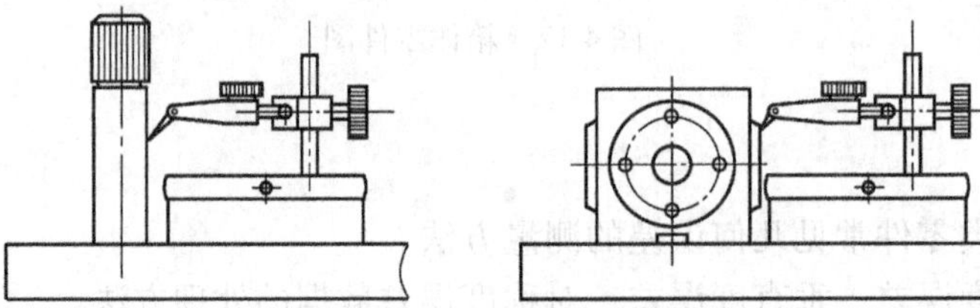

图4-19 垂直度误差的测量

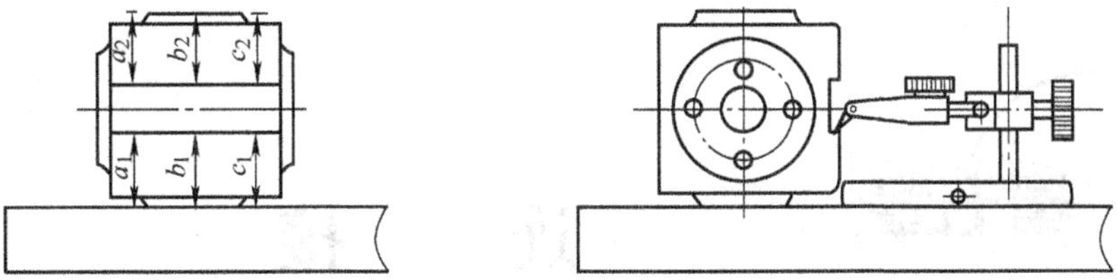


图 4-20　对称度误差的测量

**表 4-12　箱体位置误差的测量数据表**

<table>
<tr><td rowspan="2">测量仪器</td><td colspan="4">名称</td><td colspan="3" rowspan="2">精度/mm</td></tr>
<tr><td colspan="4"></td></tr>
<tr><td rowspan="2">被测工件</td><td colspan="2">名称</td><td colspan="2">平行度公差/μm</td><td>垂直度公差/μm</td><td colspan="2">对称度公差/μm</td></tr>
<tr><td colspan="2"></td><td colspan="2"></td><td></td><td colspan="2"></td></tr>
<tr><td rowspan="6">测量记录</td><td rowspan="2">平行度</td><td>$L_1$/mm</td><td>$L_2$/mm</td><td colspan="2">$M_a$/mm</td><td>$M_b$/mm</td><td></td></tr>
<tr><td></td><td></td><td colspan="2"></td><td colspan="2"></td></tr>
<tr><td rowspan="2">垂直度</td><td colspan="3">左侧</td><td colspan="3">右侧</td></tr>
<tr><td colspan="3"></td><td colspan="3"></td></tr>
<tr><td rowspan="2">对称度</td><td>$a_1$</td><td>$b_1$</td><td>$c_1$</td><td>$a_2$</td><td>$b_2$</td><td>$c_2$</td></tr>
<tr><td></td><td></td><td></td><td></td><td></td><td></td></tr>
<tr><td rowspan="3">测量结果</td><td>平行度误差</td><td colspan="6">$f=\frac{L_1}{L_2}\lvert M_a-M_b\rvert=$　（单位为 μm）</td></tr>
<tr><td>垂直度误差</td><td colspan="6">（取最大值，单位为 μm）</td></tr>
<tr><td>对称度误差</td><td colspan="6">（取对应测位差值的最大值，单位为 μm）</td></tr>
<tr><td>结论</td><td colspan="7"></td></tr>
</table>

## 【项目评价与反馈】

**表 4-13　项目评价与反馈表**

班级：________姓名：________　　　　　　　　______年____月____日

| 序号 | 项目 | 自我评价 | | | | 小组评价 | | | | 教师评价 | | | |
|---|---|---|---|---|---|---|---|---|---|---|---|---|---|
| | | 优 | 良 | 中 | 差 | 优 | 良 | 中 | 差 | 优 | 良 | 中 | 差 |
| 1 | 对测量项目概念是否理解 | | | | | | | | | | | | |
| 2 | 测量方法是否正确 | | | | | | | | | | | | |
| 3 | 正确使用量具 | | | | | | | | | | | | |
| 4 | 文明操作 | | | | | | | | | | | | |
| 5 | 团结合作意识 | | | | | | | | | | | | |
| 6 | 实训小结 | | | | | | | | | | | | |
| 7 | 综合评价等级 | 综合评价等级： | | | | | | | | | | | |

## 【知识拓展】

1）若箱体左右两个“$\phi$30H7”的孔有同轴度公差要求，如何检验是否合格？

2）4 个“$\phi$6”小孔的位置度误差如何检测？

# 第五章 连　　接

我们在机器或机械中经常见到齿轮、带轮、链轮等零件，它们经常和圆形的轴通过某种方式连接在一起，用来传递动力，这种连接的方式有键连接、销连接等，本章介绍键、销、螺纹、弹簧、联轴器、离合器、制动器等连接件的类型、特点和应用

汽车变速器

汽车轮毂

【学习目标】

◆ 了解平键连接、半圆键连接、花键连接的特点，能正确选用平键连接。
◆ 了解常用螺纹的类型、特点及应用，能识读螺纹标记。
◆ 了解螺纹连接的基本类型和防松方法，理解螺纹连接拆装要领。
◆ 了解弹簧连接的功用、类型、特点和应用。
◆ 了解联轴器和离合器的功用、特点及应用，会安装和找正联轴器。

【学习重点】

◆ 普通平键连接的类型、特点和选用。
◆ 常用螺纹的牙型及应用，螺纹的主要参数及标记。
◆ 螺纹连接的基本类型和防松措施。
◆ 联轴器的功用、结构、特点、选用、正确安装及找正。

# 第一节　键连接与销连接

机器都是由许多零件装配而成的。因此，零件与零件之间必然存在各种不同形式的连接。按照连接以后是否可以拆卸，连接分为可拆卸连接和不可拆卸连接两大类。属于可拆卸连接的有螺纹连接、键连接、销连接、弹簧连接等；属于不可拆卸连接的有焊接、铆接、过盈连接、胶接等。下面首先介绍键连接与销连接。

## 一、键连接

用键将轴与轴上零件（齿轮、带轮、链轮、联轴器、凸轮等）装配起来，实现周向固定，并传递转矩的连接称为键连接，如图 5-1 所示。有些键还可以使轴上零件轴向固定或者作轴向滑移导向。常用的键连接有平键连接、半圆键连接、楔键连接和花键连接，这些键均已标准化。其中，以平键连接应用最广。制造键的材料的抗拉强度不得低于 600MPa，常用 45 钢。

### （一）平键连接

#### 1. 平键类型

平键有普通平键和导向平键。普通平键按照端部形状有圆头普通平键（A 型）、平头普通平键（B 型）和单圆头普通平键（C 型）三种类型，如图 5-2 所示。A 型平键和 C 型平键的轴槽用端铣刀加工，B 型平键的轴槽用盘铣刀加工，轮毂上的键槽是通槽，一般用拉削或插削加工。导向平键是一种加长的普通平键，用螺钉固定在轴槽中。为了拆卸方便，在键的中部设有起键用的螺孔。导向平键有圆头（A 型）和方头（B 型）两种。

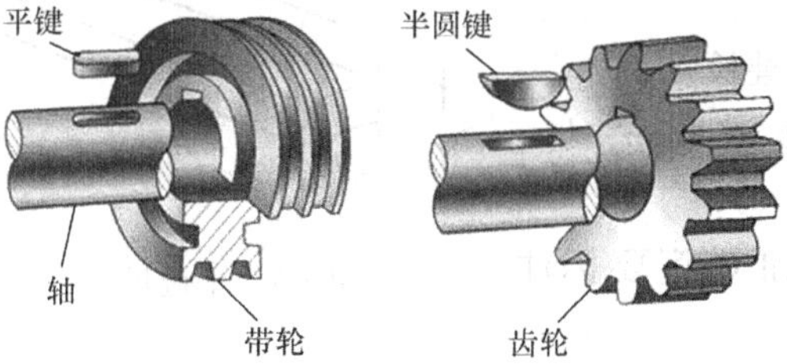


图 5-1　键连接

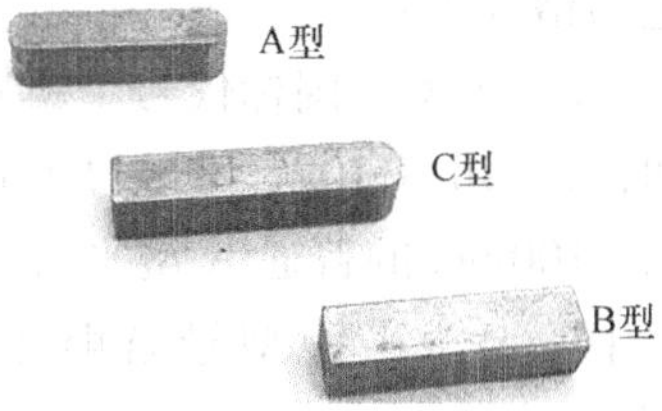


图 5-2　普通平键类型

平键连接的类型、特点及应用，见表 5-1。

**表 5-1　平键连接的类型、特点及应用**

| 类型 | 简　　图 | 特　　点 | 应　　用 |
|---|---|---|---|
| 普通平键 | 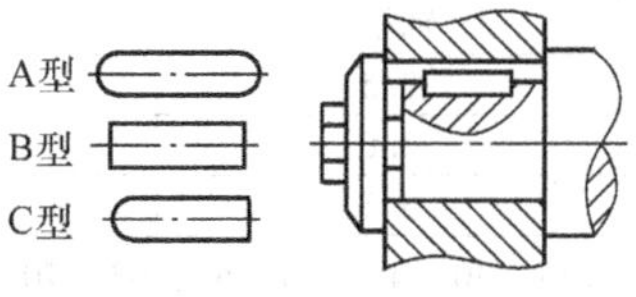 | 依靠键的侧面挤压传递转矩。键的上表面和轮毂槽底面之间有间隙，不能实现轴上零件的轴向定位。结构简单，对中性好，装拆方便。A 型平键在轴槽中固定良好，但轴槽引起的应力集中较大。B 型平键轴槽引起的应力集中较小 | 应用最为广泛，尤其适用于高速、高精度和承受变载荷、冲击载荷的场合<br>A 型平键多用在轴的中部，C 型平键多用于轴端 |

（续）

| 类型 | 简　图 | 特　点 | 应　用 |
|---|---|---|---|
| 导向平键 | 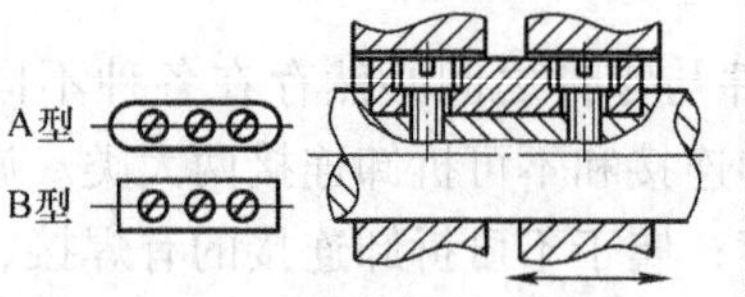 | 依靠键的侧面挤压传递转矩。键与轴上零件采用间隙配合，轮毂以键为导向作轴向滑移。其结构简单，对中性好 | 适用于轴上零件轴向移动量不大的场合，例如变速箱中的滑移齿轮 |

**【知识链接】 平键连接的配合种类和应用**

国家标准规定，平键连接采用基轴制配合，对键的宽度 $b$ 规定了一种公差 h9。配合的松紧是依靠改变轴槽或轮毂槽的公差带位置而改变的，分为较松键连接、一般键连接和较紧键连接三种型式。平键连接配合种类及应用见表 5-2。

**表 5-2 平键连接配合种类及应用**

| 连接型式 | 尺寸 $b$ 的公差 | | | 应用范围 |
|---|---|---|---|---|
| | 键宽 | 轴槽宽 | 轮毂槽宽 | |
| 较松键连接 | h9 | H9 | D10 | 主要应用在导向平键上 |
| 一般键连接 | | N9 | JS9 | 常用的机械装置 |
| 较紧键连接 | | P9 | P9 | 传递重载荷，冲击性载荷及双向传递转矩 |

**2. 平键标记**

平键尺寸如图 5-3 所示，$b$ 为宽度，$h$ 为高度，$L$ 为长度。平键标记的格式为：

键　键型　国标代号　键宽 × 键高 × 键长

例如，键 GB/T 1096 18 × 11 × 100　表示 $b = 18\text{mm}$，$h = 11\text{mm}$、$L = 100\text{mm}$ 的普通 A 型平键。

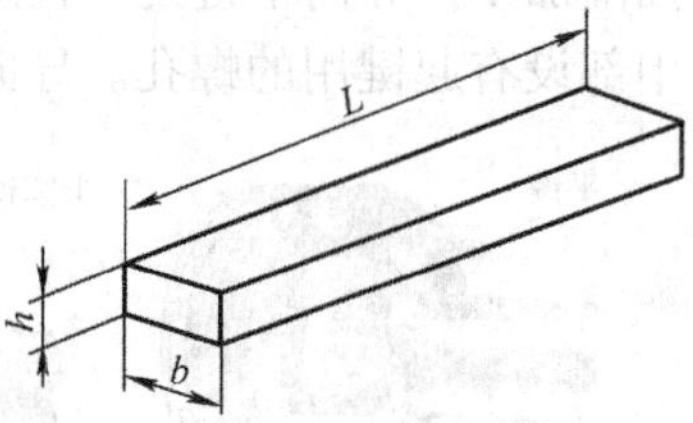


图 5-3　平键尺寸

标记中，A 型平键型号省略不注，B 型和 C 型要标注“B”、“C”。

**3. 平键的选用**

平键是标准件，只需根据用途、轴径、轮毂长度选取键的类型和尺寸。平键的截面尺寸 $b \times h$ 应根据轴的公称直径 $d$ 从标准中选定（表 5-3），键和键槽剖面尺寸及键槽公差可查阅国家有关标准。键的长度一般要求略短于或等于轮毂的长度，并向键的长度系列圆整后得到。

**表 5-3 普通平键和键槽的尺寸**　（单位：mm）

| 轴的直径 $d$ | 键 | | 键槽深度 | |
|---|---|---|---|---|
| | $b \times h$ | $L$ | 轴槽 $t$ | 毂槽 $t_1$ |
| > 10 ~ 12 | 4 × 4 | 8 ~ 25 | 2.5 | 1.8 |
| > 12 ~ 17 | 5 × 5 | 10 ~ 56 | 3.0 | 2.3 |
| > 17 ~ 22 | 6 × 6 | 14 ~ 70 | 3.5 | 2.8 |
| 键长标准系列 | 6、8、12、14、16、18、20、22、25、28、32、36、40、45、50、56、63、70、80、90、100、110、125、140、160、… | | | |

注：更多数据可查阅相关标准或手册。

## （二）半圆键连接

半圆键连接的方式与平键基本相同，轴槽用半圆键槽铣刀加工。

半圆键连接的特点及应用见表 5-4。

## （三）楔键连接

楔键分为普通楔键和钩头楔键，普通楔键有圆头和方头两种型式，键的上表面与轮毂槽底面均具有 1:100 的斜度。装配时，圆头楔键是先放入键槽，然后打紧轮毂；方头及钩头楔键则是将轮毂装到位后才将键打紧。楔键连接的特点及应用见表 5-4。

**表 5-4 半圆键、楔键连接的特点及应用**

| 类型 | 简 图 | 特 点 | 应 用 |
|---|---|---|---|
| 半圆键 | 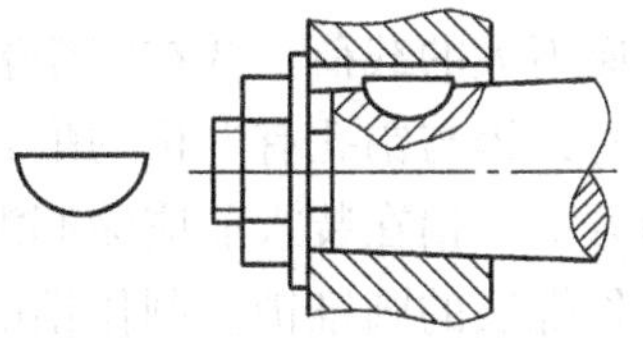 | 依靠键的侧面挤压传递转矩。键在键槽中能自动适应轮毂的装配，工艺性好，装配方便。轴槽对轴的强度削弱较大 | 一般多用于轻载，或辅助性的连接，尤其适用于锥形轴端与轮毂的连接 |
| 钩头楔键 | 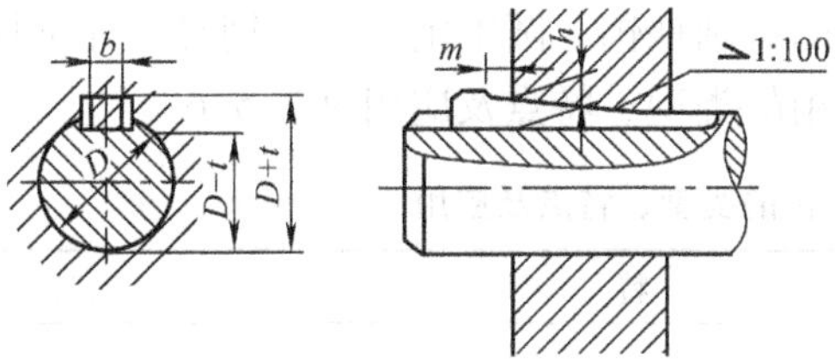 | 依靠键的上下面、轴与轮毂之间的摩擦力传递转矩。键的两侧面有间隙。能承受不大的单方向的轴向力，对中性差，且在冲击或变载荷下易松脱 | 用于转速较低、对中性要求不高和载荷比较平稳的场合。为了装拆方便，最好用于轴端，但应加装防护罩 |

## （四）花键连接

花键连接是由带多个键齿的轴和有相同齿槽的轮毂组成，键齿数有 6 条、8 条不等。花键连接与导向平键连接相似，用于轮毂需要在轴上滑移的场合。花键轴一般在专门的花键铣床上加工，花键孔的键槽则在拉床或插床上加工。花键按齿形分为矩形齿、渐开线齿和三角形齿，常用矩形齿花键和渐开线齿花键。其中，矩形齿花键加工相对较方便，应用最广。

花键连接的类型、特点及应用见表 5-5。

**表 5-5 花键连接的类型、特点及应用**

| 类型 | 简 图 | 特 点 | 应 用 |
|---|---|---|---|
| 矩形花键 | 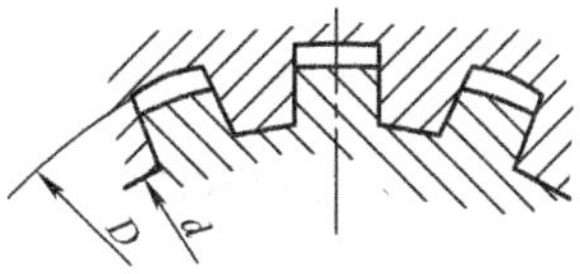 | 矩形花键齿的两侧面为平面。依靠键齿的侧面挤压传递转矩，键齿多、承载能力强；齿槽浅，对轴的强度削弱小；对中性和导向性好，连接可靠，其具有定心精度较高，定心稳定性好、应力集中小。但是，键齿的加工工艺复杂，需要专用的设备，制造成本高 | 键齿加工相对较方便，广泛用于飞机、汽车和各种机床及一般机械传动 |

（续）

| 类型 | 简　　图 | 特　　点 | 应　　用 |
|---|---|---|---|
| 渐开线花键 | 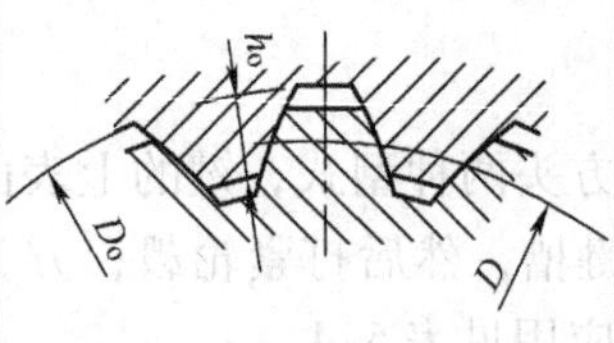 | 键齿在圆柱（或圆锥）面上，且齿形为渐开线。受载时，齿形自动定心，各齿均匀受力，强度高，使用寿命长。加工工艺与齿轮相同。其他特点与矩形齿花键相同 | 多用于载荷较大、定心精度（即花键副工作轴线位置精度）要求较高，需要轴向滑移、尺寸较大的连接 |

## 二、销连接

销连接的功用为：①固定零件之间的相对位置，这种销称为定位销。用于定位时，销的数目通常不少于两个。②起连接作用，用于传递不大的载荷。③在安全装置中，作为过载时被剪断的连接零件。这种销称为安全销。连接时，销与销孔有严格的配合要求，通常是将相关的连接件调整定位后，采用配钻、配铰孔的方法。销在装入前应涂润滑油。在冲击、振动或变载情况下，为了防止松脱，可选用小端带外螺纹的圆锥销。制作销的材料，抗拉强度一般不低于600MPa，常用35钢、45钢。

销的类型很多，均已标准化。常用的有圆柱销、圆锥销、安全销等。在圆柱销和圆锥销中，又有不带内螺纹和带内螺纹两种。销的类型、特点及应用见表5-6。

**表5-6　销的类型、特点及应用**

| 类型 | | 简　　图 | 特　　点 | 应　　用 |
|---|---|---|---|---|
| 圆柱销 | 普通圆柱销 |  | 利用微量过盈，固定在铰制孔中。多次装拆会降低定位的精度和连接的紧固 | 主要用于定位，也可用于连接 |
| | 内螺纹圆柱销 | 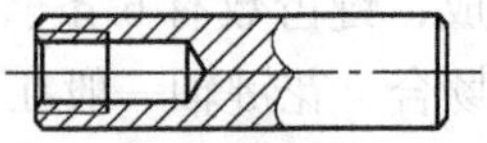 | | 用于不通孔 |
| | 弹性圆柱销 | 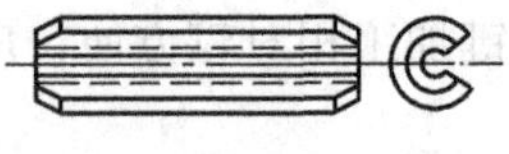 | 具有弹性，装入销孔后与孔壁压紧，不易松脱。销孔精度要求较低，互换性好，可多次装拆 | 用于有冲击、振动的场合 |
| 圆锥销 | 普通圆锥销 | 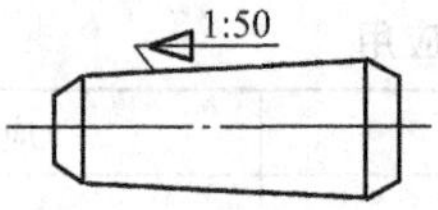 | 利用1:50的锥度，装入铰制孔中；装拆方便，定位精度比圆柱稍高；在受横向力时能自锁，多次装拆对定位精度影响较小 | 主要用于定位，也可用以固定零件，传递动力 |
| | 内螺纹圆锥销 | 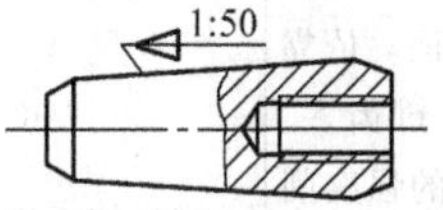 | | 用于不通孔和有冲击的场合 |
| 异形销 | 销轴 | 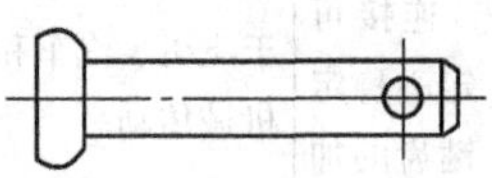 | 用开口销锁定，拆卸方便 | 用于铰接处 |
| | 开口销 |  | 结构简单，工作可靠，装拆方便 | 用于锁定其他紧固件，主要用于连接件的防松，不能用于定位 |

销的主要尺寸是公称直径和公称长度。规格标记采用“销”字后面加国标代号和数字（公称直径×公称长度）表示，对于圆锥销，标示的公称直径是指小头直径，例如，“销 GB/T 117 10×100”表示公称直径为10mm，公称长度为100mm的普通圆锥销。

# 第二节 螺纹连接

## 一、螺纹的种类及应用

### （一）螺纹的分类

在圆柱的内、外表面上分别沿着螺旋线切制出特定形状的沟槽即形成内、外螺纹，共同组成螺旋副使用，如图5-4所示。

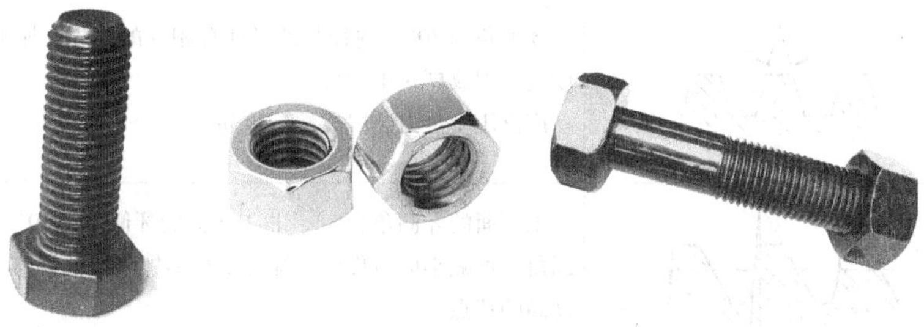

a) b) c)

图5-4 螺旋副

a）外螺纹 b）内螺纹 c）螺旋副

螺纹的种类很多，按螺纹的旋向不同，可分为顺时针方向旋入的右旋螺纹和逆时针方向旋入的左旋螺纹，如图5-5a、b所示。螺纹的旋向可用右手定则来判定，如图5-5a所示，即伸开右手手掌，手心对着自己，四指顺着轴线方向，若螺纹旋向与大拇指的指向一致为右旋螺纹，反之为左旋螺纹。按螺旋线的数目不同，螺纹可分为沿一条螺旋线形成的单线螺纹和沿两条或两条以上等距螺旋线形成的多线螺纹。图5-5a、b、c所示分别为单线、双线和三线螺纹。按螺纹的截面形状（牙型）可将其分为三角形螺纹、梯形螺纹、锯齿形螺纹、矩形螺纹，以及其他特殊形状的螺纹。一般螺纹按用途分为连接螺纹和传动螺纹两类，常用螺纹的牙型与应用见表5-7。

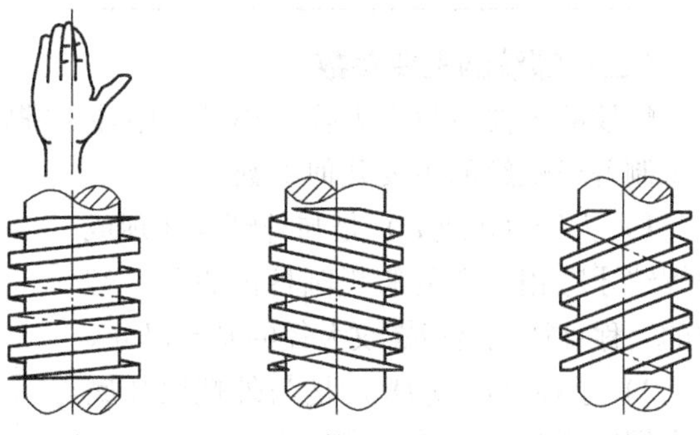

a) b) c)

图5-5 螺纹的旋向和线数

a）单线右旋螺纹 b）双线左旋螺纹 c）三线右旋螺纹

**表 5-7 常用螺纹的牙型与应用**

| 分类 | | 截面牙型 | 应用场合 |
|---|---|---|---|
| 连接螺纹 | 普通螺纹 | 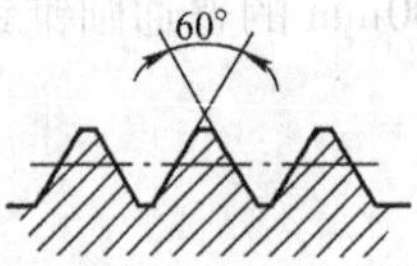 | 牙型角为60°，同一直径螺距大小可分为粗牙与细牙两类<br>应用最广，一般连接多用粗牙螺纹，细牙螺纹用于薄壁零件，也常用于受冲击、振动和微调机构 |
| | 55°非密封管螺纹 | 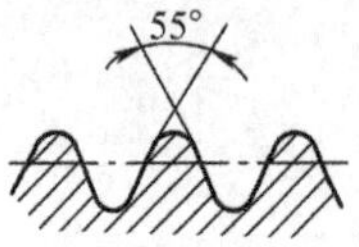 | 牙型角为55°。公称直径近似为管子内径<br>多用于水、油、气的管路，以及电器管路系统的连接中 |
| | 55°密封管螺纹 | 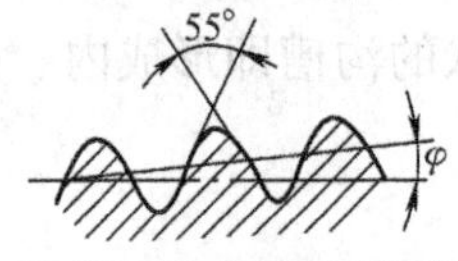 | 牙型角为55°。螺纹分布在1:16的圆锥表面上，紧密性比55°非密封管螺纹好<br>常用于高温、高压的管路连接 |
| 传动螺纹 | 梯形螺纹 | 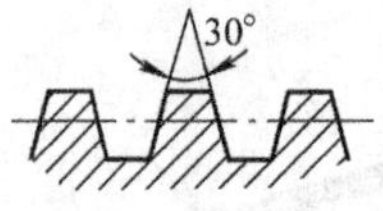 | 牙型角为30°，内径与外径处有相等的间隙。加工工艺性好，牙根强度高，螺纹副对中性好<br>广泛用于传力装置或螺旋传动 |
| | 锯齿形螺纹 | 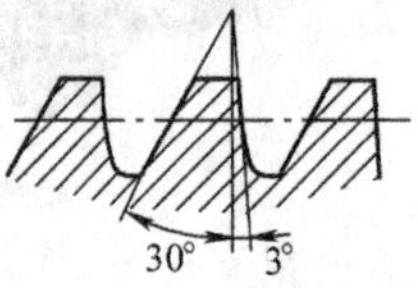 | 工作面的牙侧角为3°，非工作面的牙侧角为30°。外螺纹的牙根处有圆角，可减小应力集中。综合了矩形螺纹传动效率高和梯形螺纹牙根强度高的特点<br>适用于单向受力的螺旋传动 |
| | 矩形螺纹 | 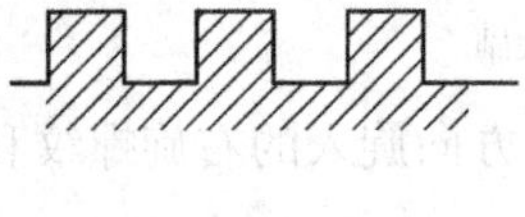 | 牙型为正方形，牙型角为0°，牙厚为螺距的一半。牙根强度不如梯形螺纹，螺旋副磨损后间隙难以修复和补偿，使传动精度降低，传动效率高，对中性差。目前尚未标准化<br>多用于手动、对中性和强度要求不高的场合，如台式虎钳 |

### （二）螺纹的主要参数

螺纹的主要参数有大径、小径、中径、螺距、线数、牙型角和螺纹升角等。图5-6所示为米制普通螺纹的主要几何参数。

1）大径（$d$ 或 $D$）是与外螺纹牙顶或内螺纹牙底相重合的假想圆柱的直径。螺纹的公称直径就是指螺纹大径的基本尺寸。

2）小径（$d_1$ 或 $D_1$）是与外螺纹牙底或内螺纹牙顶相重合的假想圆柱的直径。外螺纹的大径或内螺纹的小径又称为“顶径”；外螺纹的小径或内螺纹的大径又称为“底径”。

3）中径（$d_2$ 或 $D_2$）是螺纹在轴向剖面内，通过牙型上凸起和沟槽宽度相等处

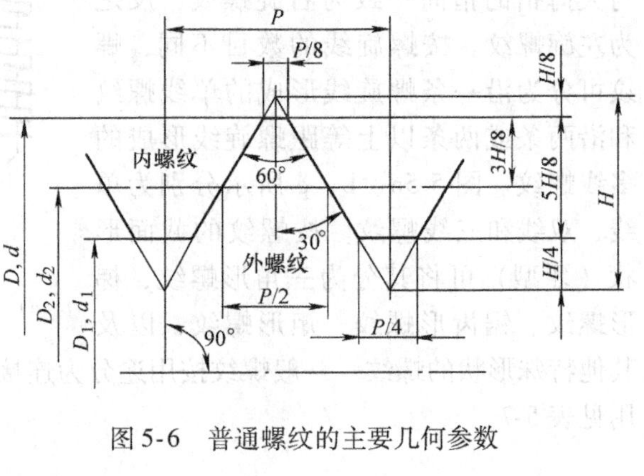


图5-6 普通螺纹的主要几何参数

的假想圆柱的直径。它是确定螺纹几何参数的直径。

4）螺距（$P$）是螺纹相邻两牙在中径线上对应两点间的轴向距离。

5）牙型角（$\alpha$）是螺纹轴向截面内牙型两侧边的夹角。

6）导程（$Ph$）是螺纹在同一条螺旋线上，相邻两牙处于中径上对应两点间的轴向距离。螺纹的导程 $Ph = nP$（$n$ 为线数），对单线螺纹，$Ph = P$。

7）螺纹升角（$\varphi$），是在螺纹中径的圆柱上，螺旋线的切线与垂直于螺纹轴线的平面间的夹角，如图 5-7 所示，$\tan\varphi = nP/(\pi d_2)$。

此外，两个相互啮合的螺纹沿轴线方向相互旋合的长度，国家标准规定分为长旋合长度、中等旋合长度和短旋合长度，分别用代号 L、N、S 表示，如图 5-8 所示。

前五项参数称为螺纹五要素，是螺纹形状参数。

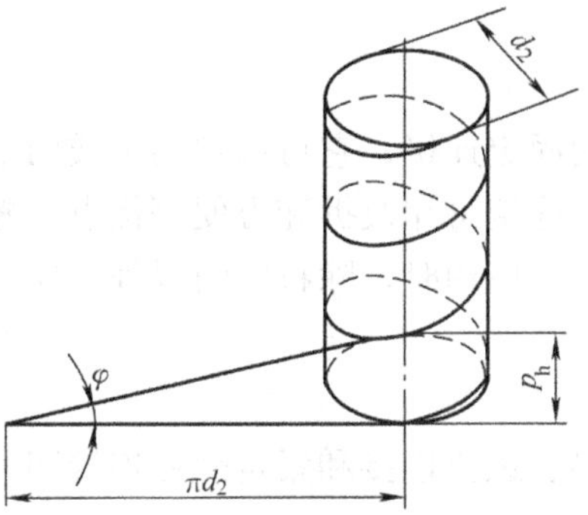

图 5-7　螺纹升角

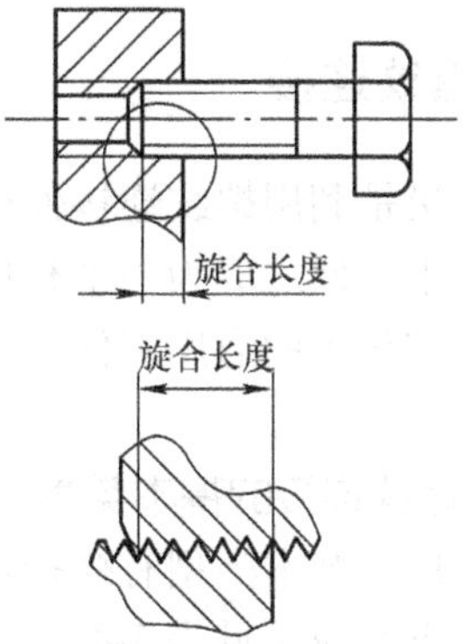

图 5-8　旋合长度

## （三）螺纹标记

一个完整的螺纹标记如下：

螺纹代号 —螺纹公差带代号 —螺纹旋合长度

1）螺纹代号（螺纹规格代号）按“牙型代号及公称直径 × 导程（螺距）和旋向”顺序标注。右旋螺纹不标注；左旋普通螺纹标“左”字或字母“LH”。

2）螺纹公差带代号，按“螺纹中径公差带代号、顶径公差带代号”顺序标注。若两个公差带代号相同，只标一个代号。公差带代号由表示其大小的公差等级数字和表示公差带位置的字母组成，如 6H、5g 等。

3）一般情况下不标注旋合长度，其旋合长度按中等旋合长度确定。必要时，加注长旋合长度代号 L 或短旋合长度代号 S。

螺纹标记示例如下：

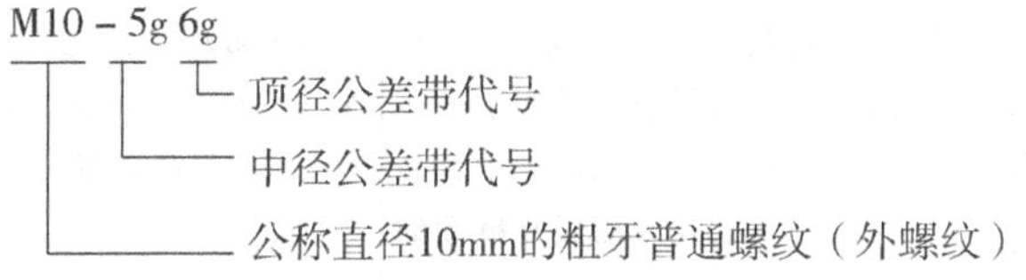

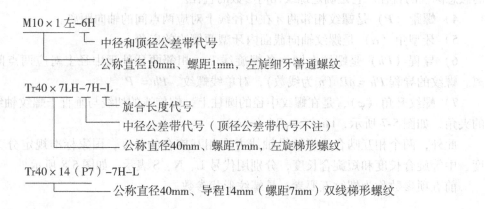

M10×1 左–6H
└ 中径和顶径公差带代号
└ 公称直径10mm、螺距1mm，左旋细牙普通螺纹

Tr40×7LH–7H–L
└ 旋合长度代号
└ 中径公差带代号（顶径公差带代号不注）
└ 公称直径40mm、螺距7mm，左旋梯形螺纹

Tr40×14（P7）–7H–L
└ 公称直径40mm、导程14mm（螺距7mm）双线梯形螺纹

## 二、螺纹连接

螺纹连接是利用螺纹连接件构成的一种可拆卸的固定连接，它可以把两个或两个以上的零件连接起来，使之成为一个整体，具有结构简单、连接可靠及拆卸方便等优点。螺纹连接件是已经标准化了的通用零件，由专业工厂批量生产。应用时，除特殊情况外，应按照国家标准选用。

### （一）螺纹连接的基本类型

螺纹连接的基本类型有螺栓连接、双头螺柱连接、螺钉连接和紧定螺钉连接四种，它们的结构、特点及应用见表5-8。

**表5-8　螺纹连接的类型、结构、特点及应用**

| 类型 | 螺栓连接 | 双头螺柱连接 | 螺钉连接 | 紧定螺钉连接 |
|---|---|---|---|---|
| 结构 | 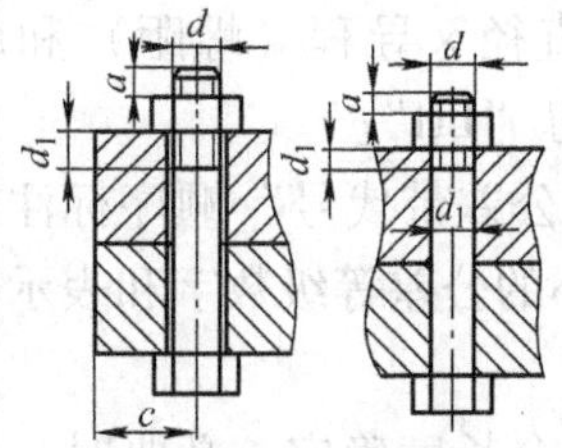<br>受拉螺栓　受剪螺栓 | 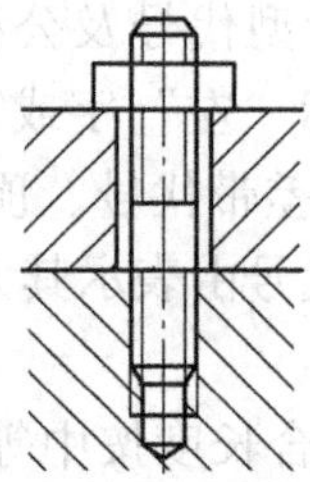 | 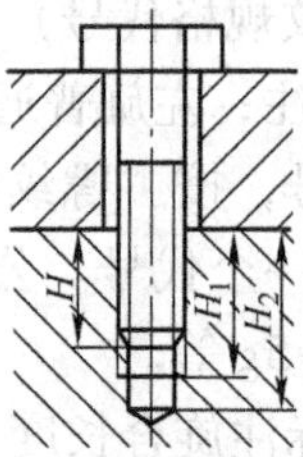 | 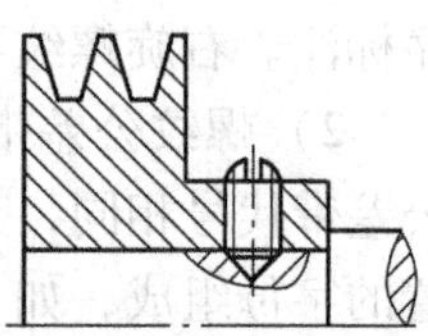 |
| 特点及应用 | 结构简单，装拆方便。适用于被连接厚度不大且能够从两面进行装配的场合 | 将螺柱上螺纹较短的一端旋入并紧定在被连接件之一的螺纹孔中，不再拆下。适用于被连接件之一较厚、不宜制作通孔及需经常拆卸的场合 | 用于被连接件之一较厚，不宜制作通孔，且不需经常装拆的场合 | 利用螺钉的末端顶入另一被连接件的凹坑内，以固定两零件的相对位置，可传递不大的轴向力或转矩 |

## （二）螺纹连接的工具及装配方法

### 1. 螺纹连接的工具

螺纹连接的工具很多，常用工具之一是螺钉旋具（俗称起子），分为一字和十字两种。它用来旋紧或松开头部带沟槽的螺钉。二是扳手，用来旋紧或松开六角形、正方形等各种螺钉和螺母，分为活扳手、专用扳手和特殊扳手三类，活扳手能调节钳口的大小，使用方法如图 5-9 所示。

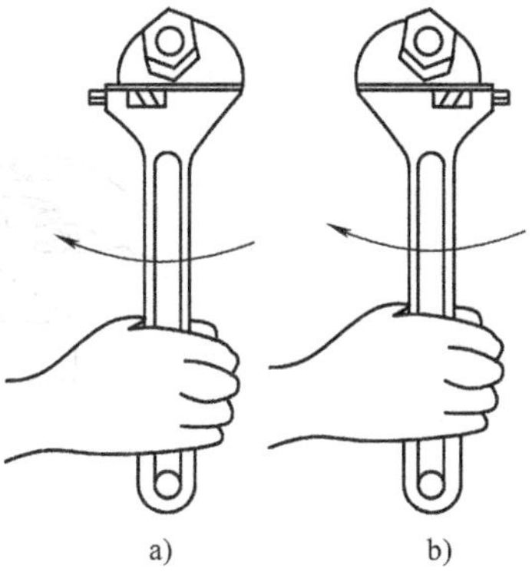

图 5-9 活扳手使用方法
a）正确 b）不正确

### 2. 螺纹连接的装配方法

为了使螺纹连接紧固、可靠，应对螺纹副施加一定的拧紧力矩，使螺纹间产生相应的摩擦力矩，这种措施称为螺纹连接的预紧。通常利用控制拧紧力矩的方法来控制预紧力。螺纹连接的拧紧力矩见表 5-9。

**表 5-9 螺纹连接的拧紧力矩**

| 螺纹公称直径 $d$/mm | 6 | 8 | 10 | 12 | 16 | 20 | 24 |
|---|---|---|---|---|---|---|---|
| 拧紧力矩 $M$/N·m | 4 | 10 | 18 | 32 | 80 | 160 | 280 |

螺母和外螺纹的装配要点：

1）应将外螺纹和螺孔的接触表面清理干净，螺母或螺钉与零件贴合的表面应平整，否则容易使连接松动或使螺钉弯曲。

2）装配时必须控制拧紧力矩，必要时可使用扭力扳手、电动或气动扳手。这些工具在拧紧螺纹时，可指示出拧紧力矩的数值或达到预先设定的拧紧力矩时自动终止拧紧。

3）成组分布的多个螺钉（母）的装配，拧紧力要均匀且按顺序、分几次逐步拧紧。不能先拧紧个别螺钉（母）再开始拧其他螺钉（母）。成组螺钉（母）的拧紧顺序如图 5-10 所示。

4）要根据操作空间的大小选择装拆工具，普通扳手无法使用时，可选用特殊扳手，如套筒扳手等。

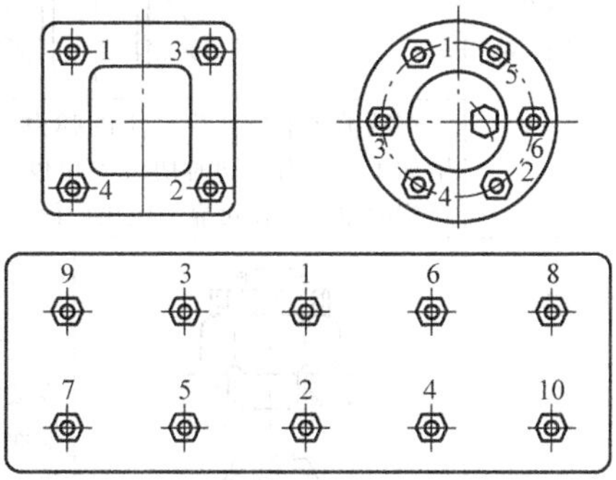


图 5-10 成组螺母的拧紧顺序

双头螺柱的装配常采用双螺母对顶或螺钉与双头螺柱对顶的方法。用双螺母对顶的具体操作是先将两个螺母相互锁紧在双头螺柱上，然后用扳手按顺时针方向扳动上面一个螺母，把双头螺柱拧入螺孔中紧固，如图 5-11a 所示。

用螺钉与双头螺柱对顶的具体操作是用螺钉来阻止长螺母与双头螺柱之间的相对运动，然后扳动长螺母将双头螺柱拧入螺孔中，如图 5-11b 所示。松开螺母时应先松开螺钉。

装配双头螺柱时，应注意以下几点：

1）首先应将外螺纹和螺孔接触表面清理干净，将双头螺柱螺纹较短的一端旋入螺孔。

2）螺孔深度应大于螺柱旋入端的螺纹长度，以便螺尾同螺纹孔锁紧。

3）双头螺柱的轴线应与被连接件的表面垂直。

## （三）连接的防松方法

一般的螺纹连接都有自锁性能，在受静载荷和工作温度变化不大时，不会自行松脱，但

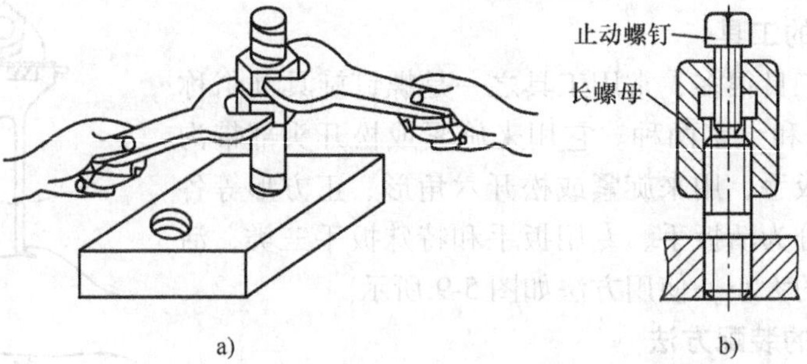


图 5-11　双头螺柱的装配

a）用双螺母对顶拧入的方法　b）用止动螺钉与双头螺柱对顶拧入的方法

在受冲击、振动和变载荷作用，以及工作温度变化很大时，这种连接就有可能自行松脱，不仅影响连接的刚性和紧密性，甚至会造成事故。为了保证螺纹连接安全可靠，必须采取有效的防松措施。

常用的防松措施有增大摩擦力防松、利用机械元件防松、冲点防松和粘结防松等，见表5-10。

表 5-10　螺纹连接防松方法

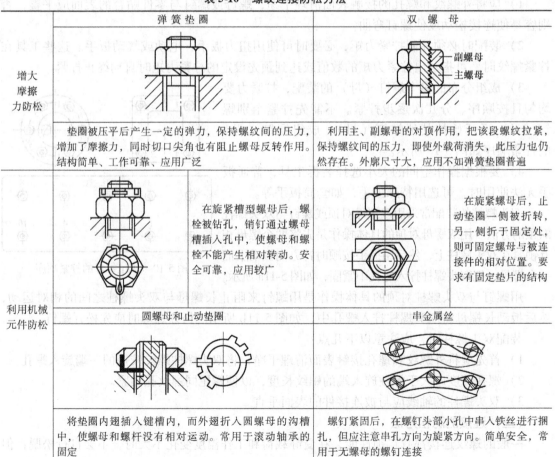

| | | |
|---|---|---|
| 增大摩擦力防松 | 弹 簧 垫 圈 | 双 螺 母 |
| | 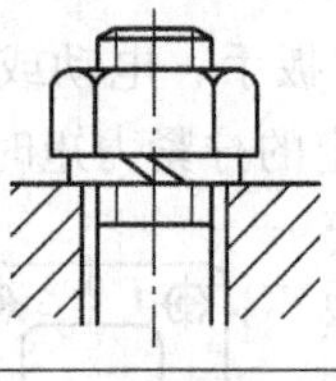 | 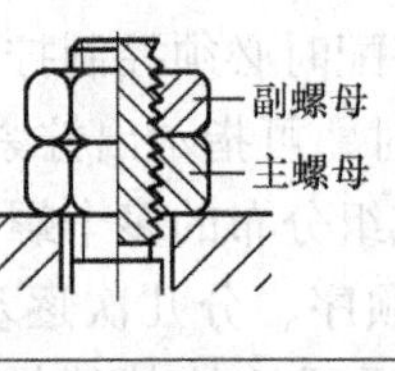<br> |
| | 垫圈被压平后产生一定的弹力，保持螺纹间的压力，增加了摩擦力，同时切口尖角也有阻止螺母反转作用。结构简单、工作可靠、应用广泛 | 利用主、副螺母的对顶作用，把该段螺纹拉紧，保持螺纹间的压力，即使外载荷消失，此压力也仍然存在。外廓尺寸大，应用不如弹簧垫圈普遍 |
| 利用机械元件防松 | 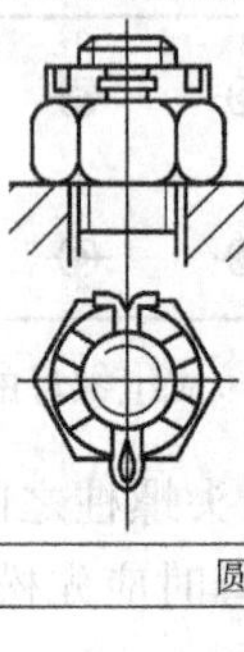 在旋紧槽型螺母后，螺栓被钻孔，销钉通过螺母槽插入孔中，使螺母和螺栓不能产生相对转动。安全可靠，应用较广 | 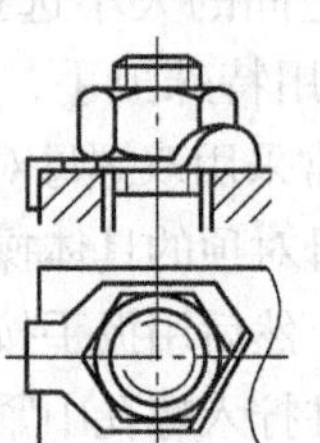 在旋紧螺母后，止动垫圈一侧被折转，另一侧折于固定处，则可固定螺母与被连接件的相对位置。要求有固定垫片的结构 |
| | 圆螺母和止动垫圈 | 串金属丝 |
| | 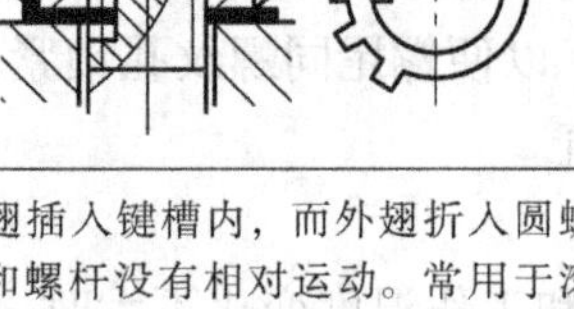 |  |
| | 将垫圈内翅插入键槽内，而外翅折入圆螺母的沟槽中，使螺母和螺杆没有相对运动。常用于滚动轴承的固定 | 螺钉紧固后，在螺钉头部小孔中串入铁丝进行捆扎，但应注意串孔方向为旋紧方向。简单安全，常用于无螺母的螺钉连接 |

（续）

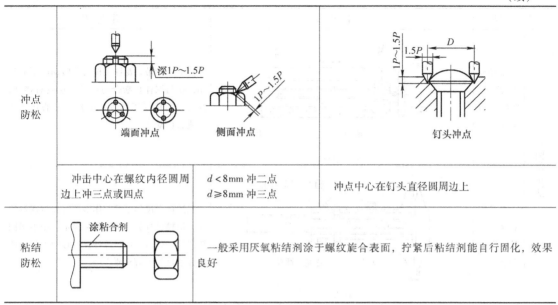

| | | | |
|---|---|---|---|
| 冲点防松 | 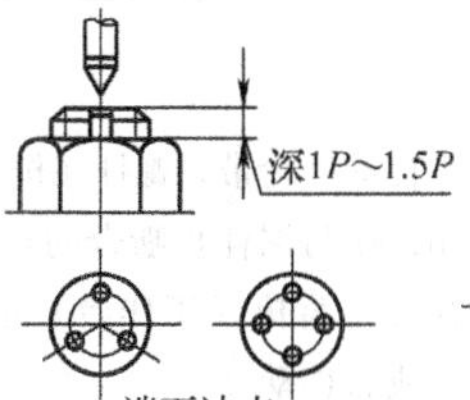 端面冲点 | 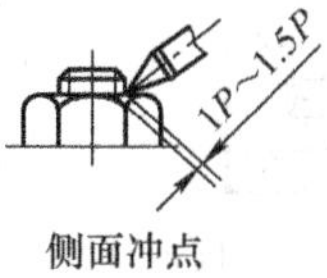 侧面冲点 | 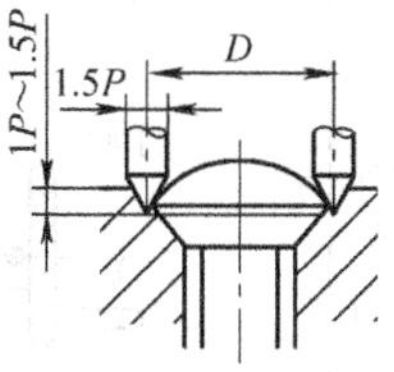 钉头冲点 |
| | 冲击中心在螺纹内径圆周边上冲三点或四点 | $d<8$mm 冲二点<br>$d\geqslant 8$mm 冲三点 | 冲点中心在钉头直径圆周边上 |
| 粘结防松 | 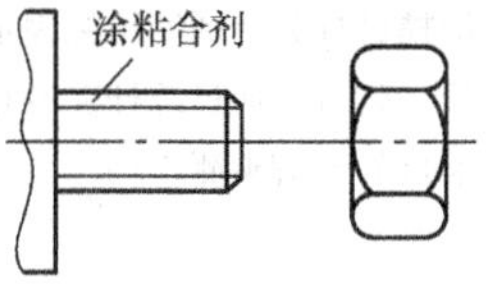 | 一般采用厌氧粘结剂涂于螺纹旋合表面，拧紧后粘结剂能自行固化，效果良好 | |

## 【知识链接】 螺旋传动

螺旋传动是用内、外螺纹组成的螺旋副来传递运动和动力的传动机构。螺旋传动具有结构简单、紧凑，传动连续、平稳、无冲击，精度高，承载能力大，又具有自锁性、定位可靠等优点，广泛应用于各种机械和仪器中。

常用螺旋传动有普通螺旋传动、差动螺旋传动和滚珠螺旋传动等，其应用见表5-11。

**表5-11 螺旋传动的应用**

| 类型 | | 应用实例 | 工作过程 |
|---|---|---|---|
| 普通螺旋传动 | 螺母固定不动，螺杆回转并作直线运动 | 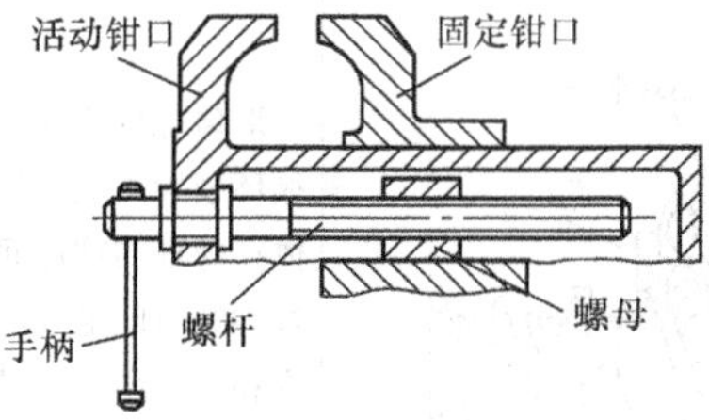 台虎钳 | 螺杆上装有活动钳口并与螺母相啮合，螺母与固定钳口连接。当转动手柄时，螺杆相对螺母作回转运动，带动活动钳口一起沿轴向位移，与固定钳口合拢或分开，从而把活动钳口和固定钳口之间的工件夹紧或松开 |
| | 螺杆固定不动，螺母回转并作直线运动 | 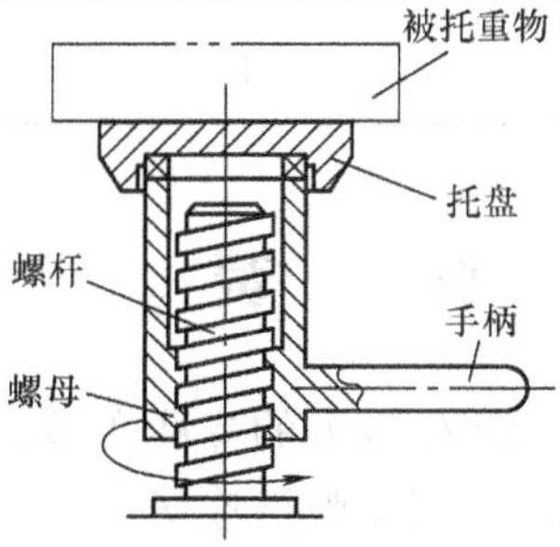 螺旋千斤顶 | 螺杆连同底座固定不动，转动手柄使螺母回转，螺母就会上升或下降，托盘上的重物就被举起或放下 |

（续）

| 类型 | | 应用实例 | 工作过程 |
|---|---|---|---|
| 普通螺旋传动 | 螺杆原位回转，螺母作直线运动 | 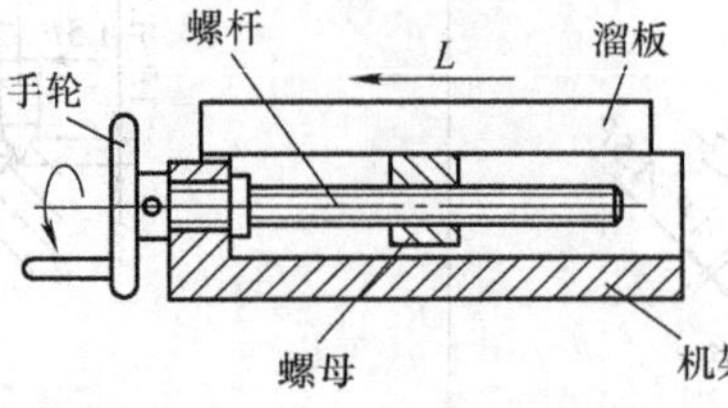<br>车床溜板 | 转动手轮带动螺杆在机架上转动而不能移动，使与螺杆相啮合的螺母向左或右移动，并带动溜板（工作台）沿机架上的导轨向左或右移动 |
| | 螺母原位回转，螺杆作直线运动 | 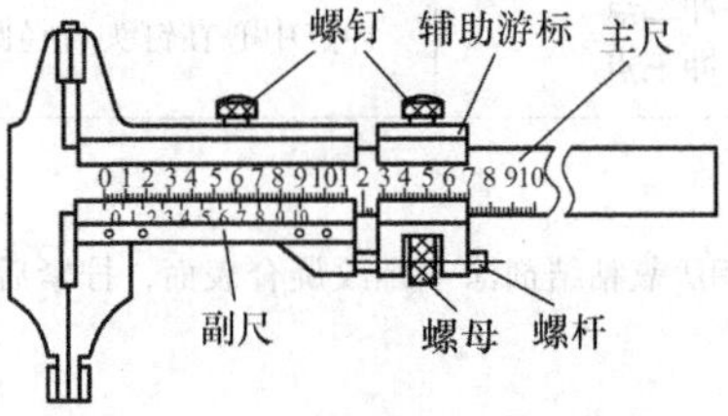<br>游标卡尺 | 当游标卡尺的副尺要作微调时，将螺钉松开，把螺钉拧紧使辅助游标固定，用手指回转螺母，就可以通过螺杆左右移动副尺，使游标卡尺的卡脚夹测工件 |
| 差动螺旋传动 | | 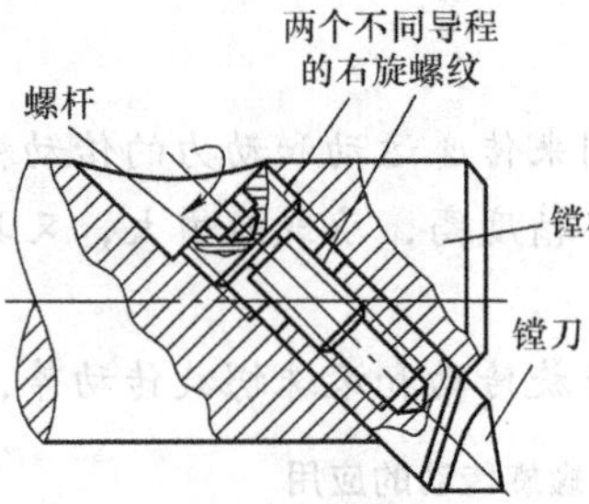<br>镗刀杆进刀机构 | 由两个导程不同的螺旋副组成的使活动的螺母与螺杆产生差动的螺旋传动称为差动螺旋传动。当转动螺杆时，镗刀可以产生极小的位移，因此可以方便地实现微量调节 |
| 滚珠螺旋传动 | | 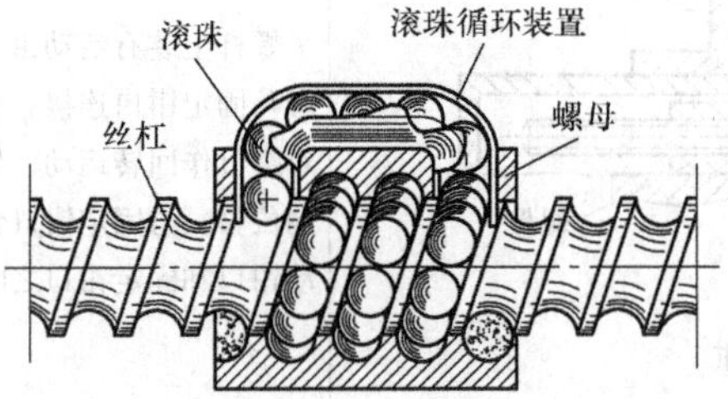<br>循环球式汽车转向器 | 滚珠螺旋传动由螺母、螺杆、滚珠和滚珠循环装置组成。当螺杆或螺母转动时，滚动体在螺杆与螺母间的螺纹滚道内滚动，使螺杆和螺母间形成滚动摩擦，从而提高传动效率和传动精度。目前主要应用在精密传动的数控机床及自动控制装置、精密测量仪器和汽车转向器等机械中 |

## *第三节　弹　　簧

弹簧是一种弹性零件，受外力作用时，能产生较大的弹性变形，当外力去除后变形随之消失。由于这种特性，弹簧在机械设备中被广泛用于弹性连接。

## 一、弹簧的功用

弹簧的主要功用如下：

（1）控制机构运动　如凸轮机构、离合器、减压阀及调速器中的弹簧等。图 5-12 所示是内燃机气阀机构，弹簧使气门杆锁合在凸轮上。当凸轮旋转，凸起处压迫弹簧变形，气门杆向下移动，气门开启；当凸起处转过后，弹簧变形恢复，推动气门杆向上移动，气门关闭。凸轮和弹簧共同控制气门的开启和关闭动作。

（2）缓冲和减振　如缓冲器、弹性联轴器、车辆悬挂及机器减振装置中的弹簧等。图 5-13 所示是汽车车厢下面的钢板弹簧（减振弹簧），利用变形吸收冲击能量，提高车辆运行的平稳性。

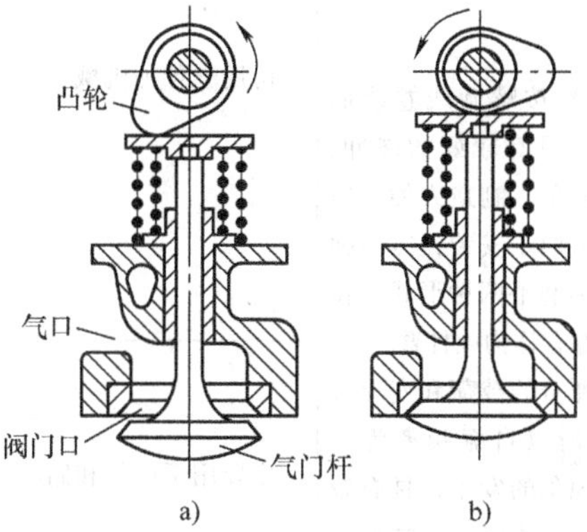

图 5-12　内燃机气阀机构

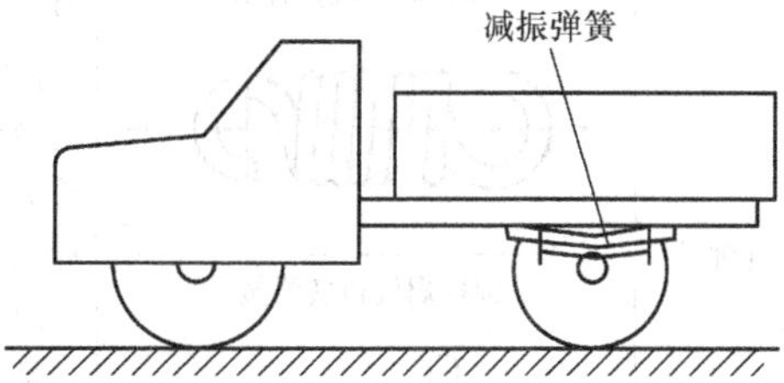

图 5-13　汽车减振弹簧

（3）储存及输出能量　如钟表、仪器、玩具中的发条（盘簧）及枪栓弹簧等。图 5-14 所示是钟表发条，用外力矩使发条收紧（变形），储存能量；工作时发条变形，能量逐渐释放，驱动钟表运转。

（4）测量力的大小　如弹簧秤、测力计中的弹簧等。图 5-15 所示的弹簧秤，根据弹簧受力与变形量成正比的关系，用来度量物体质量的大小。

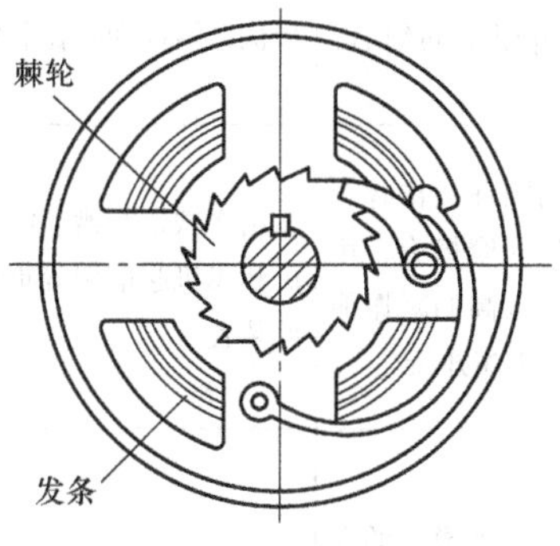

图 5-14　钟表发条

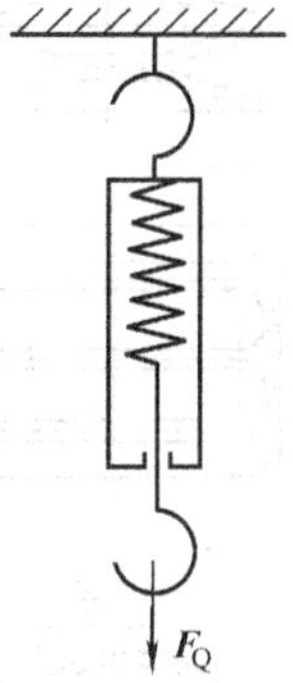

图 5-15　弹簧秤

## 二、常用弹簧的类型、特点和应用

按照承受载荷的性质，弹簧分为压缩弹簧、拉伸弹簧、扭转弹簧和弯曲弹簧四种；按照形状的不同，弹簧分为螺旋弹簧、碟形弹簧、环形弹簧、盘弹簧和钢板弹簧等；按照材料的不同，弹簧分为金属弹簧和非金属弹簧。常用弹簧的类型、特点和应用见表5-12。

**表5-12 常用弹簧的类型、特点和应用**

| 类型 | 简 图 | 特 点 | 应 用 |
| --- | --- | --- | --- |
| 螺旋弹簧 | 圆柱螺旋压缩弹簧 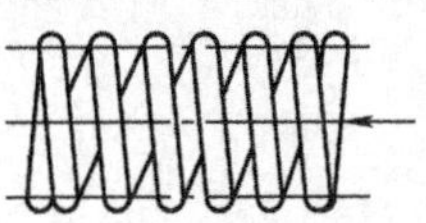 | 用金属丝（条）按螺旋线卷绕而成，已经标准化，具有较好的缓冲、减振能力，结构简单、制造方便，应用最为广泛。为了便于安装，压缩弹簧端面有磨平和不磨平两种形式，拉伸及扭转弹簧端部有挂钩或杆臂 | 可用于各种机械 |
| | 圆柱螺旋拉伸弹簧 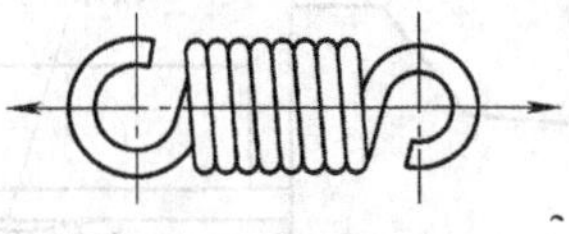 | | |
| | 圆柱螺旋扭转弹簧 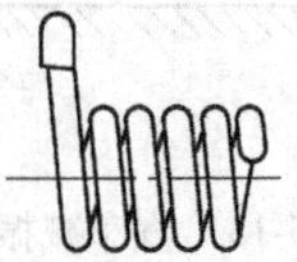 | | 主要用于压紧和储能 |
| | 圆锥螺旋压缩弹簧 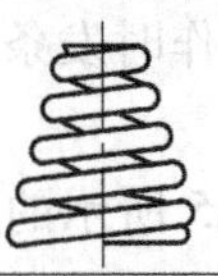 | 圆锥螺旋压缩弹簧的载荷和变形关系是非线性的，所以自振频率为变值，可防止共振现象的发生，具有较好的横向稳定性，结构紧凑，减振能力较强 | 多用于承受较大轴向载荷和减振场合 |
| 碟形弹簧 | 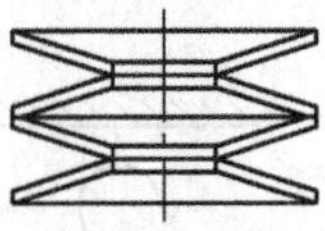 | 由锥形弹簧片组成，刚性大，能承受很大的冲击载荷；缓冲、减振能力强，制造维修方便；采用不同组合，可得到不同的特性线 | 主要用于轴向尺寸受限制的重型机械缓冲和减振装置 |
| 环形弹簧 | 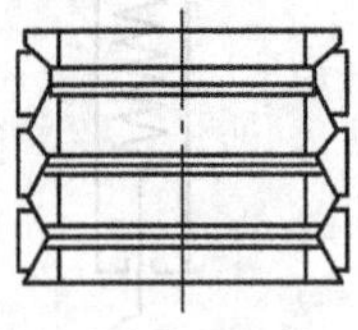 | 由内、外锥形的钢制圆环交错叠合而成。圆锥面间具有较大摩擦力，可承受较大压力，因而有很高的减振能力，是目前最强的缓冲压缩弹簧 | 用作铁道车辆、锻压机、起重机和飞机起落架等重型设备的缓冲装置 |
| 盘弹簧 | 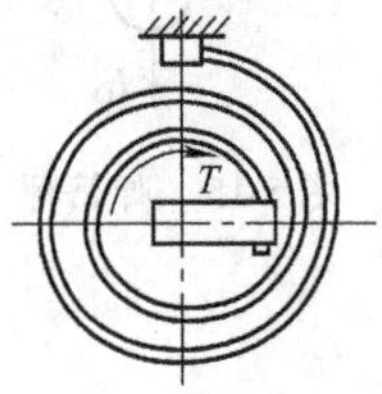 | 又称平面蜗卷弹簧。这种弹簧的圈数多，变形角大，储存能量大，工作可靠，维修方便 | 多用作转矩不大，轴向尺寸小的储能装置或压紧装置 |

（续）

| 类型 | 简 图 | 特 点 | 应 用 |
|---|---|---|---|
| 钢板弹簧 | 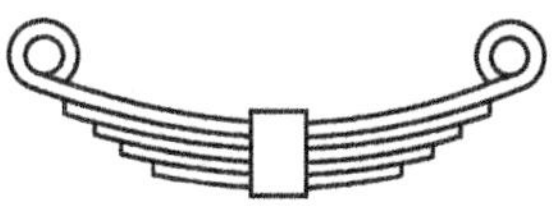 | 分单板和多板两种，多板弹簧由许多块长度不同的弹性钢板叠合而成。其缓冲和减振性能好，尤其是多板弹簧的减振能力强，具有受载方向、尺寸受限制而变形量较大的特点 | 主要用于汽车、拖拉机、铁路车辆车厢悬挂装置，起缓冲和减振作用 |
| 橡胶弹簧 | 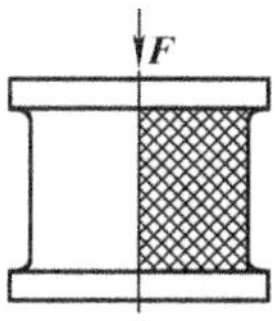 | 弹性模量远小于金属材料，可得到较大的弹性变形；能同时承受多方向负荷，可简化车辆悬挂结构；具有较大阻尼，对预防突然冲击和高频振动以及隔声具有良好效果，且外形不受限制。缺点是耐高温、低温和耐油性较差 | 主要用于仪器座垫、发动机支承及机器减振装置。因其装拆和维修保养都很方便，不需要润滑，应用日益广泛 |

### 三 、弹簧的材料

作用在弹簧上的载荷，常具有交替变化和冲击性，其失效的主要形式是疲劳破坏，因此，对于弹簧材料的要求，除了应具有较高的强度极限外，还必须具有较高的弹性极限和疲劳极限，足够的冲击韧性和良好的热处理性能。常用的弹簧材料有优质碳素钢、合金钢、铜合金、橡胶等。尺寸较小和要求较低的弹簧可选用优质碳素弹簧钢丝，如60钢、65钢；要求较高时可选用65Mn；一般汽车、拖拉机的弹簧可选用60Si2Mn、55SiMnVB；要求耐疲劳、抗冲击及在较高温度下工作的弹簧可选用50CrVA、65Si2MnWA。

## 第四节 联轴器和离合器

联轴器和离合器是各种机械传动中的常用部件，主要用于轴与轴之间的连接，使它们一起转动并传递转矩。两者的主要区别在于：用联轴器连接的两轴只有在机器停止转动之后，经过拆卸才能把它们分离；而用离合器连接的两轴，一般在机器工作中就能方便地使它们接合或分离。图5-16所示为汽车传动系简图，发动机的动力是通过离合器、变速器、万向联

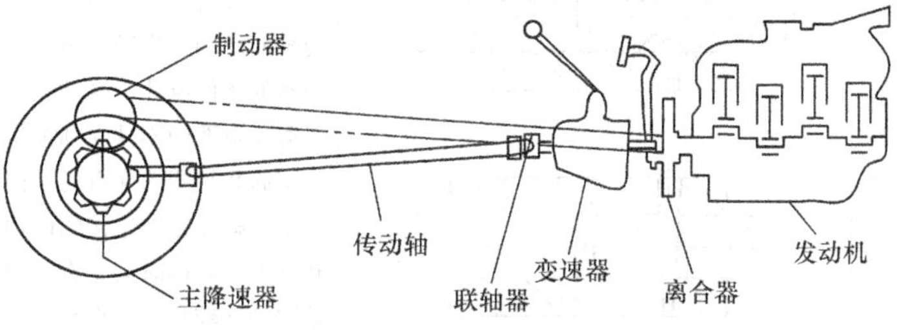


图5-16 汽车传动系简图

轴器（万向节）、传动轴和主降速器传到后车轮，驱动汽车行驶；联轴器和离合器大多数已经标准化、系列化，通常只需要按照使用要求选择类型，必要时对重要零件进行强度校核即可。

## 一、联轴器

常用联轴器分类如下：

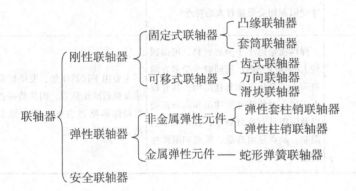

- 联轴器
  - 刚性联轴器
    - 固定式联轴器
      - 凸缘联轴器
      - 套筒联轴器
    - 可移式联轴器
      - 齿式联轴器
      - 万向联轴器
      - 滑块联轴器
  - 弹性联轴器
    - 非金属弹性元件
      - 弹性套柱销联轴器
      - 弹性柱销联轴器
    - 金属弹性元件 —— 蛇形弹簧联轴器
  - 安全联轴器

常用联轴器的类型、结构特点及应用见表 5-13。

**表 5-13 常用联轴器的类型、结构特点及应用**

| 类型 | | | 图示 | 结构特点及应用 |
|---|---|---|---|---|
| 刚性联轴器 | 固定式联轴器 | 凸缘联轴器 | 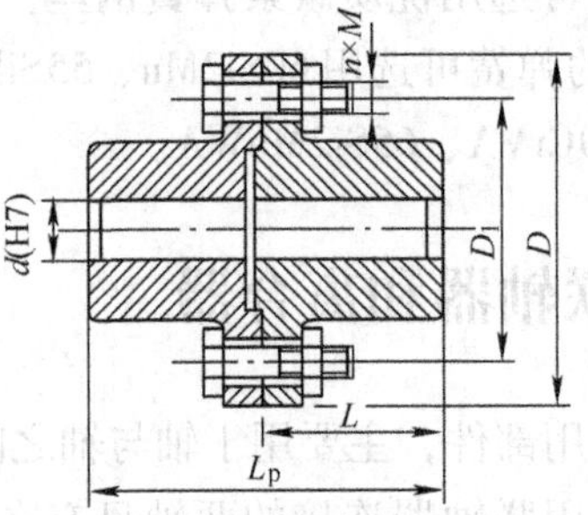 | 它由两个带凸缘的半联轴器组成，分别用键与主、从动轴连接，再用螺栓将它们连成一体。凸缘联轴器的对中方法有两种：一是靠一个半联轴器上的凸肩与另一个半联轴器上相应的凹槽相互嵌合对中，如图所示；二是用铰制孔螺栓对中<br>其优点是可传递较大的转矩，结构简单、装拆方便、成本低；缺点是要求被连接的两轴严格对中，无法补偿两根轴之间的相对位移和偏斜，缺乏缓冲与减振能力。常用于振动较小、转速较低、转矩较大、两轴能很好对中的场合 |
| | | 套筒联轴器 | 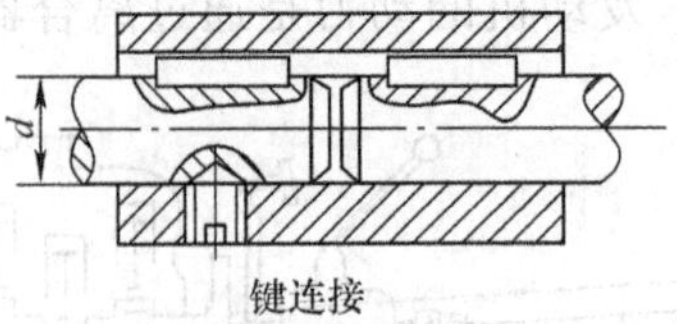<br>键连接<br>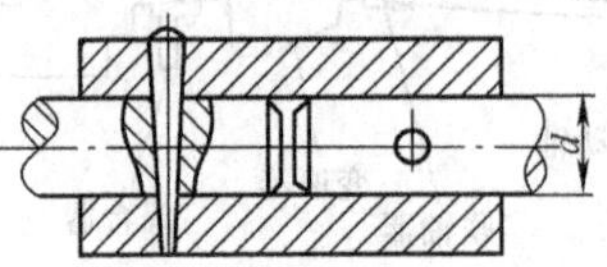<br>销连接 | 它用一个套筒将两轴用键或销连接成一体。当用键做连接件时，还要用紧定螺钉作轴向固定，以防止套筒轴向窜动。当用销做连接件时，若按过载时销钉被剪断的条件设计，这种联轴器即成为安全联轴器，可以避免重要的零件受到损伤<br>套筒联轴器的优点是结构简单、制造容易、径向尺寸小；缺点是被连接的两轴必须严格对中，不能缓冲和减振，装拆时需要将一轴作轴向移动。通常用于两轴同轴度较高，工作平稳，无冲击载荷，传递转矩较小，经常正反转的场合 |

（续）

| 类型 | | | 图示 | 结构特点及应用 |
|---|---|---|---|---|
| 刚性联轴器 | 可移式联轴器 | 齿式联轴器 | 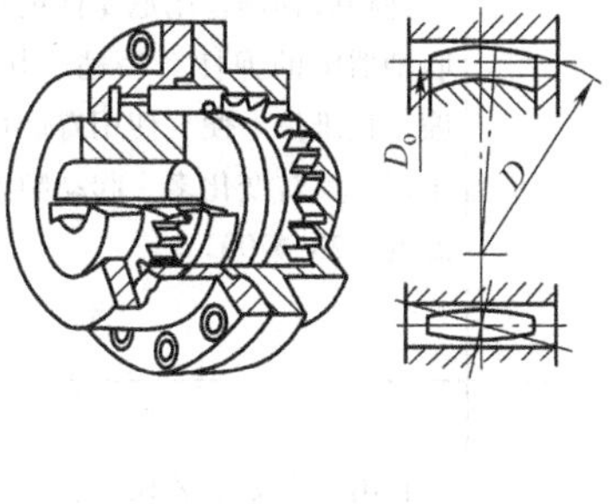 | 齿式联轴器由两个带有外齿的内套筒和两个带有内齿的外套筒组成。两个外齿套筒分别用键与轴连接，两个内齿套筒用螺栓连成一体。工作时，依靠内外齿相啮合来传递转矩。外齿采用鼓形齿，而且内外齿间具有较大的齿侧间隙。因此，两轴间允许有较大的综合位移。齿式联轴器的优点是允许转速较高，能传递的转矩较大，工作可靠，并且有较大的综合位移补偿能力。缺点是制造困难，成本较高，不能缓冲和减振。多用于允许两轴有较大平行度误差的重型机械 |
| | | 万向联轴器 |  万向联轴器 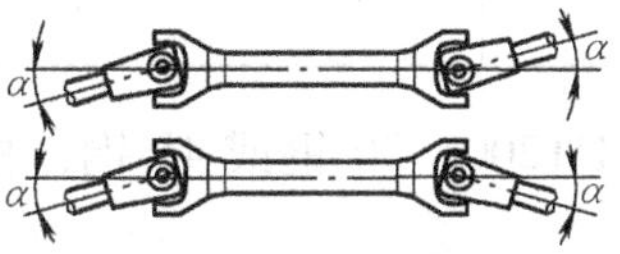 成对使用的万向联轴器 | 万向联轴器由两个具有叉状端部的万向接头和十字销组成。两轴与联轴器用销钉连接，通过十字销传递转矩。万向联轴器结构紧凑，维护方便，能用于非同心轴的传动，适用于两轴相交，距离较远且转速不太高的传动，两轴的角度偏移可达35°～45°。这种联轴器有一个缺点，就是当主动轴作等角速度转动时，从动轴作变角速度转动。要使它们相等，可采用两套万向联轴器，使主动轴与从动轴同步转动。这种联轴器广泛应用于汽车、拖拉机、切削机床等传动中 |
| | | 滑块联轴器 | 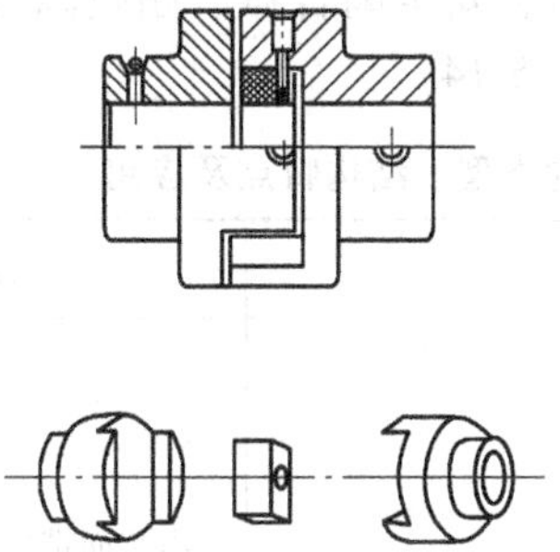 | 滑块联轴器由两个具有较宽凹槽的半联轴器和一个中间弹性滑块组成，半联轴器与中间滑块之间可相对滑动，能补偿两轴间的相对位移和偏斜。这种联轴器的特点是外形尺寸小、结构简单、惯性力小、又具有弹性。这种联轴器适用于转矩不大，转速较高，无剧烈冲击载荷的轴的连接，而且不需要润滑的传动设备 |
| 弹性联轴器 | 非金属弹性元件 | 弹性套柱销联轴器 | 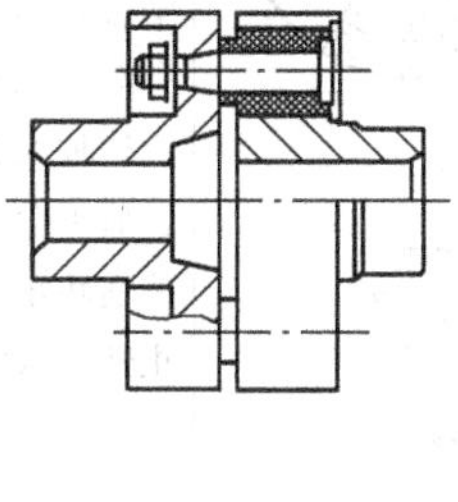 | 弹性套柱销联轴器在结构上与凸缘联轴器相似，只是用套有弹性橡胶圈的柱销代替了连接螺栓。由于柱销上装有弹性圈，传动时可以缓和冲击，吸收振动，能补偿少量径向偏差，但弹性圈容易损坏，制造较复杂。这种联轴器常用于正、反转变化多，中、小转矩，起动频繁的高速轴，工作温度为－20～70℃ |

（续）

| 类型 | | | 图示 | 结构特点及应用 |
|---|---|---|---|---|
| 弹性联轴器 | 非金属弹性元件 | 弹性柱销联轴器 | 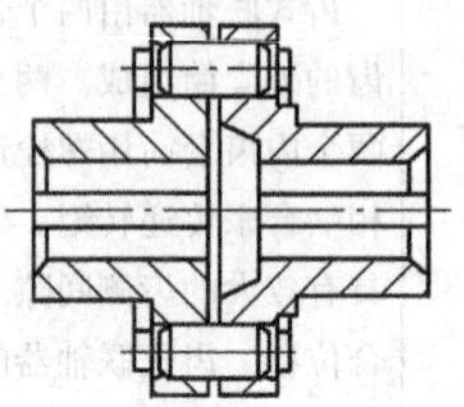 | 这种联轴器是用尼龙柱销与挡环代替了弹性套柱销联轴器中的弹性套柱销。其结构更简单，造价更低廉，且维护方便、使用寿命长、能缓冲和减振，适用于正、反转变化多，起动频繁的高、低速传动，使用温度 -20～70℃ |
| 弹性联轴器 | 金属弹性元件 | 蛇形弹簧联轴器 | 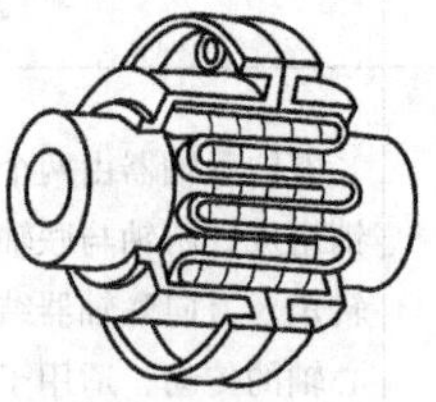 | 它由两个分别装在主、从动轴上的半联轴器和嵌在半联轴器齿间的蛇形片弹簧，以及外壳体组成，通过齿和弹簧传递转矩。外壳体的功用是防止弹簧松脱和储存润滑油。蛇形弹簧联轴器是金属弹性元件联轴器中性能最完善的一种，具有较好的综合位移补偿能力，承载能力高，但结构较复杂，适用于重型机械 |

联轴器常用材料为：半联轴器常用铸铁 HT200、30 钢或 45 钢；柱销常用 45 钢正火处理；弹性圈为橡胶；挡圈常用 Q195。

## *二、离合器

常用的离合器有牙嵌离合器、摩擦离合器、安全离合器、超越离合器等。

常用离合器的类型、结构特点及应用见表 5-14。

**表 5-14　常用离合器的类型、结构特点及应用**

| 类型 | 图示 | 结构特点及应用 |
|---|---|---|
| 牙嵌离合器 | 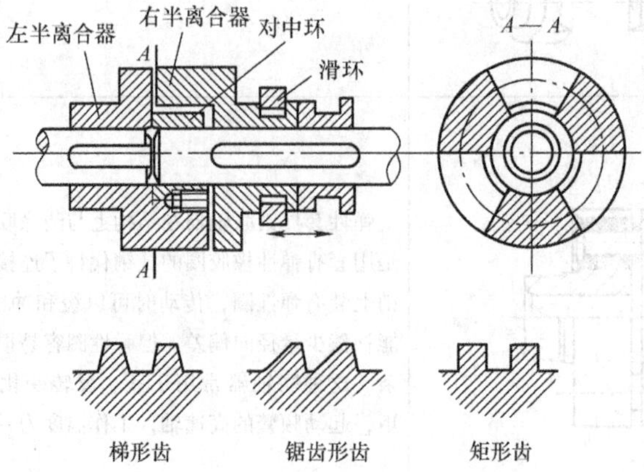 | 由端面带牙的两半离合器组成，利用端面相互啮合的齿爪传递运动和动力。工作时利用操纵杆带动滑环使右半离合器作轴向移动，从而实现离合器的分离和接合。啮合式离合器常用的牙型有梯形、锯齿形和矩形三种<br>这种离合器结构简单，外廓尺寸小；结合后不会产生相对滑动，传动比准确，但传递转矩不大。接合时有冲击，只宜在停止转动或转速很低状态下接合 |

（续）

| 类型 | 图 示 | 结构特点及应用 |
|---|---|---|
| 摩擦离合器 | 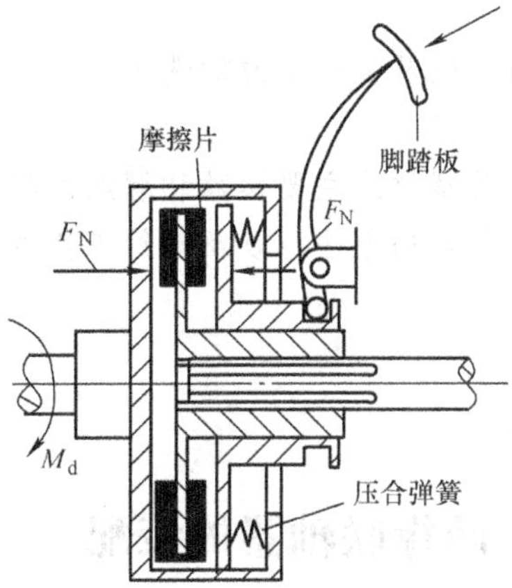 | 摩擦离合器是依靠接触面上产生的摩擦力来传递转矩的。其优点是在任何转速下两根轴都可以接合或分离，且接合过程平稳；过载时摩擦面之间会打滑，有安全保护作用。缺点是外廓尺寸较大；接合、分离过程中摩擦面有相对滑动，会引起摩擦片磨损发热而损耗功率。用于经常启动、制动或频繁改变速度大小和方向的机械，如汽车、拖拉机等 |
| 安全离合器 | 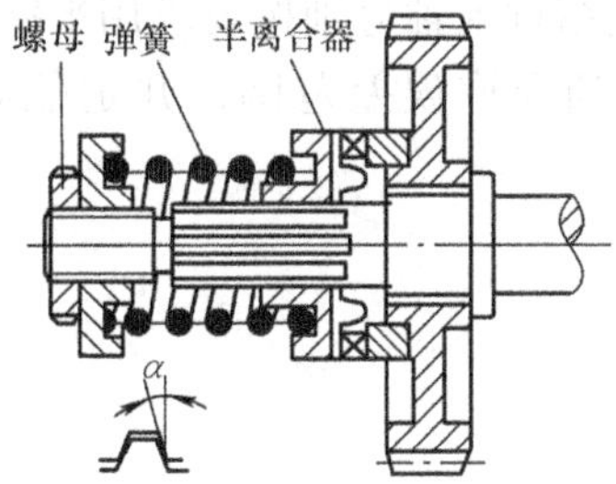 | 安全离合器用于机器过载时能自动脱开，以保护机器重要零件不因过载而损坏。当机器所受载荷恢复正常后，安全离合器可自动接合，继续进行动力的传递。图示为牙嵌式安全离合器，它没有操纵机构，而是用弹簧压紧机构使两个半离合器接合。当传递的转矩超过规定值时，所引起的轴向力超过弹簧压紧力，离合器自动分离；当传递的转矩较小时，离合器又恢复接合 |
| 超越离合器 | 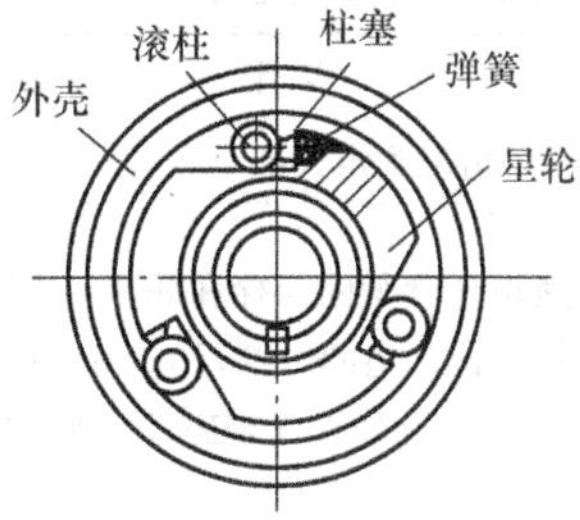 | 图示为滚柱式超越离合器，若星轮为主动件，当它作顺时针方向转动时，因滚柱被楔紧而使离合器处于接合状态；当它作逆时针方向转动时，因滚柱被放松而使离合器处于分离状态。若外壳为主动件，则情况刚好相反<br>滚柱式超越离合器依靠滚柱的自动楔紧传递转矩，结构简单，外廓尺寸小；接合和分离平稳、无噪声，可在高速运转中离合。利用这种离合器可简化传动系统，但传递的转矩不大，故广泛应用于金属切削机床、汽车、摩托车和各种起重设备的传动装置中 |

## 本章小结

本章主要讲解了下列内容：

1. 键连接的功用、类型、特点和应用，以及常用平键的选用。
2. 销连接的类型、特点和应用。
3. 常用螺纹的类型、特点和应用，以及螺纹的主要参数和螺纹的标记。
4. 螺纹连接的主要类型、特点、结构和防松方法，以及螺纹连接的拆装要领。
5. 弹簧的类型、特点和应用。
6. 联轴器的功用、类型、特点和应用。
7. 离合器的功用、类型、特点和应用。

# 实训项目6　凸缘联轴器的装配

### 【项目内容】

半联轴器与电动机轴、半联轴器与变速箱输入轴分别按要求用平键装配到位；以变速箱为基准，调整两个半联轴器的同轴度，达到允许误差范围，并定位和连接，经检查符合要求。

### 【项目目标】

1）叙述联轴器的结构及功用。

2）能规范地对联轴器进行装配和调整。

3）能正确使用工、量具。

4）能检验联轴器的装配质量。

### 【项目实施】（表5-15）

**表5-15　凸缘联轴器的装配实施步骤**

| 步骤名称 | | 操作步骤 |
|---|---|---|
| 分组 | | 分组实施，每小组3～4人，或视设备情况确定人数 |
| 工、量具及设备准备 | | 电动机（含紧固螺栓和底座）、变速箱（含紧固螺栓和底座）、平键（与电动机轴和变速箱输入轴键槽相配）、凸缘联轴器（含连接螺栓、垫圈、螺母）、手持式电钻；钻头、紧定螺钉、垫板、铜棒、锉刀；塞尺、钢直尺、直角尺、百分表（带磁性表座）、外径千分尺或游标卡尺；擦布、煤油适量 |
| 实施过程 | 准备工作 | 1）读懂装配图，明确装配要求，如图5-17所示<br>2）摆放好装配工具、量具、辅具<br>3）用量具检查待装配零件的配合尺寸 |

（续）

| 步骤名称 | | 操作步骤 |
|---|---|---|
| 实施过程 | 装配 | 1）用锉刀去除待装配零件表面的毛刺，然后用煤油清洗键与键槽、轴与联轴器孔；在电动机轴、变速箱输入轴和联轴器凸、凹盘的配合表面涂全损耗系统用油<br>2）用手锤轻轻初装联轴器。变速箱输入轴装凹盘、电动机轴装凸盘，装入深度 2～3mm；检查平键与键槽相配位置是否准确，用直角尺在图 5-18 所示的 *a*、*b* 两个方向检查轴与联轴器的垂直度<br>3）初装合格后，在联轴器的凸、凹部分垫上尺寸稍小的垫板，并用铜棒顶住，手锤敲击铜棒，将联轴器装配到位<br>4）将变速箱用螺栓、螺母固定在底座上。将电动机置于底板上，使变速箱和电动机联轴器的凹、凸盘端面靠近<br>5）以变速箱为基准，用钢直尺采用透光法在铅垂、水平两个方向初步检查和调整两联轴器同轴度的误差，如图 5-19 所示。水平方向的误差，用撬杠移动电动机调整；铅垂方向的误差，可改变电动机的垫铁厚度来调整<br>6）将百分表座固定在凹盘上，使百分表测头接触凸盘外圆，用手慢慢转动凸盘，在铅垂、水平两个方向精确检查凸、凹盘的同轴度误差，如图 5-20 所示<br>7）重复 5）～6）步骤的操作，直至控制同轴度误差在 0.08～0.12mm。保持联轴器位置不动，用划针将电动机底板的 4 个固定螺纹孔位置画出<br>8）在钻床上按照 4 个固定螺纹孔位置钻出螺纹底孔，并攻螺纹。将电动机用螺栓拧紧固定在底板上<br>9）联轴器凸盘和凹盘用螺栓、螺母、防松垫圈装上并拧紧，如图 5-21 所示<br>10）将手持式电钻装上钻头，通过凹盘上的螺纹孔，在轴上配钻紧定螺钉孔，孔深 2mm。在钻的过程中注意不要损伤螺纹。钻好后，清除切屑，旋入紧定螺钉并拧紧，如图 5-22 所示<br>11）用手转动联轴器，必须转动灵活，无阻滞现象<br>12）全部紧固件用扳手复查一次，然后转动联轴器，应与前一次转动的感觉相同，无阻滞现象 |
| | 检验 | 检验装配是否达到要求 |
| | 5S | 整理工具、清扫现场 |
| | 注意事项 | 1）紧固件的拧紧力要均匀，且按照顺序分几次逐步拧紧，不允许一次将螺栓（母）拧紧<br>2）装配联轴器时，应在联轴器端面加垫板后，敲击垫板的中央部位，避免因敲击不当而使零件产生变形<br>3）上面装配的步骤，前一步骤合格后方可进入下一步骤 |

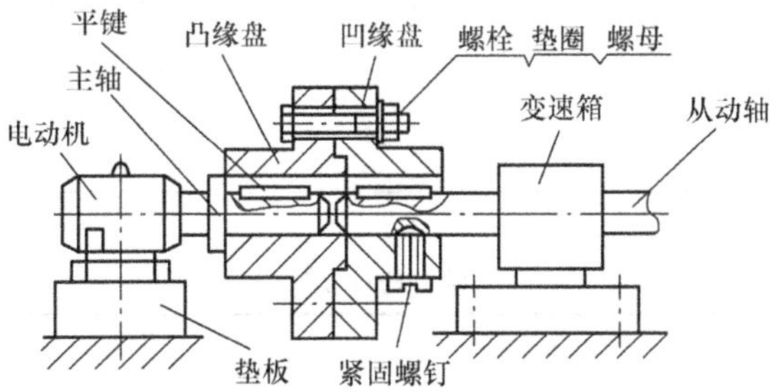


图 5-17 凸缘联轴器装配简图

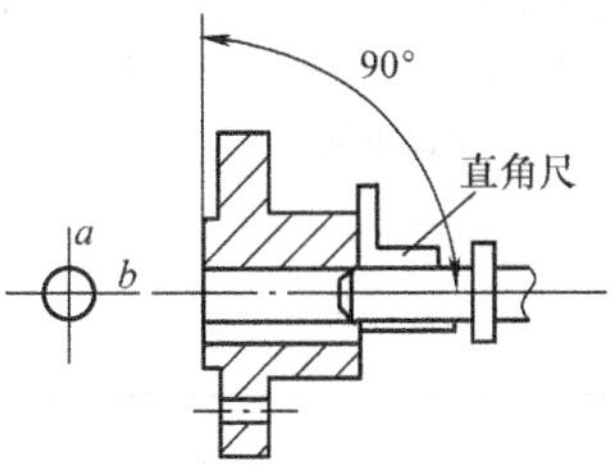


图 5-18 检查垂直度

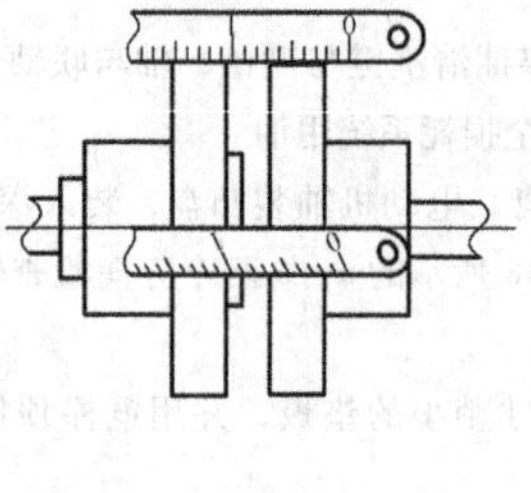


图 5-19 初步检查同轴度

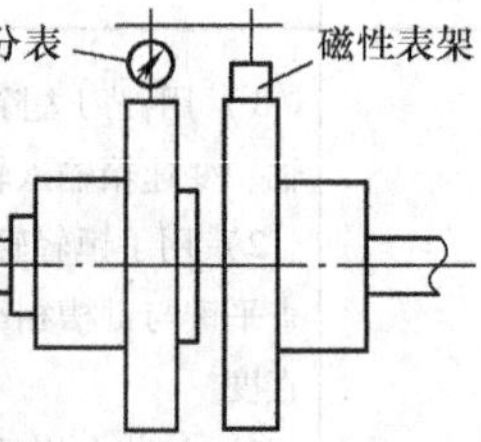


图 5-20 精确调整同轴度

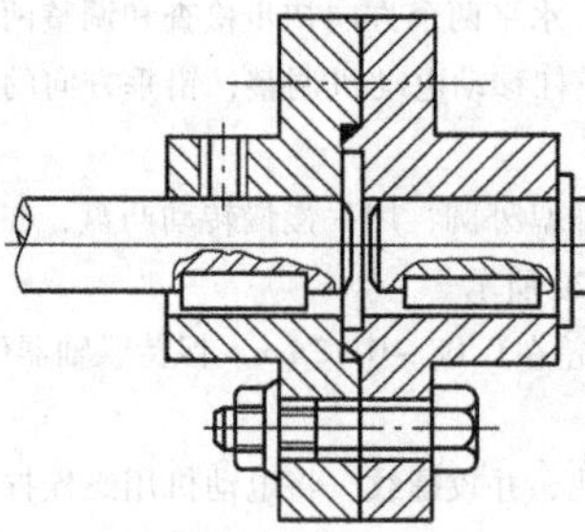

图 5-21 凸缘盘与凹缘盘连接

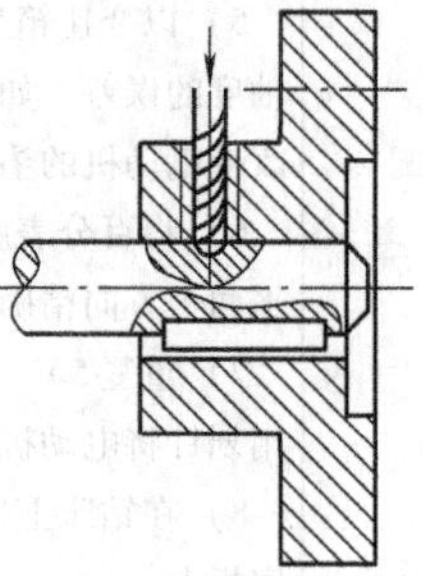

图 5-22 钻紧定螺钉孔

## 【项目评价及反馈】（表 5-16）

**表 5-16 项目评价及反馈表**

班级：________姓名：________ ______年____月____日

| 序号 | 项目及要求 | 自我评价 | | | | 小组评价 | | | | 教师评价 | | | |
|---|---|---|---|---|---|---|---|---|---|---|---|---|---|
| | | 优 | 良 | 中 | 差 | 优 | 良 | 中 | 差 | 优 | 良 | 中 | 差 |
| 1 | 装配前配合尺寸测量完整 | | | | | | | | | | | | |
| 2 | 装配过程操作规范 | | | | | | | | | | | | |
| 3 | 同轴度误差在允许范围 | | | | | | | | | | | | |
| 4 | 工量具摆放位置正确 | | | | | | | | | | | | |
| 5 | 团队合作意识 | | | | | | | | | | | | |
| 6 | 装配后转动无阻滞现象 | | | | | | | | | | | | |
| 7 | 实训小结 | | | | | | | | | | | | |
| 8 | 综合评价 | 综合评价等级： | | | | | | | | | | | |

第六章

# 带传动与链传动

你见过缝纫机吗？你骑过自行车吗？它们都是带传动和链传动的典型应用。带传动和链传动是一种动力传动装置，它们在日常生活和工业生产中应用非常广泛

缝纫机

自行车

【学习目标】

- ◆ 了解带传动的类型、特点和应用场合。
- ◆ 了解链传动的特点、类型、结构和应用。
- ◆ 能正确安装和调整V带传动。
- ◆ 能正确进行链传动的安装、使用与维护。

【学习重点】

- ◆ 带传动的张紧、安装与维护。
- ◆ 链传动的安装、使用与维护。

# 第一节　带传动概述

## 一、带传动的组成与原理

带传动是利用张紧在带轮上的传动带与带轮的摩擦力或啮合力来传递运动和动力的。

带传动由主动轮1、从动轮2和传动带3组成（图6-1），工作时依靠带与带轮之间的摩擦力或啮合力来传递运动和动力。

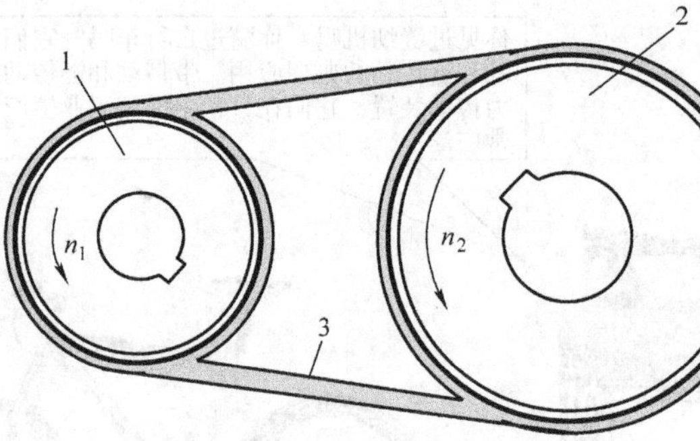


图6-1　带传动

1—主动轮　2—从动轮　3—传动带

设主动轮转速为 $n_1$，从动轮转速为 $n_2$，$n_1$ 与 $n_2$ 之比称为带传动的传动比，通常用 $i_{12}$ 表示，即

$$i_{12} = \frac{n_1}{n_2} \tag{6-1}$$

## 二、带传动的主要类型

根据传动原理不同，带传动可分为摩擦型带传动（图6-2）和啮合型带传动（图6-3）两大类。摩擦型带传动中，根据挠性带截面形状不同，可分为平带传动、V带传动、多楔带传动和圆带传动。啮合型带传动又称为同步带传动。各类型带传动的特点与应用见表6-1。

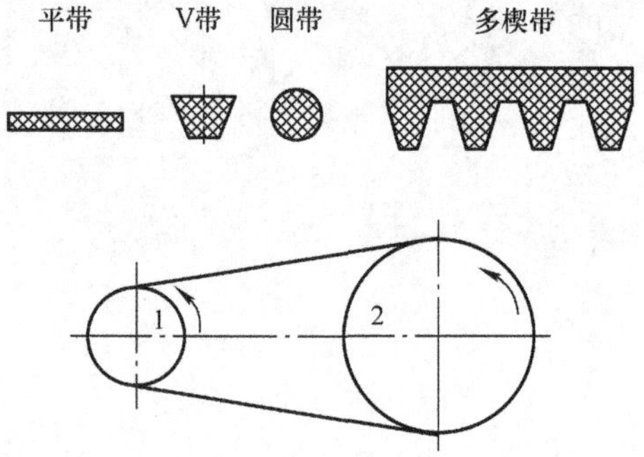


图6-2　摩擦型带传动

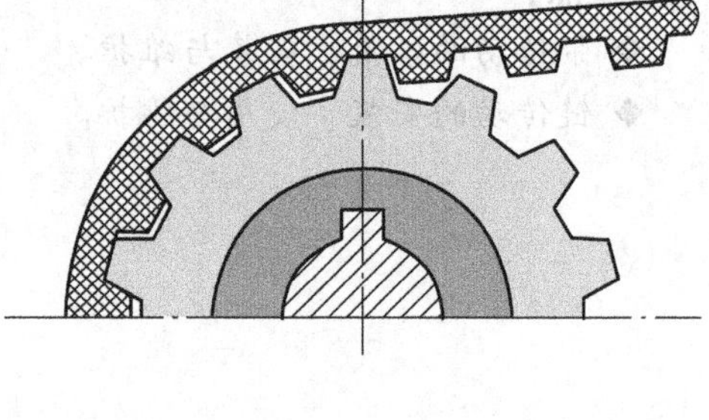

图6-3　啮合型带传动

表 6-1　带传动的类型、特点与应用

| 类　型 | | 原　理 | 图　示 | 特点与应用 |
|---|---|---|---|---|
| 摩擦型带传动 | 平带传动 | 带的截面形状为矩形，工作时带的内面是工作面，与圆柱形带轮工作面接触，属于平面摩擦传动 | 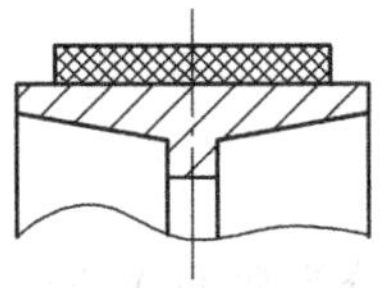 | 平带的带体薄、软、轻，具有良好的耐弯曲性能，适用于小直径带轮传动。高速运行时，带体容易散热，传动平稳，可用于高速的磨床、电影放映机、精密包装机等高速装置的传动 |
| | V 带传动 | 带的截面形状为等腰梯形，工作时带的两侧面是工作面，与带轮的环槽侧面接触，属于楔面摩擦传动 | 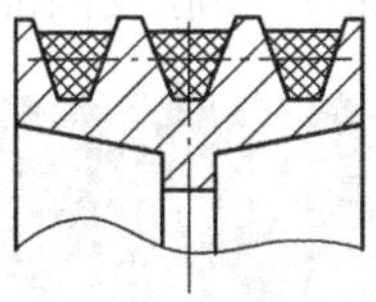 | 在相同的带张紧程度下，V 带传动的摩擦力要比平带传动约大 70%，其承载能力因而比平带传动高。其传动功率大，结构简单，价格便宜 |
| | 多楔带传动 | 带的截面形状为多楔形。多楔带是以平带为基体、内表面具有若干等距纵向 V 形带的环形传动带，其工作面为楔的侧面，它具有平带的柔软、V 带的摩擦力大等特点 | 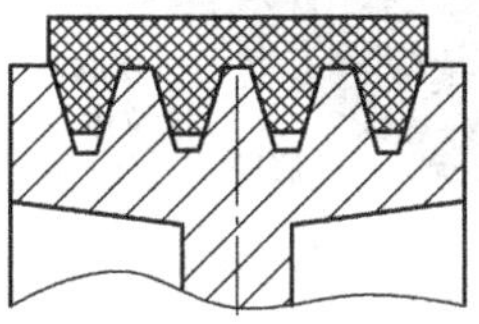 | 带体为整体，传动时长短不一现象可消除，充分发挥了带的作用；空间相同时，多楔带比普通 V 带的传动功率高 30%；带体薄，柔软性好，能适应小带轮传动；适用于高速传动，带速可高达 40m/s，发热少，运转平稳 |
| | 圆带传动 | 带的截面形状为圆形，工作时与带轮接触的半圆面为工作面 | 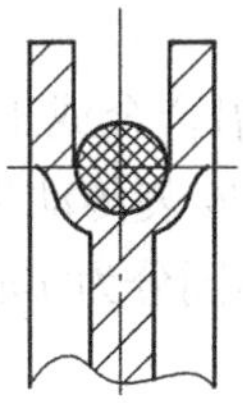 | 圆带有圆皮带、圆绳带、圆锦纶带等，其传动能力小，主要用于 $v<15\text{m/s}$，$i=0.5\sim3$ 的小功率传动，如仪器和家用器械中 |
| 啮合型带传动 | 同步带传动 | 靠带上的齿与带轮上的齿槽的啮合作用来传递运动和动力 |  | 同步带传动工作时，带与带轮之间不会产生相对滑动，能够获得准确的传动比，由于不是靠摩擦力传递动力，带的预紧力可以很小，作用于带轮轴和其轴承上的力也很小。其主要缺点在于制造和安装精度要求较高，中心距要求较严格。发动机中的正时带多采用同步带传动 |

在两类带传动中，由于都采用带作为中间挠性元件来传递运动和动力，因而具有结构简单、传动平稳、缓冲吸振和能实现较大距离两轴间的传动等特点。对摩擦型带传动还由于过载将引起带在带轮上打滑，起到防止其他零件损坏的优点。其缺点是带与轮面之间存在相对滑动，导致传动效率较低，传动比不准确，带的寿命较短。

# 第二节　V带传动

## 一、V带及V带轮

### 1. V带

V带按其截面形状及尺寸可分为普通V带、窄V带和宽V带；按带体结构可分为包布型V带和切边型V带两类；按带芯结构可分为帘布芯V带和绳芯V带两种。V带主要由包布、顶胶、抗拉体（帘布芯或绳芯）和底胶四部分组成，如图6-4所示。

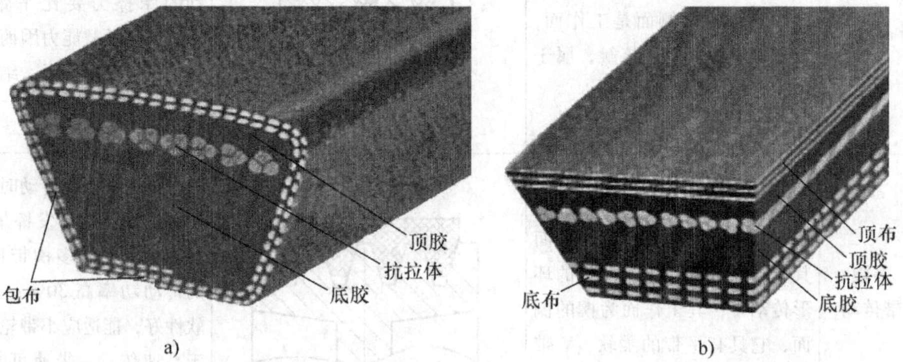


图6-4　V带

a）包布V带　b）切边V带

### 2. V带轮

带轮材料常采用灰铸铁、钢、铝合金或工程塑料等。

带轮由三部分组成：轮缘（用以安装传动带）、轮毂（用以安装在轴上）、轮辐或腹板（连接轮缘与轮毂）。V带轮按轮辐结构不同分为实心式、腹板式、孔板式和轮辐式四种（图6-5）。

图6-5　V带轮的结构

a）实心式　b）腹板式　c）孔板式　d）轮辐式

## 二、V带传动的主要参数

### 1. 普通V带的横截面尺寸

带两侧工作面的夹角 $\alpha$ 称为带的楔角。V带绕轮弯曲时，其长度和宽度均保持不变的面层称为中性层，中性层的宽度称为节宽 $b_p$。楔角 $\alpha$ 为 40°，相对高度 $h/b_p$（即带的高度与节宽之比）为 0.7 的 V 带称为普通 V 带，其横截面如图 6-6 所示。

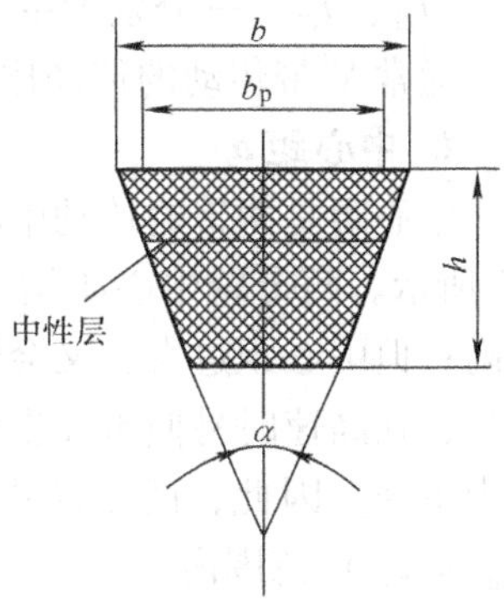


图 6-6　普通 V 带横截面

普通 V 带的尺寸已标准化，按横截面尺寸由小到大分为 Y、Z、A、B、C、D、E 七种型号。在相同的条件下，带的横截面尺寸越大，所能传递的功率就越大。

**【知识链接】 V 带轮轮槽角的选取**

普通 V 带的楔角都是 40°，但安装在带轮上后，带弯曲会使其楔角 $\alpha$ 变小，为了使 V 带绕在带轮上受弯后能与轮槽侧面更好地贴合，V 带轮轮槽角 $\varphi$ 均略小于 V 带的楔角，$\varphi$ 有 32°、34°、36°、38°等几种。小带轮上 V 带变形严重，对应轮槽角小些，大带轮的轮槽角则可大些。

**2. V 带轮的基准直径 $d_d$**

V 带轮的基准直径 $d_d$是指带轮上与所配用 V 带的节宽 $b_p$ 相对应处的直径，如图 6-7 所示。

V 带轮基准直径 $d_d$是带传动的主要设计参数之一，其数值已标准化，应按国家标准选用标准系列值。在带传动中，带轮基准直径越小，传动时带在带轮上的弯曲变形越严重，V 带的弯曲应力越大，从而会降低带的使用寿命。为了延长传动带的使用寿命，对各型号的普通 V 带轮都规定有最小基准直径 $d_{dmin}$。

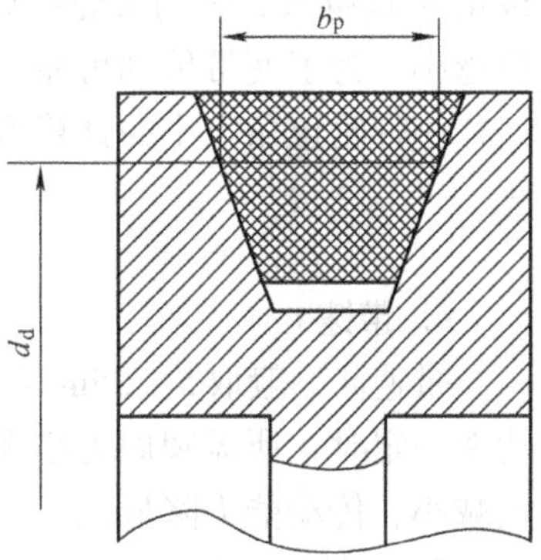


图 6-7　V 带轮的基准直径 $d_d$

普通 V 带轮的基准直径 $d_d$标准系列值见表 6-2。

**表 6-2　普通 V 带轮的基准直径 $d_d$标准系列值**　　（单位：mm）

| 槽型 | Y | Z | A | B | C | D | E |
|---|---|---|---|---|---|---|---|
| $d_{dmin}$ | 20 | 50 | 75 | 125 | 200 | 355 | 500 |
| $d_d$的范围 | 20 ~ 125 | 50 ~ 630 | 75 ~ 800 | 125 ~ 1125 | 200 ~ 2000 | 355 ~ 2000 | 500 ~ 2500 |
| $d_d$标准系列值 | 50、56、71、75、100、125、140、150、160、180、200、212、224、236、250、280、300、315、400、500、530、630、710、800、1000、1060、1250、1400、1600、1800、2000、2240、2500 | | | | | | |

**3. V 带轮的传动比 $i$**

根据带传动的传动比计算公式，对于 V 带传动，如果不考虑带与带轮间打滑因素的影响，其传动比计算公式可用主、从动轮的基准直径来表示，即

$$i_{12} = \frac{n_1}{n_2} = \frac{d_{d2}}{d_{d1}} \tag{6-2}$$

式中　$n_1$、$n_2$——分别为主、从动轮的转速，单位为 r/min；

$d_{d1}$、$d_{d2}$——分别为主、从动轮的基准直径，单位为 mm。

通常 V 带传动的传动比 $i \leqslant 7$，常用 2~7。

**4. 中心距 $a$**

中心距是两带轮传动中心之间的距离，如图 6-8 所示。两带轮中心距增大，使带的传动能力提高；但中心距过大，又会使整个传动尺寸不够紧凑，在高速时易使带发生振动，反而使带传动能力下降。因此，两带轮中心距一般在 $0.7 \sim 2(d_{d1}+d_{d2})$ 范围内。

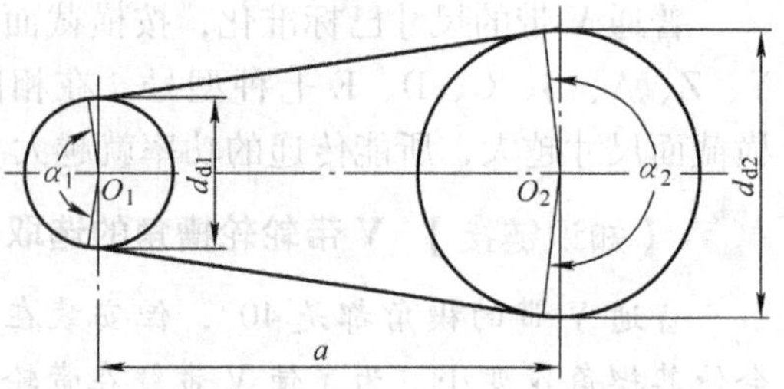

图 6-8 带轮的包角和中心距

$\alpha_1$—小带轮包角 $\alpha_2$—大带轮包角 $a$—中心距

$d_{d1}$—小带轮基准直径 $d_{d2}$—大带轮基准直径

**5. 小带轮的包角 $\alpha_1$**

包角是带与带轮接触弧所对应的圆心角，如图 6-8 所示。包角的大小反映了带与带轮轮缘表面间接触弧的长短。两带轮中心距越大，小带轮包角 $\alpha_1$ 也越大，带与带轮接触弧也越大，带能传递的功率就越大；反之，带能传递的功率就越小。为了使带传动可靠，一般要求小带轮的包角 $\alpha_1 \geqslant 120°$。

小带轮包角大小的计算方法为：

$$\alpha_1 \approx 180° - \frac{d_{d2}-d_{d1}}{a} \times 57.3° \tag{6-3}$$

**6. 带速 $v$**

带速 $v$ 一般取 5~25m/s。带速过快或过慢都不利于带的传动能力。带速太低，在传递功率一定时，所需圆周力增大，会引起打滑；带速太高，离心力又会使带与带轮间的压紧程度减小，传动能力降低。

**7. V 带的条数 Z**

V 带的条数越多，传递的功率越大，所以 V 带传动中所需带的条数应按具体传递功率大小而定。但为了使各条带受力比较均匀，带的条数不宜过多，通常应小于 7。

**【知识链接】 带的弹性滑动**

工作时，带在主、从动轮处所受的摩擦力 $\boldsymbol{F}_f$ 方向相反，使传动带在带轮两边的拉力不同：带绕上主动轮的一边被拉紧，称为紧边；带绕上从动轮的一边被放松，称为松边，如图 6-9 所示。由于带是弹性体，受力后必然产生弹性变形。带传动中，由于带的弹性变形而引起的带与带轮间的相对滑动，称为弹性滑动。

弹性滑动将引起下列后果：从动轮的圆周速度低于主动轮；降低传动效率；引起带的磨损；发热使带温度升高。

弹性滑动和打滑是两个截然不同的概念，不能将弹性滑动和打滑混淆。打滑是由于过载所引起的带在带轮上的全面滑动，工作中是应该避免的。在传动突然超载时，打滑可以起到过载保护的作用，避免其他零件发生损坏，而弹性滑动是由于拉力差引起的，只要传递圆周力，就必然会发生弹性滑动，所以弹性滑动是不可以避免的。

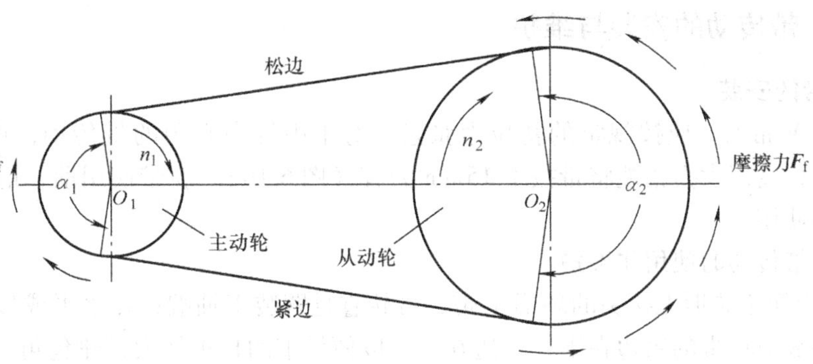


图 6-9　带的弹性滑动

## 第三节　带传动的安装与维护

### 一、带传动的张紧装置

不仅在安装时必须把带张紧在带轮上，而且当带工作一段时间之后，因永久伸长而松弛时，还应将带重新张紧。张紧装置分定期张紧和自动张紧两类，见表 6-3。

**表 6-3　带传动的张紧装置**

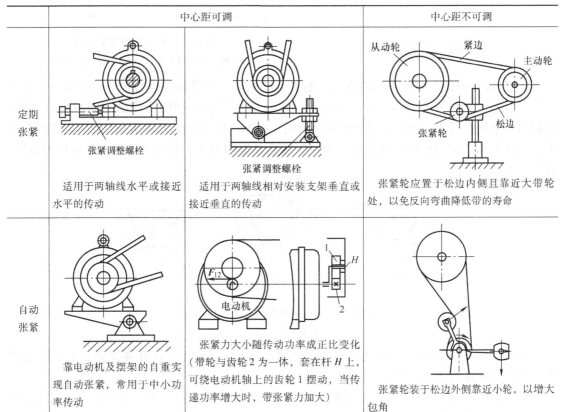

| | 中心距可调 | | 中心距不可调 |
|---|---|---|---|
| 定期张紧 | 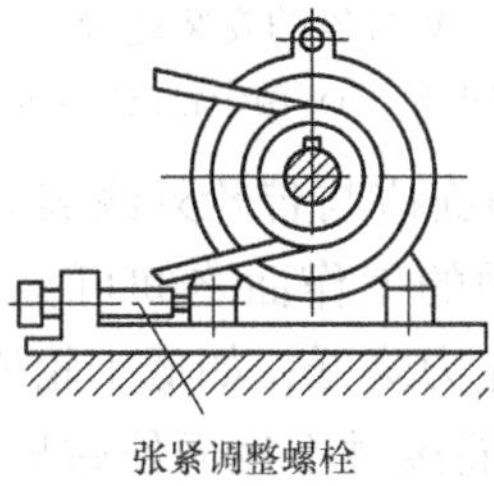 适用于两轴线水平或接近水平的传动 | 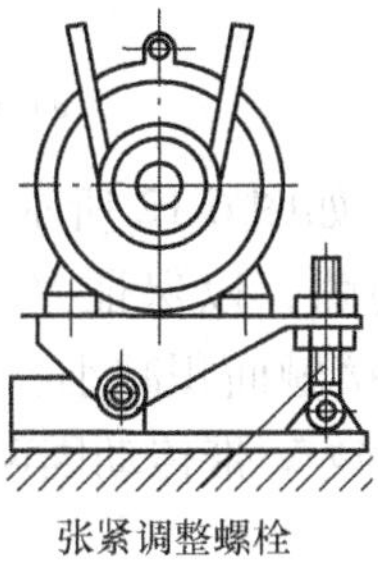 适用于两轴线相对安装支架垂直或接近垂直的传动 | 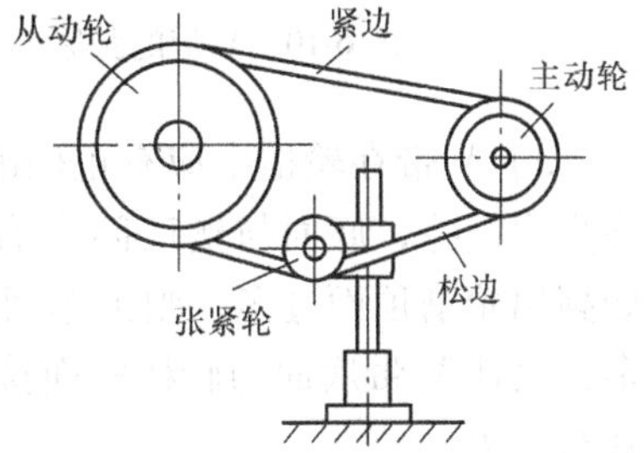 张紧轮应置于松边内侧且靠近大带轮处，以免反向弯曲降低带的寿命 |
| 自动张紧 | 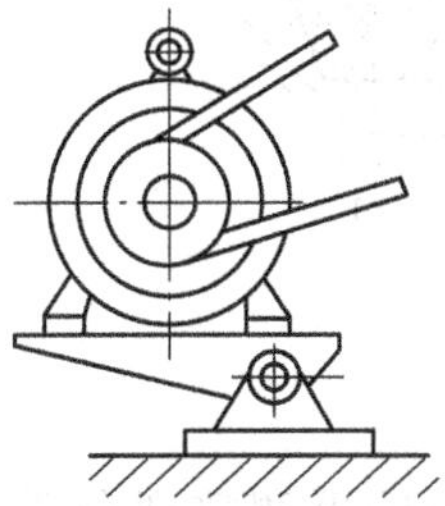 靠电动机及摆架的自重实现自动张紧，常用于中小功率传动 | 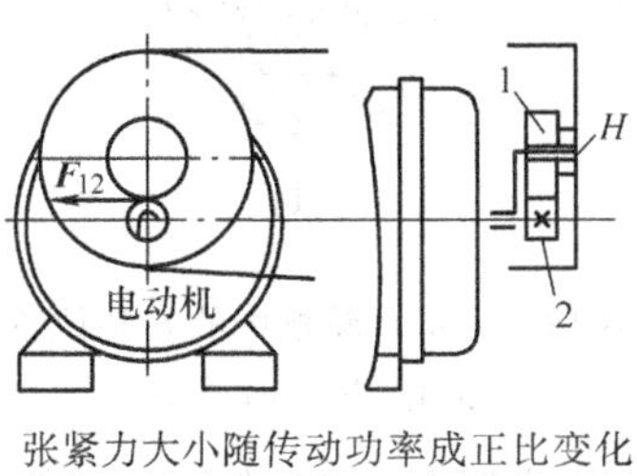 张紧力大小随传动功率成正比变化（带轮与齿轮 2 为一体，套在杆 $H$ 上，可绕电动机轴上的齿轮 1 摆动，当传递功率增大时，带张紧力加大） | 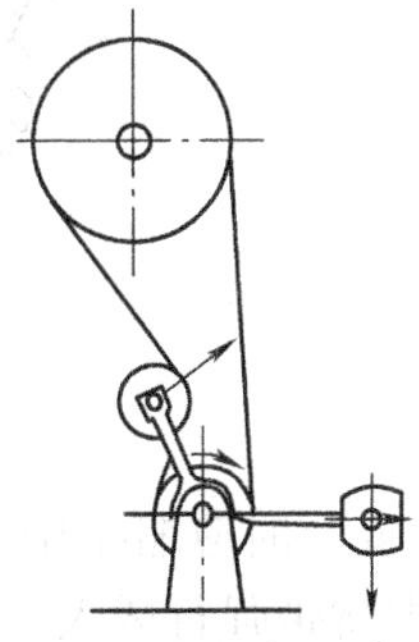 张紧轮装于松边外侧靠近小轮，以增大包角 |

## 二、带传动的安装与维护

**1. 带的安装**

安装V带时，应按规定的初拉力张紧。对于中等中心距的带传动，也可凭经验安装，带的张紧程度以大拇指能将带按下15mm为宜（图6-10）。新带使用前，最好预先拉紧一段时间后再使用。

**2. V带传动的使用和维护**

1）为便于装拆无接头的环形V带，带轮宜悬臂装于轴端；在水平或接近水平的同向传动中，一般应使带的紧边在下，松边在上，以便借带的自重加大带轮包角。

2）安装时，两带轮轴线必须平行，轮槽应对正，以避免带扭曲和磨损加剧，如图6-11所示。

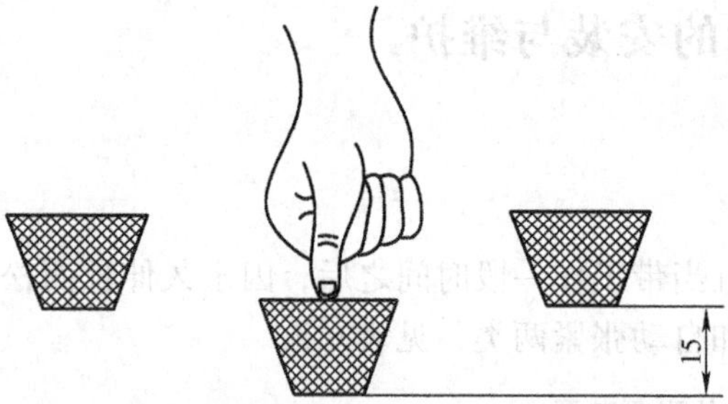


图6-10 V带的张紧程度

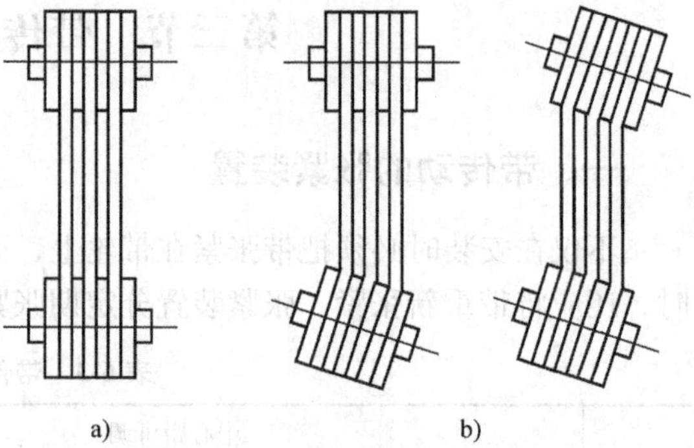


图6-11 V带轮的安装位置

a）两带轮位置正确 b）两带轮位置不正确

3）V带在轮槽中应有正确的位置。如图6-12所示，V带顶面应与带轮外缘表面平齐或略高出一些，底面与槽底间应有一定间隙，以保证V带和轮槽的工作面之间可充分接触。如高出轮槽顶面过多，则工作面的实际接触面积减小，使传动能力降低；如低于轮槽顶面过多，会使V带底面与轮槽底面接触，导致V带传动因两侧工作面接触不良而使摩擦力锐减，甚至丧失。

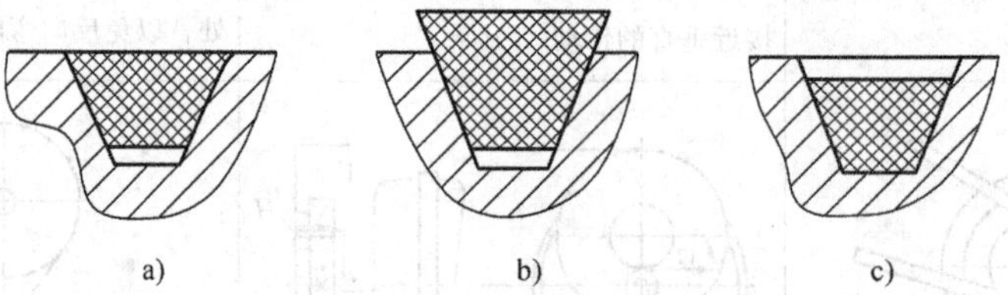


图6-12 V带在轮槽中的安装位置

a）正确 b）、c）错误

4）安装时应缩小中心距，松开张紧轮，将带套入带轮槽中后再调整到合适的张紧程度。不要将带强行撬入，以免带被损坏。

5）多条V带传动时，为避免受载不均，应采用配组带。若其中一条带松弛或损坏，应全部同时更换，以免加速新带破坏。可使用的旧带经测量后，如实际长度相同，可组合使用。

6）应避免带与酸、碱、油及有机溶剂等接触，也不宜在阳光下暴晒，以免老化变质。

## 三、提高带传动工作能力的措施

**1. 增大摩擦因数**

摩擦式带传动的摩擦因数越大，传动能力越强。所以，可通过选择合适的材料等措施增大摩擦因数，以提高带传动的工作能力。

**2. 增大包角**

柔韧体摩擦时，其摩擦力的大小不仅与摩擦因数和正压力有关，而且还与接触面积的大小有关。包角越大则接触面积越大，摩擦力也越大，传动能力越强。

采用增大中心距、减小传动比，以及在带传动外侧安装张紧轮等方法可以增大包角。

**3. 保持适当的张紧力**

张紧力越大，摩擦力也越大，传动能力越强。但张紧力太大会导致带的寿命缩短。

**4. 其他措施**

其他措施还有采用新型带、采用高强度材料作为带的强力层等，都可以提高带传动的传动能力。

# 第四节　链传动

## 一、链传动的组成和工作原理

链传动是常用的传动机构，日常生活中的自行车就采用了链传动，如图6-13所示。

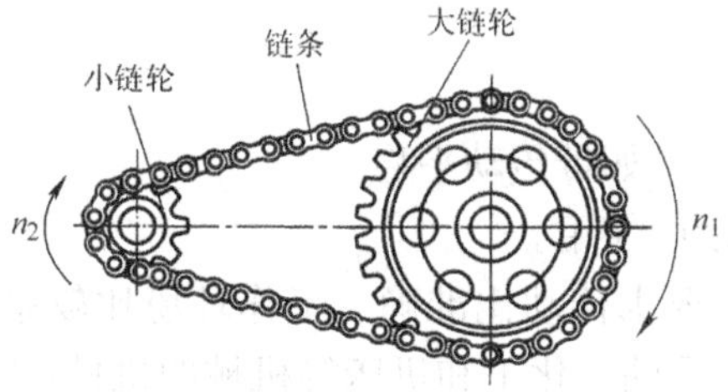


a)

b)

图6-13　链轮机构及应用

a）链轮机构　b）自行车

骑自行车时，脚踩脚踏板使中轴产生旋转，固定在其上的大链轮一起转动，通过链条的链节与链轮的轮齿啮合带动小链轮和与它固定在一起的后轮转动，后轮胎与地面产生摩擦滚动，推动自行车行走。由此可知，链传动机构是由主动链轮（大链轮）、从动链轮（小链轮）和一条环形链条所组成，如图6-13a所示。链传动机构是以链条作为中间挠性传动件，通过链节与轮齿不断啮合和脱开，将运动和动力从主动链轮传递到从动链轮的。

链传动时，主动链轮每转一个齿，链条就移动一个链节，带动从动链轮转过一个齿。如图6-13所示的链传动中，主动链轮和从动链轮的齿数分别为 $z_1$ 和 $z_2$，当主动链轮转过 $n_1$ 转时，其转过的齿数就是 $z_1n_1$，此时从动链轮跟着转过 $n_2$ 转，转过的齿数与主动链轮相同，于是 $z_1n_1 = z_2n_2$。由此可得链传动的传动比为：

$$i_{12} = \frac{n_1}{n_2} = \frac{z_2}{z_1} \tag{6-4}$$

上式说明，链传动的传动比就是主动链轮转速与从动链轮转速之比，它与两链轮齿数成反比。

**例 6-1** 一链传动的主动链轮齿数 $z_1 = 30$，从动链轮齿数 $z_2 = 120$，该链传动主动链轮转速 $n_1 = 600$ r/min 时，试求从动链轮的转速 $n_2$。

**解**：由 $i_{12} = \frac{n_1}{n_2} = \frac{z_2}{z_1} = \frac{120}{30} = 4$ 得：

$$n_2 = \frac{n_1}{i_{12}} = \frac{600\text{r/min}}{4} = 150\text{r/min}$$

## 二、链传动的优、缺点

### 1. 链传动的优点

1）和带传动相比，链传动能保持准确的传动比；传动功率较大；传动效率较高，一般可达0. 95 ~0. 98；对轴和轴承的径向作用力较小；能用一个主动链轮带动多个链轮进行传动；可在高温、油污、粉尘、可燃气氛等不良环境下工作；低速时可传递较大的功率。

2）和齿轮传动相比，链传动能在两轴中心距较远的情况下传递运动和动力；安装和维护要求相对较低。

### 2. 链传动的缺点

1）链条的铰链磨损、链板被拉长后，使得节距变大，会造成脱链现象。

2）安装和维护要求较高。

3）只能用于两轴平行的传动。

4）瞬时传动比不恒定，高速时冲击力大，不如带传动平稳。

5）不宜在载荷变化很大和急促反向的传动中使用。

链传动一般用于两轴平行且中心距较大、要求传动比准确、工作环境比较恶劣的场合。它广泛用于农业、矿山、冶金、运输、起重、石油、化工和机床等机械的机械传动中。它的传动比 $i \leqslant 8$，低速时可达到 $i = 10$；一般中心距 $a \leqslant 6$m，最大中心距 $a_{max}$ 可达 15m；传动功率 $P \leqslant 100$kW，传动效率 $\eta = 0.95 \sim 0.98$。

## 三、链的分类

链的类型很多，按用途的不同，链可分为传动链、起重链、输送链三类。

1）传动链：在一般机械中用来传递运动和动力，如自行车、摩托车所用的链。

2）起重链：用于起重机械中提升重物，如装卸货物的叉车中带动货叉升降的链。

3）输送链：用于运输机械驱动输送带等，如港口码头上用的输送机中驱动输送带的链。

本节只介绍传动链。传动链的种类很多，最常用的是滚子链。

## 四、滚子链

### 1. 滚子链的结构

滚子链又称套筒滚子链的结构如图 6-14 所示，它由滚子、套筒、销轴、外链板、内链板组成。滚子与套筒、套筒与销轴之间为间隙配合，而销轴与外链板、套筒与内链板之间为过盈配合。这样，当链工作时，内链板与外链板之间就能相对转动，链条可以屈伸，套筒、滚子与销轴也可自由转动，滚子与链轮之间形成滚动摩擦，从而减少了链与链轮轮齿之间的摩擦，提高传动效率。自行车上采用的是简化的套筒滚子链，即链中没有滚子。由于自行车转速很低，传动效率要求不高，这种结构能满足传动的要求，结构又简单，尺寸减小，使自行车轻便，制造成本低。

套筒滚子链相邻两销轴的中心距离称为链的节距，用 $p$ 表示，它是链条的一个主要参数。节距越大，链条本身各部分的尺寸也越大，传递动力的能力也越大。当传递的功率较大时，为不使传动装置尺寸过大，可采用双排链（图 6-15）或多排链。多排链的承载能力与排数成正比，但排数不宜过多，否则会由于结构件精度的影响而产生各排链承载力不均匀。四排以上的链少用。

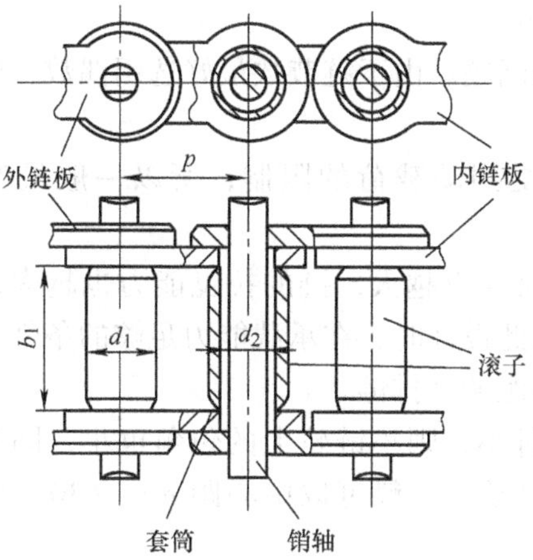


图 6-14　套筒滚子链

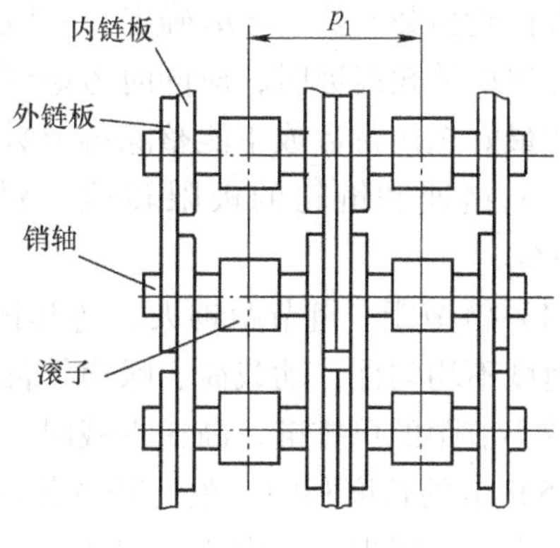


图 6-15　双排滚子链

滚子链常用一接头将链条连成环形，其接头形式如图 6-16 所示，当链条节数为偶数时，接头处可用开口销或弹簧卡片来固定；当链条节数为奇数时，就采用过渡链节。因为采用过

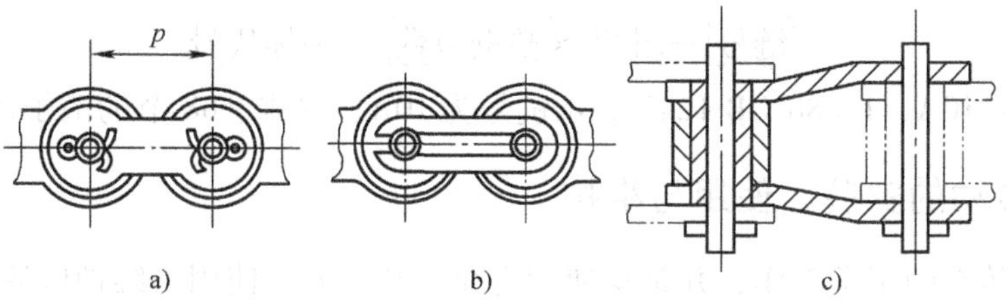


图 6-16　滚子链的接头形式

a）开口销固定　b）弹簧卡片　c）过渡链节连接

渡链节，链条受拉时，过渡链节中的弯链板要受一附加力矩作用，故在一般情况下应避免采用奇数链节。

**2. 滚子链传动参数选择**

（1）传动比 $i$　链的传动比一般不大于8，在低速和外廓尺寸不受限制的地方允许到10。如传动比过大，则链包在小链轮上的包角过小，啮合的齿数太少，这将加速轮齿的磨损，容易出现跳齿，破坏正常啮合。通常包角最好不小于120°，推荐传动比 $i=2\sim3.5$。

（2）链轮齿数 $z_1$ 和 $z_2$　首先应合理选择小链轮齿数 $z_1$。小链轮齿数不宜过少，过少时，传动不平稳，动载荷及链条磨损加剧，摩擦消耗功率增大，铰链的比压加大，链的工作拉力增大。但是 $z_1$ 也不能太大，因为 $z_1$ 大，$z_2$ 会随之变大，不仅增大传动尺寸，而且铰链磨损后容易引起脱链，将缩短链的使用寿命。

滚子链的小链轮齿数按表6-4推荐范围选择。

**表6-4　小链轮齿数 $z_1$**

| 传动比 | 1~2 | 3~4 | 5~6 | >6 |
|---|---|---|---|---|
| $z_1$ | 31~27 | 25~23 | 21~17 | 17 |

大链轮齿数 $z_2$ 按 $z_2=iz_1$ 确定，一般应使 $z_2\leqslant120$。

在选取链轮齿数时，应同时考虑到均匀磨损的问题。由于链节数最好选用偶数，所以链轮齿数最好选用奇数或不能整除链节数的数。

（3）链速和链轮的极限转速　链速的提高受到动载荷的限制，所以一般最好不超过12m/s。

（4）链节距　链节距越大，链和链轮齿各部尺寸也越大，链的拉曳能力也越大，但传动的速度不均匀性、动载荷、噪声等都将增加。因此设计时，在承载能力足够的条件下，应选取较小节距的单排链，高速重载时，可选用小节距的多排链。

（5）链的长度和中心距　若链传动的中心距过小，则小链轮上的包角也小，同时啮合的链轮齿数也减少；若中心距过大，则易使链条抖动。一般可取中心距 $a=(30\sim50)p$，最大中心矩 $a_{max}\leqslant80p$。

**3. 滚子链的标记**

滚子链的产品已标准化，链号分为A、B两个系列，A系列用于重载、高速等重要传动，B系列用于一般传动。整链节数表示链条长度，是链的一个重要参数。

滚子链的标记规定为：

链号—排数×整链节数　国标代号

标记示例：10A－1×88 GB 1243 表示链号为10A、单排、88节的滚子链。

## 五、链传动的安装、使用与维护

要保证链传动的正常工作，并延长使用寿命，其安装、使用与维护应注意以下几点：

1）安装应保证两链轮的轴线平行，并且两链轮的转动平面应在同一铅垂平面，否则链齿、链条偏磨，将缩短使用寿命，严重时将引起脱链现象。

2）链传动安装上链条后，要调整好链条张紧度，使链条松边的下垂量不要过大。下垂量过大，传动时会引起链条颤动，会使链条链节与链轮轮齿啮合不良，甚至会引起脱链。链条张紧度的调整，一种是可以通过调整中心距，如自行车可通过改变后轴与中轴之间的距离来调整；另一种是利用张紧轮或压板和托板来张紧，如图 6-17 所示。

3）使用中应对链传动做好必要的润滑和清洁，以减少摩擦，提高效率和降低磨损，延长使用寿命。

4）使用时，要盖好安全防护罩，防止伤人和润滑油的飞溅，也避免灰尘和杂物落入其中，保证链传动的正常工作。

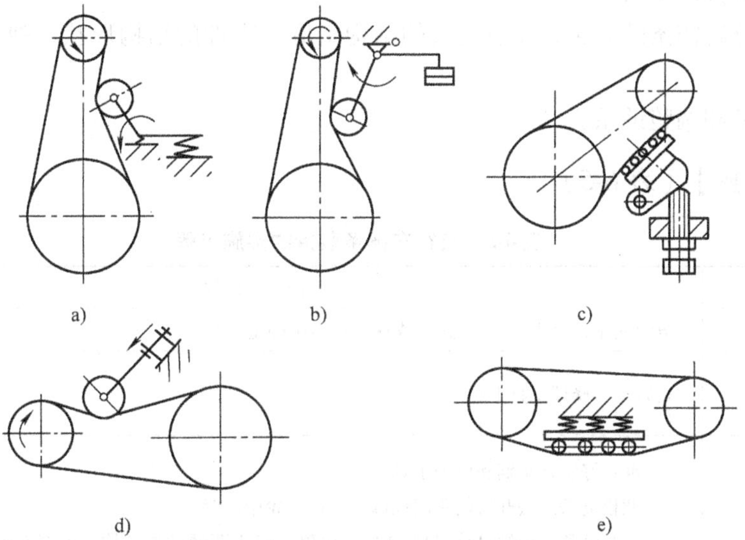

a)　b)　c)　d)　e)

图 6-17　链传动的张紧装置

5）链条在工作一段时间后，铰链磨损变长，采用张紧装置无法调整，松边下垂量过大时，可取掉链条中两个链节来恢复原来的链长，继续使用。若铰链磨损使链节变长到与链轮轮齿不能正常啮合，经常脱链时，应更换链条。更换时要注意链条的标记，不能搞错。

6）链轮轮齿因工作磨损变尖或变形，影响其与链条正常啮合时，应更换。

## 本章小结

本章主要讲解了下列内容：

1. 带传动的类型、特点和应用场合。
2. 普通 V 带的结构及其标准、V 带传动的张紧方法和装置。
3. 同步带传动、高速带传动的应用。
4. 链传动的特点、类型、结构和应用。
5. 链传动的安装、使用与维护。

# 实训项目 7　自行车链条的装拆

## 【项目内容】

熟悉链传动的结构特点，拆装自行车链条，调整链条的松紧度。

## 【项目目标】

1）能正确拆卸链条。

2）掌握分解链条的方法，注意接头的结构组成、零件的结构形状、弹簧片的作用和安装、拆卸方法。

3）会张紧和调整链条。

## 【项目实施】（表 6-5）

表 6-5　自行车链条装拆的实施步骤

| 步骤名称 | | 操作步骤 |
|---|---|---|
| 分组 | | 分组实施，每小组 3 ~ 4 人，或视设备情况确定人数 |
| 工、量具及设备准备 | | 自行车、修理工具 1 套 |
| 实施过程 | 拆卸链条 | 1）准备好实训车辆和修理工具<br>2）调松链条。松开后轮紧固螺母，缩短链轮中心距<br>3）分解链条。用螺钉旋具将弹簧卡片顶离接头两销轴的环槽，把接头两销轴取下，链条断开，即可取下链条<br>4）观察并分析链条结构，以及各零件的结构特征和作用 |
| | 安装链条 | 1）装配链条。按链条组合关系装配，最后安装弹簧片固定<br>2）安装链条。把链条装在两链轮上，调整链轮中心距，摆正后轮，边上紧螺母边调整后轮位置及中心距，并测试链条的松紧（注意：应逐步调整，不能一步到位）<br>3）让后轮离地，抓住脚踏板转动链轮，观察链轮工作是否正常，如有异常或卡滞，先分析原因再动手解决 |
| | 调整 | 调整制动轧皮，调整到不妨碍车轮正常工作，且制动可靠 |
| | 5S | 擦净车辆、整理工具、清扫现场 |
| | 注意事项 | 1）紧固件的拧紧力要均匀，且按照顺序分几次逐步拧紧。不允许一次将螺栓（母）拧紧<br>2）联轴器的装配，应在联轴器端面加垫板后，再敲击垫板的中央部位，避免因敲击不当使零件产生变形<br>3）各装配步骤进行中，前一步骤合格后方可进入下一步骤 |

## 【项目评价与反馈】（表6-6）

表6-6　项目评价与反馈表

班级：________姓名：________　　　　　　　　　　　　______年____月____日

| 序号 | 项目 | 自我评价 | | | | 小组评价 | | | | 教师评价 | | | |
|---|---|---|---|---|---|---|---|---|---|---|---|---|---|
| | | 优 | 良 | 中 | 差 | 优 | 良 | 中 | 差 | 优 | 良 | 中 | 差 |
| 1 | 项目完成的质量 | | | | | | | | | | | | |
| 2 | 操作是否熟练规范 | | | | | | | | | | | | |
| 3 | 能否与同学相互协作共同完成项目 | | | | | | | | | | | | |
| 4 | 是否达到学习目标 | | | | | | | | | | | | |
| 5 | 实训小结 | | | | | | | | | | | | |
| 6 | 综合评价 | 综合评价等级： | | | | | | | | | | | |

# 第七章 齿轮传动

随着社会的不断发展,汽车已经进入了千家万户，但是你了解汽车吗？你知道汽车上有几个挡位吗？汽车的速度可快可慢,任由驾驶员控制，它是怎样来实现变速的呢？这一切全靠它——齿轮,它可是机械中的“明星”哦

汽车

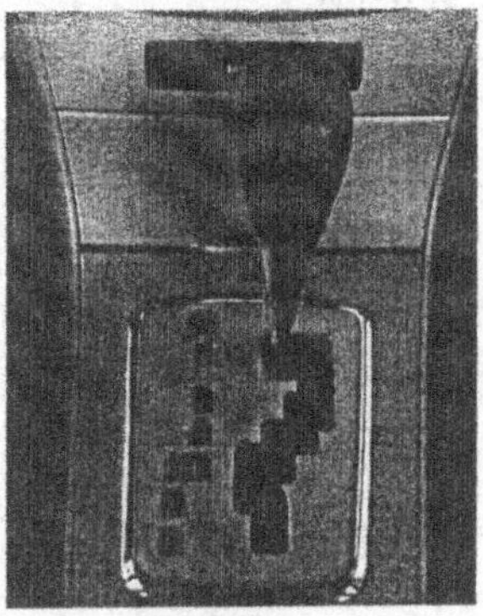

变速杆

【学习目标】

- ◆ 能叙述齿轮传动的特点、分类及应用。
- ◆ 能计算标准直齿圆柱齿轮的基本尺寸。
- ◆ 理解渐开线直齿圆柱齿轮传动的啮合条件。
- ◆ 会分析齿轮失效的形式及原因。
- ◆ 了解斜齿圆柱齿轮和直齿锥齿轮传动的特点与应用。
- ◆ 了解蜗杆传动的特点、类型、应用、主要参数和几何尺寸。
- ◆ 会计算蜗杆传动的传动比，会判定蜗杆传动中蜗轮的转向。

【学习重点】

- ◆ 齿轮传动的类型、特点和应用。
- ◆ 标准直齿圆柱齿轮主要参数及基本尺寸的计算。
- ◆ 蜗杆传动的特点、类型及应用。

# 第一节　齿轮传动概述

想一想

在机械传动中，为什么齿轮传动应用最广？它具有哪些特点？

齿轮传动是指用主、从动齿轮轮齿直接啮合来传递运动和动力的装置。在所有机械传动中，齿轮传动应用最广，可用于传递空间任意轴之间的运动和动力。

## 一、齿轮传动的分类

齿轮传动的类型很多，按照两齿轮的轴线位置、齿向和啮合情况的不同，齿轮传动的分类如图 7-1 所示。

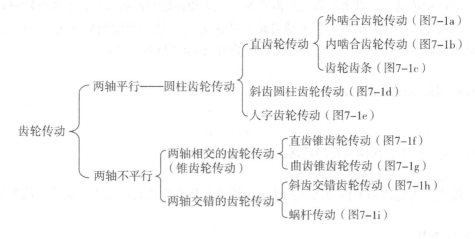

- 齿轮传动
  - 两轴平行——圆柱齿轮传动
    - 直齿轮传动
      - 外啮合齿轮传动（图7-1a）
      - 内啮合齿轮传动（图7-1b）
      - 齿轮齿条（图7-1c）
    - 斜齿圆柱齿轮传动（图7-1d）
    - 人字齿轮传动（图7-1e）
  - 两轴不平行
    - 两轴相交的齿轮传动（锥齿轮传动）
      - 直齿锥齿轮传动（图7-1f）
      - 曲齿锥齿轮传动（图7-1g）
    - 两轴交错的齿轮传动
      - 斜齿交错齿轮传动（图7-1h）
      - 蜗杆传动（图7-1i）

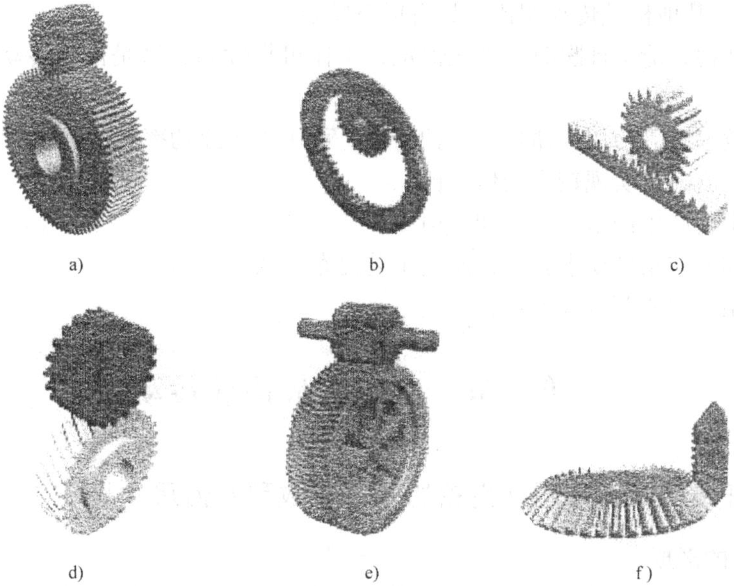


图 7-1　齿轮传动的分类

图 7-1　齿轮传动的分类（续）

## 二、齿轮传动的应用

### 1. 传动比

在一对齿轮传动中，设主动齿轮的齿数为 $z_1$，从动齿轮的齿数为 $z_2$，主动齿轮每转过一个齿，从动齿轮也转过一个齿。当主动齿轮的转速为 $n_1$、从动齿轮的转速为 $n_2$ 时，单位时间内主动齿轮转过的齿数 $n_1z_1$ 与从动齿轮转过的齿数 $n_2z_2$ 应相等，即

$$n_1 z_1 = n_2 z_2$$

由此得到齿轮传动的传动比：

$$i_{12} = \frac{n_1}{n_2} = \frac{z_2}{z_1} \tag{7-1}$$

式中　$n_1$、$n_2$——主、从动齿轮的转速，单位为 r/min；

$z_1$、$z_2$——主、从动齿轮的齿数。

上式说明：齿轮传动的传动比是主动齿轮转速与从动齿轮转速之比，也等于两齿轮齿数之反比。

### 2. 应用特点

齿轮传动与其他机械传动相比，具有以下特点：

1）传动平稳，能保证瞬时传动比恒定，工作可靠性高，这是齿轮传动广泛应用的主要原因之一。

2）传动效率高，使用寿命长，维护简便，可用于传递功率和速度范围较大的场合。

3）结构紧凑，可实现较大的传动比。

4）传动中会产生冲击、振动和噪声。

5）制造和安装精度要求较高，制造工艺复杂，成本较高。

6）不适用于中心距较大的场合。

# 第二节　直齿圆柱齿轮传动

## 一、渐开线标准直齿圆柱齿轮的基本参数和几何尺寸

### 1. 渐开线的形成

如图 7-2 所示，当一直线 $NK$ 在一圆周上作纯滚动时，该直线上任一点 $K$ 的轨迹 $AK$，称

为该圆的渐开线。这个圆称为渐开线基圆，其半径用 $r_b$ 表示。而直线 $NK$ 称为渐开线的发生线。渐开线齿轮的两侧齿廓就是由同一基圆的两条展向相反的渐开线形成的，齿形仅是渐开线的一部分。

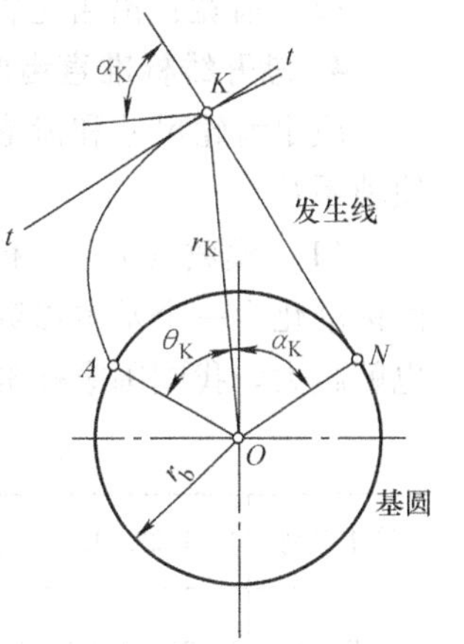

图 7-2 渐开线的形成

**2. 渐开线的性质**

从渐开线的形成过程，可知渐开线有以下性质：

1）发生线在基圆上滚过的线段长度 $NK$，等于基圆上被滚过的圆弧长 $AN$。

2）因发生线在基圆上作纯滚动，所以渐开线上任意一点的法线必切于基圆。

3）渐开线的形状取决于基圆的大小。同一基圆，其渐开线形状完全相同；基圆越小，渐开线越弯曲；基圆越大，渐开线越平直。所以不同直径齿轮的轮齿齿廓形状是不一样的。当基圆直径趋于无穷大时，渐开线为一条直线，此时齿轮变成齿条。

4）基圆内无渐开线，所以齿轮轮齿中由基圆到齿根圆这部分齿廓曲线不是渐开线。

5）渐开线上各点的压力角不相等，越远离基圆，压力角越大，基圆上的压力角等于零。

**3. 渐开线标准直齿圆柱齿轮的各部分名称**

图 7-3 所示为一直齿圆柱齿轮的一部分，各部分的名称如下：

1）基圆：形成渐开线的圆，其直径用 $d_b$ 表示。

2）分度圆：对标准齿轮来说，齿厚和齿槽宽相等处的圆称为分度圆，其直径用 $d$ 表示。

3）齿顶圆：过齿轮齿顶所作的圆称为齿顶圆，其直径用 $d_a$ 表示。

4）齿根圆：过齿轮齿根所作的圆称为齿根圆，其直径用 $d_f$ 表示。

5）齿厚：在分度圆上，一个齿的两侧端面齿廓之间的弧长称为齿厚，用 $s$ 表示。

6）齿槽宽：在分度圆上，一个齿槽两侧端面齿廓之间的弧长称为齿槽宽，用 $e$ 表示。

7）齿距：在分度圆上，两个相邻而同侧的端面齿廓之间的弧长称为齿距，用 $P$ 表示。

8）齿顶高：从分度圆到齿顶圆的径向距离称为齿顶高，用 $h_a$ 表示。

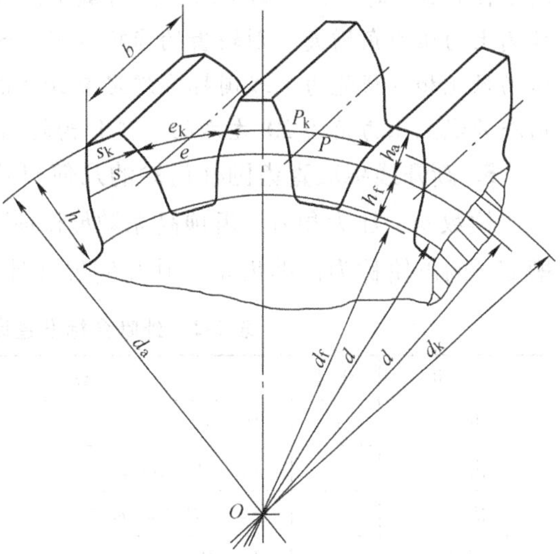

图 7-3 标准直齿圆柱齿轮各部分的名称

9）齿根高：从分度圆到齿根圆的径向距离称为齿根高，用 $h_f$ 表示。

10）全齿高：从齿顶圆到齿根圆的径向距离称为全齿高，用 $h$ 表示。

11）顶隙：一对齿轮啮合时，一个齿轮的齿顶圆到另一个齿轮的齿根圆的径向距离称为顶隙。

12）齿宽：沿齿轮轴线量得的齿轮的宽度称为齿宽，用 $b$ 表示。

**4. 渐开线标准直齿圆柱齿轮的基本参数**

决定齿轮尺寸和齿形的基本参数有五个，即齿轮的模数、压力角、齿数、齿顶高系数和顶隙系数。

（1）模数（$m$） 模数直接影响轮齿的大小、齿形和强度的大小。把分度圆上 $P/\pi$ 的值标准化为一个基本参数，称为模数，以 $m$ 表示，单位为mm。模数越大，齿距越大，齿轮也就越大。我国国家标准规定的模数见表7-1。

**表7-1 渐开线齿轮标准模数系列** （单位：mm）

| | |
|---|---|
| 第Ⅰ系列 | 1、1.25、1.5、2、2.5、3、4、5、6、8、10、12、16、20、25、32、40、50 |
| 第Ⅱ系列 | 1.125、1.375、1.75、2.25、2.75、3.5、4.5、5.5、(6.5)、7、9、11、14、18、22、28、35、45 |

注：优先采用第一系列，括号内的模数尽可能不用。

（2）齿数（$z$） 一个齿轮的轮齿数目即齿数，是齿轮的最基本参数之一。

（3）压力角（$\alpha$） 渐开线齿廓上每一点的压力角都不一样，我们一般把分度圆上的压力角称为齿轮的压力角。压力角已标准化，我国规定标准直齿圆柱齿轮中的压力角是20°。

【知识链接】

在齿轮传动中，齿廓曲线上任意一点的速度方向与该点的法线方向（即受力方向）之间所夹的锐角，称为压力角 $\alpha_k$，如图7-2所示。分度圆上压力角大小对轮齿形状有影响，当分度圆半径 $r$ 不变时，分度圆上的压力角减小，则轮齿的齿顶变宽，齿根变窄，承载能力降低；分度圆上的压力角增大，则轮齿的齿顶变窄，齿根变宽，承载能力增大，但传动费力。综合考虑传动性能和承载能力，我国标准规定渐开线圆柱齿轮分度圆上的压力角 $\alpha=20°$。也就是说，采用渐开线上压力角为20°左右的一段作为轮齿的轮廓曲线，而不是任意段的渐开线。

**5. 渐开线标准直齿圆柱齿轮的几何尺寸计算**

模数 $m$、压力角 $\alpha$、齿顶高系数 $h_a^*$ 和顶隙系数 $c^*$ 均为标准值，且分度圆上的齿厚 $s$ 等于槽宽 $e$ 的齿轮称为标准齿轮。其几何尺寸计算公式见表7-2。

**表7-2 外啮合标准直齿圆柱齿轮几何尺寸计算公式**

| 名称 | 代号 | 计算公式 | 备注 |
|---|---|---|---|
| 齿距 | $P$ | $P=\pi m$ | 圆周方向4个参数 |
| 齿厚 | $s$ | $s=P/2=\pi m/2$ | |
| 槽宽 | $e$ | $e=s=P/2=\pi m/2$ | |
| 基圆齿距 | $P_b$ | $P_b=P\cos\alpha=\pi m\cos\alpha$ | |
| 齿顶高 | $h_a$ | $h_a=h_a^* m=m$ | 径向4个参数<br>$h_a^*$ 为齿顶高系数<br>$c^*$ 为顶隙系数<br>我国国家标准规定正常齿 $h_a^*=1$、$c^*=0.25$ |
| 齿根高 | $h_f$ | $h_f=(h_a^*+c^*)m=1.25m$ | |
| 齿高 | $h$ | $h=h_a+h_f=2.25m$ | |
| 顶隙 | $c$ | $c=c^* m=0.25m$ | |

（续）

| 名称 | 代号 | 计算公式 | 备　注 |
|---|---|---|---|
| 分度圆直径 | $d$ | $d=mz$ | 4 个直径 |
| 基圆直径 | $d_b$ | $d_b=d\cos\alpha=mz\cos\alpha$ | |
| 齿顶圆直径 | $d_a$ | $d_a=d+2h_a=m\ (z+2)$ | |
| 齿根圆直径 | $d_f$ | $d_f=d-2h_f=m\ (z-2.5)$ | |
| 齿宽 | $b$ | $b=\ (6\sim12)\ m$，通常取 $b=10m$ | |
| 中心距 | $a$ | $a=\ (d_1+d_2)\ /2\ =m\ (z_1+z_2)\ /2$ | |

## *二、渐开线齿轮传动的特性

### 1. 保持恒定的瞬时传动比

如图 7-4 所示，渐开线齿廓 $E_1$ 和 $E_2$ 在 $K$ 点接触，过 $K$ 点作齿廓的公法线 $N_1N_2$，由渐开线性质可知，此公法线必为两轮基圆的内公切线。在传动过程中，两基圆的大小、位置都是不变的定圆，两定圆在同一方向上的内公切线 $N_1N_2$ 也是唯一的，所以无论齿廓在何处接触，过啮合点的公法线必与 $N_1N_2$ 重合，因此连心线 $O_1O_2$ 与 $N_1N_2$ 的交点 $C$ 的位置保持不变。

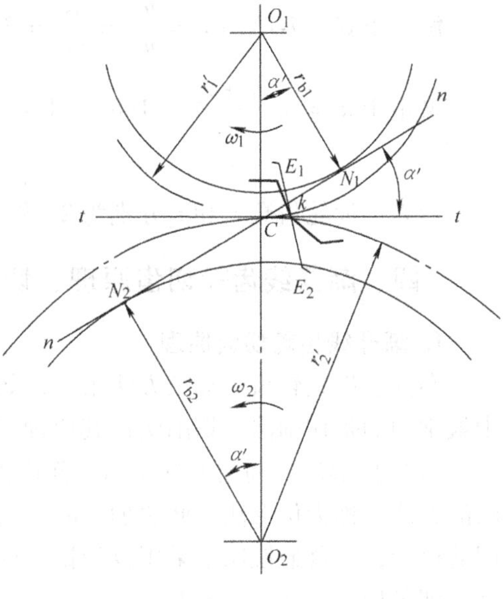

图 7-4　渐开线直齿圆柱齿轮的啮合

因此，齿轮传动时，两轮在 $C$ 点的线速度相同，即 $r_1'\omega_1=r_2'\omega_2$

因为　$\triangle O_1N_1C \backsim \triangle O_2N_2C$

所以
$$\frac{r_2'}{r_1'}=\frac{r_{b2}}{r_{b1}}$$

所以
$$i_{12}=\frac{\omega_1}{\omega_2}=\frac{O_2C}{O_1C}=\frac{r_{b2}}{r_{b1}}=\frac{z_2}{z_1}=\text{常数} \tag{7-2}$$

两渐开线齿轮的瞬时传动比等于主动齿轮与从动齿轮角速度之比，等于两齿轮基圆半径的反比。由于两啮合齿轮的基圆半径是定值，故渐开线齿轮的瞬时传动比保持恒定。

### 2. 渐开线齿廓间正压力方向的不变性

如前所述，一对渐开线齿廓无论在何位置接触，过接触点齿廓的公法线都与两基圆内公切线 $N_1N_2$ 重合，说明在啮合过程中，两齿廓的啮合点都在 $N_1N_2$ 直线上。因此直线 $N_1N_2$ 是两齿廓啮合点的轨迹，称为渐开线齿廓的啮合线。

由图 7-4 可知，一对齿轮传动的啮合角在数值上等于齿轮节圆上的压力角并保持不变。若不计齿廓间的摩擦，啮合角不变，则齿廓间的正压力方向不变，始终沿着 $N_1N_2$ 方向。

### 3. 传动的可分离性

当一对渐开线齿轮制成之后，其基圆半径是不会改变的，即使两轮的中心距稍有改变，其瞬时传动比仍能保持不变，这种性质说明渐开线齿轮具有可分离性。实际上，制造、安装误差或轴承磨损常常导致中心距的微小改变，但由于其具有可分离性，仍能保持良好的传动性能。

## *三、渐开线标准直齿圆柱齿轮的正确啮合条件

为保证渐开线齿轮传动中各对轮齿能依次正确啮合，避免因齿廓局部重叠或侧隙过大而引起的卡死或冲击现象，必须使两齿轮的基圆齿距相等，即 $P_{b1}=P_{b2}$。

因为 $$P_{b1}=\pi m_1\cos\alpha_1,\ P_{b2}=\pi m_2\cos\alpha_2$$

所以 $$\pi m_1\cos\alpha_1=\pi m_2\cos\alpha_2$$

由于模数和压力角已经标准化，要满足上式，则

1）两齿轮的模数必须相等，即 $m_1=m_2=m$。

2）两齿轮分度圆上的压力角必须相等，即 $\alpha_1=\alpha_2=\alpha$。

**例 7-1** 已知一对标准直齿圆柱齿轮传动，其传动比 $i_{12}=3$，中心距 $a=168\text{mm}$，模数 $m=4\text{mm}$，试求齿轮齿数 $z_1$ 和 $z_2$ 各是多少？

**解**：由式（7-1），$i_{12}=\dfrac{n_1}{n_2}=\dfrac{z_2}{z_1}=3$，得 $z_2=3z_1$

又由于 $a=m\dfrac{z_1+z_2}{2}=168$，且 $m=4$，把 $z_2=3z_1$ 代入上式得：

$$z_1=21,z_2=63$$

所以，齿轮齿数 $z_1$ 和 $z_2$ 分别为 21 和 63。

## *四、渐开线齿轮切齿原理、切齿干涉及最少齿数

### 1. 渐开线齿轮切齿原理

渐开线齿轮轮齿的加工方法很多，如铸造法、冲压法、模锻法、热轧法和切削法等，其中最常用的是切削法。切削法按其原理可分为仿形法和展成法两种。

（1）仿形法　利用刀具在轴剖面内的形状与被切齿槽的形状相同的刀具来切削齿轮齿廓的方法，称为仿形法。此法加工时不需要专门的机床，在普通铣床上采用盘形铣刀或指状铣刀即可加工，如图 7-5 所示。

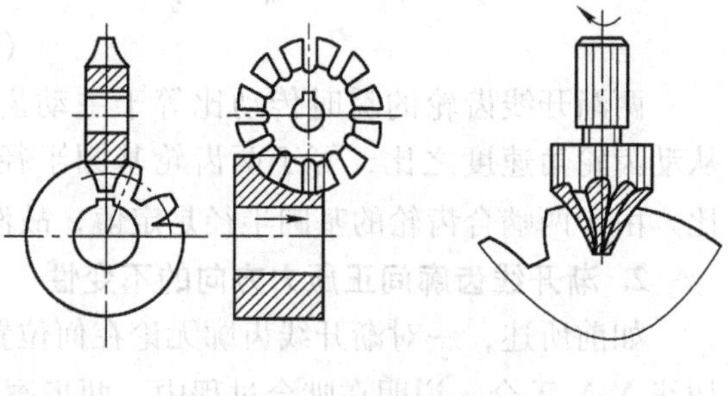

图 7-5　仿形法切齿原理

这种加工方法简单，不需要专用机床，但生产率低，精度不高，只适用于单件生产及精度不高的齿轮加工。

（2）展成法　展成法是利用一对齿轮（或齿轮与齿条）互相啮合，两轮齿廓互为包络线的原理来切齿的。如果将其中一个齿轮（或齿条）制成刀具，就可以切出另一个齿轮的渐开线齿廓。用此方法切齿的常用刀具有齿轮插刀、齿条插刀和滚刀，如图 7-6 所示。

这种加工方法主要用于一般精度要求的齿轮加工，而精度和表面粗糙度要求较高的齿轮加工则用剃齿和磨齿。

这两种方法都有自己的优点和缺点，适用于不同的齿轮加工。具体见表 7-3。

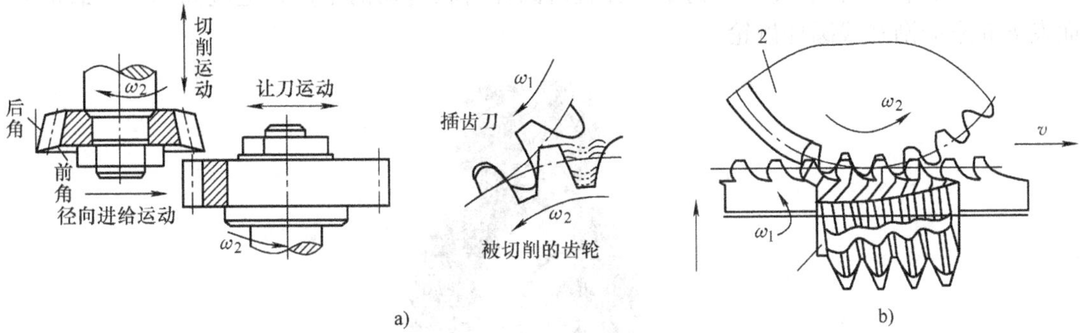


图 7-6　展成法切齿原理

a）齿轮插刀切齿原理　b）滚刀切齿原理

**表 7-3　仿形法和展成法齿轮加工项目比较**

| 比 较 项 目 | 仿　形　法 | 展　成　法 |
|---|---|---|
| 原理 | 成形铣刀加工 | 齿轮的啮合原理 |
| 加工机器 | 普通铣床 | 专用插齿、滚齿和磨齿机床 |
| 加工特点 | 逐齿切削，且不连续，所以精度差，效率低 | 加工是连续的，精度和效率较高 |
| 适用场合 | 适用于单件生产和精度要求不高的齿轮加工 | 批量生产和精度要求较高的场合 |

**2. 渐开线齿廓的根切现象及最少齿数**

当用展成法加工渐开线标准齿轮时，如果被加工齿轮的轮齿太少，有时会出现刀具的顶部切入到轮齿的根部，切去了轮齿根部的渐开线齿廓（图 7-7）的现象，这种现象称为切齿干涉，又称为根切。

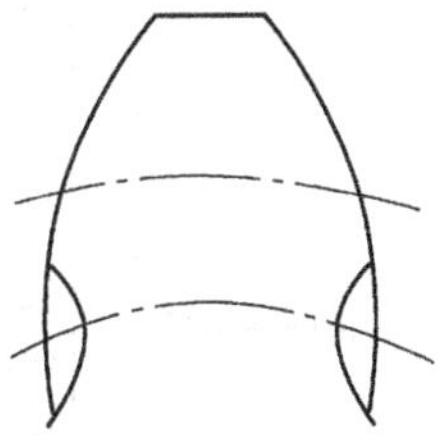

图 7-7　轮齿的根切现象

轮齿产生根切不仅削弱了它的齿根弯曲强度，而且降低了重合度，影响传动的平稳性，所以应当避免。

标准齿轮是否发生根切取决于其齿数的多少。为了避免根切，应使所设计的标准齿轮齿数大于不产生根切的最少齿数 $z_{\min}$。当 $h_a^*=1$，$\alpha=20°$ 时，可以证明标准齿轮不产生根切的最少齿数 $z_{\min}=17$。

# 第三节　其他齿轮传动

## 一、斜齿圆柱齿轮传动

斜齿圆柱齿轮传动和直齿圆柱齿轮传动有什么不同？为什么有了直齿圆柱齿轮传动，还需要斜齿圆柱齿轮传动？

斜齿圆柱齿轮传动和直齿圆柱齿轮传动一样，仅限于传递两个平行轴之间的运动，如图7-8所示。斜齿圆柱齿轮传动是为了弥补直齿圆柱齿轮传动的不足，适应高速、重载的要求而发展起来的渐开线圆柱齿轮。

图 7-8　斜齿圆柱齿轮传动

### （一）斜齿圆柱齿轮的传动特点

斜齿圆柱齿轮和直齿圆柱齿轮传动过程及特点见表7-4。

**表 7-4　斜齿圆柱齿轮和直齿圆柱齿轮传动过程及特点**

| 传动类型 | 传动特点及应用 |
| --- | --- |
| 斜齿圆柱齿轮 | 斜齿圆柱齿轮轮齿的方向与轴线倾斜。一对斜齿圆柱齿轮在啮合传动过程中，两轮齿齿廓曲面的瞬时接触线是与轴线倾斜的直线，接触线是由一个齿轮的一端齿顶（或齿根）处开始，逐渐由短变长，再由长变短，至另一端的齿根（或齿顶）处为止。由此可见，斜齿圆柱齿轮的齿廓是逐渐进入和逐渐脱离啮合的，与直齿圆柱齿轮相比，啮合过程长，同时参与啮合的轮齿的对数多，每对轮齿的承载相应减小 |
| 直齿圆柱齿轮 | 直齿圆柱齿轮轮齿的方向与轴线平行。当一对直齿圆柱齿轮传动时，齿面上的接触线是平行于轴线的直线。在传动过程中，一对轮齿沿全齿宽同时进入啮合和脱离啮合时，轮齿上载荷也是突然加上或卸掉。因此，在高速、重载的条件下，直齿圆柱齿轮传动容易引起冲击、振动和噪声，传动平稳性差，且速度越高越显著 |
| 斜齿圆柱齿轮传动和直齿圆柱齿轮传动相比较 | 1）承载能力大，可用于大功率传动<br>2）传动平稳，冲击、振动和噪声小，可适用于高速传动<br>3）传动时产生轴向力，不能当作变速滑移齿轮使用<br>4）使用寿命长 |

### （二）斜齿圆柱齿轮的主要参数

由于斜齿轮的轮齿是螺旋形的，故端平面和法平面齿廓大小不等。端平面指垂直于齿轮轴线的平面，用$t$标记。法平面指垂直于轮齿齿线的平面，用$n$标记。图7-9所示为一斜齿轮分度圆柱面的展开图。

**1. 螺旋角 $\beta$**

斜齿轮齿廓曲面与分度圆柱的交线称为分度圆柱上的螺旋线。从斜齿轮分度圆柱面的展开图可知，螺旋线变成许多条平行斜直线，它与轴线的夹角 $\beta$ 称为分度圆螺旋角。

斜齿轮按照螺旋线的方向可分为左旋和右旋。其判定方法可用右手法则：手心对着自己，四个手指顺齿轮轴线方向，若齿向与右手拇指指向一致，则该齿轮为右旋，反之为左旋，如图 7-10 所示。

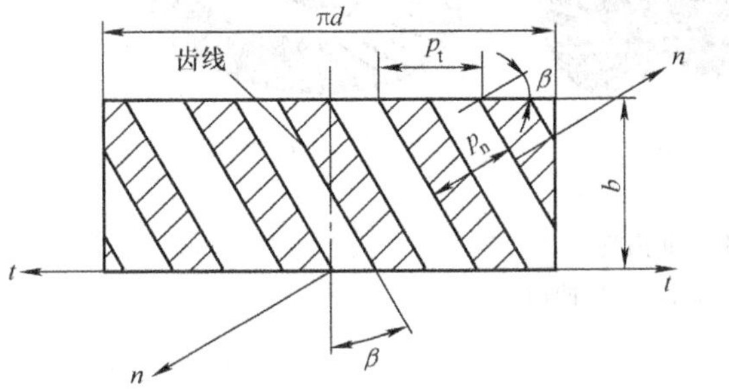


图 7-9　斜齿轮分度圆柱面的展开图

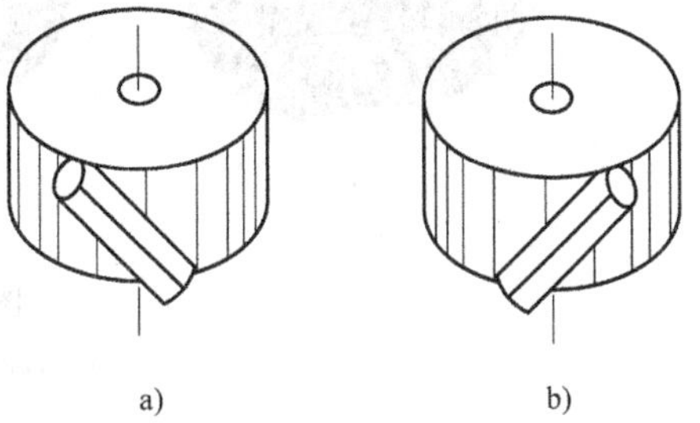


图 7-10　斜齿圆柱齿轮的旋向
a）左旋　b）右旋

**2. 模数**

斜齿圆柱齿轮的模数分为端面模数 $m_t$ 和法向模数 $m_n$，两者的关系为：

$$m_n = m_t\cos\beta \tag{7-3}$$

国家标准规定法向模数为标准值，即 $m_n = m =$ 标准值。

**3. 压力角**

斜齿圆柱齿轮的压力角分为端面压力角 $\alpha_t$ 和法向压力角 $\alpha_n$，两者的关系为：

$$\tan\alpha_n = \tan\alpha_t\cos\beta \tag{7-4}$$

国家标准规定法向压力角 $\alpha_n$ 为标准值，即 $\alpha_n = \alpha = 20°$。

### （三）标准斜齿圆柱齿轮的正确啮合条件

1）两齿轮的法向模数相等，即 $m_{n1} = m_{n2} = m$。

2）两齿轮的法向压力角相等，即 $\alpha_{n1} = \alpha_{n2} = \alpha$。

3）两齿轮螺旋角大小相等、旋向相反（内啮合旋向相同），即 $\beta_1 = -\beta_2$（外啮合）。

## 二、直齿锥齿轮传动

汽车的传动轴一般为纵向（即与行驶方向一致）安装，而驱动车轮的半轴为横向，那么如何实现动力从传动轴到车轮的传递呢？这其中采用了什么样的装置呢？

锥齿轮传动用来传递两轴相交的运动和动力。锥齿轮按轮齿的形状，可分为直齿、斜齿和曲齿三种，如图 7-11 所示。这里只介绍直齿锥齿轮，以及齿轮的材料、齿轮传动的精度、失效形式和维护。

### （一）直齿锥齿轮的传动特点

锥齿轮是分度曲面为圆锥面的齿轮，当齿线是分度圆锥面的直素线时，称为直齿锥齿轮，其齿轮是分布在圆锥面上的。所以锥齿轮的轮齿从大端逐渐向锥顶缩小，沿齿宽各截面尺寸不相等，大端尺寸最大。直齿锥齿轮易制造，适用于低速、轻载传动。

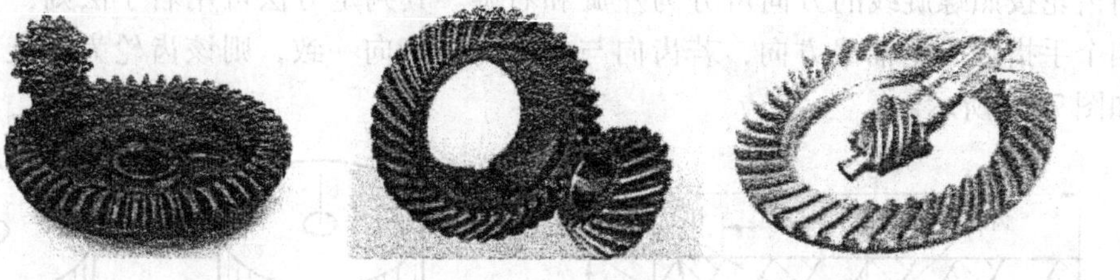

a) b) c)

图 7-11 锥齿轮
a）直齿 b）斜齿 c）曲齿

### （二）直齿锥齿轮的主要参数

直齿锥齿轮的轮齿有大、小端，为了便于尺寸计算和测量，且减少相对误差，国家标准规定以大端参数为标准值。锥齿轮的主要参数有模数（$m$，为标准值）、压力角（$\alpha=20°$）、齿顶高系数（$h_a^*=1$）、顶隙系数（$c^*=0.2$）。

### （三）直齿锥齿轮的正确啮合条件

1）两齿轮的大端模数相等，即 $m_1=m_2=m$。

2）两齿轮的压力角相等，即 $\alpha_1=\alpha_2=\alpha$。

# 第四节 齿轮传动的失效与维护

## 一、齿轮的常用材料

齿轮的齿体应有较高的抗折断能力，齿面应有较强的抗点蚀、抗磨损和较高的抗胶合能力。因此，要求齿轮齿面硬、心部韧。

常用的齿轮材料是优质碳素钢、合金结构钢、铸钢和铸铁等，一般多采用锻件或轧制钢材。尺寸大、结构比较复杂的齿轮采用铸钢或球墨铸铁。开式装置中不重要的低速齿轮可采用铸铁。配对齿轮的小齿轮受力及磨损较大，为使大小两轮的工作寿命相近，小齿轮硬度要求高于大齿轮 20~50HBW。

## 二、齿轮传动的失效形式

分析齿轮失效的目的是为了找出齿轮传动失效的原因，制定强度计算准则，或提出防止失效的措施，提高其承载能力和使用寿命。实践证明，齿轮传动失效主要发生在轮齿上，而当轮齿失效会造成齿轮丧失工作能力。

齿轮的主要失效形式有轮齿折断、齿面点蚀、齿面磨损、齿面胶合和塑性变形五种。各种失效形式、原因和防止措施见表 7-5。

**表 7-5　齿轮的失效形式、原因和防止措施**

| 失效形式 | 含　义 | 图　例 | 防止措施 |
|---|---|---|---|
| 轮齿折断 | 轮齿折断是指齿轮上一个或多个齿的整体或局部的断裂，一般发生在齿根部位<br>轮齿折断的原因有两种：一种是严重过载或受到强烈冲击载荷时发生的突然折断，称为过载折断；另一种是在载荷的多次重复的弯曲作用下，齿根处发生疲劳裂纹而导致疲劳折断 | 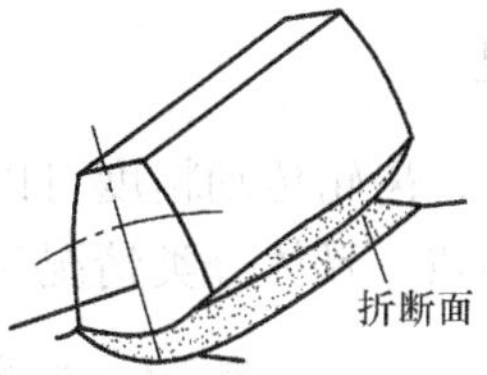 | 选择适当模数、齿宽的齿轮，进行齿面硬化、齿根表面喷丸处理，增大齿根圆角半径，提高齿轮制造和安装精度，尽量避免过载和冲击 |
| 齿面点蚀 | 轮齿的点蚀是指轮齿靠近节线齿根表面上由许多因小块金属剥落而形成的麻点状的凹坑<br>产生的原因是由于在载荷作用下，表面产生很大的局部应力且按一定规律变化，当变化次数超过限度后，轮齿表面就会产生疲劳裂纹，并逐渐扩展而使金属剥落，形成麻坑 | 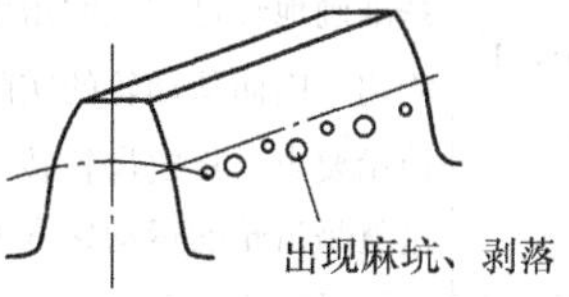 | 采用提高齿面硬度，降低表面粗糙度；选用高粘度的润滑油；使用正变位齿轮传动等措施 |
| 齿面磨损 | 齿面磨损是指在开式齿轮传动中，当灰尘、沙粒及铁屑等进入齿面间，在两轮齿啮合受载时，使齿面产生磨损从而导致渐开线齿形被破坏，轮齿变薄，传动失效，严重时会导致轮齿折断。润滑不良会加剧齿面磨损 | 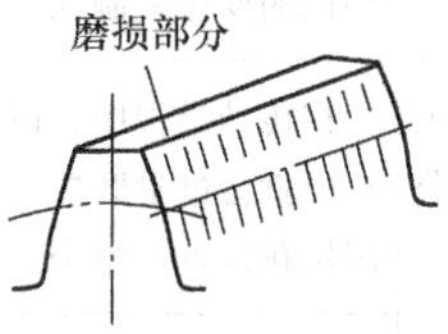 | 采取提高齿面硬度；保持良好润滑，采用闭式传动；改善工作环境等措施可减少轮齿磨损 |
| 齿面胶合 | 齿面胶合是指高速重载齿轮传动中，由于齿面间的压力大，摩擦产生的热量使温度过高，齿面间的油膜被破坏而使两齿面间金属直接接触，熔焊在一起，随着继续转动，较硬的金属齿面将较软的金属表层沿滑动方向撕裂而划出沟槽的现象 | 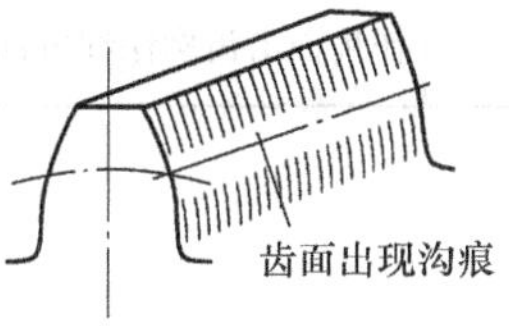 | 采用提高齿面硬度；采用抗胶合能力强的润滑油；选用抗胶合性能好的齿轮副材料等均可防止或减轻齿面的胶合 |
| 塑性变形 | 塑性变形是指在重载下，齿面将产生局部金属流动的现象，即齿面塑性变形。由于摩擦的作用，齿面塑性变形将沿着摩擦力的方向发生，最后在主动轮轮齿面形成凹槽，在从动轮轮齿面却形成凸起的棱背 | 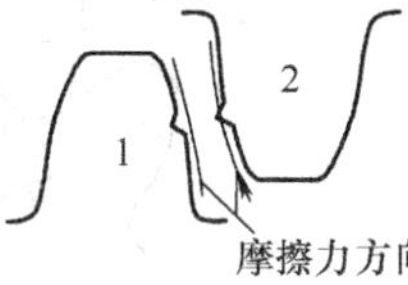 | 防止或减轻齿面塑性变形应提高齿面的硬度 |

## 三、齿面接触疲劳强度

许多机械零件，如齿轮、轴、轴承、叶片、弹簧等，在工作过程中，各点的应力随时间作周期性变化，这种随时间作周期性变化的应力称为交变应力。在交变应力的作用下，虽然零件所承受的应力低于材料的屈服点，但经过较长时间的工作后产生裂纹或突然发生完全断裂的现象称为金属的疲劳。

疲劳破坏是齿轮失效的主要原因之一。据统计，绝大部分齿轮失效属于疲劳破坏，而且疲劳破坏前没有明显的变形，因此疲劳破坏经常造成重大事故，所以对于齿轮等承受交变载荷的零件要选择疲劳强度较好的材料来制造。

## 四、齿轮传动精度

根据齿轮的使用要求，齿轮传动精度可以由四个方面组成，即运动精度、工作平稳性精度、接触精度和齿轮副侧隙。具体分类情况见表 7-6。

**表 7-6 齿轮传动精度类型**

| 类型 | 含 义 | 说 明 |
|---|---|---|
| 运动精度 | 指齿轮传动中，传递运动的准确性 | 为了正确地传递运动，要求主动齿轮转过一个角度 $\varphi_1$，从动齿轮按传动比的关系准确地转过相应的角度 $\varphi_2$，但由于加工中存在误差，轮齿在圆周上不能分布很均匀，因而从动轮的实际转角 $\varphi_2'$ 与理论转角 $\varphi_2$ 之间必然出现转角误差。为了满足使用要求，规定齿轮转一转的过程中，转角最大误差的绝对值不超过一定的限度，这就是齿轮的运动精度的要求 |
| 工作平稳性精度 | 指在齿轮回转一周中，其瞬时传动比的变化的限度 | 齿轮在旋转时，应尽量减轻冲击、振动和噪声。但由于齿形和基节误差，造成瞬时传动比的不稳定，致使工作不平稳。齿轮的工作平稳性精度，就是规定其瞬时传动比的变化限制在一定的范围内 |
| 接触精度 | 指齿轮传动中，工作齿面承受载荷的分布均匀性 | 在传动过程中，齿轮表面将直接承受载荷，若接触不均匀，造成局部应力过大，轮齿就会过早磨损。为了延长齿轮的使用寿命，希望齿面接触面积大而均匀，通常用接触斑点占整个齿面的比例来表示 |
| 齿轮副侧隙 | 指相互啮合的一对齿轮的非工作齿面的间隙 | 轮齿受力时有变形，发热时会膨胀，安装与制造不精确，会出现卡死现象。为了防止相互卡死，储存润滑剂，改善齿面的摩擦条件，相互啮合的一对轮齿，在非工作齿面沿齿廓法线方向应留有一定的侧隙 $j_b$，如图 7-12 所示 |

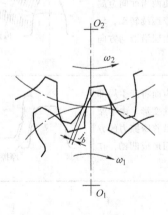

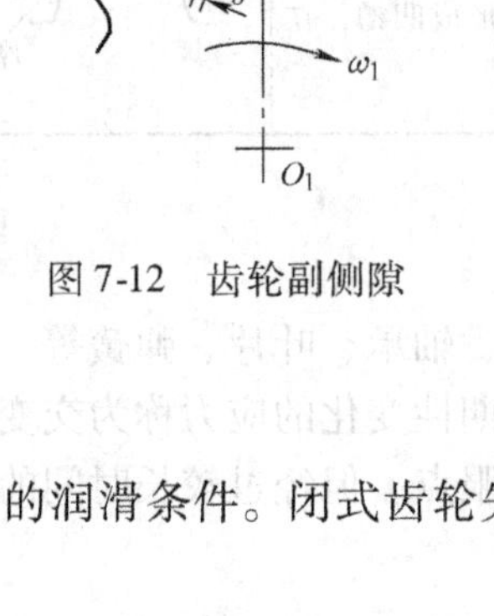


图 7-12 齿轮副侧隙

## 五、齿轮传动的维护

齿轮传动运行时，要保持正常的润滑条件。闭式齿轮失效多为由于轮齿强度、韧性不足，或是齿面硬度、接触强度不够所造成，因此闭式齿轮传动主要用润滑油来润滑，一般将大齿轮的轮齿浸入油池中润滑；开式齿轮的失效常由沙尘落入齿面引起，加快了轮齿磨损，因此对于开式齿轮传动，为了避免灰尘等杂物侵入和确保人身与设备安全，开式传动装置应加防护罩。操作人员一定要熟悉齿轮传动运行时的正常声音，一般可重点检查轴承、齿轮等处的位置，当听到异常声音或油温过高时，应立即停机检查。

要定期对齿轮传动的各部件进行检查，包括拆卸、清洗、清除润滑油中杂质、检查轴承状况等，一般可进行小修、中修及有计划的大修等。

## 第五节　蜗杆传动

为了实现传递空间交错轴间的运动和动力，应该采用什么样的齿轮传动？

### 一、概述

蜗杆传动是一种在空间交错轴间传递运动的机构，主要由蜗杆和蜗轮组成，如图 7-13 所示。通常情况下，蜗杆为主动件，蜗轮为从动件。与其他机械传动比较，蜗杆传动具有传动比大、结构紧凑、运转平稳、噪声较小等优点，因此广泛应用于各种机器和仪器中。

图 7-13　蜗杆传动

**1. 蜗杆传动的分类**

蜗杆传动的分类见表 7-7。

**表 7-7　蜗杆传动的分类**

| 分类方式 | 类　型 | 图　例 |
|---|---|---|
| | 圆柱蜗杆传动 | 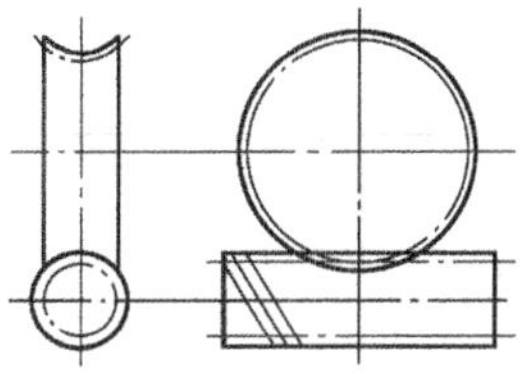 |
| 按蜗杆形状 | 环面蜗杆传动 | 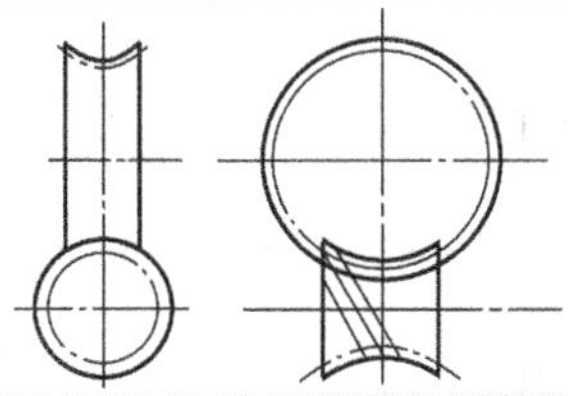 |
| | 锥蜗杆传动 | 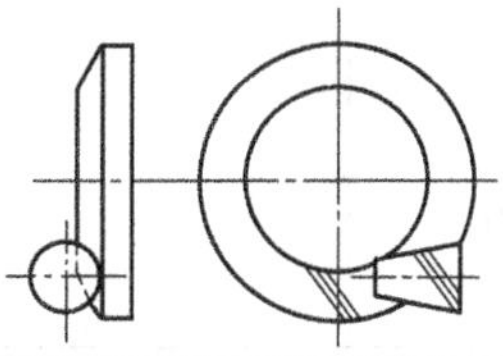 |

（续）

| 分类方式 | 类　型 | 图　例 |
|---|---|---|
| 按刀具加工位置 | 阿基米德蜗杆 | 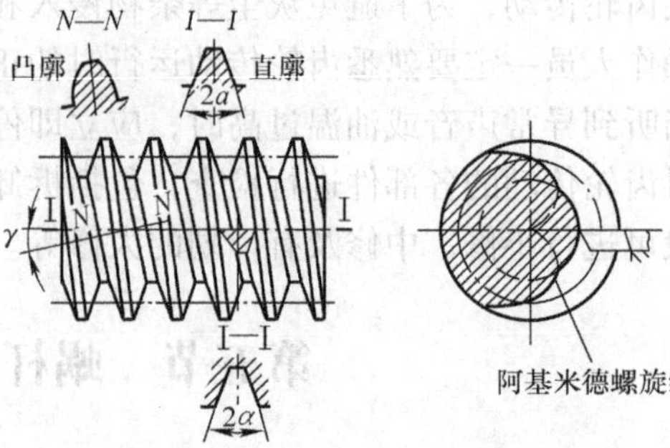 |
| | 渐开线蜗杆 | 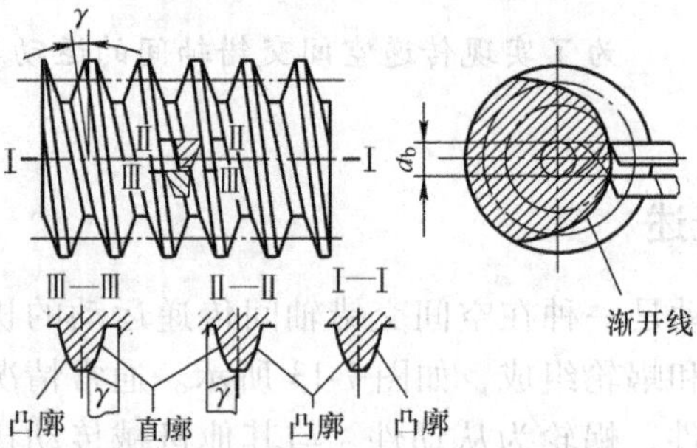 |
| | 法向直齿廓蜗杆 | 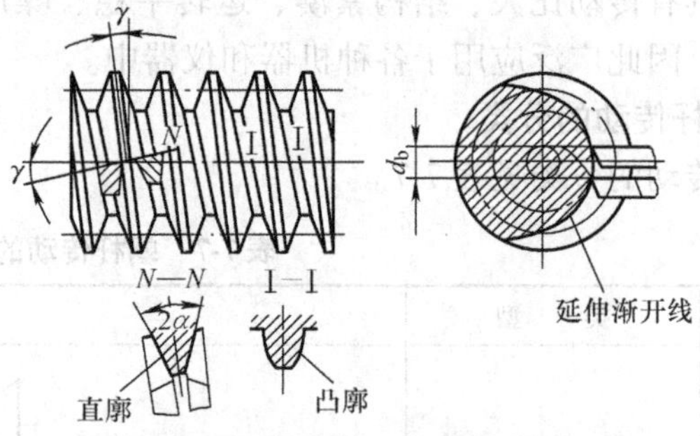 |
| 按蜗杆螺旋线方向 | 左旋蜗杆 | 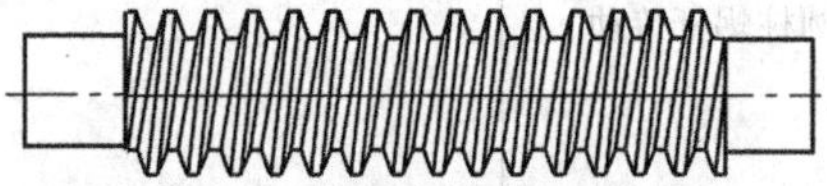 |
| | 右旋蜗杆 | 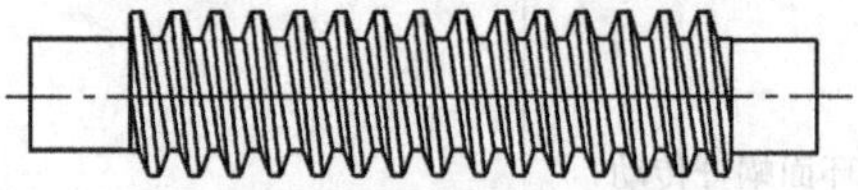 |
| 按蜗杆头数 | 单头蜗杆 | 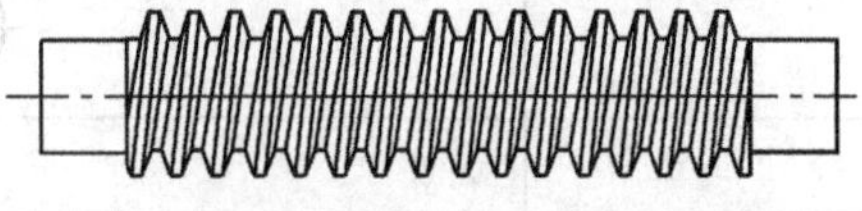 |
| | 双头蜗杆 | 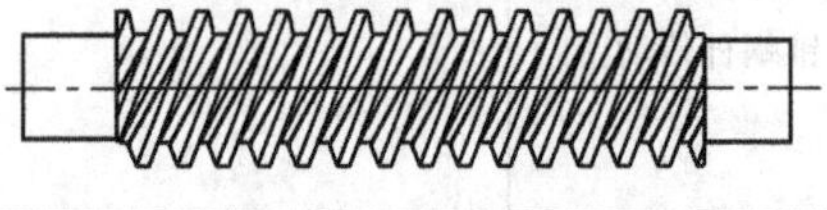 |

**2. 蜗杆传动的特点**

蜗杆传动主要用于运动传递，而在动力传输中的应用受到限制。蜗杆传动的特点见表7-8。

**表7-8 蜗杆传动的特点**

| 特　点 | 说　明 |
|---|---|
| 传动比大，结构紧凑 | 传递动力时，传动比为8～80；传递运动时，传动比可达1000 |
| 传动平稳，无噪声 | 由于蜗杆的齿是连续的螺旋齿，蜗杆与蜗轮啮合的齿数较多，所以平稳性好 |
| 具有自锁性 | 当蜗杆的螺旋角小于轮齿间的当量摩擦角时，蜗杆传动能自锁，即只能由蜗杆带动蜗轮，而不能由蜗轮带动蜗杆 |
| 传动效率低 | 一般效率为70%～80%，而自锁时效率小于50% |
| 不能任意互换 | 因为加工蜗轮的滚刀不仅与蜗杆的模数和压力角相等，而且头数、分度圆直径也必须相同，所以蜗杆传动互换性较齿轮传动差 |
| 磨损大、成本高 | 蜗轮常用贵重的减磨材料（如青铜）制造 |

## 二、阿基米德蜗杆及蜗轮的几何尺寸

**1. 蜗杆传动的基本参数**

蜗杆传动和齿轮传动有相同的重要参数，一对互相啮合传动的蜗杆和蜗轮，两者的模数和压力角相等，并且蜗杆的螺纹升角等于蜗轮的螺旋角，其蜗杆、蜗轮的旋转方向相同。

（1）模数 $m$ 和压力角 $\alpha$　如图7-14所示，垂直于蜗轮轴线且通过蜗杆轴线的平面，称为中间平面，它对蜗杆是轴面，对蜗轮是端面。在中间平面内，蜗杆与蜗轮啮合传动就相当于渐开线齿条与齿轮的啮合传动。为了加工方便，规定蜗杆的轴向模数 $m_{x1}$ 为标准模数 $m$。蜗轮的端面模数 $m_{t2}$ 等于蜗杆的轴向模数 $m_{x1}$，因此蜗轮端面模数 $m_{t2}$ 也应为标准模数 $m$。标准模数系列见表7-9，压力角标准值为20°。

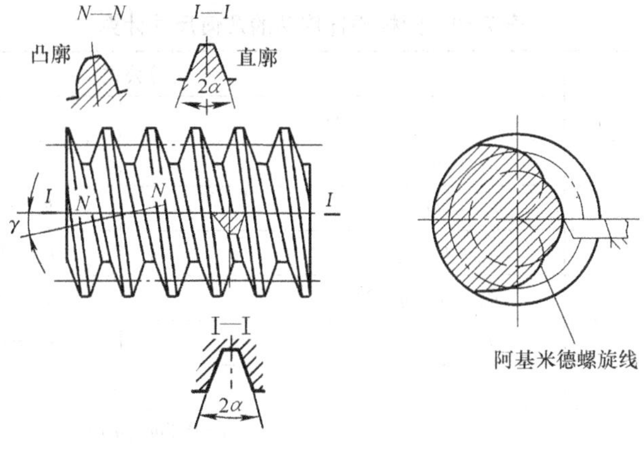


图7-14　阿基米德蜗杆

表 7-9　圆柱蜗杆的基本尺寸和参数

| $m$/mm | $d_1$/mm | $z_1$ | $q$ | $m^2d_1$/mm³ | $m$/mm | $d_1$/mm | $z_1$ | $q$ | $m^2d_1$/mm³ |
|---|---|---|---|---|---|---|---|---|---|
| 1 | 18 | 1 | 18.000 | 18 | 6.3 | 63 | 1、2、4、6 | 10.000 | 2500 |
| 1.25 | 20 | 1 | 16.000 | 31.25 | 8 | 80 | 1、2、4、6 | 10.000 | 5120 |
| 1.6 | 20 | 1、2、4 | 12.500 | 51.2 | 10 | 90 | 1、2、4、6 | 9.000 | 9000 |
| 2 | 22.4 | 1、2、4、6 | 11.200 | 89.6 | 12.5 | 112 | 1、2、4 | 8.960 | 17500 |
| 2.5 | 28 | 1、2、4、6 | 11.200 | 175 | 16 | 140 | 1、2、4 | 8.750 | 35840 |
| 3.15 | 35.5 | 1、2、4、6 | 11.270 | 352 | 20 | 160 | 1、2、4 | 8.000 | 64000 |
| 4 | 40 | 1、2、4、6 | 10.000 | 640 | 25 | 200 | 1、2、4 | 8.000 | 125000 |
| 5 | 50 | 1、2、4、6 | 10.000 | 1250 | | | | | |

（2）蜗杆头数 $z_1$、蜗轮齿数 $z_2$ 和传动比 $i$　选择蜗杆头数 $z_1$ 时，主要考虑传动比、效率及加工等因素。通常蜗杆头数 $z_1=1$、2、4。若要得到大的传动比且要求自锁时，可取 $z_1=1$；当传递功率较大时，为提高传动效率，可采用多头蜗杆，通常取 $z_1=2$ 或 4。

蜗轮齿数 $z_2=iz_1$，为了避免蜗轮轮齿发生根切，$z_2$ 不应小于 26，但也不宜大于 80。

（3）蜗杆直径系数 $q$ 和导程角 $\gamma$　其中，$q=d_1/m$，称为蜗杆直径系数，表示蜗杆分度圆直径与模数的比。

图 7-15 所示为蜗杆分度圆柱面的展开图。蜗杆分度圆柱螺旋线与端面之间所夹的锐角称为蜗杆分度圆柱导程角，简称蜗杆导程角，用 $\gamma$ 表示。

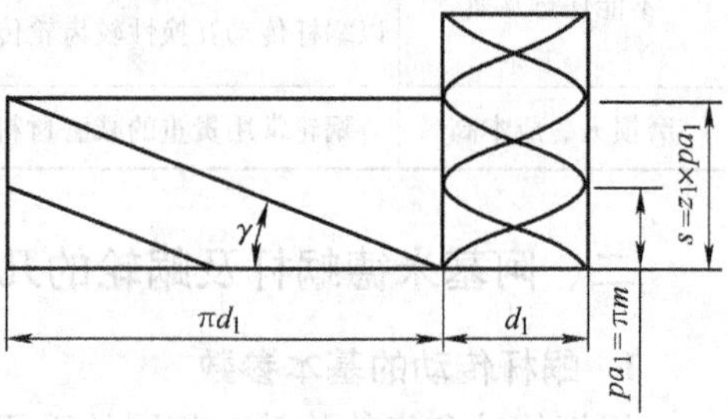


图 7-15　蜗杆分度圆柱面的展开图

（4）传动比 $i_{12}$、蜗杆头数 $z_1$ 和蜗轮齿数 $z_2$　设蜗杆头数为 $z_1$，即蜗杆螺旋线的数目；蜗轮的齿数为 $z_2$，其传动比为：

$$i=\frac{n_1}{n_2}=\frac{z_2}{z_1} \tag{7-5}$$

式中　$n_1$、$n_2$——蜗杆和蜗轮的转速，单位为 r/min。

（5）圆柱蜗杆传动的几何尺寸计算　圆柱蜗杆传动的几何尺寸计算见表 7-10。

表 7-10　圆柱蜗杆传动的几何尺寸计算

| 名　称 | 计算公式 | |
|---|---|---|
| | 蜗杆 | 蜗轮 |
| 分度圆直径 | $d_1=mq$ | $d_2=mz_2$ |
| 齿顶高 | $h_{a1}=m$ | $h_{a2}=m$ |
| 齿根高 | $h_{f1}=1.2m$ | $h_{f2}=1.2m$ |
| 顶圆直径 | $d_{a1}=m(q+2)$ | $d_{a2}=m(z_2+2)$ |
| 根圆直径 | $d_{f1}=m(q-2.4)$ | $d_{f2}=m(z_2-2.4)$ |
| 顶隙 | $c=0.2m$ | |
| 中心距 | $a=0.5m(q+z_2)$ | |
| 蜗杆轴向齿距、蜗轮端面齿距 | $P_{a1}=P_{t2}=\pi m$ | |

**2. 蜗杆传动旋转方向的判断**

在蜗杆传动中，通常蜗杆是主动件，从动件蜗轮的转动方向取决于蜗杆的转动方向和旋向。

蜗杆、蜗轮的螺旋方向可用右手法则判定，其判断方法与斜齿轮的旋向判定方法相同，如图 7-16 所示。

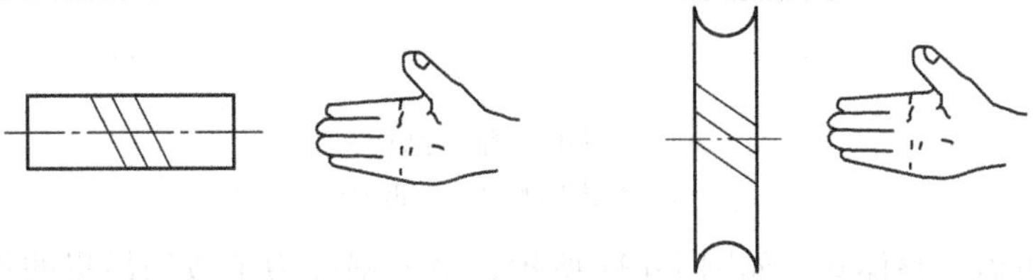

a)　　b)

图 7-16　蜗杆、蜗轮的螺旋方向的判定

a）右旋蜗杆　b）右旋蜗轮

蜗轮旋转方向的判定用左、右手法则判定。当蜗杆是右旋（或左旋）时，伸出右手（或左手）半握拳，用四指顺着蜗杆的旋转方向，此时与大拇指指向的相反方向，即为蜗轮的转动方向，如图 7-17 所示。

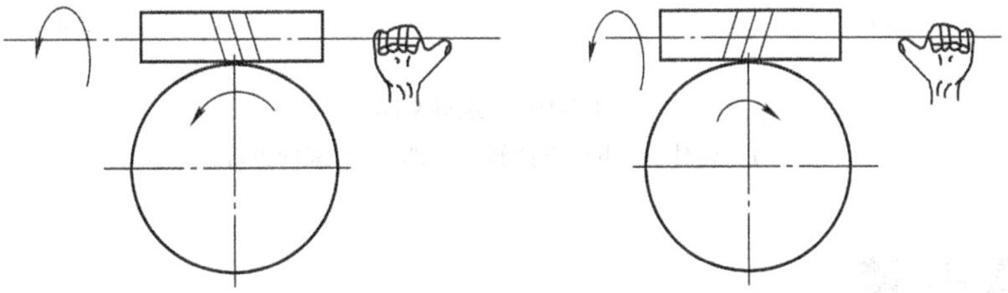

a)　　b)

图 7-17　蜗轮旋转方向的判定

a）右旋蜗杆传动　b）左旋蜗杆传动

**3. 蜗杆传动的正确啮合条件**

1）在中间平面内，蜗杆的轴向模数和蜗轮的端面模数相等，即 $m_{x1}=m_{t2}=m$。

2）在中间平面内，蜗杆的轴向压力角和蜗轮的端面压力角相等，即 $\alpha_{x1}=\alpha_{t2}=20°$。

3）蜗杆分度圆导程角 $\gamma_1$ 和蜗轮分度圆螺旋角 $\beta_2$ 相等，且旋向一致，即 $\gamma_1=\beta_2$。

## 三、蜗杆传动的失效形式及结构

**1. 蜗杆传动的失效形式和材料**

蜗杆传动的失效形式与齿轮传动的失效形式基本一致，有齿面点蚀、齿面胶合、齿面磨损及轮齿折断等几种情况。但由于蜗杆与蜗轮齿面间的相对滑动很大，摩擦也很大，因而主要失效形式是胶合和磨损。为此，一般蜗轮材料多采用摩擦因数较低、抗胶合性较好的锡青铜、铝青铜或黄铜，低速时可采用铸铁。一般蜗杆在低、中速时可采用 45 钢调质，高速时采用 40Cr、40MnB、40MnVB 调质后表面淬火，或采用 20 钢、20CrMnTi、20MnVB 渗碳淬火。

**2. 蜗杆传动的结构**

一般蜗杆都是与轴做成一体，其具体结构如图 7-18 所示。

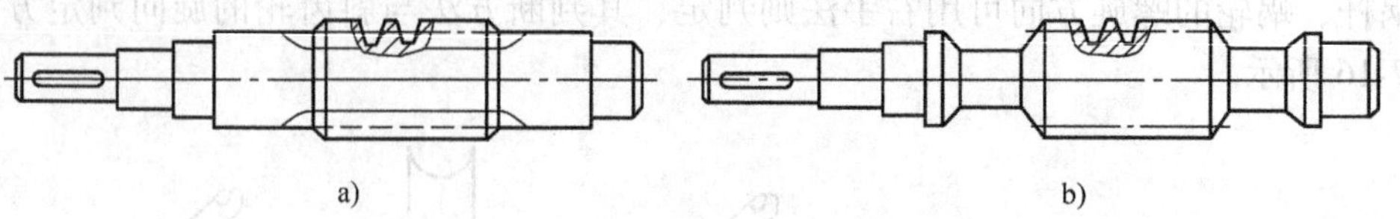

图 7-18 蜗杆结构
a）无退刀槽 b）有退刀槽

一般蜗轮可做成整体式，如图 7-19a 所示；高速蜗杆为了节约昂贵的锡青铜、黄铜等，可做成装配式的，如图 7-19b、c 所示。

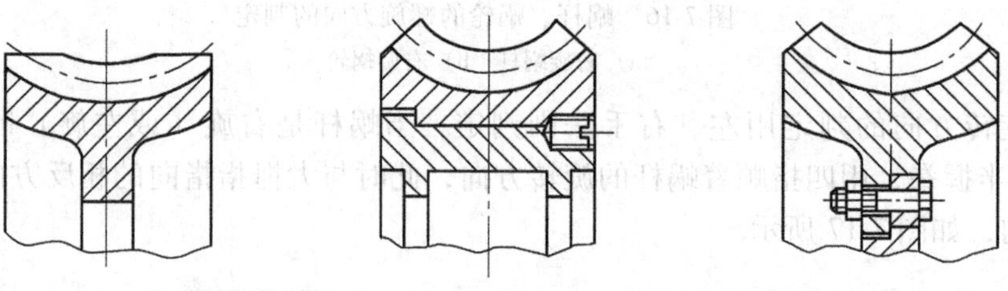

图 7-19 蜗轮结构
a）整体式 b）锯掉螺钉头部 c）螺栓连接

## 本章小结

本章主要讲解了下列内容：

1. 齿轮传动的类型、特点及应用。
2. 标准直齿圆柱齿轮的各部分名称、主要参数及其基本尺寸的计算。
3. 齿轮传动的正确啮合条件。
4. 蜗杆传动的类型、特点及应用。
5. 简单分析了齿轮的失效形式及齿轮传动的精度。

# 实训项目 8 齿轮和蜗轮旋转方向的判断

**【项目内容】**

熟悉各类齿轮传动的特点，识别齿轮的类型，判断齿轮的旋向和蜗轮旋转方向。

**【项目目标】**

1）能识别各种类型的齿轮。

2）会判断斜齿圆柱齿轮、蜗杆、蜗轮的旋向。

3）会判断蜗轮蜗杆传动中蜗轮的旋转方向。

## 【项目实施】（表 7-11）

**表 7-11　齿轮旋向和蜗轮旋转方向的判断实施步骤**

| 步骤名称 | | 操作步骤 |
|---|---|---|
| 分组 | | 分组实施，每小组 3～4 人，或视设备情况确定人数 |
| 工、量具及设备准备 | | 直齿圆柱齿轮、斜齿圆柱齿轮、直齿锥齿轮、蜗杆、蜗轮及蜗杆传动若干 |
| 实施过程 | 各种齿轮传动特点比较 | 说出直齿圆柱齿轮、斜齿圆柱齿轮、直齿锥齿轮、斜齿锥齿轮、蜗杆和蜗轮各自的传动特点，分析以上齿轮中哪些需要判断其旋向，并填写表 7-12 |
| | 判断齿轮旋向 | 说出图 7-20 所示各齿轮的名称，并判断其旋向，填写在表 7-13 中 |
| | 判断蜗轮旋转方向 | 图 7-21 所示为蜗杆传动减速器，已知蜗杆为逆时针方向转动，请在图中标出蜗轮的旋转方向 |
| | 5S | 整理工具、清扫现场 |

**表 7-12　各种齿轮的传动特点比较**

| 齿轮类型 | 直齿圆柱齿轮 | 斜齿圆柱齿轮 | 直齿锥齿轮 | 斜齿锥齿轮 | 蜗杆 | 蜗轮 |
|---|---|---|---|---|---|---|
| 传动特点 | | | | | | |
| 是否需要判断其旋向 | | | | | | |

**表 7-13　齿轮旋向判断**

| 项目 | a | b | c | d | e | f |
|---|---|---|---|---|---|---|
| 齿轮名称 | | | | | | |
| 左旋或右旋 | | | | | | |

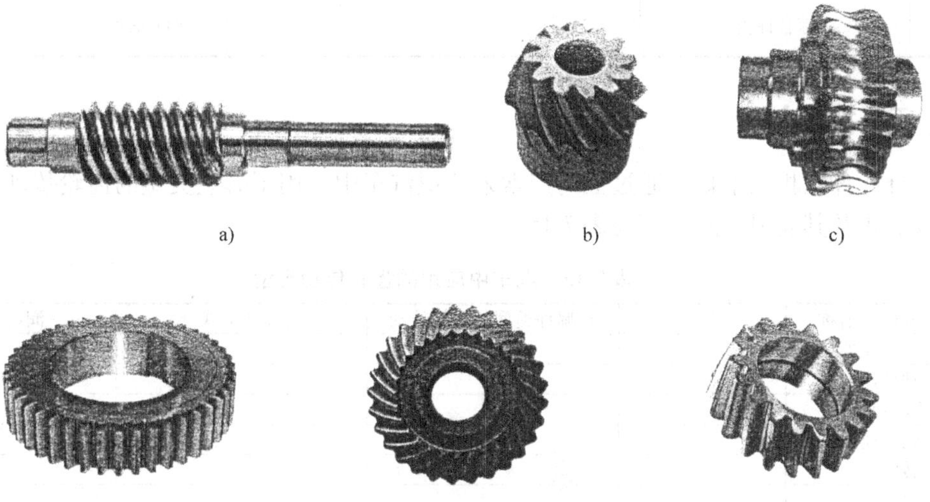

a)　b)　c)

d)　e)　f)

图 7-20　齿轮旋向的判断

图 7-21　蜗杆传动减速器

## 【项目评价与反馈】（表 7-14）

**表 7-14　项目评价与反馈表**

班级：________姓名：________　　　　　　　　　　　　　　　　______年____月____日

| 序号 | 项目 | 自我评价 | | | | 小组评价 | | | | 教师评价 | | | |
|---|---|---|---|---|---|---|---|---|---|---|---|---|---|
| | | 优 | 良 | 中 | 差 | 优 | 良 | 中 | 差 | 优 | 良 | 中 | 差 |
| 1 | 正确区别齿轮的传动特点 | | | | | | | | | | | | |
| 2 | 正确利用判断规律判断齿轮旋向 | | | | | | | | | | | | |
| 3 | 正确利用判断规律判断蜗杆旋转方向 | | | | | | | | | | | | |
| 4 | 团结协作精神 | | | | | | | | | | | | |
| 5 | 实训小结 | | | | | | | | | | | | |
| 6 | 综合评价 | 综合评价等级： | | | | | | | | | | | |

## 【项目拓展】

请自行查找相关书籍或通过上网搜索来认识汽车中应用了哪些类型的齿轮传动，并分析其失效形式及其润滑方式，填写表 7-15。

**表 7-15　汽车中应用的齿轮传动类型**

| 汽车零部件名称 | 车型 | 有哪种类型的齿轮传动 | 失效形式 | 润滑方式 |
|---|---|---|---|---|
| 手动变速器 | | | | |
| 自动变速器 | | | | |
| 主减速器 | | | | |
| 齿轮差速器 | | | | |
| 转向器 | | | | |
| 里程表 | | | | |

# 第八章　齿轮系与减速器

你想知道机械手表的时针、分针、秒针是怎样工作的吗？你想知道汽车为什么可以变速吗？它们都是通过一系列的齿轮相互啮合来工作的，本章将学习齿轮系和减速器的相关内容

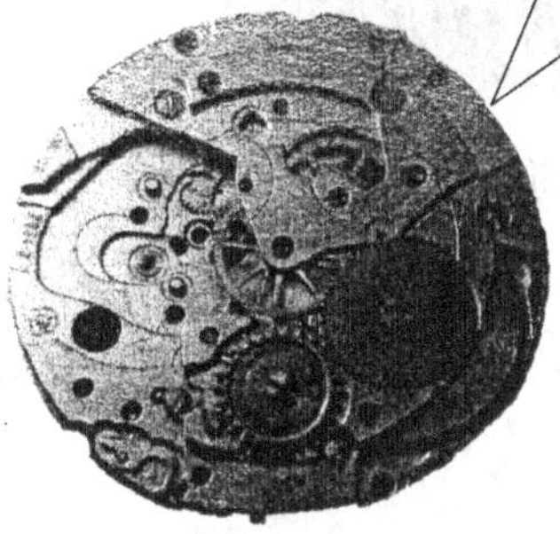

机械手表

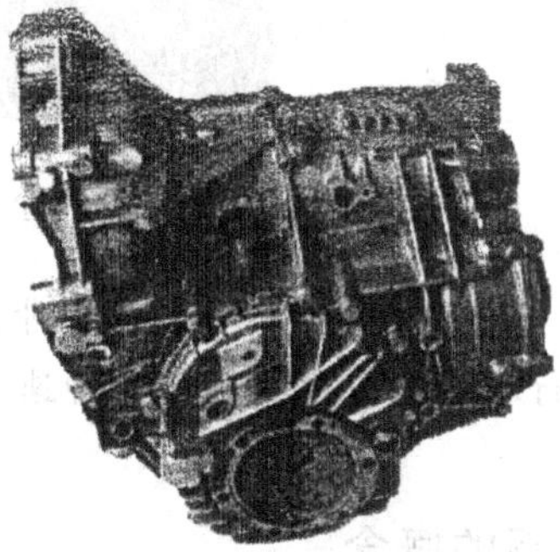

汽车减速器

**【学习目标】**

◆ 区分轮系的分类和应用特点。

◆ 会进行定轴轮系传动比的计算。

◆ 叙述减速器的类型、结构和应用，能正确拆装、维护减速器。

**【学习重点】**

◆ 定轴轮系传动比的计算。

◆ 行星轮系传动比的计算。

# 第一节 轮系的分类和应用

在实际应用的机械中，当主动轴与从动轴的距离较远，或要求传动比较大，或需要实现变速和换向要求时，可应用轮系来实现这种传动要求。图 8-1 所示为新型齿轮中的准椭球齿轮传动，它是在单自由度平面啮合的一般渐开线齿轮传动的基础上发展起来的，是一种双自由度空间啮合的新型齿轮传动，主要应用于机器人中，成为全方位柔性手腕。

图 8-1 全方位准椭球齿轮柔性关节

一对齿轮传动只有一种传动比，但汽车在不同的场合，需要用不同的速度行驶，那如何来实现多种速度的变化呢？你知道汽车变速的原理吗？

## 一、轮系的概念

在机械中，常常要将主动轴的较快转速变换为从动轴的较慢转速；或者将主动轴的一种转速变换为从动轴的多种转速；或者改变从动轴的旋转方向，这就需要应用多对齿轮传动来实现，这种由一系列相互啮合的齿轮组成的传动系统称为轮系。

## 二、轮系的分类

根据轮系在运转过程中各轮几何轴线在空间的相对位置关系是否变动分，轮系可分为表 8-1 所列的几类。

表 8-1 轮系的分类

| 类型 | 说 明 | 图 例 |
|---|---|---|
| 定轴轮系 | 轮系运转时，所有齿轮的几何轴线位置均固定不动 |  |

（续）

| 类型 | 说　明 | 图　例 |
|---|---|---|
| 周转轮系 | 在轮系中至少有一个齿轮的轴线是围绕另一个齿轮进行旋转 |  |
| 混合轮系 | 由定轴轮系和周转轮系，或是由几个基本周转轮系组成的复杂轮系 |  |

## 三、轮系的应用特点

轮系的应用特点见表 8-2。

**表 8-2　轮系的应用特点**

| 特　点 | 说　明 |
|---|---|
| 可获得很大的传动比 | 如果仅由一对齿轮传动，要想得到较大的传动比，那么大小齿轮的齿数应相差很大，会使小齿轮极易磨损。这时可使用轮系来实现此功能，克服上述缺点，如航空发动机的减速器 |
| 可作较远距离的传动 | 若两轴距离较远，用一对齿轮传动，齿轮尺寸必然很大，若采用轮系传动，则结构紧凑，并能实现远距离传动 |
| 可实现变速、换向要求 | 采用轮系组成各种机构，将运转速度分为若干等级进行变换，并能变换运转方向 |
| 可合成或分解运动 | 采用周转轮系可将两个独立运动合成为一个运动，或将一个独立运动分解成两个独立运动，如汽车后桥传动轴 |

# 第二节　定轴轮系

什么是定轴轮系？定轴轮系的转向如何判定？定轴轮系的传动比如何确定？哪些场合应用了定轴轮系？

## 一、定轴轮系的转向及传动比

**1. 转向判定**

轮系各轴的转向一般用“+”、“-”符号或箭头表示。

（1）符号表示　符号表示法适用于平面定轴轮系。若齿轮外啮合，两轮转向相反，用“-”表示；若齿轮内啮合，两轮转向相同，用“+”表示。若该轮系中有 $m$ 对外啮合齿轮，则末轮转向为 $(-1)^m$表示。例如，$i_{ab}=12$，表明轴 $a$ 和 $b$ 的转向相同，转速比为 12；又如 $i_{ab}=-6$，表明轴 $a$ 和 $b$ 的转向相反，转速比为 6。因此，两轴或齿轮的转向相同与否，由它们的外啮合次数而定。外啮合为奇数时，主、从动轮转向相反；外啮合为偶数时，主、从动轮转向相同。

（2）箭头表示　箭头表示法适用于平面定轴轮系及空间定轴轮系。

当齿轮外啮合时，两箭头同时指向（或远离）啮合点，即“头头相对”或“尾尾相对”，如图 8-2 所示。当齿轮内啮合时，两箭头同向，如图 8-3 所示。

**2. 定轴轮系的传动比**

轮系中首末两轮的转速之比称为该轮系的传动比，用 $i$ 表示，并在其右下角附注两个角标来表示对应的两轮。例如，$i_{1k}$即表示齿轮 1 与齿轮 $k$ 转速之比。

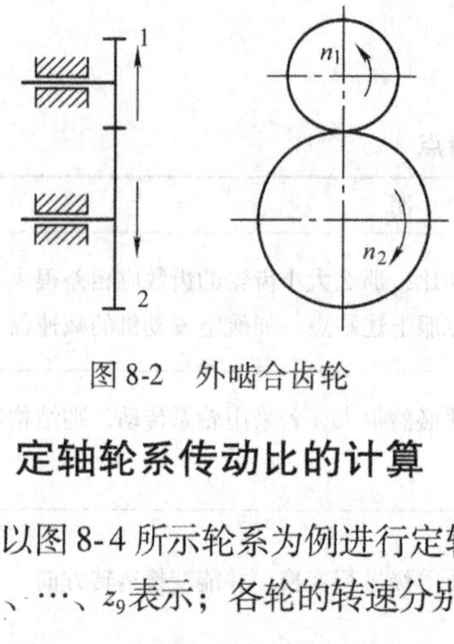

图 8-2　外啮合齿轮

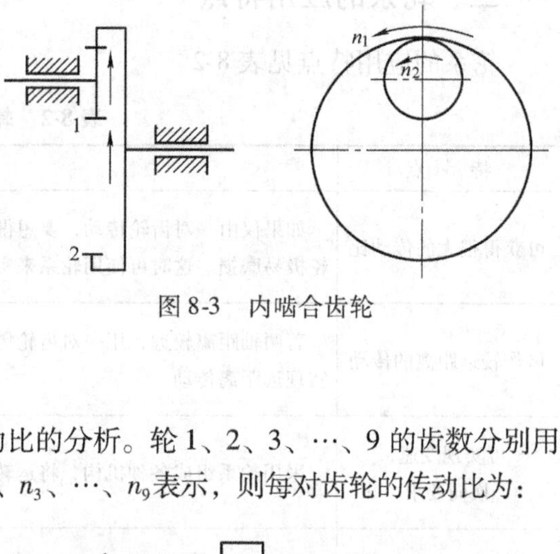

图 8-3　内啮合齿轮

## 二、定轴轮系传动比的计算

下面以图 8-4 所示轮系为例进行定轴轮系传动比的分析。轮 1、2、3、…、9 的齿数分别用 $z_1$、$z_2$、$z_3$、…、$z_9$表示；各轮的转速分别用 $n_1$、$n_2$、$n_3$、…、$n_9$表示，则每对齿轮的传动比为：

$$i_{12}=\frac{n_1}{n_2}=-\frac{z_2}{z_1}$$

$$i_{23}=\frac{n_2}{n_3}=-\frac{z_3}{z_2}$$

$$i_{45}=\frac{n_4}{n_5}=+\frac{z_5}{z_4}$$

$$i_{67}=\frac{n_6}{n_7}=-\frac{z_7}{z_6}$$

$$i_{89}=\frac{n_8}{n_9}=-\frac{z_9}{z_8}$$

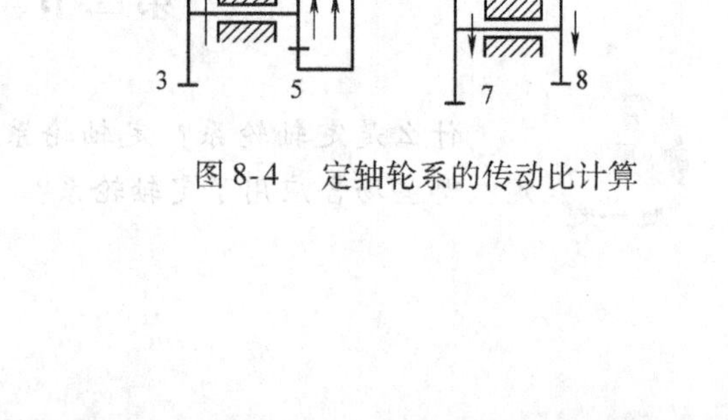

图 8-4　定轴轮系的传动比计算

若以 $i_{19}$ 表示总传动比，则总传动比 $i_{19}$ 等于各级传动比的连乘积，由此得：

$$i_{19}=i_{12}i_{23}i_{45}i_{67}i_{89}=\frac{n_1}{n_2}\times\frac{n_2}{n_3}\times\frac{n_4}{n_5}\times\frac{n_6}{n_7}\times\frac{n_8}{n_9}=\left(-\frac{z_2}{z_1}\right)\times\left(-\frac{z_3}{z_2}\right)\times\left(+\frac{z_5}{z_4}\right)\times\left(-\frac{z_7}{z_6}\right)\times\left(-\frac{z_9}{z_8}\right)$$

由于 $n_3=n_4$，$n_5=n_6$，$n_7=n_8$，于是可得：

$$i_{19}=\frac{n_1}{n_9}=(-1)^4\times\frac{z_3z_5z_7z_9}{z_1z_4z_6z_8}$$

上式说明首末两轮转速之比等于各啮合齿轮中，所有从动轮齿数连乘积与所有主动轮齿数连乘积之比。式中的 $(-1)^4$ 说明该轮系有四对外啮合圆柱齿轮相啮合。等号右边，分子、分母都含有 $z_2$，故将其约去。

图 8-4 所示的齿轮 2 的齿数不影响轮系传动比的大小，但它可以改变传动比的正负号，这种齿轮称为惰轮。

若在定轴轮系中，首轮（主动轮）的转速为 $n_1$，末轮（从动轮）的转速为 $n_N$，外啮合圆柱齿轮对数为 $m$，则轮系传动比为：

$$i_{1N}=\frac{n_1}{n_N}=(-1)^m\times\frac{\text{所有从动轮齿数连乘积}}{\text{所有主动轮齿数连乘积}}\tag{8-1}$$

**例 8-1**　如图 8-5 所示的车床溜板进给刻度盘轮系，运动由齿轮 1 输入，齿轮 5 输出，已知齿数 $z_1=18$、$z_2=87$、$z_3=28$、$z_4=20$、$z_5=84$，试求此轮系的传动比 $i_{15}$。

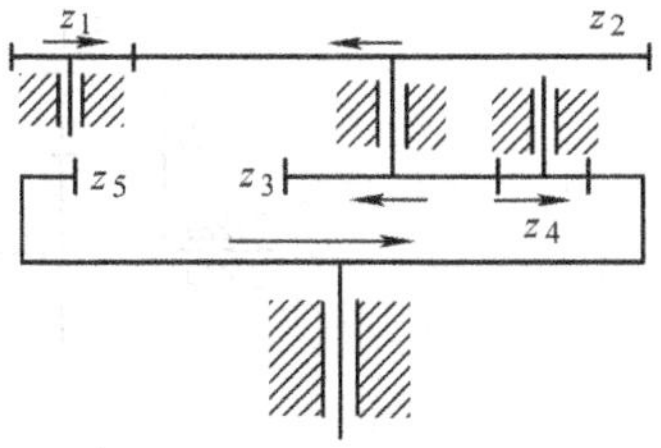


图 8-5　车床溜板进给刻度盘轮系

**解**：由式（8-1）可知：

$$i_{15}=\frac{n_1}{n_5}=(-1)^m\times\frac{z_2z_4z_5}{z_1z_3z_4}$$

$$=(-1)^2\times\frac{87\times20\times84}{18\times28\times20}=14.5$$

计算结果为正，表示末端齿轮 4 与首端齿轮 1 的转向相同。

**例 8-2**　如图 8-6 所示的手摇提升装置，各齿轮齿数已知，试求传动比运动 $i_{18}$。若要提升重物上升，试确定手轮的转向。

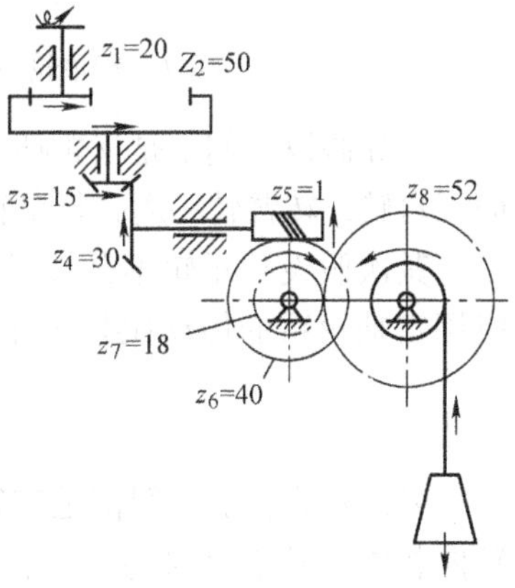


图 8-6　手摇提升装置

**解**：因轮系中有锥齿轮传动和蜗杆传动，只能用公式计算 $i_{18}$ 的大小，手柄的转向用画箭头的方法确定。

$$i_{18}=\frac{n_1}{n_8}=\frac{z_2z_4z_6z_8}{z_1z_3z_5z_7}$$

$$=\frac{50\times30\times40\times52}{20\times15\times1\times18}=577.78$$

各齿轮转向如图中箭头所示，重物上升时，手轮逆时针旋转。

## *第三节　周转轮系

在轮系中，如果至少有一个齿轮及轴线围绕另一个齿轮旋转，那么这个轮系就称为周转轮系。周转轮系分行星轮系与差动轮系两种。

### 一、行星轮系的结构

图 8-7 所示为一个内啮合的行星轮系，中心轮 $z_1$ 固定不动，它的里边啮合着一个活套在转臂 $H$ 上的行星齿轮 $z_2$，中心轮 $z_3$ 和 $z_2$ 啮合在一起。这样，当转臂 $H$ 旋转时，行星齿轮 $z_2$ 一面绕中心轮 $z_1$ 公转，一面由于与中心轮 $z_1$ 啮合不得不进行自转。中心轮 $z_3$ 为从动件，接受行星轮的两种运动。

### 二、行星轮系的传动比计算

下文将以外啮合行星轮系（图 8-8）为例来说明行星轮系的传动比计算方法。

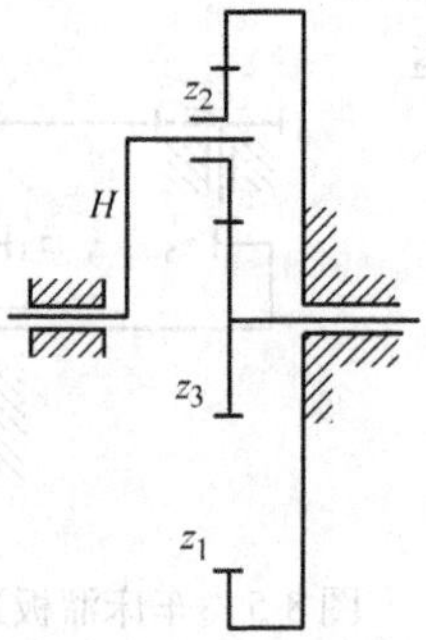


图 8-7　行星轮系

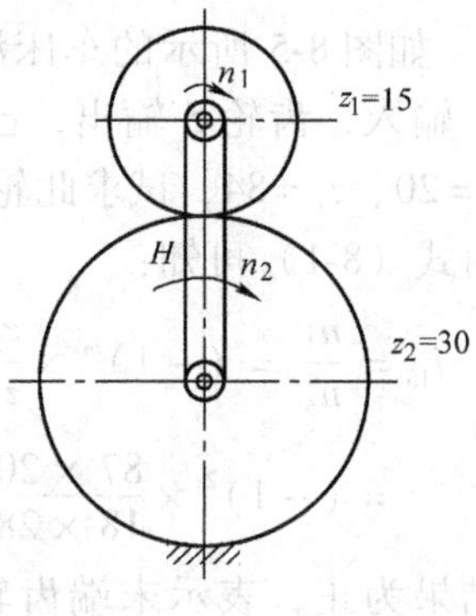


图 8-8　外啮合行星轮系

首先假设它们不是齿轮啮合，接触点也没有摩擦力，行星轮 $z_1$ 只跟转臂 $H$ 绕中心轮 $z_2$ 公转而无自转，转臂转一周，行星轮绕中心轮公转一周；转臂转 $n_H$ 周，行星轮绕中心轮公转 $n_H$ 周。

其次假设行星轮不公转只自转，这时中心轮与行星轮的运动相当于定轴轮系的传动，可以用定轴轮系的传动比公式计算：

$$i_{12} = \frac{n_1'}{n_2'} = -\frac{z_2}{z_1} \quad n_1' = -\frac{z_2}{z_1}n_2'$$

$n_1'$，$n_2'$ 是假定它们都是定轴轮系时的转速。正负号一般这样规定：内啮合时为正，表示转向相同；外啮合时为负，表示转向相反。

设 $z_1 = 15$，$z_2 = 30$，$n_2' = 1$，则

$$n_1' = -\frac{30}{15} = -2$$

实际转数应是公转与自转的和，即公转 1 周与自转 2 周之和，为 3 周。

根据假设转臂不动，传动比可转化为定轴轮系计算的原理，假设给整个轮系以 $-n_H$ 转速，则转臂是不动的，而将 $n_1$、$n_2$ 分别与 $-n_H$ 相加，这样周转轮系就转化为定轴轮系，于是

传动比就变为：

$$i_{12}^{H}=\frac{n_1'}{n_2'}=\frac{n_1-n_H}{n_2-n_H}=(\pm)\frac{z_2}{z_1}$$

上述行星轮系 $n_2=0$、$n_H=1$、$z_1=15$、$z_2=30$，代入上式，则

$$i_{12}^{H}=1-\frac{n_1}{n_H}=1-\frac{z_2}{z_1}$$

$$1-n_1=-\frac{30}{15}=-2$$

$$n_1=3$$

与上述分析完全一致。

## 第四节　减速器

你知道减速器和变速器的区别吗？减速器一般应用在什么场合呢？试举例说明。

### 一、减速器的应用

减速器是原动机与工作机之间作为减速的传动装置。它一般由封闭在箱体内的齿轮传动或蜗杆传动组成。由于减速器结构紧凑、效率高，使用维护方便，因而在工业上应用广泛。图 8-9 所示为一带式输送机，高速的电动机经减速器，降低速度后，驱动带式输送机。

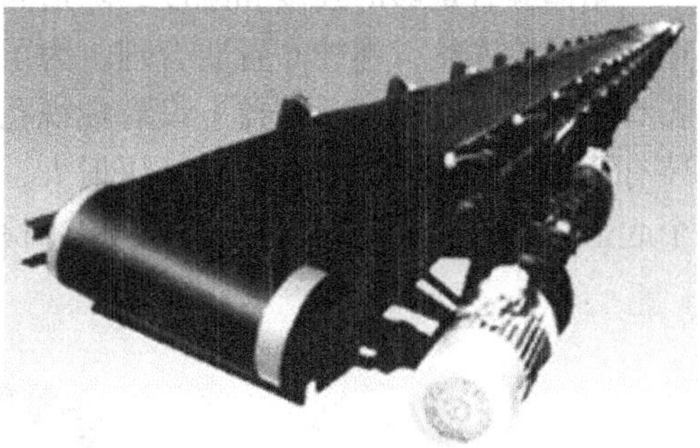

图 8-9　带式输送机

### 二、减速器的类型

减速器的类型见表 8-3。

表 8-3　减速器的类型

| 类　型 | 说　明 | 图　例 |
|---|---|---|
| 圆柱齿轮减速器 | 用于平行轴间的传动。具有结构简单、传动效率高、传动功率大、寿命长和维护方便的特点 | 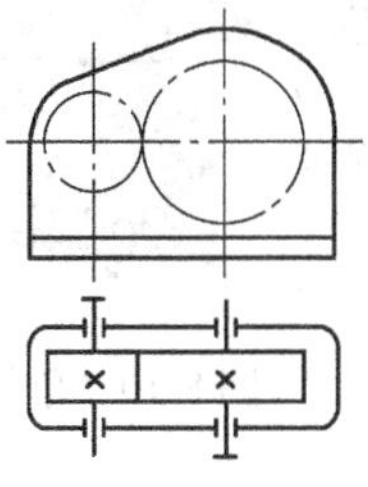 单级圆柱齿轮减速器 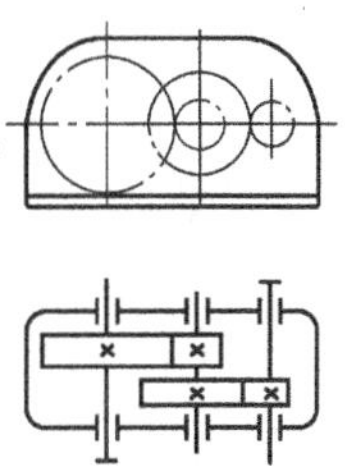 两级圆柱齿轮减速器 |

（续）

| 类　型 | 说　明 | 图　例 |
| --- | --- | --- |
| 锥齿轮减速器 | 用于输入轴与输出轴相交的传动。由于锥齿轮精加工比较困难，安装也比较复杂，所以仅在传动布置确有需要时才采用 | 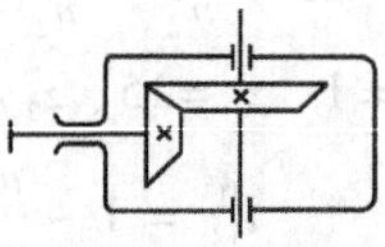 单级锥齿轮减速器 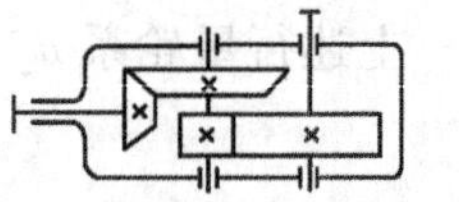 常用锥齿轮、圆柱齿轮减速器 |
| 蜗杆减速器 | 用于输入轴与输出轴在空间正交（垂直交错）的场合。在外廓尺寸不大的情况下，可获得较大的传动比，工作平稳、噪声较小，但效率低、易发热，只宜传递中等以下的功率，一般不超过50kW | 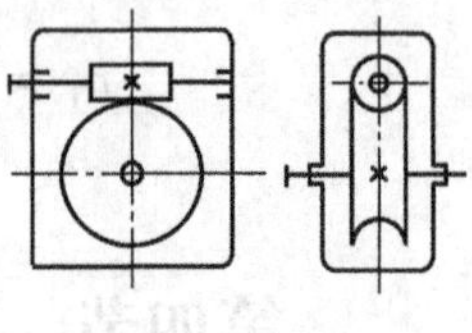 蜗杆上置式减速器 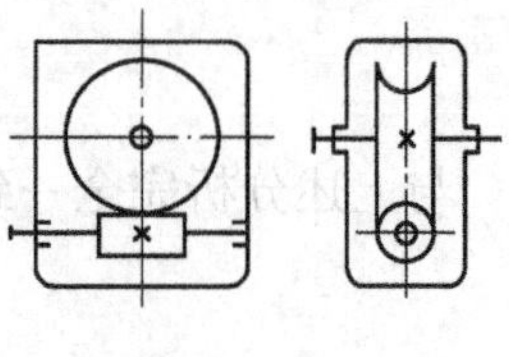 蜗杆下置式减速器 |

## 三、减速器的结构

减速器的结构一般由箱体、轴承、轴、轴上零件和附件等组成，如图8-10所示。

箱体应有足够的强度和刚度，除适当的壁厚外，还在轴承座孔处设加强肋。箱盖与箱体用一组螺栓连接，螺栓布置要合理。为了便于箱盖与箱座加工及安装定位，在长度方向两端各有一个锥形定位销。箱盖上设有窥视孔，以便观察齿轮或蜗杆与蜗轮的啮合情况。箱盖上装有通气孔，箱内温度升高，气压增大，经过通气孔向外散发。为了方便拆卸箱盖，设有两个起盖螺钉。箱体上装有测油尺，用来检查箱内的油量。

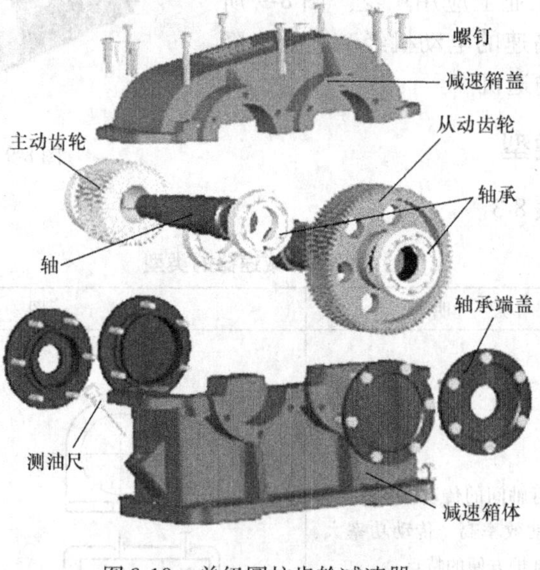


图8-10　单级圆柱齿轮减速器

## 四、减速器的标准

目前，我国已制定了50～60种齿轮及蜗杆减速器标准系列，并由专业工厂生产。如通用圆柱齿轮减速器标准 JB/T 8853—2001、立式圆弧圆柱蜗杆减速器标准 JB/T 7848—2010。

减速器的代号包括减速器的型号、低速级中心距、公称传动比、装配型式和专业标准号。其中，型号用字母组合表示，ZDY、ZLY、ZSY 分别表示单级、两级和三级。

例如，代号 ZLY560－11.2－Ⅰ中，“ZLY”表示减速器型号为两级；“560”表示低速中心距为 560mm；“11.2”表示公称传动比为 11.2；Ⅰ表示第一种装配形式。

## 本章小结

本章主要讲解了下列内容：

1. 轮系的分类和应用。
2. 定轴轮系和行星轮系传动比的计算。

# 第八章 常用机构

机械是由机构组成的，常用机构，顾名思义，是机械中普遍应用的机构，本章要介绍的是平面连杆机构、凸轮机构和间歇运动机构，下面图示的两种机械便是应用了常用机构。你想知道吗?

鹤式起重机

颚式破碎机

**【学习目标】**

- ◆ 能区分平面运动副的类型。
- ◆ 能判别铰链四杆机构的类型，会分析其运动特性和应用。
- ◆ 能描述凸轮机构的特点、分类和应用，会绘制凸轮轮廓曲线。
- ◆ 会分析间歇运动机构的工作原理、特点和应用。
- ◆ 能识读一般平面机构运动简图，具有分析机械设备中常用机构的结构和运动的初步能力。

**【学习重点】**

- ◆ 平面四杆机构的类型、运动特性和应用。
- ◆ 凸轮机构的特点、分类和应用。
- ◆ 平面凸轮轮廓的绘制。
- ◆ 间歇运动机构的工作原理、特点和应用。

# 第一节　平面连杆机构

## 一、平面连杆机构概述

### （一）平面运动副及其分类

构件是机构中的运动单元。两个构件直接接触并能产生一定相对运动的连接称为运动副。按照两构件是作相对平面运动还是空间运动，运动副可分为平面运动副和空间运动副。在一般机器中，经常遇到的是平面运动副。根据构件的接触形式，平面运动副又分为低副和高副。

**1. 低副**

低副是指两个构件之间是面接触的运动副。按照组成低副的构件之间相对运动的形式，低副分为转动副和移动副。

（1）转动副　转动副是指两个构件在接触处只能绕某一轴线相对转动的运动副。常见的转动副有轴与轴承、铰链连接等，如图9-1a、b 所示。图9-1c 所示为转动副的符号，小圆圈表示转动副，线段表示构件，带有阴影线的构件表示机架（固定不动）。

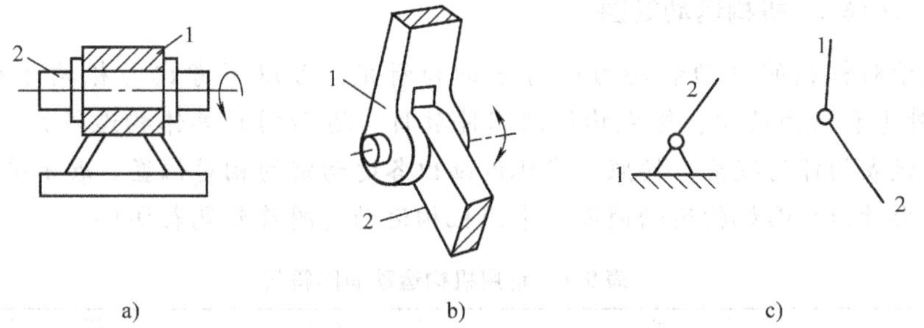


图9-1　转动副

（2）移动副　移动副是指两个构件在接触处只能沿着某一轴线相对直线移动的运动副。常见的移动副有内燃机活塞与气缸体、车床溜板与导轨、滑块与导槽等，如图 9-2a 所示。图 9-2b 所示为移动副的符号，直线表示移动导路中心线的位置。当组成运动副的构件之一固定时，在该构件上应画阴影线，表示是固定件。

转动副和移动副都是面接触，单位面积压力低，故称为低副。

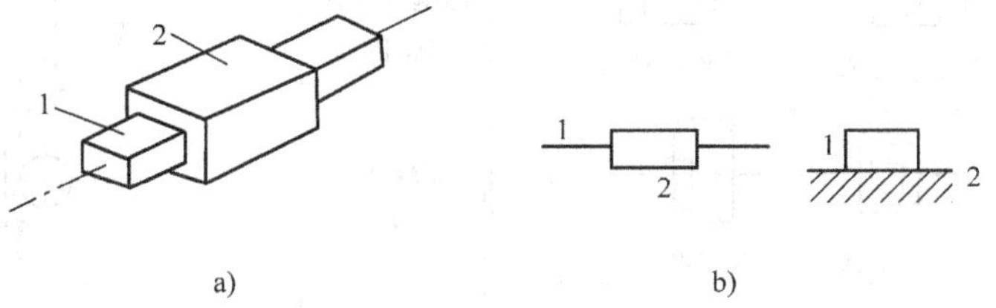


图9-2　移动副

**2. 高副**

高副是指两个构件之间是点或线接触的运动副，常见的高副有凸轮副、齿轮副等。组成高副的两个构件，其相对运动可以是在平面内的相对转动或沿着接触处公切线方向的相对移动。因为这类运动副是点或线接触，单位面积压力高，故称为高副。高副的符号是将两个构件接触部分的轮廓准确画出，如图 9-3 所示。

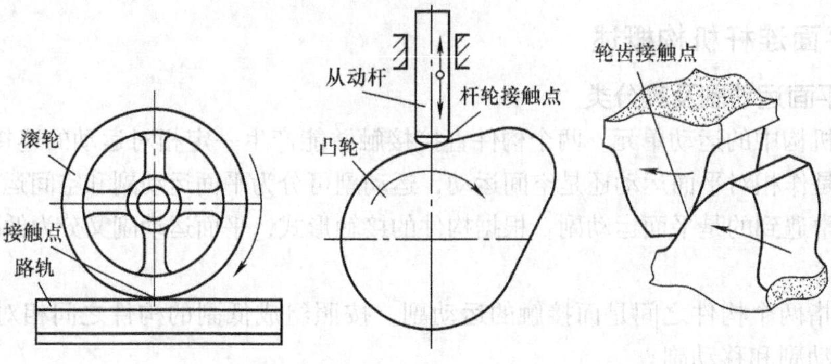


图 9-3 高副

a）滚轮接触 b）凸轮接触 c）齿轮接触

## 【知识链接】 机构运动简图

为了便于对机构的运动和动力进行分析和研究，可以不考虑与机构运动无关的因素（如构件的外形和断面尺寸、组成构件的零件数目、运动副的具体构造等），采用规定的运动副符号和代表构件的线条，按照一定比例画出各运动副的相对位置。表示平面机构运动特性的简单图形称为平面机构运动简图。常用机构运动简图符号见表 9-1。

**表 9-1 常用机构运动简图符号**

| 名 称 | 符 号 | 名 称 | 符 号 |
|---|---|---|---|
| 构件固定连接 |  | 链传动 | 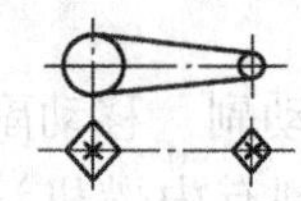 |
| 零件与轴固定 |  | | |
| 向心（径向）轴承 |  滑动轴承 滚动轴承 | 外啮合圆柱齿轮传动 | 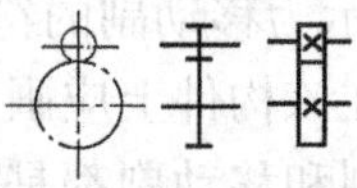 |
| 联轴器 | 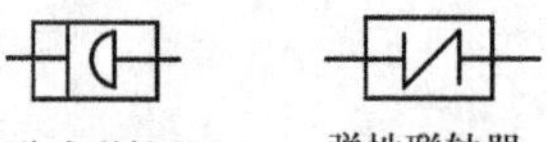 可移式联轴器 弹性联轴器 | 内啮合圆柱齿轮传动 | 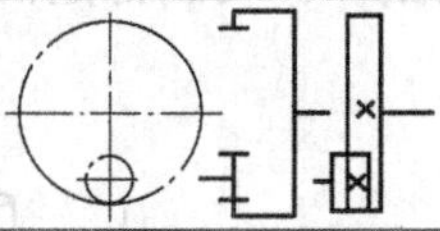 |
| 离合器 | 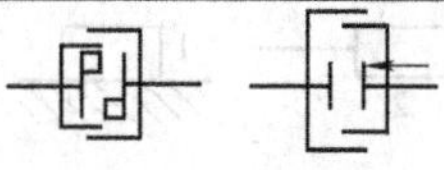 啮合式 摩擦式 | 齿轮齿条传动 | 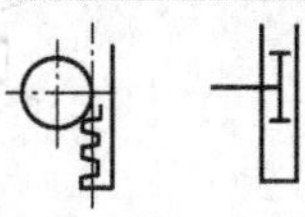 |
| 制动器 | 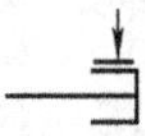 | 锥齿轮传动 | 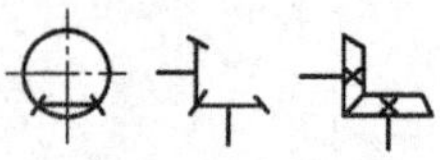 |
| 带传动 | 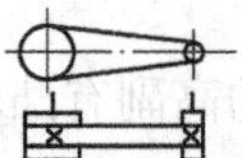 | 蜗杆传动 | 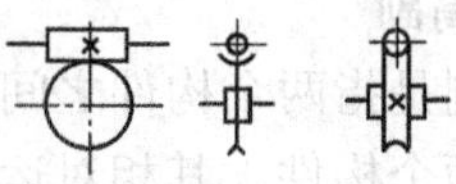 |

识读平面机构运动简图，应结合机构的名称和用途，首先找出原动件（与驱动力相连接的构件）、从动件（被原动件带动的构件）和机架（固定不动的构件）；然后明确各构件之间的连接——运动副的类型和数目；再从原动件开始，按照运动方向分析各构件相对运动的性质。

### （二）平面连杆机构的特点

由一些刚性构件用低副连接而成的平面机构称为平面连杆机构。平面连杆机构具有以下特点：

1）易于实现转动、摆动或移动等基本运动形式及其转换。

2）结构简单，加工方便，能获得较高的制造精度。

3）各构件之间的运动副均为面接触，单位面积压力小，承载能力大。

4）润滑条件较好，但摩擦损失较大，传动效率较低。

5）构件的尺寸误差和运动副中的间隙会影响机构的运动精度，难以实现复杂的运动规律。

6）构件运动所产生的惯性力难以平衡。

平面连杆机构中的构件常称为杆，而且一般以其所含杆的数目命名。最常见的是由四个构件和四个低副组成的四杆机构，它们是组成多杆机构的基础，是常用的基本机构之一，广泛应用于各种机械、仪表中，如摄影车上的升降机构、风扇的摇头机构、汽车的雨刮机构、缝纫机踏板机构等。四杆机构分为铰链四杆机构（机构运动副都是转动副）和滑块四杆机构（含有一个或两个移动副）。下面主要讨论的是这两种四杆机构。

## 二、铰链四杆机构的组成和分类

铰链四杆机构是用转动副连接而成的四杆机构。如图 9-4 所示的颚式破碎机，其中图 9-4a 所示为其结构图，图 9-4b 所示为其机构运动简图。当主动轮绕固定轴 $A$ 旋转时，通过销 $B$ 和连杆 $BC$ 推动摇杆 $CD$（动颚板）绕轴 $D$ 摆动，与固定颚板共同实现破碎矿石的工作要求。图中 $AD$ 杆固定不动，称为机架；$AB$ 杆和 $CD$ 杆与机架在 $A$、$D$ 处连接，称为连架杆；$BC$ 杆在 $B$、$C$ 处与两连架杆连接，称为连杆。四根杆件都用转动副连接。

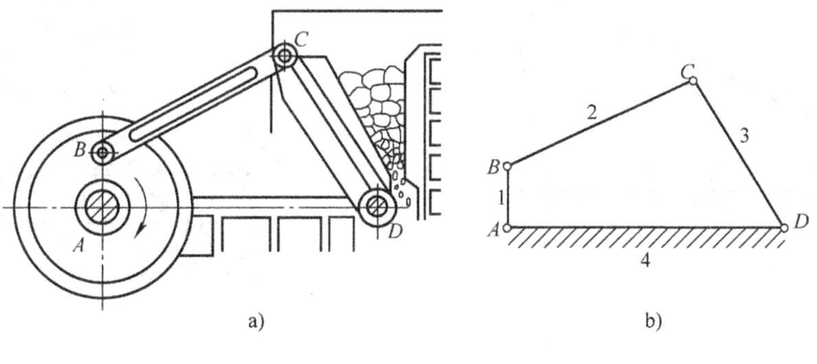


图 9-4 颚式破碎机

在铰链四杆机构中，连架杆如果能连续整周回转，则称为曲柄；不能整周回转，只能往复摇摆一定角度，则称为摇杆。根据曲柄或摇杆的数目，铰链四杆机构有三种基本类型：两个连架杆中，其中一个是曲柄，另一个是摇杆的称为曲柄摇杆机构；如果两连架杆均为曲柄，则称为双曲柄机构；如果两连架杆均为摇杆，则称为双摇杆机构。

上面三种基本类型的区别在于连架杆是否为曲柄。而连架杆能否成为曲柄，则取决于机构中各个杆件的相对长度，以及机架所处的位置。为此，可按下述方法判断铰链四杆机构的基本类型：

1）若铰链四杆机构中最短杆与最长杆长度之和小于或等于其余两杆长度之和，有以下三种情况：连架杆之一为最短杆，则该机构为曲柄摇杆机构；机架为最短杆，则该机构为双曲柄机构；连杆为最短杆，则该机构为双摇杆机构。

2）若铰链四杆机构中最短杆与最长杆长度之和大于其余两杆长度之和，则不论以哪一根杆为机架均构成双摇杆机构。

## 三、铰链四杆机构的基本性质及其应用

### （一）曲柄摇杆机构

在图9-5所示的曲柄摇杆机构中，当以曲柄为主动件，通过连杆带动摇杆摆动，摇杆有急回特性；当以摇杆为主动件，通过连杆带动曲柄转动，曲柄会出现死点。

**1. 急回特性及其应用**

图9-6所示的曲柄摇杆机构是曲柄与连杆两次共线、摇杆摆动的两个极限位置。设曲柄 $a$ 以等速逆时针方向转动。当它从与连杆 $b$ 共线的 $AB_2$ 位置旋转到与连杆 $b$ 重叠的 $AB_1$ 位置时，旋转角度为 $\delta_1$，等于 $180° + \theta$（$\theta$ 为曲柄 $a$ 与连杆 $b$ 两次共线位置之间的夹角，称为极位角）。同时，摇杆 $c$ 由 $C_2D$ 位置摆动到 $C_1D$ 位置，摆动的角度为 $\varphi$，所需时间为 $t_1$；当曲柄 $a$ 由 $AB_1$ 位置继续旋转到 $AB_2$ 位置时，旋转角度为 $\delta_2$，等于 $180° - \theta$，同时摇杆 $c$ 又由 $C_1D$ 位置摆回到 $C_2D$ 位置，摆动的角度仍然为 $\varphi$，所需时间为 $t_2$。我们看到，曲柄是等速转动的，摇杆往复摆动的摆角 $\varphi$ 相同。但是，曲柄相应转过的角度却不相等，即 $\delta_1 > \delta_2$。由于所需时间 $t_1 > t_2$，则平均速度 $u_2 > u_1$。也就是说，在曲柄摇杆机构中，当以曲柄为主动件时，摇杆返回的速度较快，这种性质称为急回特性。机械在工作时通常都有工作行程和空回行程，把摇杆返回作为空回行程，急回特性用行程速比系数 $K$ 表示，即

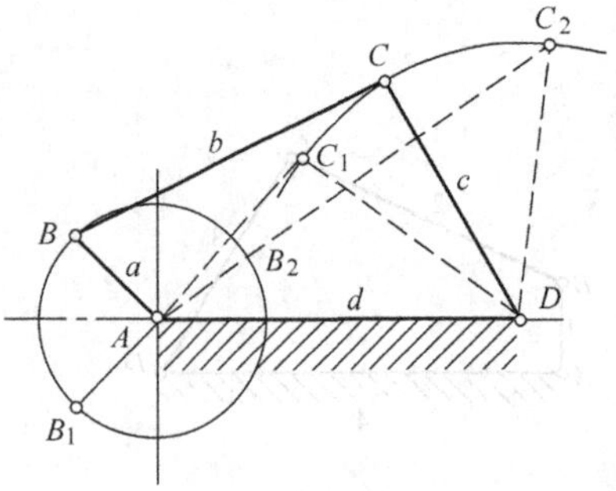


图9-5　曲柄摇杆机构

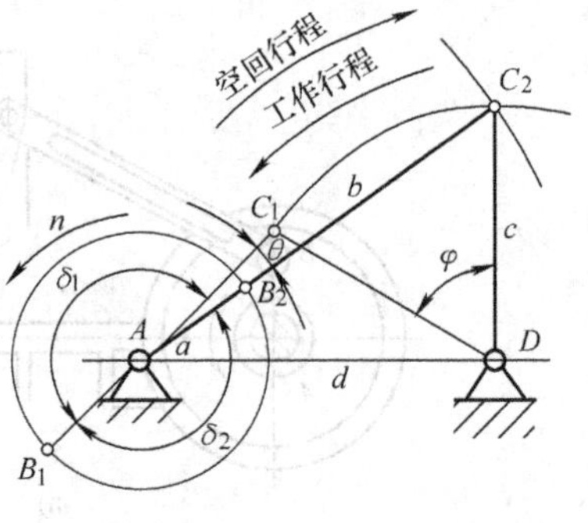


图9-6　曲柄摇杆机构急回特性

$$K = \frac{\text{从动件空间行程平均速度}}{\text{从动件工作行程平均速度}} = \frac{180° + \theta}{180° - \theta}$$

式中　$K$——行程速比系数；

　　　$\theta$——极位角。

当 $\theta=0$ 时，$K=1$，说明机构无急回特性；当 $\theta>0$ 时，$K>1$，则机构具有急回特性。$K$ 越大，急回特性越显著。

曲柄摇杆机构的急回特性符合生产中缩短空回行程时间的要求，有利于提高机械的工作效率，这也是曲柄摇杆机构应用广泛的原因之一。图 9-7 所示是曲柄摇杆机构应用的部分实例，其中图 9-7a 所示为剪刀机；图 9-7b 所示为筛砂机；图 9-7c 所示为搅拌机；图 9-7d 所示为雷达俯仰角度的摆动装置。它们都是以曲柄为主动件，摇杆为从动件的曲柄摇杆机构。

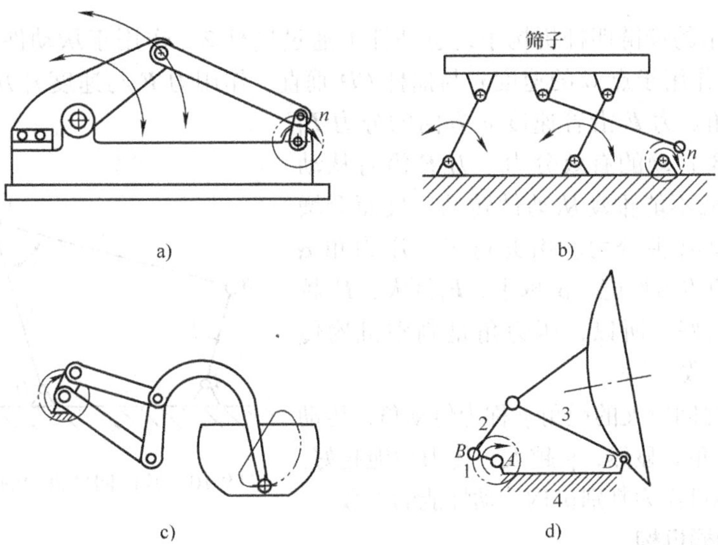


图 9-7　曲柄摇杆机构应用实例

**2. 死点位置及其应用**

在图 9-5 所示的曲柄摇杆机构中，如果摇杆 $c$ 为主动件，曲柄 $a$ 为从动件，当摇杆 $c$ 处于两个极限位置 $C_1D$、$C_2D$ 时，连杆 $b$ 与曲柄 $a$ 将出现两次共线。此时，摇杆 $c$ 通过连杆 $b$ 传给曲柄 $a$ 的作用力对转动中心 $A$ 点的力矩为零，即不管摇杆通过连杆传给曲柄的作用力有多大，曲柄 $a$ 都将无法运动或出现运动方向不确定的现象，我们把机构的这个位置称为死点位置。如图 9-8 所示的缝纫机踏板机构是摇杆推动曲柄旋转的实例。初学缝纫机的人，会有踩不动或者倒车的现象，这是因为缝纫机踏板处于死点位置的缘故，可以用手转动机头上的飞轮或利用从动件（曲轴上大带轮）的惯性加以克服。对于传动机构来说，死点是必须避免的，但在某些场合，死点却是可以利用的。如图 9-9 所示的钻床夹紧机构，当压下手柄时，$B$、$C$、$D$ 处于同一直线上，工件即被夹紧，此时机构处于死点位置，将手柄外力去掉，仍然能保持可靠的夹紧。当需要松开工件时，只须向上扳动手柄，既方便又快捷。

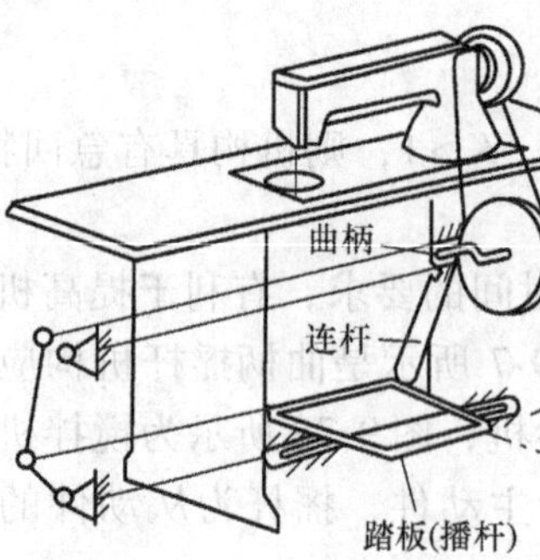

图 9-8 缝纫机踏板机构

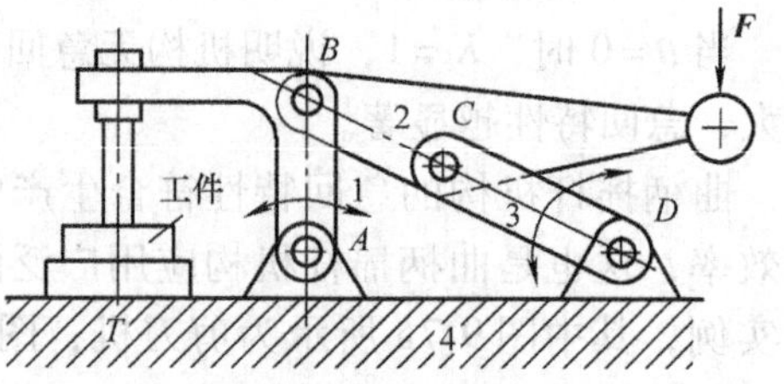

图 9-9 钻床夹紧机构

**3. 压力角**

图 9-10 所示的铰链四杆机构中，主动件 1 通过连杆 2，作用于从动件 3 上的力 **F** 沿着 *BC* 方向，力 **F** 作用于点 *C* 的速度 $v_c$ 与摇杆 *CD* 垂直。作用力 **F** 与速度 $v_c$ 方向之间所夹的锐角 $\alpha$ 称为压力角。力 **F** 沿着速度 $v_c$ 方向的分力 $\boldsymbol{F}_t$ 是推动从动件 3 转动的有效分力。力 **F** 沿着从动件方向的分力 $\boldsymbol{F}_n$ 不能推动从动件转动，反而会增大摩擦阻力，是有害分力。由此可见，压力角 $\alpha$ 直接影响机构的传力性能。$\alpha$ 越小，$\boldsymbol{F}_t$ 越大，$\boldsymbol{F}_n$ 越小，传力性能越好。所以，压力角是判别机构传力性能的主要参数。

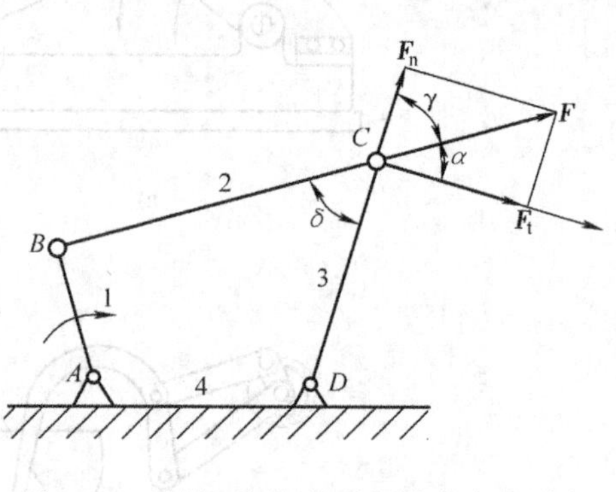

图 9-10 铰链四杆机构的压力角与传动角

力 **F** 与 $\boldsymbol{F}_n$ 之间所夹的锐角 $\gamma$ 称为传动角，传动角是压力角的余角。显然，$\gamma$ 越大，传力性能越好。所以，传动角也可作为判别机构传动性能的参数。

（二）双曲柄机构

双曲柄机构的性质及应用见表 9-2。

**表 9-2 双曲柄机构的性质及应用**

| 组成特点 | 机构简图 | 旋转方向 | 旋转速度 | 死点位置及消除措施 | 应用实例 |
|---|---|---|---|---|---|
| 两曲柄长度不相等 | 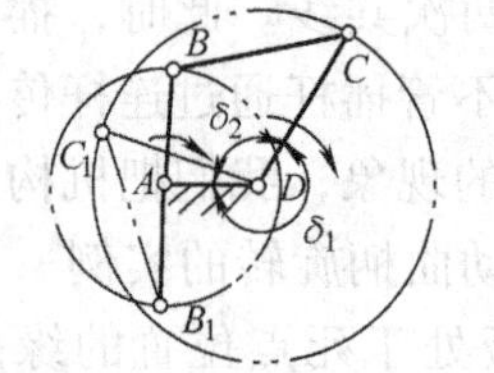 | 主、从动曲柄旋转方向相同 | 主动曲柄等速转动，从动曲柄变速转动，有急回特性 | 无死点位置 | 图 9-11 所示的惯性筛，主动曲柄 *AB* 等速转动，从动曲柄 *CD* 作周期性变速转动，使物料因惯性达到筛分目的 |
| 两曲柄长度相等且平行（平行双曲柄） | 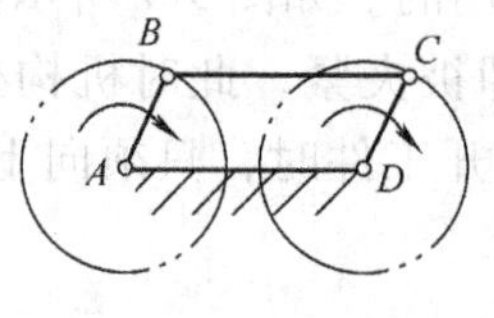 | 主、从动曲柄旋转方向相同 | 主、从动曲柄旋转速度相等 | 运动不确定位置是曲柄与连杆共线位置。克服措施：利用从动曲柄本身的惯性；附加飞轮；增设辅助机构；将若干相同机构错列，如图 9-12 所示 | 图 9-13 所示为火车机车车轮联动机构，它增设了辅助曲柄 *EF*，防止其变为反向双曲柄机构 |

（续）

| 组成特点 | 机构简图 | 旋转方向 | 旋转速度 | 死点位置及消除措施 | 应用实例 |
|---|---|---|---|---|---|
| 对边杆长度分别相等但不平行（反向双曲柄） | 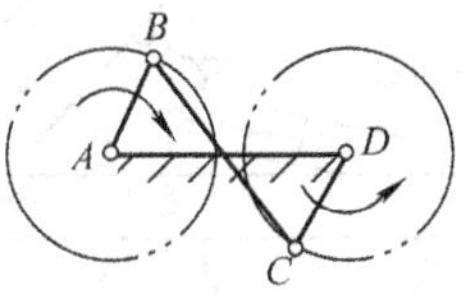  | 主、从动曲柄旋转方向相反 | 主动曲柄等速转动，从动曲柄变速转动，有急回特性 | 有死点位置 | 图 9-14 所示为车门启闭机构，当主动曲柄 AB 转动，通过连杆使从动曲柄 CD 反向转动，从而将两扇车门同时开启和关闭 |

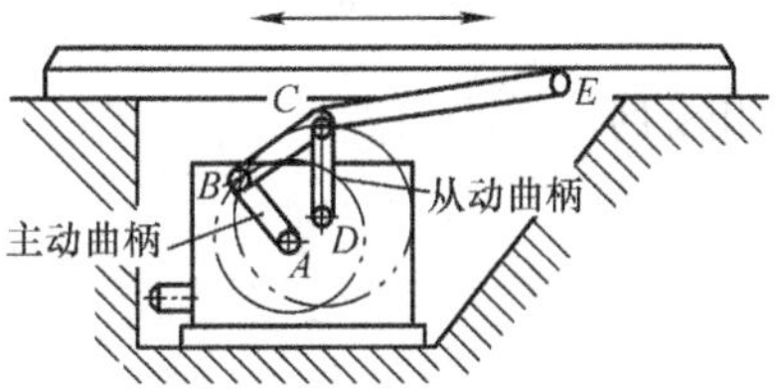

图 9-11　惯性筛

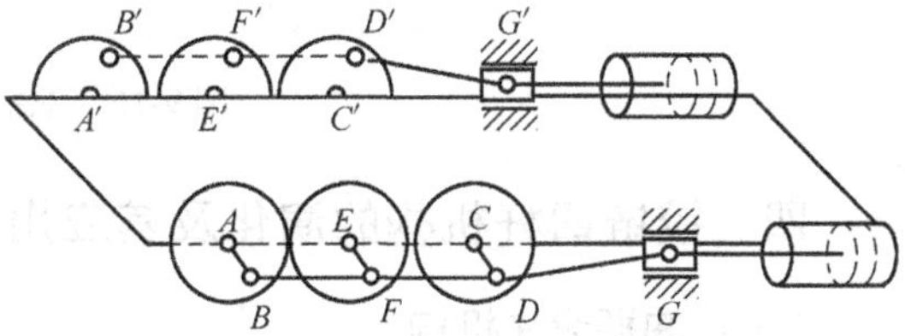

图 9-12　两组车轮的错位装置

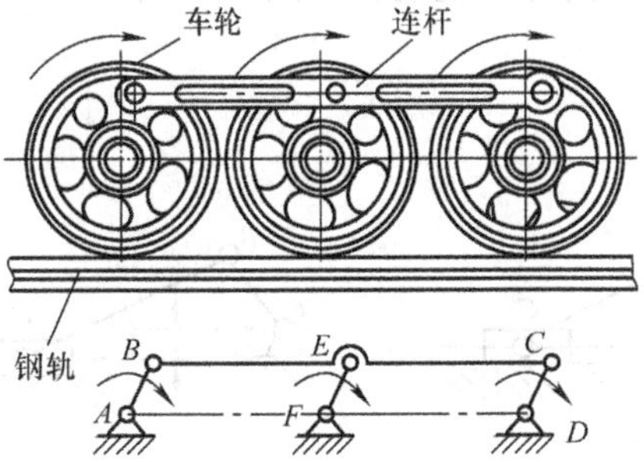

图 9-13　机车车轮联动机构

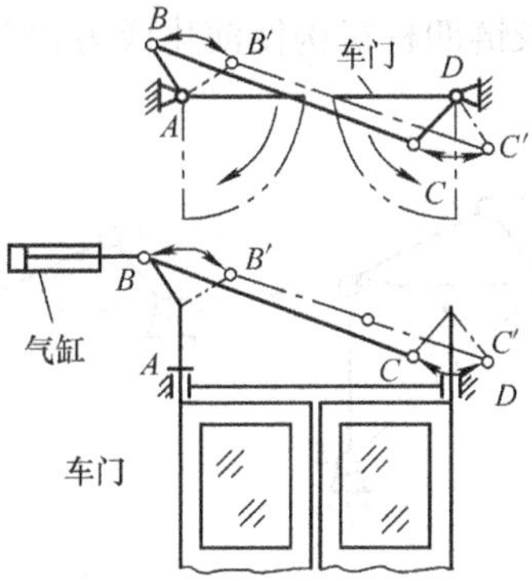

图 9-14　车门启闭机构

### （三）双摇杆机构

图 9-15 所示为双摇杆机构，摇杆 $b$、$d$ 都只能摆动一定角度，而且两摇杆的摆角一般不相等。双摇杆机构的死点位置即是它们摆动的两个极限位置，所以应限制两根摇杆的摆动角度。

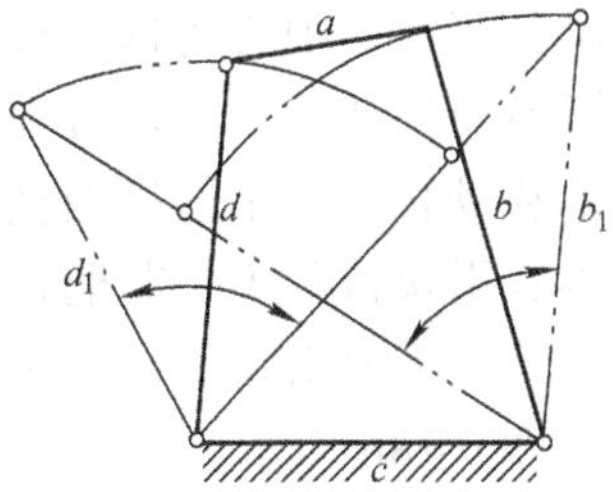

图 9-15　双摇杆机构

图 9-16a 所示是铁路、港口常用的起重机应用双摇杆机构的实例。在双摇杆 AB 和 CD 的配合下，使悬挂在吊钩上的重物沿着近似水平的方向移动，避免重物平移时不必要的升降，减少了动力的消耗。

图 9-16b 所示是自卸载货汽车的翻斗机构，也应用了双摇杆机构。当向液压缸输入压力油时，活塞杆向右伸出，推动 AB 和 CD 向右摆动，将车斗的货物卸下。

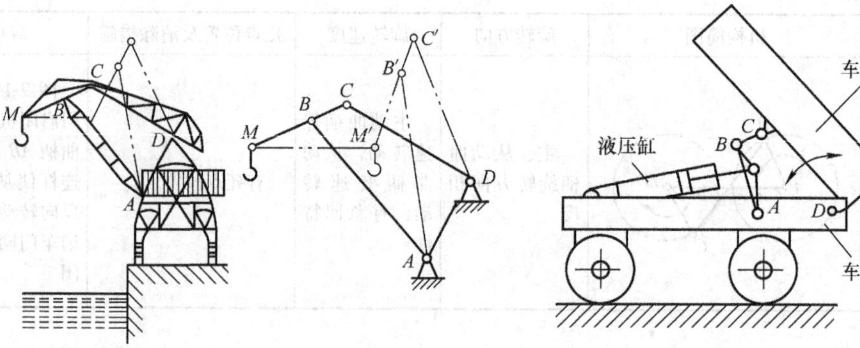


图 9-16 双摇杆机构应用实例

## 四、铰链四杆机构的演化及其应用

### （一）曲柄滑块机构

图 9-17 所示是曲柄摇杆机构的演化。图 9-17a 所示的曲柄摇杆机构，当摇杆长度趋于无穷大（图 9-17b）时，$C$ 点不再沿圆弧往复摆动，而是沿直线往复移动。此时的滑块代替了摇杆，铰链四杆机构便演化成为含有一个移动副的曲柄滑块机构，如图 9-17c、d 所示。

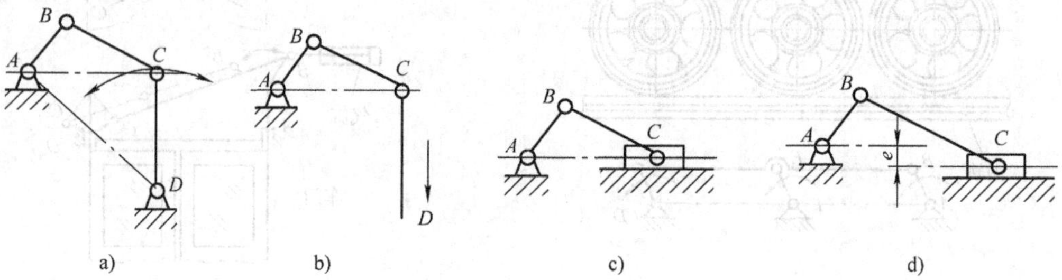


图 9-17 曲柄摇杆机构的演化

a）曲柄摇杆机构 b）加长摇杆 c）对心曲柄滑块机构 d）偏心曲柄滑块机构

在曲柄滑块机构中，曲柄一般做主动件，将曲柄的旋转运动变换为滑块的直线往复运动。当滑块中心的移动轨迹线通过曲柄中心时，称为对心曲柄滑块机构。对心曲柄滑块机构没有急回特性，滑块行程 $H$ 是曲柄长度 $AB$ 的两倍，如图 9-17c、图 9-18a 所示；当滑块中心的移动轨迹线不通过曲柄中心时，称为偏心曲柄滑块机构。偏心曲柄滑块机构存在急回特性，滑块行程不是曲柄长度的两倍，如图 9-17d 所示。

当需要滑块的行程 $H$ 很短时，曲柄的长度也要相应缩短。此时，常使用偏心轮机构，如图 9-18b 所示。

偏心轮机构的转动中心在 $A$ 点，偏心距 $AB$ 相当于曲柄滑块机构中的曲柄长度，所以滑块 $C$ 的移动距离等于 $2AB$。这种机构只能以偏心轮为主动件，广泛应用于各类气泵和机床中。曲柄滑块机构在生产中的应用实例如图 9-19 所示，图 9-19a 所示为冲床机构；图 9-19c 所示为搓丝机构；图 9-19d 所示为自动送料机构，都是以曲柄为主动件。也有以滑块为主动

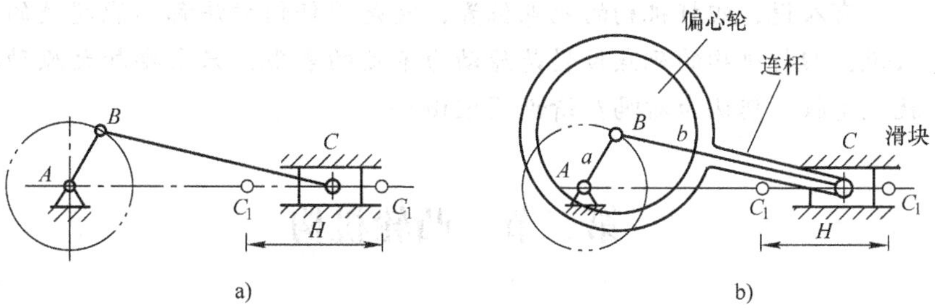


图 9-18 偏心轮机构

件的应用，如图 9-19b 所示的内燃机活塞连杆机构，就是将活塞的直线往复运动转变为曲柄的旋转运动。这种机构当曲柄与连杆共线时会出现死点，通常是依靠飞轮的惯性来克服。

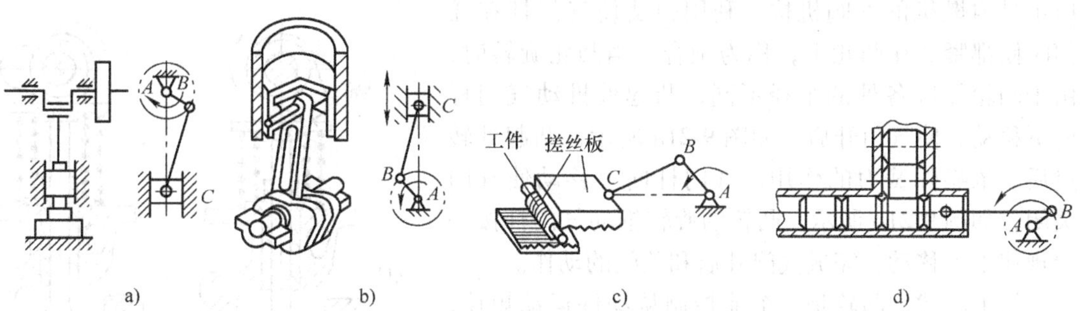


图 9-19 曲柄滑块机构应用实例

a）冲床机构 b）内燃机活塞连杆机构 c）搓丝机构 d）自动送料机构

## （二）导杆机构

导杆机构可以看成是改变曲柄滑块机构中的固定件演化来的。如图 9-20a 所示的曲柄滑块机构中，若将杆 *AB* 作为固定件，就得到图 9-20b 所示的导杆机构了。杆 *AC* 称为导杆，滑块 *C* 相对于导杆 *AC* 滑动并一起绕 *A* 点摆动或转动。一般情况下，常把杆 *BC* 作为主动件。当杆 *AB* 的长度小于杆 *BC* 的长度时，杆 *BC* 与杆 *AC* 均可作整周转动，这种机构称为转动导杆机构。其运动特点是把杆 *BC* 的等速回转，变为杆 *AC* 的变速回转。当杆 *AB* 的长度大于杆 *BC* 的长度时，杆 *AC* 只能作往复摆动，这种机构称为摆动导杆机构。图 9-20c 所示是牛头刨床应用摆动导杆机构的实例。*BC* 与 *AC* 垂直时产生两个极限位置 $C_1$ 和 $C_2$，由 $C_1$ 到 $C_2$，*BC* 旋转角度 $\delta_2$ 较小；而由 $C_2$ 到 $C_1$，*BC* 旋转角度 $\delta_1$ 较大，由于 $AC_1$ 摆动角度 $\varphi$ 相同，所以这种机构具有急回特性。

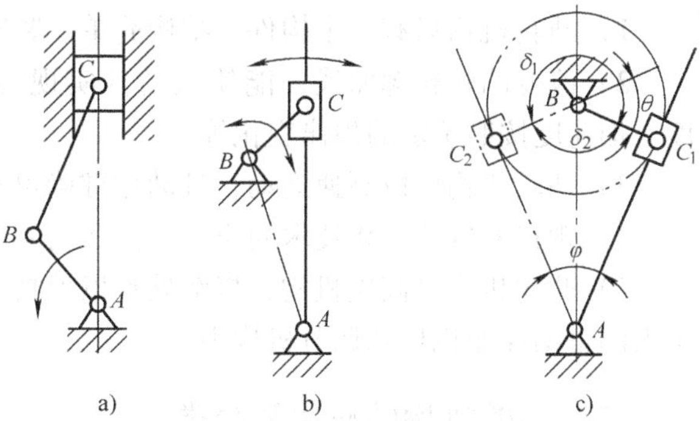


图 9-20 摆动导杆机构的形成

a）曲柄滑块机构 b）导杆机构 c）牛头刨床机构

想一想 有人说，四杆机构的死点位置，就是用任何方法都不能超越的位置。还有人说，四杆机构的死点位置是原动力不足的表现，只需要加大原动机的驱动力就能克服。您认为对吗？请说明理由。

## 第二节 凸轮机构

### 一、凸轮机构的组成及特点

#### （一）凸轮机构的组成

凸轮机构是机械工程中的一种常用机构，特别是在自动控制中应用非常广泛。图 9-21 所示是内燃机的气阀机构。利用弹簧使气门杆在任何时候都紧贴在凸轮上，称为锁合。当凸轮旋转时，由于凸轮轮廓各处的半径不同，凸起处推动气门杆向下移动，使气门开启，如图 9-21a 所示；凸起处转过后，依靠弹簧力的作用，气门杆向上移动使气门关闭，如图 9-21b 所示。凸轮的旋转推动气门杆按一定规律上下移动，完成气门开启和关闭的动作。

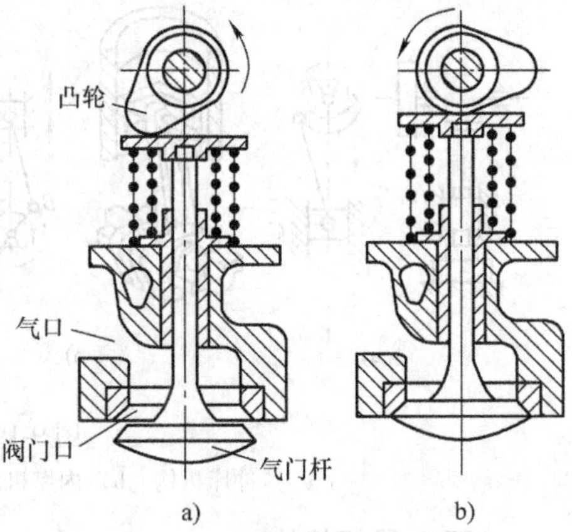

图 9-21 内燃机气阀机构

综上所述，凸轮是一个能控制从动件运动规律，并具有一定曲线轮廓的构件。通常凸轮作等速连续旋转（或往复移动），称为主动件；而被推动作往复移动（或摆动）的气门杆称为从动件。凸轮与从动件是线接触。由此可知，凸轮机构是由主动件凸轮、从动件摆杆（或推杆）及支承它们的机架三个基本构件组成的高副机构。

#### （二）凸轮机构的特点

1）凸轮机构只有三个构件，结构简单、紧凑。

2）改变凸轮轮廓曲线，能使从动件实现各种精确、复杂的运动规律，如位移量、速度、加速度按照预定的规律变化等。

3）凸轮机构可以高速运动，且动作准确可靠。

4）现代 CAD/CAM 技术的应用，使凸轮的设计和加工变得精确和方便。

5）凸轮机构是高副机构，接触处难以保持良好的润滑，容易磨损。故多用于传递动力不大的自动控制机构和调节机构中。

### 二、凸轮机构的应用和分类

#### （一）凸轮机构的应用

凸轮机构应用实例如图 9-22 所示，图 9-22a 所示是绕线机构。摇动手柄，使线轴绕线的同时，凸轮等速转动，推动线叉绕 $O$ 点往复摆动，从而引导绕入的线顺序排列在线轴上。图 9-22b 所示是捣碎机工作机构。依靠凸轮旋转推动捣杆上升，当凸轮与捣杆脱离接触后，捣杆自由落下，完成捣碎任务。图 9-22c 所示是车床仿形机构。凸轮（仿形样板）固定，从动件（车刀、随动刀架和走刀架）在相对凸轮左右移动的同时，依照凸轮轮廓前后移动，按预定要求加工零件。图 9-22d 所示是车床横刀架进给机构。凸轮转动，驱使从动件往复摆动，通过扇形齿轮带动齿条，完成横刀架的进给或退刀。图 9-22e 所示是造型机振动机构。凸轮旋转，推动滚轮通过振动活塞使工作台上、下振动，将型砂振实。

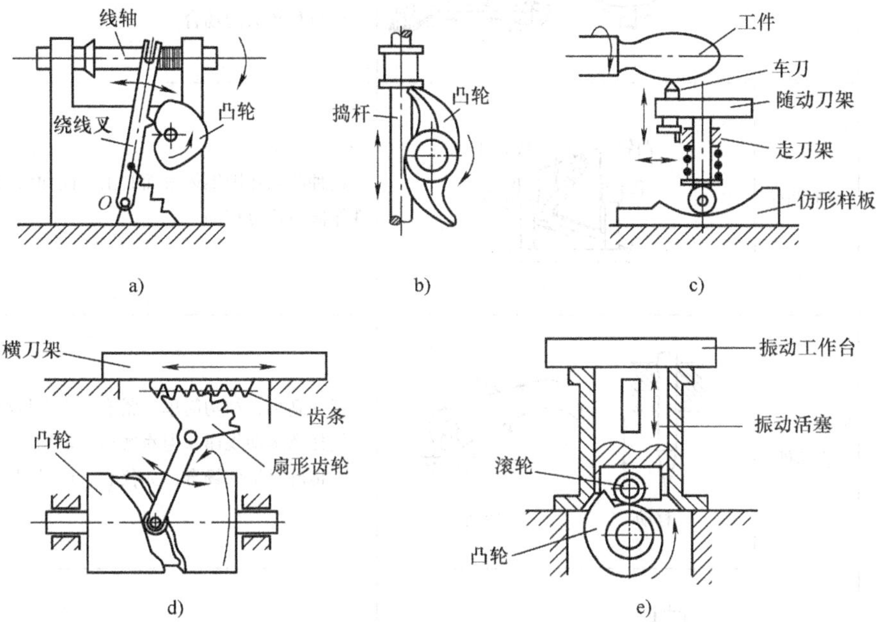


图 9-22　凸轮机构应用实例

a）绕线机构　b）捣碎机工作机构　c）车床仿形机构

d）车床横刀架进给机构　e）造型机振动机构

### （二）凸轮机构的分类

凸轮机构的类型很多，常见的分类方法见表 9-3。

**表 9-3　凸轮机构的类型**

| 分类方法 | 类　型 | 图　例 | 主 要 特 点 |
|---|---|---|---|
| 按凸轮形状分类 | 盘形凸轮 | 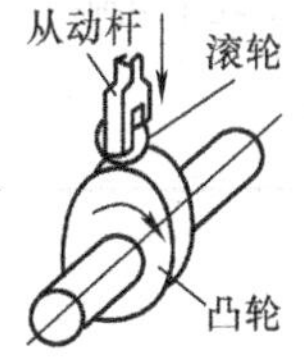 | 凸轮的形状类似圆盘。圆盘回转中心到轮缘各点的距离（称为向径 $r$）是变化的，从动件依照变化的向径移动，但从动件行程不能太大，否则会使结构尺寸增大。这种凸轮结构简单，应用最广。 |
| | 移动凸轮 | 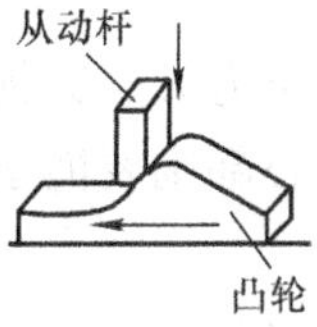 | 若将盘形凸轮的向径无限增大，回转运动的盘形凸轮就变成了往复移动的凸轮，这种凸轮推动从动件在其垂直方向移动 |

（续）

| 分类方法 | 类　型 | 图　例 | 主要特点 |
|---|---|---|---|
| 按凸轮形状分类 | 圆柱凸轮 | 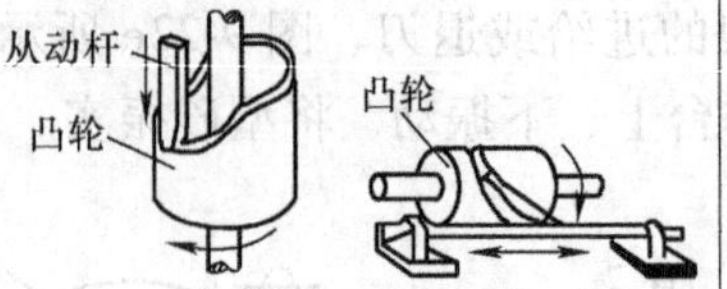 | 这种凸轮在圆柱体表面制出封闭的曲线槽或在圆柱体端面制出曲线轮廓。当凸轮转动时，从动件沿沟槽作摆动或在圆柱体端面作直线往复移动。这种凸轮适用于行程较大的场合 |
| | 圆锥凸轮 | 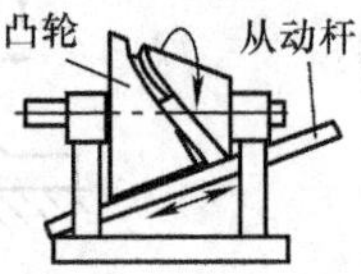 | 这种凸轮在圆锥体表面制出封闭曲线槽，驱使从动件作倾斜往复移动 |
| 按从动件端部形状和运动形式分类 | 尖底（顶）从动件 | 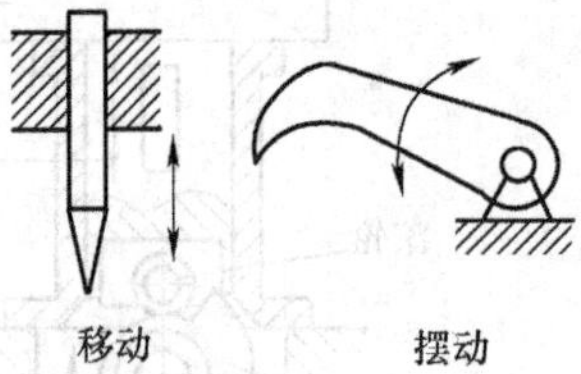 | 运动副少，结构简单、紧凑，尖端接触，可准确地实现任意运动规律，但易磨损，多用于传力小、速度低、传动灵敏的场合，如仪表、记录仪等机构中 |
| | 滚子从动件 | 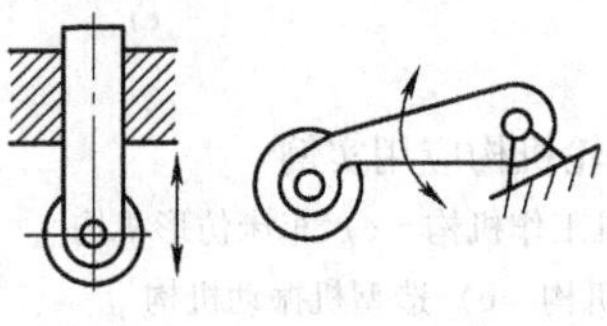 | 滚子接触，摩擦阻力小，不易磨损；承载能力较大，但运动规律有局限性，滚子与销轴有间隙，不宜用于高速 |
| | 平底从动件 | 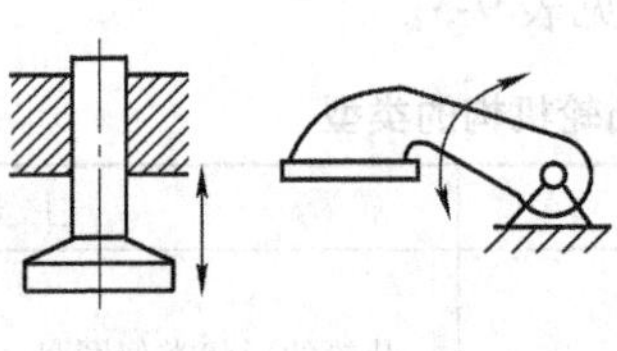 | 受力较平稳，结构紧凑；润滑性能好，摩擦阻力小。适用于高速，但凸轮轮廓不允许呈凹形，因此运动规律受到一定限制 |

## 三、凸轮常用材料和结构

### （一）凸轮常用材料

凸轮与从动件端部之间都是点、线接触，接触压力大、磨损严重。为了延长凸轮的使用寿命，材料表面必须具有较高的硬度和耐磨性，而心部则要能承受一定的冲击振动，并有一定的强度和韧性。

凸轮和从动件端部常用材料及其热处理方法见表9-4。

表9-4　凸轮和从动件端部常用材料及热处理

| 工作条件 | 凸轮 | | 从动件接触端 | |
|---|---|---|---|---|
| | 材料 | 热处理 | 材料 | 热处理 |
| 低速轻载 | 40、45、50 | 调质220~260HBW | 45 | 表面淬火40~45HRC |
| | HT200、HT250、HT300 | 退火180~250HBW | 青铜 | 时效80~120HBW |
| | QT500-7<br>QT600-3 | 正火200~300HBW | 软、硬黄铜 | 退火55~90HBW、140~160HBW |
| 中速中载 | 45 | 表面淬火40~50HRC | 尼龙 | |
| | 45、40Cr | 高频淬火52~58HRC | 20Cr | 渗碳淬火，渗碳层深0.8~1mm<br>55~60HRC |
| | 15、20、20Cr、20CrMnTi | 渗碳淬火、渗碳层深<br>0.8~1.5mm　56~62HRC | | |
| 高速重载或靠模凸轮 | 40Cr | 高频淬火，表面56~60HRC<br>芯部45~50HRC | GCr15、T8、T10、T12 | 淬火58~62HRC |
| | 38CrMoA1、35CrA1 | 氮化、表面硬度<br>700~900HV（60~67HRC） | | |

### （二）凸轮的结构

**1. 整体式**

由凸轮板、轮毂和轴孔构成，如图9-23所示。凸轮轮毂的直径约为轴径的1.5~2.0倍，轮毂长度约为轴径的1.2~1.6倍。轮毂与轴大多采用键连接，键槽一般开在径向尺寸最大的地方。当凸轮尺寸小，而又无特殊要求或者不需要经常装拆时，一般采用整体式结构。如果凸轮的尺寸很小，还可以制成凸轮轴的型式，如图9-24所示。

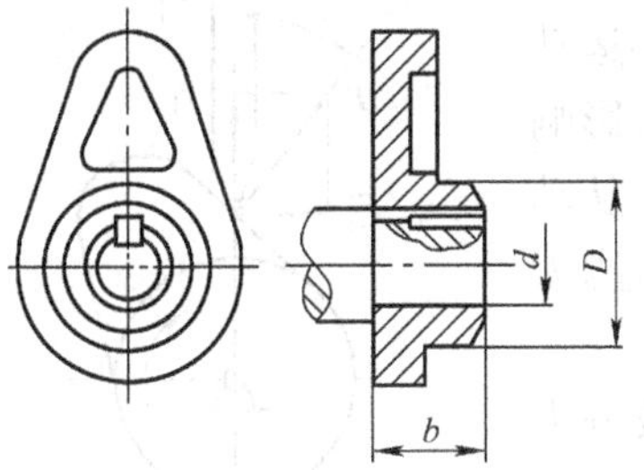

图9-23　整体式凸轮图

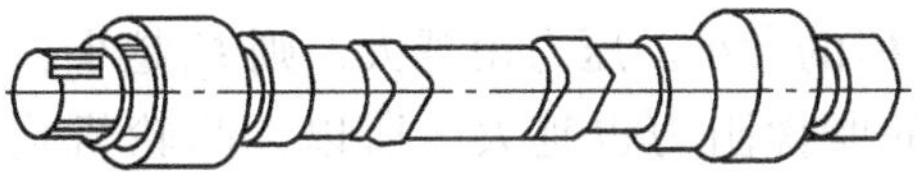
图9-24　凸轮轴

**2. 可调式**

图9-25所示为凸轮板与轮毂分开的结构。凸轮板上有三条均布的圆弧槽，利用圆弧槽可调节凸轮板与轮毂之间的相对角度，从而实现凸轮与从动件位置的调整。

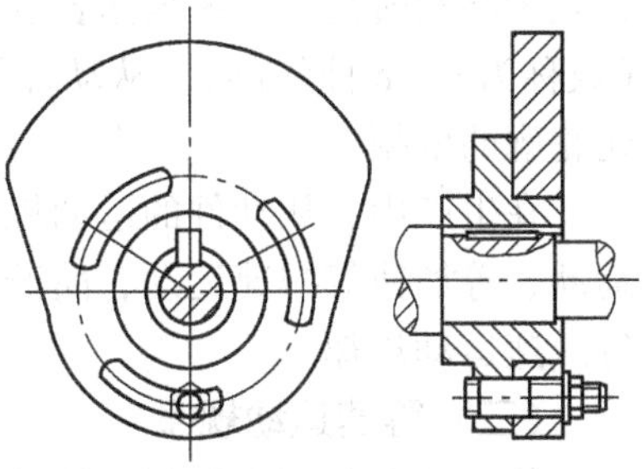
图9-25　可调式凸轮

## 四、凸轮机构从动件常用运动规律

### （一）凸轮机构主要参数

凸轮机构的主要参数有基圆半径、行程、转角和压力角。如图9-26所示的凸轮机构中，从动件在最低位置时尖顶在 $a$ 点，如图9-26a所示。以凸轮的最小半径 $r_0$ 所作的圆称为基圆，$r_0$ 称为基圆半径。当凸轮按逆时针方向转

过一个角度 $\delta$ 时，如图 9-26b 所示，从动件将上升一段距离，即产生一段位移 $s$。当凸轮转过 $\delta_0$时，从动件到达最高位置，如图 9-26c 所示。此时，从动件移动的最大距离称为行程，用 $h$ 表示。从动件上升的行程称为升程（或称推程）；下降的行程称为回程。凸轮转过的角度 $\delta$ 称为凸轮转角。

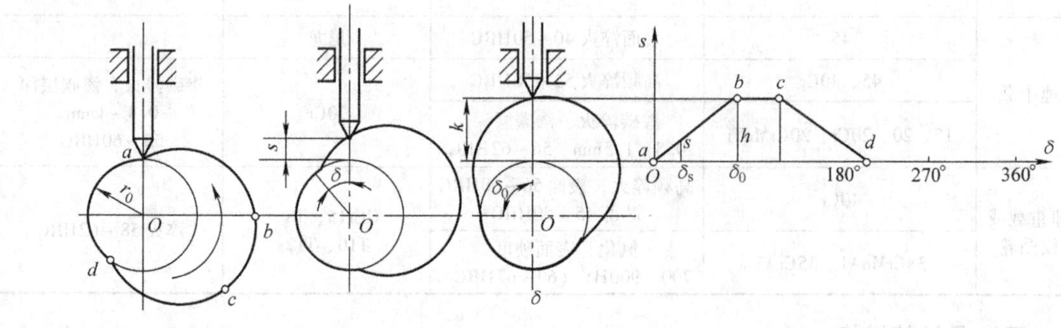


图 9-26 凸轮轮廓与从动件位移曲线

图 9-27 所示是凸轮机构从动件上升时的位置。凸轮转动时，作用在从动件上的推力 $\boldsymbol{F}$ 沿着接触点的法线方向传递。推力 $\boldsymbol{F}$ 可分解为 $\boldsymbol{F}_1$、$\boldsymbol{F}_2$ 两个分力，其中 $\boldsymbol{F}_1$ 沿着从动件运动方向，是推动从动件运动的有效分力；$\boldsymbol{F}_2$ 的方向是把从动件压向导轨，显然，该力对从动件的运动不利。当 $\boldsymbol{F}_2$ 太大时，会造成从动件被卡死的现象。凸轮和从动件接触点的法线与从动件运动方向线之间的夹角称为压力角，用 $\alpha$ 表示。压力角的大小，影响分力 $\boldsymbol{F}_1$和 $\boldsymbol{F}_2$的大小。压力角越大，则 $\boldsymbol{F}_1$越小，而 $\boldsymbol{F}_2$越大，从动件与导轨的摩擦阻力也越大。所以，凸轮机构的压力角不能太大，一般要求从动件升程时的压力角小于或等于 30°。

同一升程，基圆半径越大，压力角越小，从动件的有效分力就越大。但是，凸轮尺寸相应增大，使结构不紧凑。

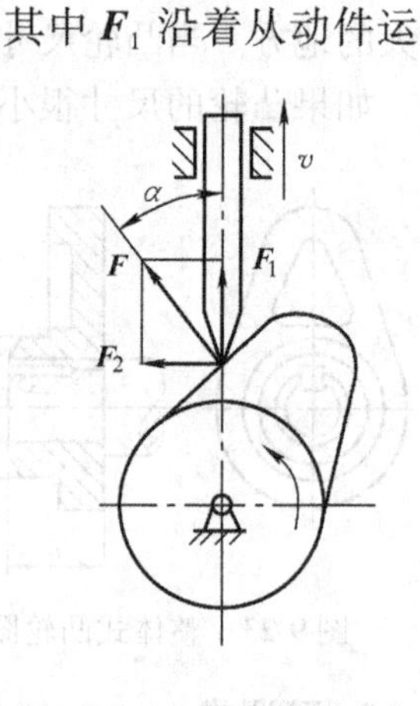


图 9-27 凸轮机构压力角

从图 9-26 可以看出，从动件的运动取决于凸轮轮廓曲线。凸轮旋转一周，从动件依次完成“升—停—降—停”的过程。当凸轮连续转动时，从动件就重复上述的运动。图 9-26d 中，以横坐标表示凸轮转角 $\delta$，纵坐标表示从动件对应的位移量 $s$ 所画的曲线图称为从动件位移曲线图（或称为 $s-\delta$ 曲线图）。从动件位移曲线图直观地表达了从动件运动的变化规律，是绘制凸轮轮廓的依据。

在生产中，从动件的运动规律是依据工作要求确定的。从动件运动规律有很多，如等速运动、等加速等减速运动、简谐运动、摆线运动等，下面介绍从动件常用等速运动和等加速等减速运动规律。

（二）等速运动规律

等速运动是指凸轮等速转动时，从动件上升或下降的速度为一常数。以 $u$ 表示速度，$t$ 表示时间，等速运动的距离 $s=ut$；以 $\omega$ 表示角速度，将凸轮转角 $\delta$ 与时间 $t$ 的关系 $\delta=\omega t$

中的 $t$ 代入上式，得：

$$s = \frac{u}{\omega}\delta$$

式中，$u$ 和 $\omega$ 为常数。所以，从动件等速运动的位移曲线是一条斜直线，如图 9-26d 所示。

作等速运动的从动件，在开始上升的一瞬间和由上升转为下降的一瞬间都会产生速度突变而引起刚性冲击。随着凸轮的连续旋转，冲击所引发的振动是很大的。所以，等速运动只适用于低速、轻载和从动件质量小的场合。为了减小刚性冲击，通常会在位移曲线转折处采用圆弧过渡，将速度突变修正为渐变。

### （三）等加速等减速运动规律

等加速等减速运动是指从动件在升程的前半段作等加速运动，后半段作等减速运动，通常前、后两段加速度的绝对值相等。

以 $a$ 表示加速度，$t$ 表示时间，初速度为零的等加速等减速运动的距离 $s$ 为：

$$s = \frac{1}{2}at^2$$

将凸轮转角 $\delta = \omega t$ 中的 $t$ 值代入上式，得：

$$s = \frac{a}{2\omega^2}\delta^2$$

式中，$a$ 和 $\omega$ 都是常数。所以，从动件等加速等减速运动的位移曲线是由等加速、等减速两段抛物线连接而成，如图 9-28 所示。

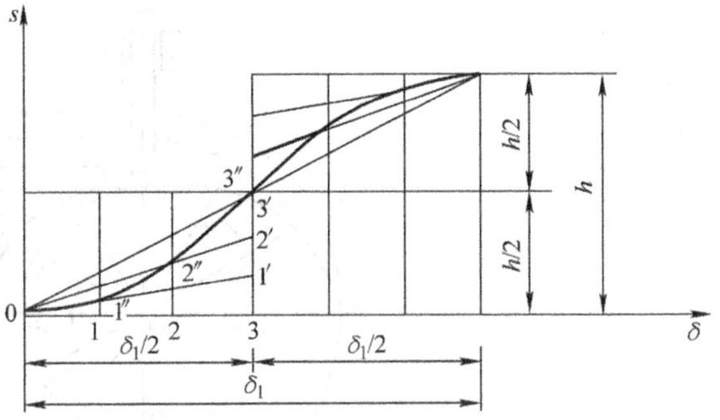


图 9-28 等加速等减速运动曲线

等加速等减速运动有一定的惯性，从动件沿着凸轮轮廓曲线前半行程作等加速运动上升，后半行程作等减速运动上升到最高点转为下降，转折时的速度趋近于零。整个过程没有速度突变，避免了刚性冲击。在各连接处，惯性力所引起的加速度有限值突变，对机构所造成的冲击、振动和噪声比刚性冲击小，称为柔性冲击。这种运动规律较平稳，适用于中、低速和从动件质量不大的场合。

## 五、对心直动从动件盘形凸轮的绘制

在凸轮机构中，盘形凸轮应用最多。学习盘形凸轮轮廓曲线的绘制，可以加深对凸轮机构工作原理的理解。

当从动件的运动规律确定以后，就可以根据其位移曲线用图解法画出凸轮的轮廓曲线。在实际生产中，通常是凸轮旋转，推动从动件上下移动。为了作图方便，可以看成凸轮在图样上不转动，而从动件沿着凸轮旋转的反方向转动，并以此方向作图，这种作图方法称为“反转法”。

如图 9-26 所示，已知盘形凸轮的基圆半径 $r_0 = 40\text{mm}$，凸轮顺时针方向转动，从动件的运动规律见表 9-5。

表 9-5 从动件的运动规律

| 凸轮转角 $\delta$ | 0°～90° | 90°～180° | 180°～360° |
|---|---|---|---|
| 从动件位移 $s$ | 等速上升 20mm | 停止不动 | 等速下降到原位 |

凸轮轮廓曲线的绘图步骤如下：

（1）画从动件位移曲线图　从动件位移曲线如图 9-29b 所示。

1）用横坐标表示凸轮转角 $\delta$，纵坐标表示从动件的位移 $s$。

2）在横坐标轴上按一定间隔（图中为 30°）作等分点（90°～180°从动件没有位移，不作等分点），标上序号 0、1、2、…、10。

3）过各等分点作纵坐标的平行线，并标上 11′、22′、33′、…、99′。

4）已知 0～3（即 0°～90°），从动件等速上升 20mm，截取 33′等于 20mm。用直线段连接 03′，与竖线 11′、22′分别交于 1′、2′。

5）3～4（即 90°～180°）从动件停止不动，过 3′作水平线交 44′于 4′。

6）4～10（即 180°～360°）从动件等速下降至原位，用直线段连接 4′和 10 交 55′、66′、…、99′于 5′、6′、…、9′，即为从动件位移曲线图。

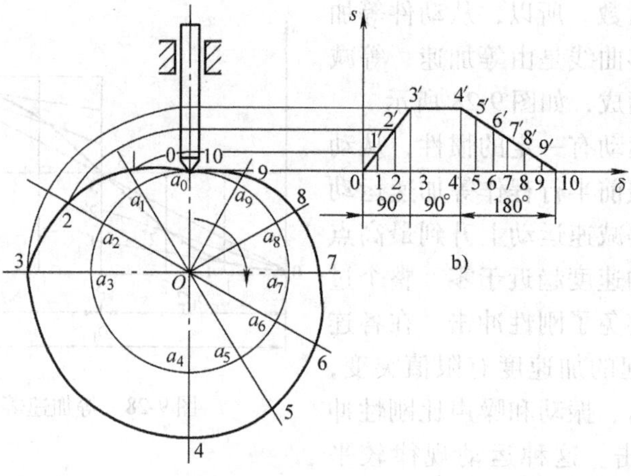


图 9-29　对心直动尖顶式从动件盘形凸轮轮廓曲线的画法

a）凸轮轮廓曲线　b）从动杆运动规律曲线

（2）画凸轮轮廓曲线图　凸轮轮廓曲线如图 9-29a 所示。

1）用画位移曲线图的比例，以 $O$ 为圆心，$Oa_0$ =40mm 为半径作基圆。

2）沿着与凸轮转动的反方向（逆时针方向），从 $a_0$ 点开始按照位移曲线上划分的角度在基圆上作等分角线，即 0°～90°为三等分，90°～180°不作等分，180°～360°为六等分。分别画出相应的向径线 $Oa_0$、$Oa_1$、$Oa_2$、…、$Oa_9$，并适当延长。

3）分别在对应的向径线上截取位移 $a_1 1$ = 11′、$a_2 2$ = 22′、…、$a_9 9$ =99′。

4）用圆滑曲线连接 0、1、2、…、10 各点，其中 3、4 两点之间是以 $O$ 为圆心的圆弧，即为所绘制的凸轮轮廓曲线。

若从动件是滚子，需要分两步绘制。首先仍然按尖顶式从动件凸轮的作图方法画出滚子中心的凸轮轮廓曲线，然后在曲线上以滚子的半径作一系列小圆，再作这些小圆的外切包络线，即为滚子从动件的凸轮轮廓曲线。

## *第三节　间歇运动机构

将主动件的等速连续转动变换为时转时停的周期性运动的机构称为间歇运动机构。例如，剪切机械的送料机构、自动机床的进给机构、印刷机的进纸机构等，都应用了间歇运动机构。间歇运动机构的类型很多，如棘轮机构、槽轮机构、不完全齿轮机构、凸轮间歇机构等，本节仅介绍常用的棘轮机构和槽轮机构。

### 一、棘轮机构

#### （一）棘轮机构的组成和工作原理

图 9-30 所示为棘轮机构，它由棘轮、棘爪、止回棘爪和机架等组成，并常与曲柄摇杆机构、凸轮机构、液压装置等配套使用。当曲柄推动摇杆向左摆动时，棘爪嵌入棘轮齿槽推动棘轮逆时针方向转过一个角度，这个角度称为棘轮转角。当摇杆向右摆动时，棘爪从棘轮的齿背滑回原位，此时，止回棘爪阻止棘轮倒转。当曲柄连续转动时，棘轮便驱动工作机械作单向周期性间歇运动。

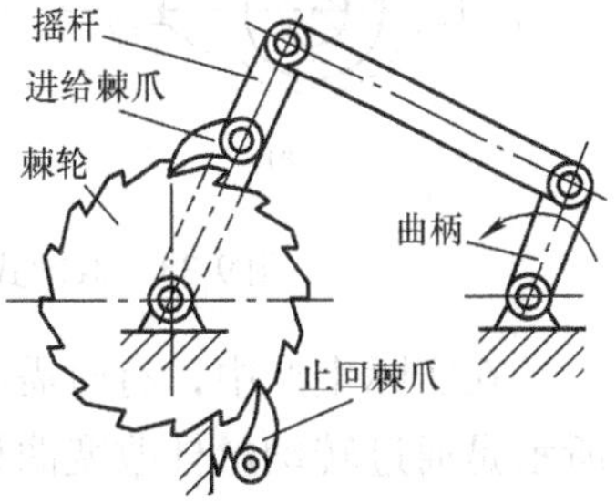

图 9-30　棘轮机构

#### （二）棘轮机构的类型和转角的调节

棘轮机构除了如图 9-30 所示的单向式之外，还有以下几种类型：

**1. 可变向棘轮机构**

如图 9-31 所示，这种棘轮机构的棘齿端面为矩形，而棘爪可以翻转。当棘爪处在左侧实线位置时，棘轮作逆时针方向间歇运动；当棘爪翻转到右侧双点画线位置时，棘轮作顺时针方向间歇运动。也可将棘爪做成可转式，图 9-32 所示是牛头刨床工作台横向进给棘轮机构。提起手柄拔出定位销，转动棘爪，使定位销插入另一侧销孔，便可改变间歇运动的方向。

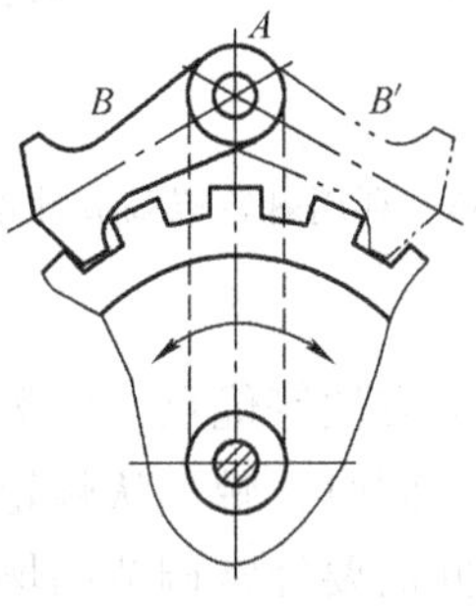

图 9-31　可变向棘轮机构

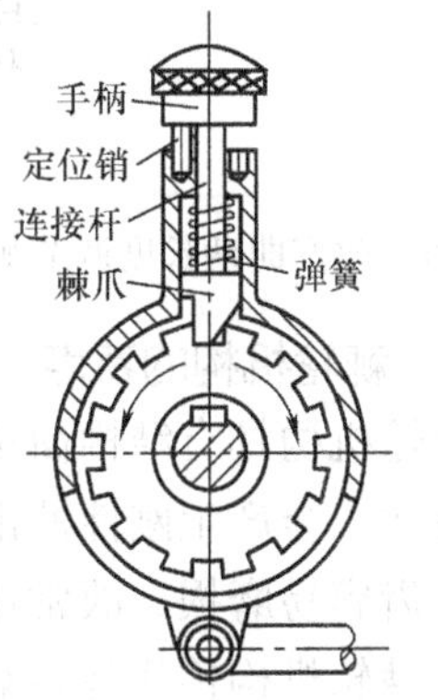

图 9-32　可变向棘爪

**2. 双动式棘轮机构**

如图 9-33 所示，这种棘轮机构采用两个棘爪分别与棘轮作用，当主动件往复摆动一次，大、小棘爪各推动或钩动棘轮同方向转动一次。在主动件转速相同的条件下，使棘轮转动的次数增加一倍。

**3. 摩擦式棘轮机构**

如图 9-34 所示，摩擦式棘轮机构的棘轮没有棘齿，棘爪靠摩擦力使棘轮转动或停止。棘轮转动的角度由摇杆摆动角度决定，不受棘齿的限制。这种棘轮机构的优点是工作时无噪声。

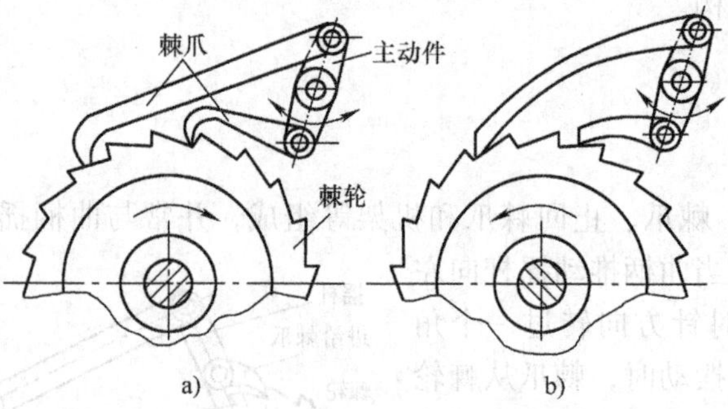

图 9-33　双动式棘轮机构

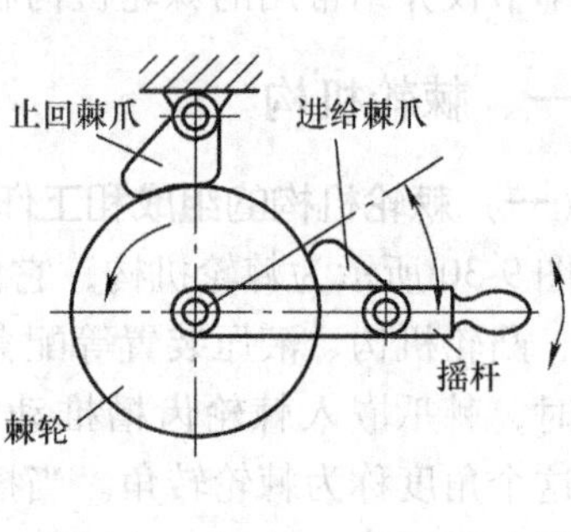

图 9-34　摩擦式棘轮机构

在实际生产中，有时需要棘轮有不同的转角。通常采用下面两种方法进行调节：图 9-35 所示是通过转动丝杆改变曲柄长度来改变摇杆的摆角，从而调节棘轮转角；图 9-36 所示是利用棘轮罩遮盖部分棘齿来调节棘轮转角。

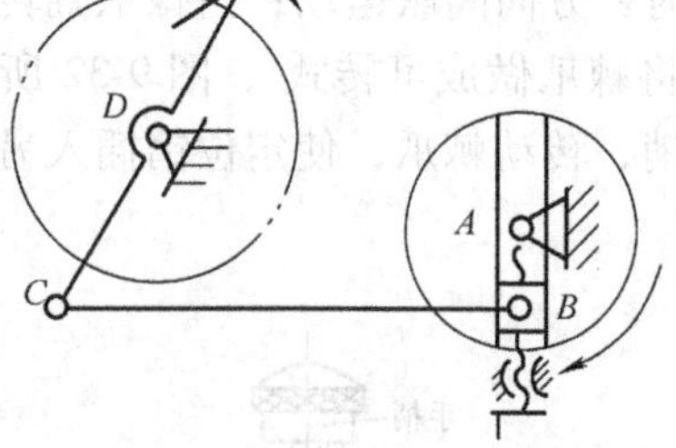

图 9-35　改变曲柄长度调节棘轮转角

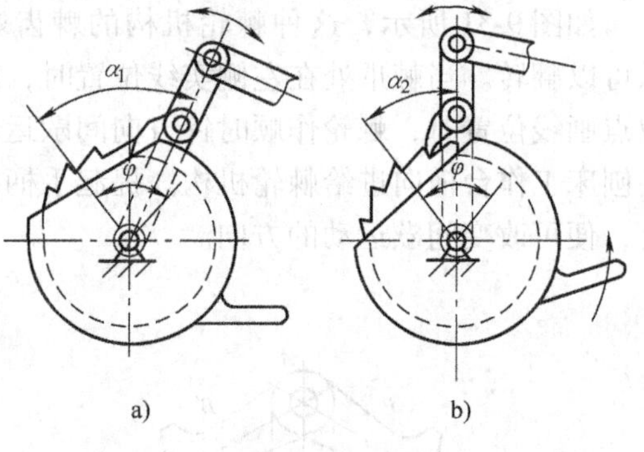

图 9-36　利用棘轮罩调节棘轮转角

**（三）　棘轮机构的特点**

齿式棘轮机构具有结构简单、工作可靠、棘轮转角调节方便等优点。但棘爪与棘轮接触或分离的瞬间，会产生刚性冲击，从而影响传动的平稳性。同时，棘爪从棘轮齿背上滑过时有噪声，棘齿容易磨损，故常用于低速、轻载、转角不大并需要经常调节的场合。

摩擦式棘轮机构传递运动较平稳，没有噪声，转角可实现无级调节。缺点是有打滑现象，因此传动的准确性较差，不宜用于精度要求较高、载荷较大的场合。

棘轮机构广泛用于自动进给、自动送料、自动包装、自动计数、单向传动、制动、超越等工艺动作的控制中。

## 二、槽轮机构

### （一）槽轮机构的组成和工作原理

图 9-37 所示为槽轮机构，它是由带圆柱销的拨盘、带径向槽的槽轮，以及机架组成。拨盘等速连续转动，当圆柱销没有进入槽轮的径向槽时，槽轮的内凹圆弧面被拨盘的外凸圆弧面卡住，槽轮静止不动。当圆柱销进入径向槽时，如图 9-37a 所示，槽轮的内凹圆弧面开始松开，槽轮受圆柱销的驱动按拨盘旋转的反方向转动，其转过的角度称为槽轮的转角；当圆柱销离开径向槽时，如图 9-37b 所示，槽轮又被拨盘外凸圆弧面卡住。直到圆柱销进入槽轮下一个径向槽时，槽轮再次被驱动，重复前一次的运动。因为拨盘只有一个圆柱销，所以拨盘每转一周，槽轮转动一次。若要增加槽轮转动的次数，可适当增加拨盘圆柱销的数目，如图 9-38 所示；若要拨盘与槽轮转向相同，可采用内啮合槽轮机构，如图 9-39 所示。

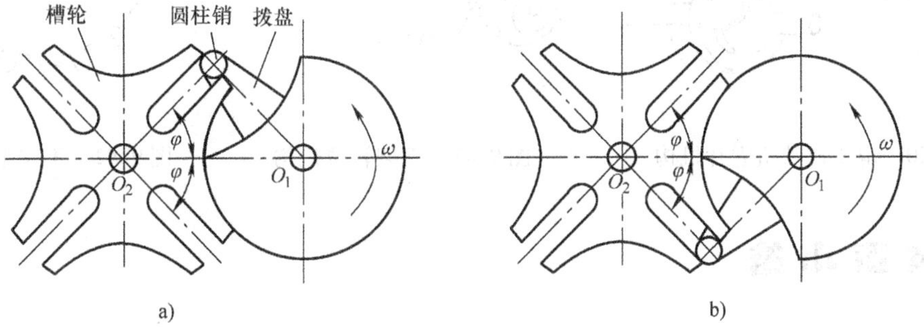


图 9-37 槽轮机构

a）圆柱销进入径向槽 b）圆柱销退出径向槽

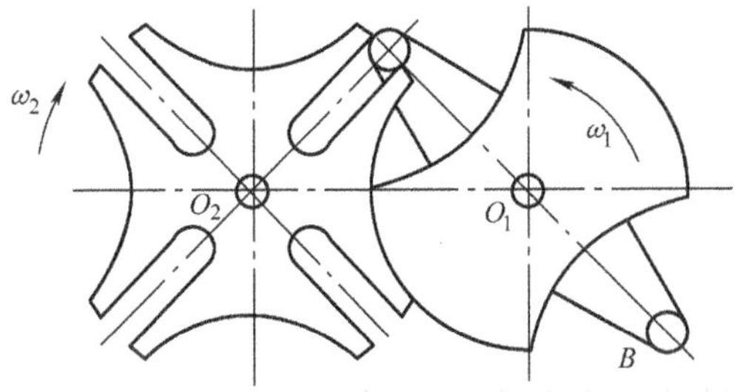


图 9-38 双圆柱销外啮合槽轮机构

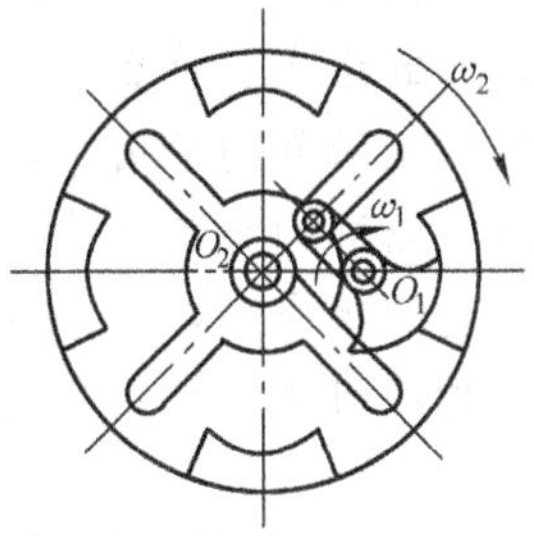


图 9-39 内啮合槽轮机构

### （二）槽轮机构的特点及应用

槽轮机构的主要特点是结构简单、运动可靠，且机械效率较高；圆柱销进入和退出径向槽时没有刚性冲击，所以比齿式棘轮机构运动平稳；制造和安装精度要求较高，且槽轮的转角大小不能调节。若要改变槽轮的转角，必须更换不同槽数的槽轮。常用于转速不高、转角较大、并要求断续转过特定角度的场合。

图 9-40 所示是电影放映机的卷片机构。当传动轴带动圆柱销每转过一周时，槽轮转过 90°，使影片的画面有一段短暂的停留时间，以适应人们视觉暂留的现象。

图 9-41 所示是转塔车床的刀架转位机构。刀架上装有六种刀具，槽轮上有六条径向槽，圆柱销每进出径向槽一次，槽轮转过 60°，从而按照加工工艺的要求，依次将刀具转换到工作位置上。

图 9-42 所示是间歇机构的另一种类型，称为不完全齿轮机构。图中主动轮只有一个或几个齿，从动轮有轮齿和内凹圆弧面。通过两轮的轮齿啮合或被外凸、内凹圆弧面卡住，实现周期性间歇运动。这种机构广泛应用于自动包装机的送料机构和各种计数器中。

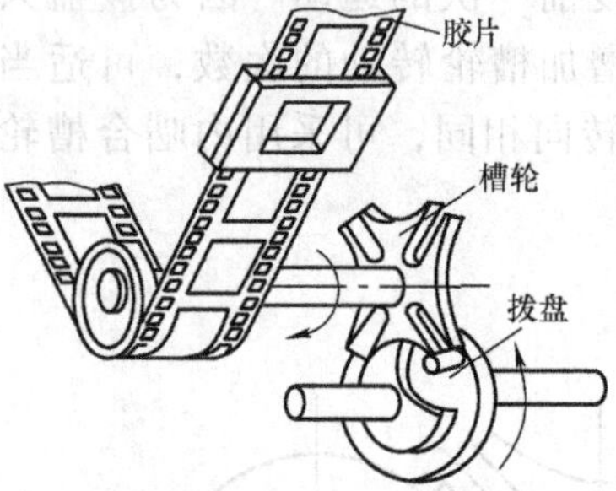


图 9-40 电影放映机卷片机构

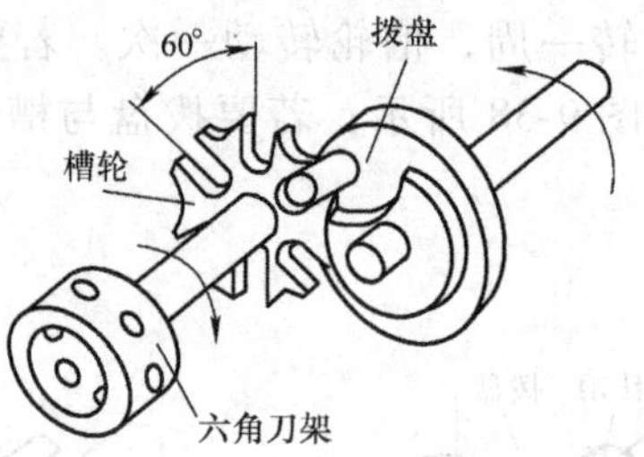


图 9-41 刀架转位机构

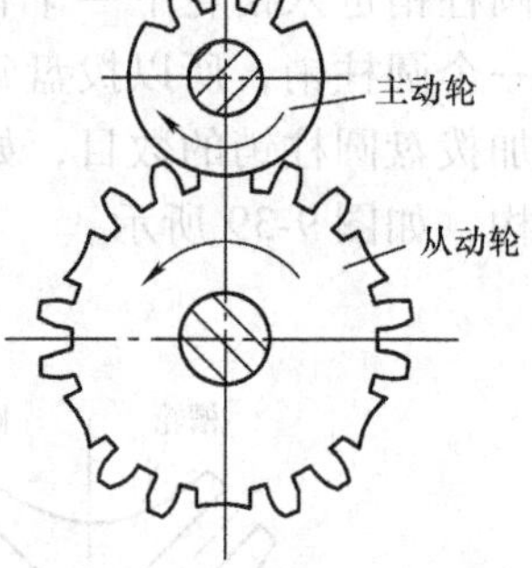


图 9-42 不完全齿轮机构

## 本章小结

本章主要讲解了下列内容：

1. 平面运动副及其分类。
2. 铰链四杆机构的类型及其判定条件。
3. 铰链四杆机构的基本性质及其应用。
4. 凸轮机构的组成、特点、分类和应用。
5. 凸轮机构从动件的常用运动规律、压力角。
6. 平面凸轮轮廓的绘制方法。
7. 棘轮机构的组成、特点和应用。
8. 槽轮机构的组成、特点和应用。

## 实训项目 9 常用机构的观察与分析

【项目内容】

去企业实际观察与分析机械设备中机构的结构和运动，运用所学知识，收集下列信息，完成运动简图和对机构的综合评价。

1）机械的名称、型号规格、主要技术参数、功用及组成部分、制造商、价格等。
2）机构的名称、组成及功用；组合机构的配套机构。
3）运动副的形式。
4）机构运动的转换和特性（急回特性、死点及其克服措施等）。
5）从动件的形式及其运动规律。
6）机构的控制和调节。
7）画出机构运动简图。
8）机构的优缺点分析及改进设想。

【项目目标】

通过观察和分析机械设备中常用机构的结构和运动规律，初步掌握分析机械组成的方法，培养分析机械组成机构的能力，以及团队合作、技术交流的能力。

【项目实施】（表9-6）

**表9-6 常用机构的观察与分析实施步骤**

<table>
<tr><th colspan="2">步骤名称</th><th>操作步骤</th></tr>
<tr><td colspan="2">分组</td><td>分组实施，每小组3～4人，或视设备情况确定人数</td></tr>
<tr><td colspan="2">工、量具及设备准备</td><td>木条、螺栓、扳手、钻头、电钻、锯子、直尺</td></tr>
<tr><td rowspan="4">实施过程</td><td>项目准备</td><td>1）由教师联系好有下列机械或机构的企业，并协商好实践时间：缝纫机踏板机构、车门启闭机构、颚式破碎机、牛头刨床工作台横向进给机构、机车车轮联动机构、自卸载货汽车翻斗机构、往复式真空泵偏心轮机构、内燃机活塞连杆机构、冲床机构、自动送料机构<br>2）教师提出实践要求并进行工厂安全教育。每组观察分析1～2种机构</td></tr>
<tr><td>观察分析</td><td>采取分工合作、信息共享的方式。直接信息通过看设备铭牌、查设备档案或现场观察、测量采集；对间接信息，或向企业技术人员、工人师傅请教，或对机构进行必要的拆卸、测量，或全组共同讨论获得。所有内容要求现场完成，并做好记录。主要收集下列信息：<br>1）机械的名称、型号规格、主要技术参数、功用及组成部分、制造商、价格等<br>2）机构的名称、组成及功用；组合机构的配套机构<br>3）运动副的形式<br>4）机构运动的转换和特性（急回特性、死点及其克服措施等）<br>5）从动件的形式及其运动规律<br>6）机构的控制和调节<br>7）画出机构运动简图<br>8）机构的优缺点分析及改进设想</td></tr>
<tr><td>汇报展示</td><td>各小组对收集的信息进行汇总，并用木条和螺栓制作机构模型，然后进行展示汇报</td></tr>
<tr><td>5S</td><td>整理工具、清扫现场</td></tr>
</table>

## 【项目评价与反馈】（表 9-7）

**表 9-7　项目评价与反馈表**

班级：________姓名：________　　　　　　　　　　　　　　　　　　　年____月____日

| 序号 | 项目及要求 | 自我评价 | | | | 小组评价 | | | | 教师评价 | | | |
|---|---|---|---|---|---|---|---|---|---|---|---|---|---|
| | | 优 | 良 | 中 | 差 | 优 | 良 | 中 | 差 | 优 | 良 | 中 | 差 |
| 1 | 机械设备信息收集完整 | | | | | | | | | | | | |
| 2 | 机构设备信息收集完整 | | | | | | | | | | | | |
| 3 | 团队合作意识 | | | | | | | | | | | | |
| 4 | 项目目标的实现 | | | | | | | | | | | | |
| 5 | 机械运动简图 | | | | | | | | | | | | |
| 6 | 机构的优缺点分析及改进设想 | 综合评价等级： | | | | | | | | | | | |

# 第十章 支承零部件

支承零部件，即支承轴和轴上零件的零部件，主要有轴、滑动轴承、滚动轴承等。它们是机械传动中应用最多的零部件。本章将介绍这些零部件的原理、结构、特点和标准，同时介绍润滑、密封、节能、噪声控制与安全防护方面的知识

汽车发动机　　　　摩托车

【学习目标】

- ◆ 能描述轴的种类和应用，会分析轴的结构。
- ◆ 能描述滑动轴承的类型、结构、特点和轴瓦的常用材料。
- ◆ 能运用课程知识，进行滑动轴承的安装和维护。
- ◆ 能解释常用滚动轴承代号的含义，会正确选用滚动轴承。
- ◆ 会正确拆卸和安装滚动轴承。
- ◆ 能正确选用润滑剂和润滑方式。

【学习重点】

- ◆ 直轴的结构、常用材料和选用。
- ◆ 滑动轴承的结构、特点和应用，以及轴瓦的常用材料。
- ◆ 常用滚动轴承的类型、特点、代号和应用。
- ◆ 轴承的安装与维护。

# 第一节 轴

轴是组成机器的重要零件之一。其功能一是支承转动零件，如齿轮、带轮、链轮、蜗轮等；二是实现轴上零件的定位和固定，并传递运动和动力。以上功能，有的轴仅有其一，但一般是同时具备的。如图10-1所示的汽车传动轴，其功用是把发动机的动力传给后轮，驱动后轮转动。

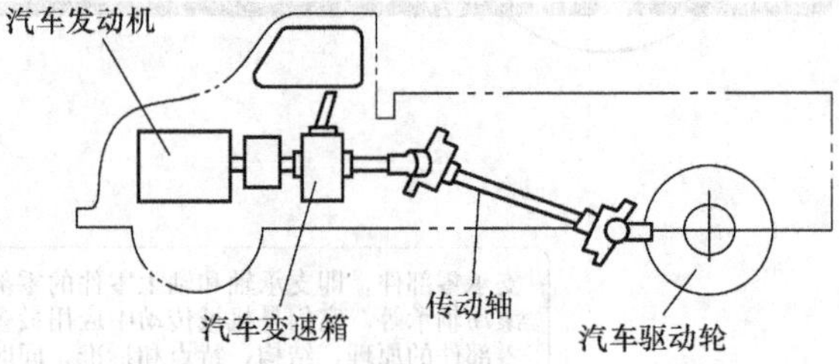

图10-1 汽车传动轴

## 一、轴的分类

按照轴的用途和所承受载荷的不同，轴可分为心轴、传动轴和转轴。

**1. 心轴**

只承受弯曲作用的轴称为心轴，图10-2所示为自行车前轮轴和火车车轮轴。心轴可以是转动的，也可以是不转动的。

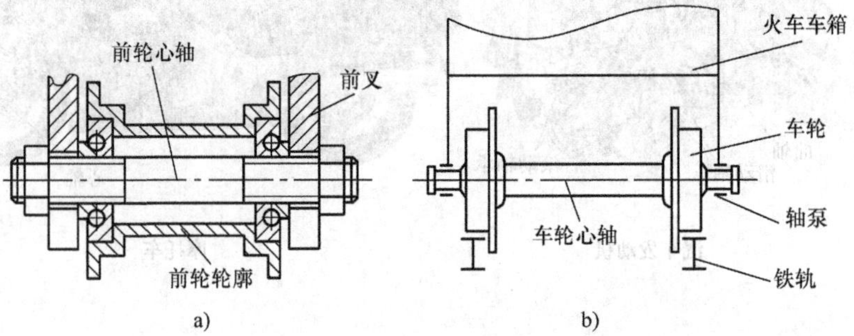

图10-2 心轴

a）自动车前轮轴 b）火车车轮轴

**2. 传动轴**

主要承受扭转作用，不承受或承受很小的弯曲作用的轴称为传动轴。传动轴常用来传递动力，图10-1所示为汽车传动轴。

**3. 转轴**

同时承受弯曲和扭转作用的轴称为转轴，它既支承转动零件又传递动力，如图10-3所示的齿轮轴即为转轴。

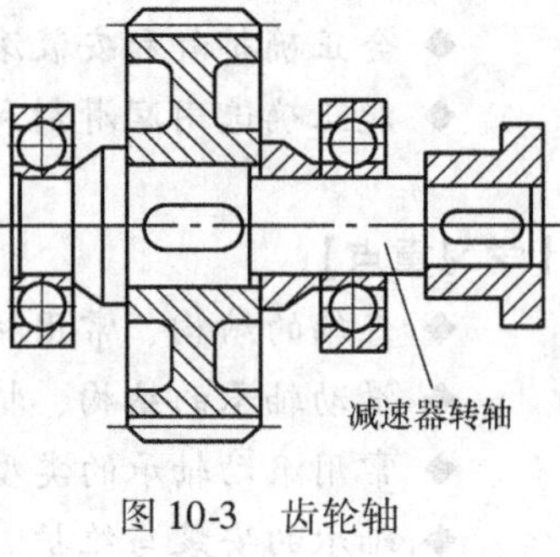

图10-3 齿轮轴

此外，按照轴线的形状不同，轴有直轴（图10-1、图10-2、图10-3）、曲轴（用于往复运动和旋转运动的相互转换，图10-4）和软轴（可把旋转运动灵活地传到任何空间位置，图10-5）。直轴按外部形状又可分为光轴和阶梯轴。其中，阶梯轴因各轴段强度相近，轴上零件装拆和固定方便，在机械中应用最为广泛。

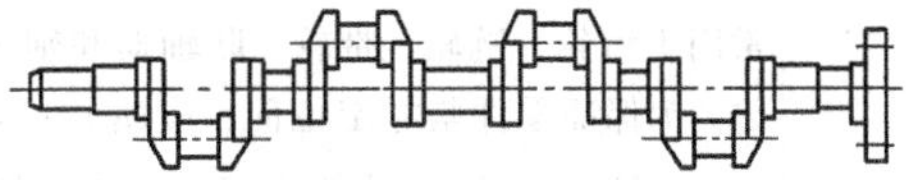

图 10-4 曲轴

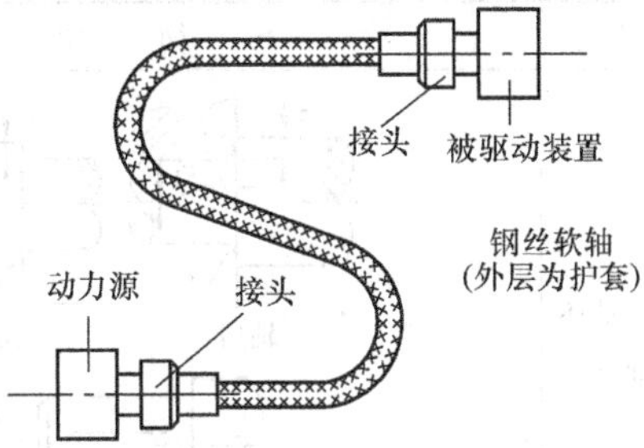


图 10-5 软轴

## 二、轴的常用材料

轴的材料要求有足够的强度和一定的刚度。此外，还应具有良好的耐磨性、耐蚀性和工艺性等。轴的材料一般采用碳素钢和合金钢。碳素钢比合金钢价格低廉，对应力集中的敏感性低，可通过热处理改善其综合性能，加工工艺性好，故应用最广，最常用的是 35 钢、45 钢、50 钢。对于不重要或受力较小的轴也可用 Q235A 等普通碳素钢。

合金钢具有比碳素钢更好的力学性能和淬火性能，但对应力集中比较敏感，且价格较贵，多用于对强度和耐磨性有特殊要求的轴。如 20Cr、20CrMnTi 等低碳合金钢，经渗碳处理后可提高耐磨性；20CrMoV、38CrMoAl 等合金钢，有良好的高温力学性能，常用于在高温、高速和重载条件下工作的轴。球墨铸铁和一些高强度铸铁，由于铸造性能好，容易铸成复杂形状，且吸振性好，对应力集中的敏感性低，近年来被广泛应用于制造外形复杂的曲轴等。

## 三、轴的结构

在设计轴的结构时需要考虑的因素很多，诸如轴上载荷的性质、大小、方向和分布情况；轴与轴上零件、轴承、机架等的相对位置和固定方式；轴的加工、装配、拆卸和调整等。因此，其结构应满足以下条件。

1）轴上载荷分布合理并有利于提高轴的强度和刚度。

2）轴上零件和机架相对轴的定位准确，固定可靠。

3）轴的加工、轴上零件的装配、拆卸和调整方便。

4）应力集中小，重量轻。

### （一）定位和固定结构

根据功用，轴上各部分的名称定义如下：与传动零件，如带轮、联轴器、齿轮等配合的轴段称为轴头；与轴承配合的轴段称为轴颈；轴头与轴颈之间的轴段称为轴身；截面尺寸变化处称为轴肩；凸起的短轴段称为轴环。

为了保证机器能正常工作，轴上零件在轴上必须定位准确、固定可靠。零件在轴上的固定形式有轴向固定和周向固定两种，见表 10-1 和表 10-2。

**表 10-1 轴上零件轴向固定方法及特点**

| 固定方法 | 简图 | 特点 |
|---|---|---|
| 轴肩、轴环与轴颈 | 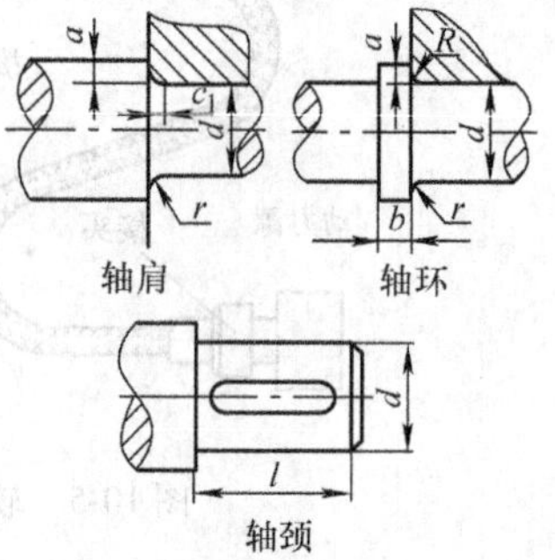 | 结构简单，定位可靠，能承受较大轴向力。常用于齿轮、链轮、带轮、联轴器和轴承等定位。为保证零件紧靠定位面，应使 $r<c_1$，或 $r<R$。轴肩高度 $a$ 应大于 $R$ 或 $c_1$，通常取：$a=(0.07\sim0.1)\ d$；轴环宽度 $b=1.4\ a$<br>与滚动轴承相配合处的 $a$ 值应小于轴承内圈高度，便于滚动轴承的拆卸 |
| 套筒 | 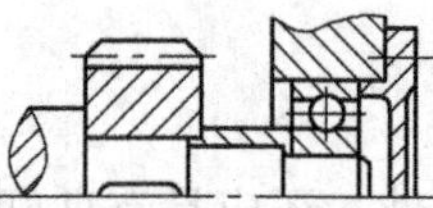 | 结构简单，定位可靠，轴上不需要开槽、钻孔或切制螺纹。一般用于零件间距较小场合，不宜用于高速 |
| 螺钉锁紧挡圈 | 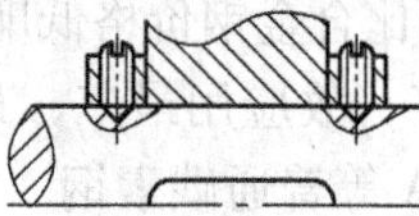 | 结构简单，不能承受大的轴向力，不宜用于高速。常用于光轴上零件的固定 |
| 圆锥面 | 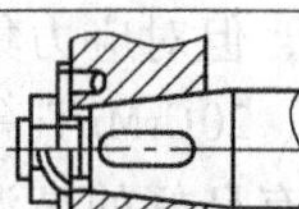 | 能消除轴与轮毂间的径向间隙，装拆方便，同时具有周向和轴向固定作用，能承受冲击载荷。多用于轴端零件固定 |
| 圆螺母 | 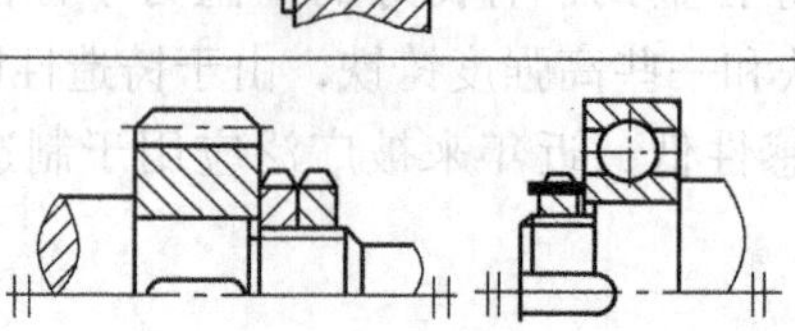 | 固定可靠，装拆方便，可承受较大轴向力，但轴上需要切制螺纹。常用两个圆螺母或圆螺母与止动垫圈固定 |
| 轴端挡圈 | 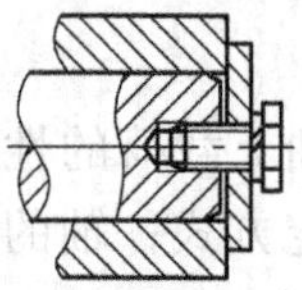 | 适用于固定轴端零件，可承受振动和冲击载荷 |
| 轴端挡板 | 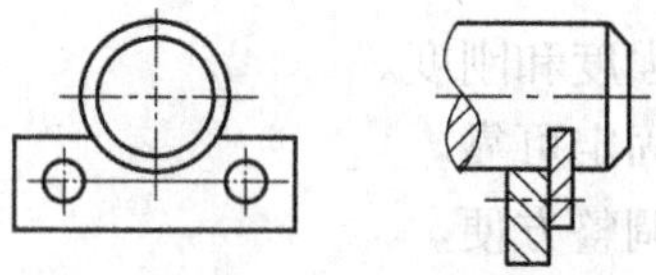 | 适用于心轴或轴端固定，只能承受较小的轴向力 |
| 弹性挡圈 | 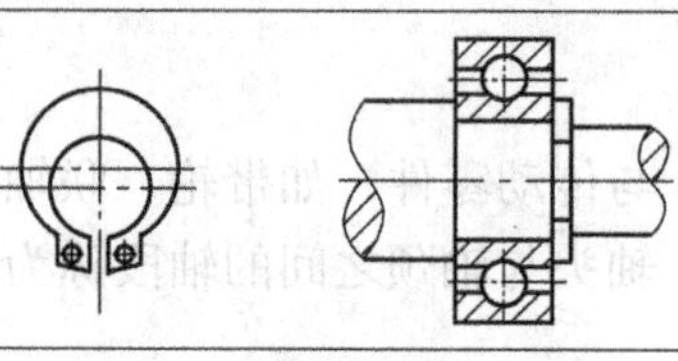 | 结构简单、紧凑，只能承受很小的轴向力，常用于固定滚动轴承 |
| 紧定螺钉 | 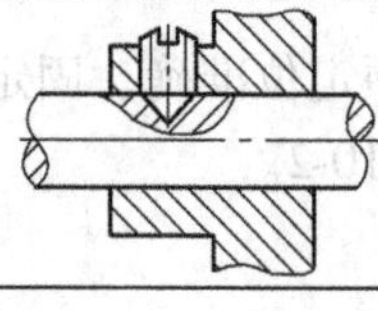 | 紧定螺钉端部拧入轴上凹坑，同时起轴向和周向固定作用。但轴向力和周向力都不能太大，转速也不能太高。只适用于载荷很小的辅助连接 |

表 10-2　轴上零件周向固定方法及特点

| 固定方法 | 简　图 | 特　点 |
|---|---|---|
| 平键连接 | 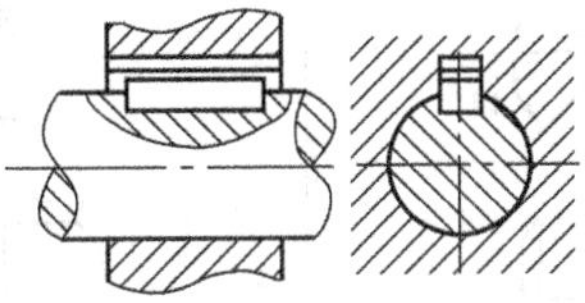 | 结构简单，工作可靠，装拆方便，应用最为广泛。不能轴向固定和承受轴向力 |
| 花键连接 | 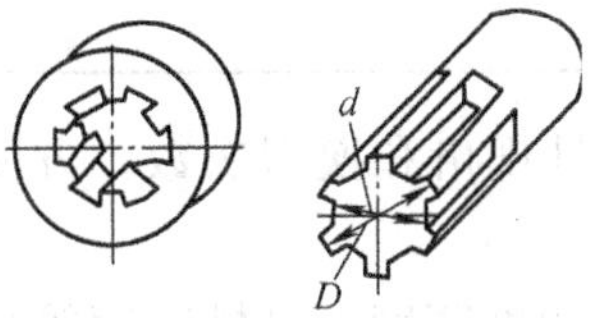 | 接触面积大、承载能力强；对中性和导向性好，轴的强度削弱小。适用于载荷较大、定心要求高的连接。其加工较复杂，成本较高 |
| 销连接 | 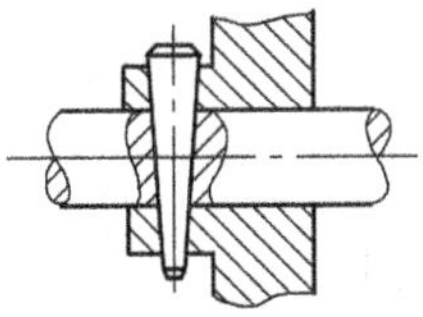 | 周向、轴向都有固定作用，常用作安全装置。过载时被剪断，从而防止损坏其他重要零件<br>对轴的强度削弱大，不能承受较大载荷 |
| 紧定螺钉 | 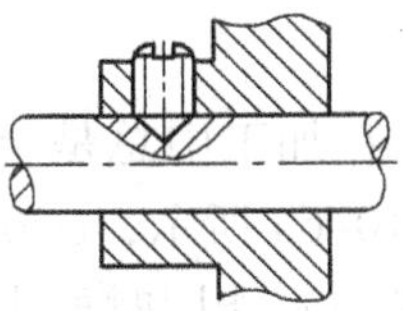 | 紧定螺钉端部拧入轴上凹坑，同时起轴向和周向固定作用，但轴向力和周向力都不能太大，转速也不能太高。只适用于载荷很小的辅助连接 |
| 过盈配合 | 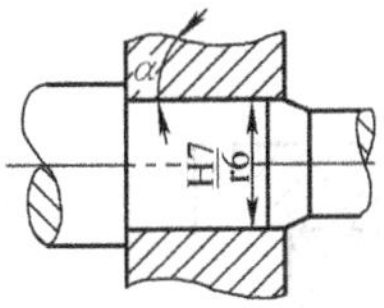 | 同时有轴向和周向固定作用，对中精度高<br>选择不同的配合有不同的连接强度，拆卸不方便，不宜用于重载和经常装拆的场合 |

### （二）轴的工艺性结构

轴的结构除了考虑零件固定和支承外，还需要考虑加工、装配等工艺要求。

**1. 加工工艺结构**

（1）结构要素　轴的结构中应有加工工艺所需要的结构要素。

1）需磨削的轴段、阶梯处应设有砂轮越程槽。

2）需切制螺纹的轴段，应设有螺纹退刀槽。

3）轴的长径比 $L/D$ 大于 4 时，轴两端应开设中心孔，以便加工时用顶尖支承，保证各轴段的同轴度。以上工艺结构已经标准化，见表 10-3，具体尺寸可查阅有关技术手册。

表 10-3 轴的工艺结构

| 中心孔（GB/T 145—2001） | 螺纹退刀槽（GB/T 3—1997） | 砂轮越程槽（GB/T 6403.5—2008） |
|---|---|---|
| 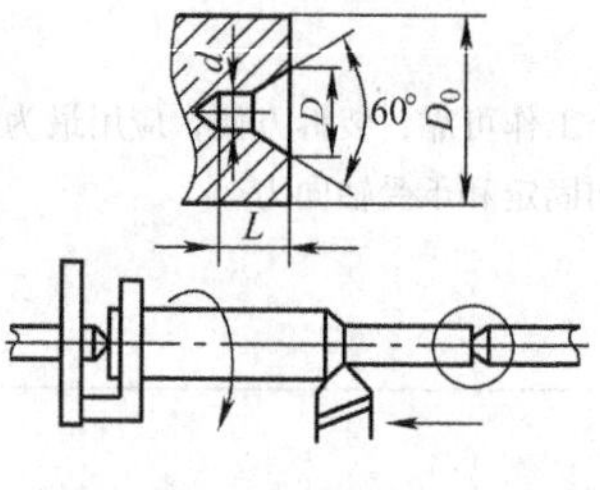  | 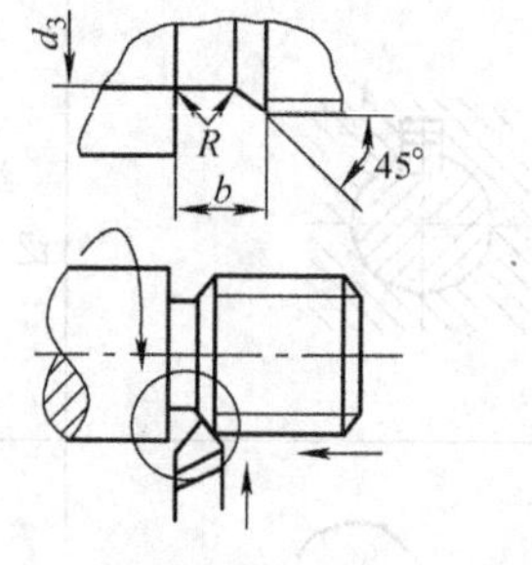  | 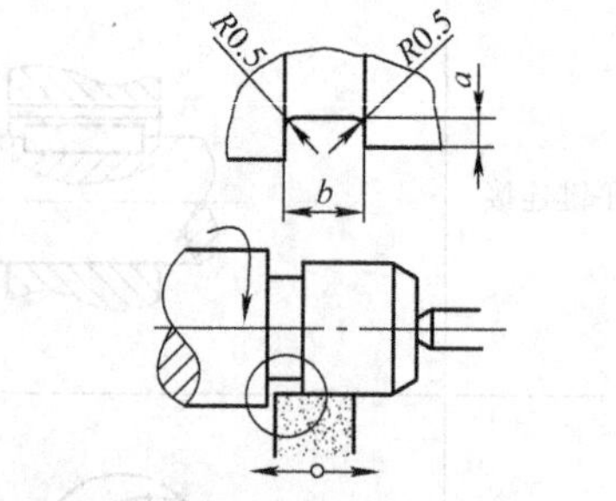  |

（2）方便加工和检验的结构　为了减少刀具规格和换刀次数，方便加工和检验，一般应有以下考虑或处理：

1）同一轴上的圆角半径、倒角尺寸、环形切槽宽度、键槽宽度等尽可能分别采用同一尺寸。

2）轴上不同轴段的键槽应布置在同一素线上。

3）一根轴上不同轴段的花键尺寸尽量统一。

4）加工精度和表面粗糙度的要求应合理。

5）阶梯轴在保证定位的条件下，阶梯应尽可能少。

此外，轴的工艺结构应尽量减小应力集中，如在轴径变化处采用小圆角、降低表面粗糙度值等，以提高轴的疲劳强度。

**2. 装配工艺结构**

1）零件各部位装配时不能发生干涉。因为零件在加工中总是会有误差或变形，所以在配合面就可能互相干涉，从而影响装配质量。如图 10-6a 所示，$\phi$20mm 与 $\phi$30mm 圆柱面不能同时要求紧密配合；图 10-6b 所示的 $A$、$B$ 两个平面不能同时要求紧密配合；图 10-6c 所示的轮毂孔的倒角与轴肩的小圆角在 $R$ 处容易干涉，使配合不紧密。因此，要保证主要面的配合，而对非主要面应留一定的间隙。

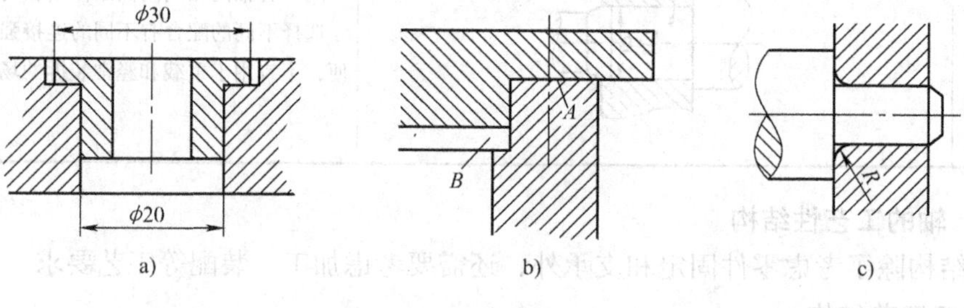


图 10-6　装配干涉举例

2）轴的结构应便于轴上零件的装配。装配时，各零件上的孔应不接触或无过盈地依次通过轴上其他零件的装配表面。轴与旋转零件配合的轴段长度，应略短于与之配合的轮毂长度，如图 10-7 所示。为了便于装配，轴端应有倒角，角度常为 45°。

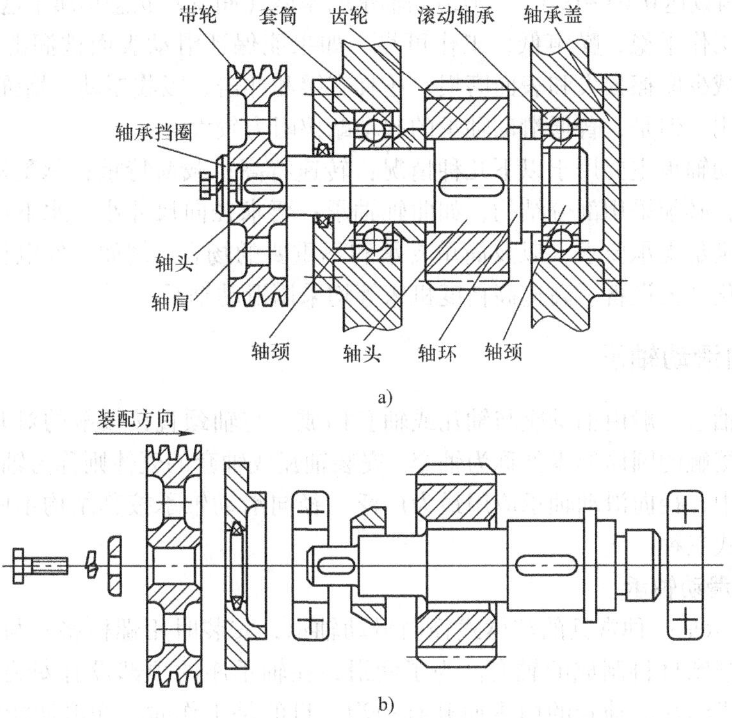


图 10-7　轴的结构与装配顺序

## 第二节　滑动轴承

轴承是确定轴相对于其他零件转动位置用的支承。其主要作用是支承轴与轴上零件，保持轴线的回转精度，减少轴与支承之间的摩擦和磨损。根据轴承工作面之间的摩擦性质，可分为滑动摩擦轴承（简称滑动轴承）和滚动摩擦轴承（简称滚动轴承）两大类，如图 10-8 所示。每一类轴承，按其承受载荷的方向不同，可分为主要承受径向载荷的径向轴承或称为向心轴承；主要承受轴向载荷的推力轴承和同时承受径向载荷与轴向载荷的向心推力轴承。

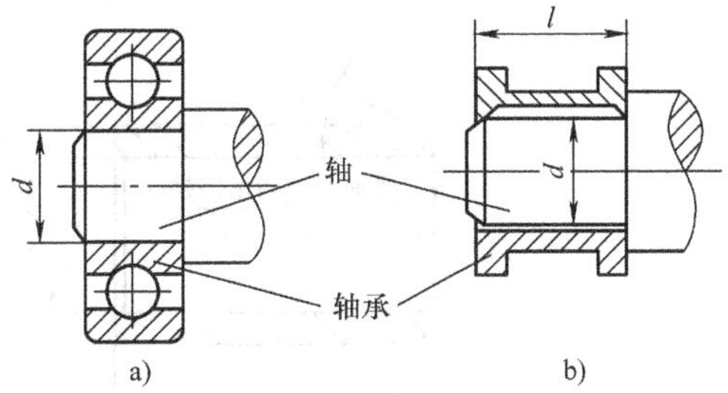


图 10-8　轴承

a）滚动轴承

b）滑动轴承（只画出了轴瓦）

### 一、滑动轴承的类型、特点及应用

滑动轴承除了按其承受载荷的方向分为径向滑动轴承和推力滑动轴承外，还可按其摩擦（润滑）状态分为液体摩擦轴承和非液体摩擦轴承。

所谓液体摩擦轴承，是指轴承的工作面有充足的润滑油，把两个滑动摩擦表面完全隔开，并始终保持稳定的液体润滑状态。这种轴承的摩擦因数很小，只有 0.001 ~0.008，适用于高速、高精度和重载场合；非液体摩擦轴承是轴承的工作表面吸附了极薄的油膜，两个滑动摩擦表面没有完全被油膜隔开，仍有直接接触的状态。这种轴承的摩擦因数达0.05~0.5，一般滑动轴承的摩擦（润滑）状态均属于这一种。

滑动轴承工作平稳，噪声低，工作可靠。如果能保证滑动表面被润滑油膜分开而不接触，不仅可以减少摩擦损失和表面磨损，还具有缓和冲击、吸收振动、增强承载能力和提高旋转精度的作用。但是，普通滑动轴承的起动摩擦阻力较大。

目前，滑动轴承主要用于以下几种情况：转速特高；载荷特重；承受极大冲击和振动；回转精度特高；必须采用剖分结构，如曲轴轴承；要求径向尺寸小，水下或腐蚀性介质中，滚动轴承难以满足支承要求，以及简单支承和不重要的场合。例如，发电机组、内燃机组、陀螺仪、自动化办公设备、高速高精度机床等均采用滑动轴承。

## 二、径向滑动轴承

径向滑动轴承一般由轴承座与轴瓦或轴套构成。与轴颈直接接触的对开零件称为轴瓦，而与轴径直接接触的圆筒形零件称为轴套。安装轴瓦或轴套的壳体则称为轴承座。

实际生产中，径向滑动轴承应用最为广泛。径向滑动轴承按其结构不同，分为整体式、剖分式和调心式三种。

**1. 整体式滑动轴承**

图10-9所示是一种常见的整体式径向滑动轴承，安装时用螺栓将其与机架连接，轴承座孔内压入用减摩材料制成的轴套。为了润滑，在轴承座的顶部设有安装润滑油杯的螺纹孔，轴套上有进油孔，轴套的内表面开有油沟，目的是工作时，润滑油能均匀分配到轴颈上，如图10-10所示。

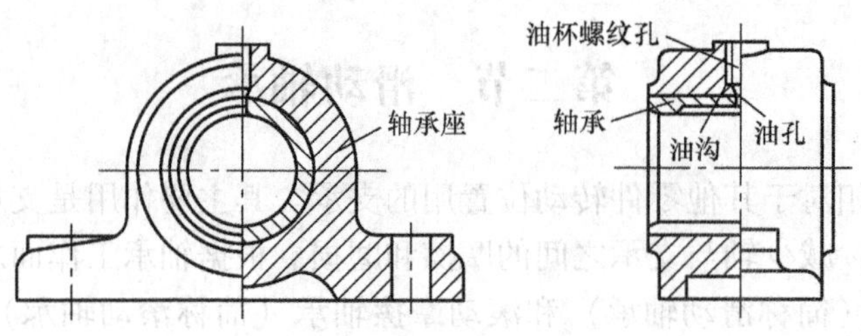


图10-9 整体式径向滑动轴承

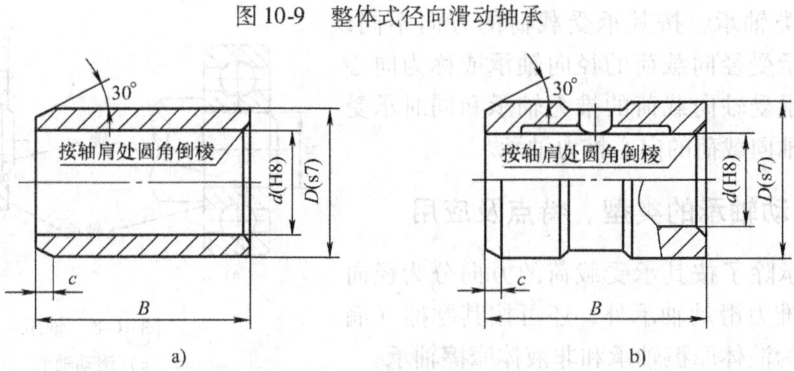


图10-10 整体式轴瓦

整体式滑动轴承也可以在机架上直接做出轴承孔，再压入轴套。

整体式滑动轴承的优点是构造简单，制造方便，但有下列缺点：一是轴套磨损后无法调整轴承间隙，只能更换新的轴套；二是轴颈只能从轴套的端部装、拆。这对于粗重的轴或轴颈在中间的轴的安装带来不便，甚至无法安装。这种轴承适用于轻载低速、间歇性工作或精度要求不高的场合，例如，绞车、手摇起重机和一些农业机械等。要克服上述的两个缺点，可采用剖分式滑动轴承。

**2. 剖分式滑动轴承**

剖分式滑动轴承如图 10-11 所示，由轴承座、轴承盖、剖分轴瓦（分为上瓦、下瓦）及轴承座与轴承盖的连接螺栓等组成。轴承的剖分面应与载荷方向近于垂直，多数轴承的剖分面是水平的，也有倾斜的。轴承盖与轴承座的剖分面常做成阶梯形，以方便定位和防止工作时错动。在轴承盖与轴承座之间一般留 5mm 左右的间隙，并在上、下轴瓦的对开处垫入适量的垫片。当轴瓦磨损后，可根据磨损程度调整垫片的厚度、研刮轴瓦，使轴颈和轴瓦之间仍然能保持要求的间隙。

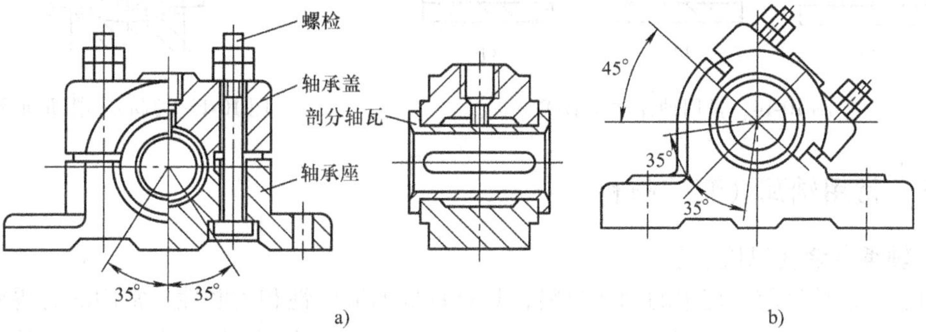

图 10-11　剖分式滑动轴承

a）剖分式正滑动轴承　b）剖分式斜滑动轴承

图 10-12 所示为剖分式轴瓦，它由上、下半瓦组成，上轴瓦开有油孔和油沟。轴瓦的两端带有凸缘，以防止其在轴承座中发生轴向移动。装配后，一般用紧定镙钉固定在轴承座上，防止周向转动。

为了改善轴瓦表面的摩擦性质，节省贵重金属，可以在轴瓦的内表面浇铸一层减摩材料（如轴承合金），这层减摩材料称为轴承衬，简称轴衬，如图 10-13 所示。轴瓦上的油孔用来注入润滑油，油沟的作用是使润滑油能均匀分布到轴颈整个工作面上。常见油沟的形状如图 10-14 所示，油沟应该开在非承载区，以免油膜的连续性受到破坏而影响承载能力。为了减少润滑油的泄漏，油沟的轴向不能开通，一般约取轴瓦长度的 80%。

剖分式滑动轴承装拆方便，轴瓦与轴颈的间隙可以调整，克服了整体式轴承的两个缺陷，因此应用广泛。

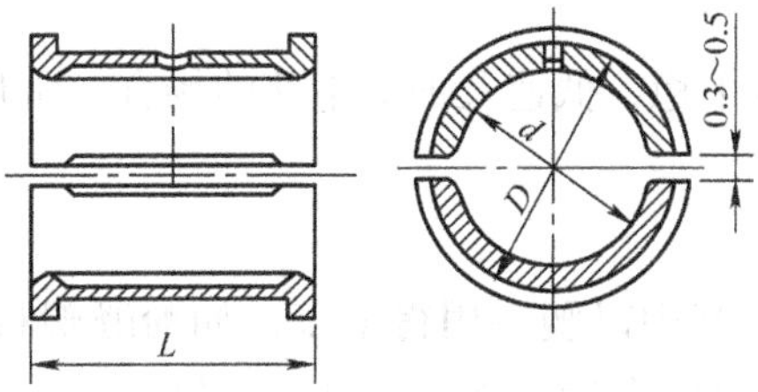

图 10-12　剖分式轴瓦

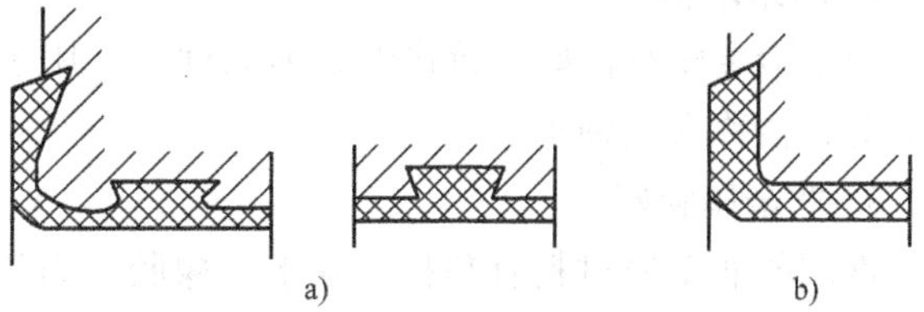

图 10-13　浇铸轴承合金的轴瓦

a）用于钢或铸铁轴瓦　b）用于青铜轴瓦

**3. 调心式滑动轴承**

调心式滑动轴承的结构形状如图 10-15 所示，轴瓦与轴承盖、轴承座之间为球面接触，球面的中心在轴线上。轴瓦可随轴线的弯曲变形而适当转动，从而达到自动调心的目的。这种结构的轴承承载能力较大，主要用于宽径比（轴承宽度与孔径之比值）大于 1.5，轴的挠度较大，或两轴承孔的轴线难以保证重合的场合。

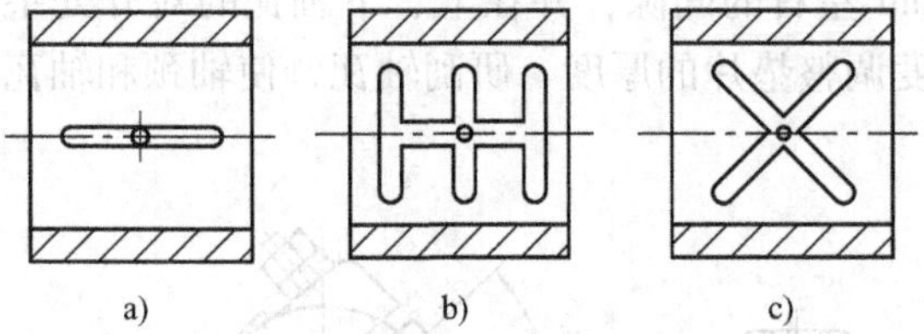


图 10-14　常用轴瓦油沟形式

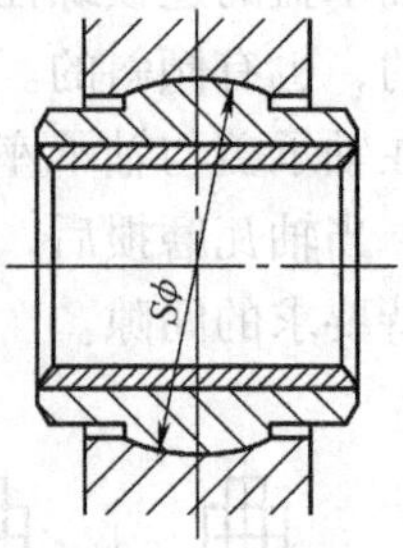


图 10-15　调心式滑动轴承

## 三、常用轴瓦（套）材料

**1. 轴承合金**（巴氏合金）

轴承合金是目前最理想的轴瓦材料，具有良好的减摩性和耐磨性。常用的有锡锑轴承合金，如 ZChSnSb11-6，铅锑轴承合金，如 ZChPbSb16-16-2 等，适用于中高速、重载及冲击不大的重要轴承。其中，铅锑轴承合金的耐蚀性和耐冲击能力，不如锡锑轴承合金。铅锑轴承合金可用于中速、中载、冲击载荷较小的场合。两种轴承合金的熔点都较低，最高工作温度为 150℃。轴承合金材料都是贵重金属，为了节约材料，常用作轴承衬。

**2. 铜合金**

铜合金是传统的轴瓦材料，具有较高的强度，较好的减摩性和耐磨性，分为青铜和黄铜两类。常用的有锡青铜 ZCuSn10Pb1、ZCuSn5Pb5Zn5，铝黄铜 ZCuZn25A16Fe3Mn3，硅黄铜 ZCuZn16Si4 等。其中，锡青铜的性能仅次于轴承合金，常用于中速、中等载荷，以及冲击条件下的轴承。黄铜的减摩性不及青铜，但易于铸造及加工，价格也较青铜便宜，可作为低速、中载时青铜的替代材料。

**3. 灰铸铁**

灰铸铁中所含的石墨具有润滑作用，常用牌号有 HT150、HT200 等。主要用于低速、轻载和不受冲击的场合。

**4. 粉末冶金**

粉末冶金耐磨性好，价格低，但韧性差。用于载荷平稳，低速及加油不便的场合。常用作轴套，俗称含油轴承。

**5. 非金属材料**

常用的非金属材料有塑料、硬木、橡胶、石墨等，其中以塑料用得最多，如酚醛塑料、聚酰胺（尼龙）、聚四氟乙烯等。它们有较好的吸振和自润滑性，常用于低速、轻载等特殊场合。

## 四、滑动轴承的安装、维护要点

1）装配时要对轴瓦进行研刮，一般精度的车床主轴，轴承间隙留 0.015～0.03mm，与轴颈配合的接触斑点为 12～16 点/25mm×25mm。装配后，轴在轴瓦中应能轻松自如地转动，无明显间隙。

2）轴瓦外径与轴承座孔修刮贴合应均匀，瓦口应高于瓦座 0.05～0.1mm，以便压紧。整体式轴瓦压入时要防止歪斜，并用紧定螺钉固定。

3）保持油路畅通，油路要与油沟连通。轴瓦研刮时，油沟两边的点子要疏，以形成油膜；轴瓦两端的点子要均匀，防止漏油。

4）轴承使用过程中要经常检查润滑、温度、振动等状况。如有干摩擦、发热、冒烟、卡死及异常振动或声响，要及时停机检查、分析和处理。磨损超标的轴瓦要及时更换。

# 第三节　滚动轴承

## 一、滚动轴承的特性及应用

滚动轴承用滚动摩擦取代了滑动摩擦。与滑动轴承相比，具有下列特点：

1）在正常使用条件下摩擦因数小，起动力矩小，效率高。

2）适用的载荷、转速和精度范围较大，安装和维修都较方便。

3）润滑方法简便，易于维护和密封，消耗的润滑剂少。

4）滚动轴承是标准件，互换性好，更换容易且价格低。

5）采用预紧的方法可以提高支承刚度和旋转精度。

6）在轴颈尺寸相同的条件下，滚动轴承的宽度小，机器的轴向结构更紧凑。

7）抗冲击载荷的能力较差。

8）高速运转时噪声较大。

9）轴承不能剖分。

10）径向尺寸比滑动轴承大。

11）寿命较低。

滚动轴承的上述优点使其在很多场合取代了滑动轴承，得到了广泛的应用。

## 二、滚动轴承的结构

常见的滚动轴承如图 10-16 所示，由外圈、内圈、滚动体和保持架组成。内圈装在轴颈上，外圈装在机架或零件的座孔内。在内、外圈与滚动体接触的表面上有滚道，滚动体沿滚道滚动。保持架的作用是把滚动体隔开，使其均匀分布在圆周上，防止相邻滚动体在运动中接触，产生摩擦。滚动轴承的内、外圈和滚动体，一般用含铬合金钢制造，如 GCr15、GCr15SiMn 等。保持架多用低碳钢材料冲压而成，也有用塑料或黄铜的。

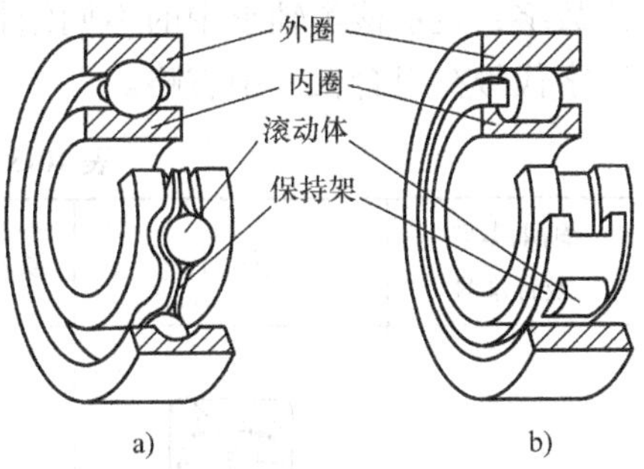


图 10-16　滚动轴承的结构

常见的滚动体如图 10-17 所示，有球、圆柱滚子、圆锥滚子、鼓形滚子、滚针等。滚动体是形成滚动摩擦不可缺少的核心零件。

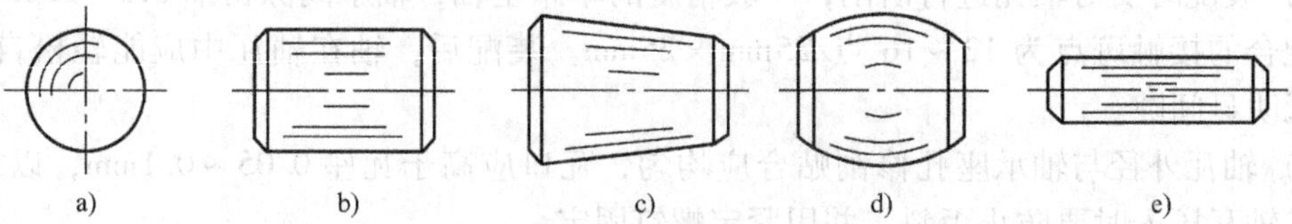

a)　b)　c)　d)　e)

图 10-17　常见滚动体

a）球　b）圆柱滚子　c）圆锥滚子　d）鼓形滚子　e）滚针

## 三、滚动轴承的代号

国标 GB/T 272—1993、部标 JB/T 2974－2004 规定，滚动轴承代号由基本代号、前置代号和后置代号三部分组成，其排列见表 10-4。

**表 10-4　滚动轴承代号排列**

| 前置代号 | 基本代号 | | | | | 后置代号（组） | | | | | | | |
|---|---|---|---|---|---|---|---|---|---|---|---|---|---|
| | 五 | 四 | 三 | 二 | 一 | 1 | 2 | 3 | 4 | 5 | 6 | 7 | 8 |
| | | 尺寸系列代号 | | | | | | | | | | | |
| 成套轴承分部件代号 | 类型代号 | 宽（高）度系列代号 | 直径系列代号 | 内径代号 | | 内部结构代号 | 密封与防尘结构代号 | 保持架及材料代号 | 特殊轴承材料代号 | 公差等级代号 | 游隙代号 | 多轴承配置代号 | 其他代号 |

常用滚动轴承类型代号、尺寸系列代号、基本代号和特点见表 10-5。

**1. 基本代号**

基本代号是轴承代号的基础，由类型代号、尺寸系列代号和内径代号组成。

（1）类型代号　类型代号用数字或字母表示，见表 10-5。表中，类型代号前或后加字母或数字，表示该类轴承中的不同结构，如深沟球轴承（代号为 6）中的 16。凡是括号内的数字代号在组合代号中省略。

**表 10-5　常用滚动轴承基本代号及特点**

| 轴承类型及标准号 | 简图 | 类型代号 | 尺寸系列代号 | 基本代号 | 特　点 |
|---|---|---|---|---|---|
| 调心球轴承<br>GB/T 281—1994 | 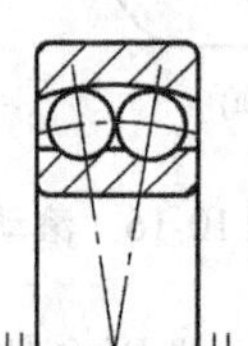 | 1<br>（1）<br>1<br>（1） | （0）2<br>22<br>（0）3<br>23 | 1200<br>2200<br>1300<br>2300 | 主要承受径向载荷，同时也可承受较小的轴向载荷。具有自动调心性能，适用于跨距较大、轴的刚度不足或多支点难以对中的轴。常成对使用，内、外圈轴线最大允许角偏位 3°，极限转速中 |

（续）

| 轴承类型及标准号 | 简图 | 类型代号 | 尺寸系列代号 | 基本代号 | 特　　点 |
|---|---|---|---|---|---|
| 调心滚子轴承<br>GB/T 288—1994 | 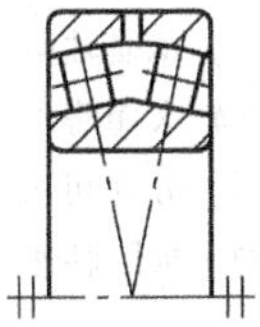 | 2<br>2<br>2<br>2<br>2<br>2<br>2<br>2 | 13<br>22<br>23<br>30<br>31<br>32<br>40<br>41 | 21300<br>22200<br>22300<br>23000<br>23100<br>23200<br>24000<br>24100 | 承受径向载荷的能力较大，也能承受不大的轴向载荷，具有自动调心性能。特别适用于全载或振动载荷下工作，常成对使用。内、外圈轴线允许角偏位 1.5°~2.5°，极限转速较低 |
| 推力调心滚子轴承<br>GB/T 5859—2008 | 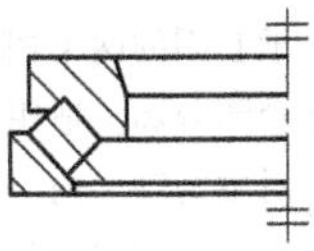 | 2<br>2<br>2 | 92<br>93<br>94 | 29200<br>29300<br>29400 | 承受轴向载荷为主的轴向、径向联合载荷，但径向载荷不得超过轴向载荷的 55%，可限制轴（外壳）一个方向的轴向位移 |
| 圆锥滚子轴承<br>GB/T 297—1994 | 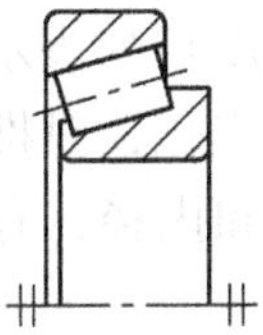 | 3<br>3<br>3<br>3<br>3<br>3<br>3<br>3<br>3<br>3 | 02<br>03<br>13<br>20<br>22<br>23<br>29<br>30<br>31<br>32 | 30200<br>30300<br>31300<br>32000<br>32200<br>32300<br>32000<br>33000<br>33100<br>33200 | 能同时承受较大的径向和轴向载荷联合作用。此种轴承为分离型轴承，装拆方便，在安装和使用过程中可以调整游隙，适用于刚性较大的轴。应成对使用、相对安装。内、外圈轴线允许角偏位 2′，极限转速中 |
| 推力球轴承<br>GB/T 301—1995 | 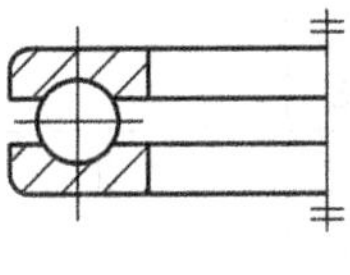 | 5<br>5<br>5<br>5 | 11<br>12<br>13<br>14 | 51100<br>51200<br>51300<br>51400 | 只能承受轴向载荷，且载荷作用线必须与轴线重合，不允许有角偏位。可用于轴向载荷大、转速不高的场合。是分离型轴承，紧圈与轴相配合。单列承受单向推力，双列承受双向推力。极限转速低 |
| 深沟球轴承<br>GB/T 276—1994 | 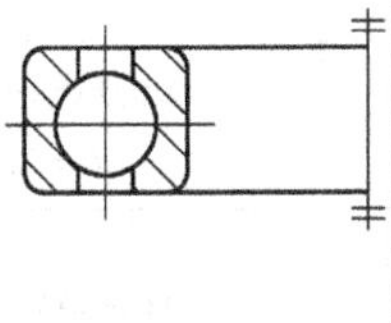 | 6<br>6<br>6<br>6<br>16<br>6<br>6<br>6<br>6 | 17<br>37<br>18<br>19<br>（0）0<br>（1）0<br>（0）2<br>（0）3<br>（0）4 | 61700<br>63700<br>61800<br>61900<br>16000<br>6000<br>6200<br>6300<br>6400 | 主要承受径向载荷，也可承受一定的轴向载荷。高转速时，可承受纯轴向载荷。结构简单，价格便宜，应用最广。适用于刚性较大、转速较高的轴。内、外圈轴线允许角偏位 8′~16′，极限转速高 |

（续）

<table>
<tr><th>轴承类型<br>及标准号</th><th>简图</th><th>类型代号</th><th>尺寸系列<br>代号</th><th>基本代号</th><th>特　点</th></tr>
<tr><td>角接触球轴承<br>GB/T 292—2007</td><td>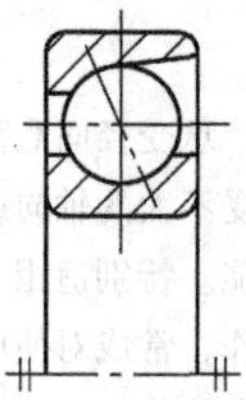</td><td>7<br>7<br>7<br>7<br>7</td><td>19<br>（1）0<br>（0）2<br>（0）3<br>（0）4</td><td>71900<br>7000<br>7200<br>7300<br>7400</td><td>能同时承受径向和轴向载荷联合作用，也可承受纯轴向载荷。接触角越大，承受轴向载荷能力越高。用于刚性较大而跨距不大的轴。通常成对使用，分为可分离型和不可分离型两种。极限转速较高</td></tr>
<tr><td>圆柱滚子轴承<br>GB/T 283—2007</td><td>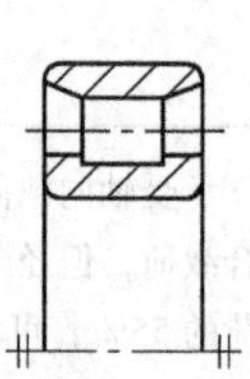</td><td>N<br>N<br>N<br>N<br>N<br>N</td><td>10<br>（1）2<br>22<br>（0）3<br>23<br>（0）4</td><td>N1000<br>N200<br>N2200<br>N300<br>N2300<br>N400</td><td>只能承受径向载荷。与外形尺寸相同的深沟球轴承相比，具有较大承受径向载荷的能力。滚子通常由一个轴承套圈的两个挡边引导，可与另一个套圈分离。适用于刚性较大、能很好对中的轴。内、外圈轴线允许角偏位 2′~4′，极限转速较高</td></tr>
</table>

（2）尺寸系列代号　尺寸系列代号由轴承的宽（高）度系列代号和直径系列代号组合而成，均用数字表示。左边的一位数字为宽（高）度系列代号，右边的一位数字为直径系列代号。凡是括号内的数字代号在组合代号中省略。宽（高）度系列表示同一类型、内外径相同的轴承在宽（高）度上的变化，对向心轴承是指宽度的变化，对推力轴承则指高度的变化；直径系列表示不同承载能力和结构的轴承，同一类型和内径，有大小不同的滚动体，因而轴承的外径和宽度的变化。尺寸系列代号见表 10-6。

**表 10-6　滚动轴承尺寸系列代号**

<table>
<tr><td colspan="2" rowspan="2">直径系列代号<br>（基本代号自右向左第三位）</td><td>代号</td><td>7</td><td>8</td><td>9</td><td>0</td><td>1</td><td>2</td><td>3</td><td>4</td><td>5</td></tr>
<tr><td>含义</td><td>超特轻</td><td colspan="2">超轻</td><td colspan="2">特轻</td><td>轻</td><td>中</td><td colspan="2">重</td></tr>
<tr><td rowspan="4">宽（高）度系列代号（基本代号自右向左第四位）</td><td rowspan="2">向心轴承<br>（表示宽度变化）</td><td>代号</td><td>0</td><td colspan="2">1</td><td>2</td><td colspan="2">3</td><td>4</td><td>5</td><td>6</td></tr>
<tr><td>含义</td><td>窄</td><td colspan="2">正常</td><td>宽</td><td colspan="5">特宽</td></tr>
<tr><td rowspan="2">推力轴承<br>（表示高度变化）</td><td>代号</td><td colspan="3">7</td><td>9</td><td colspan="3">1</td><td colspan="2">2</td></tr>
<tr><td>含义</td><td colspan="3">特低</td><td>低</td><td colspan="5">正常</td></tr>
</table>

（3）内径代号　内径代号用两位数字表示，见表 10-7。

**表 10-7　滚动轴承内径代号**

| 轴承公称内径/mm | 内 径 代 号 | 示　例 |
|---|---|---|
| 0.6 ~1.0（非整数） | 用公称内径毫米数直接表示，在内径代号与尺寸系列代号之间用“/”分开 | 深沟球轴承 618/2.5<br>$d=2.5\text{mm}$ |
| 1~9（整数） | 用公称内径毫米数直接表示，对深沟球及角接触球轴承 7、8、9 直径系列，在内径代号与尺寸系列代号之间用“/”分开 | 深沟球轴承 618/5<br>$d=5\text{mm}$ |

（续）

| 轴承公称内径/mm | | 内径代号 | 示　例 |
|---|---|---|---|
| 10～17 | 10 | 00 | 深沟球轴承 6200<br>$d=10\text{mm}$ |
| | 12 | 01 | |
| | 15 | 02 | |
| | 17 | 03 | |
| 20～480<br>（5 的倍数） | | 公称内径除以 5 的商数。商数为个数，需在商数左边加“0”，如“08” | 调心滚子轴承 23208<br>$d=40\text{mm}$ |
| 22、28、32<br>及≥500 | | 用公称内径毫米数直接表示，在内径代号与尺寸系列代号之间用“/”分开 | 调心滚子轴承 230/500<br>$d=500\text{mm}$<br>深沟球轴承 62/22<br>$d=22\text{mm}$ |

滚针轴承的基本代号由轴承类型代号和轴承配合安装特征的尺寸构成。

**2. 前置代号和后置代号**

前置代号和后置代号是轴承在结构形状、尺寸、公差、技术要求等有改变时，在其基本代号左右添加的补充代号。其排列见表 10-5。

**3. 轴承代号示例**

1）

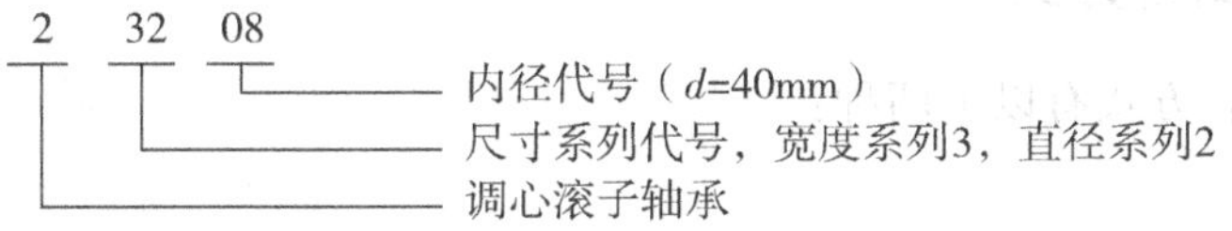


2）

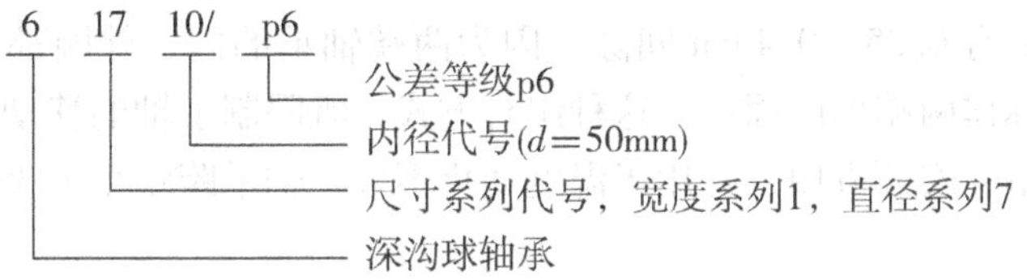


## 四、滚动轴承类型的选择

根据滚动轴承各种类型的特点，在选用时应从载荷的大小、性质和方向、转速的高低、支承刚度，以及安装精度等方面考虑，可参考以下几项原则：

**1. 载荷的性质、大小和方向**

当载荷较大且有冲击时，应选线接触的滚子轴承；当载荷小而平稳时，应选点接触的球轴承；当冲击载荷较大时，宜选螺旋滚子轴承。

当仅受轴向载荷时，可选推力球轴承或推力滚子轴承；当仅受径向载荷时，可选深沟球轴承或圆柱滚子轴承。

轴承同时承受径向和轴向载荷时，应根据它们的相对值选取。以径向载荷为主、轴向载荷很小时，可选深沟球轴承或调心球轴承；轴向载荷和径向载荷都较大时，可选角接触球轴承或圆锥滚子轴承；轴向载荷比径向载荷大得多时，可采用向心轴承和推力轴承组合结构，以便分别承受轴向和径向载荷。

**2. 轴承的转速**

选用时，应保证轴承的工作转速低于极限值。通常在轴承的尺寸和精度相同时，球轴承比滚子轴承有更高的极限转速。因此在高速时，应优先选用球轴承；当转速特别高时，可选用中空转子或选用超轻、特轻系列的轴承；轴向载荷较大的高速轴，宜选用角接触球轴承而不选推力球轴承，以降低滚动体离心力的影响。

**3. 特殊性能要求**

1）径向载荷大而径向尺寸受限制时，可选用滚针轴承。

2）跨距大或多支点轴，易产生偏斜或挠曲，可选用自动调心轴承。

3）不方便装拆的结构，宜选用内、外圈分离的轴承。

4）带内锥孔的轴承便于安装在长轴上，可调整径向游隙，以提高轴的旋转精度。

**4. 经济性要求**

同一类型、尺寸的轴承，精度等级不同，价格相差很大。滚动轴承公差等级有/P0、/P6、/P6x、/P5、/P4、/P2 等六级，精度依次由低到高，价格也依次升高。P0 级为普通级，因此，在满足工作要求的前提下，应尽可能选用 P0 级。只有在对回转精度有较高要求时，才选用相应高一级精度的轴承。普通结构轴承比特殊结构轴承的价格低，球轴承比滚子轴承价格低，而球面轴承价格最贵。

## 五、滚动轴承的组合方式

滚动轴承常见的组合方式有以下两种：

**1. 两端单向固定**

如图 10-18 所示，两端轴承的内圈都用轴肩顶住，左端轴承的外圈用轴承压盖顶住，右端轴承的外圈与轴承压盖留有 0.25 ~ 0.4mm 间隙。因为两端轴承的内、外圈都用轴肩和轴承压盖作单方向固定，所以称作两端单向固定。这种组合方式，既限制了轴的移动，又避免了轴受热伸长被卡死，结构简单，安装方便，常用于温度变化不大、轴承跨距小于 350mm 的场合。

**2. 一端双向固定**

如图 10-19 所示，左端轴承的内圈用轴肩和弹性挡圈，外圈用轴承套筒和轴承压盖作了两个方向的固定；右端轴承的内圈同样用了轴肩和弹性挡圈固定，但外圈的一端却是游动

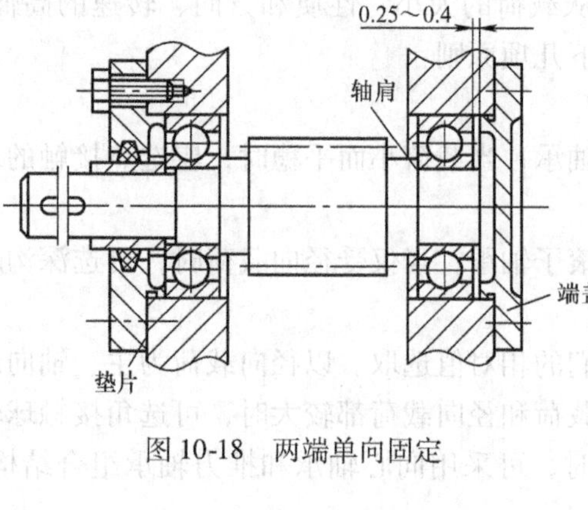


图 10-18　两端单向固定

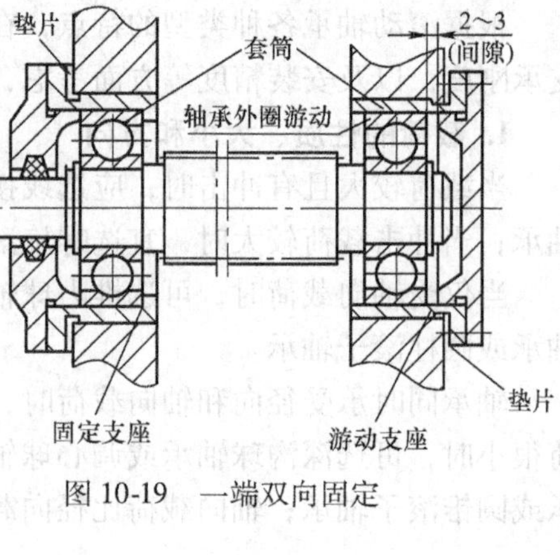


图 10-19　一端双向固定

的，另一端与轴承压盖留有 2～3mm 的间隙。因为左端轴承的内、外圈两个方向都作了固定，所以称为一端双向固定。这种组合方式的右端轴承外圈可在座孔内轴向移动，避免了轴受热膨胀被卡死，常用于温度变化较大、轴承跨距大于 350mm 的场合。

### 六、滚动轴承的固定方法

滚动轴承内、外圈的周向固定是依靠内径与轴颈，以及外径与机座孔的配合来保证的。内径与轴颈之间常用具有过盈的基孔制配合，如 n6、m6、k6 等；外径与机座孔之间常用基轴制过渡配合，如 K7、J7、H7、G7 等。滚动轴承的轴向固定，可根据情况选用不同的固定方法，见表 10-8 和表 10-9。

**表 10-8 滚动轴承内圈的轴向固定**

| 定位零件 | 简　图 | 应用说明 | 定位零件 | 简　图 | 应用说明 |
|---|---|---|---|---|---|
| 螺母 | 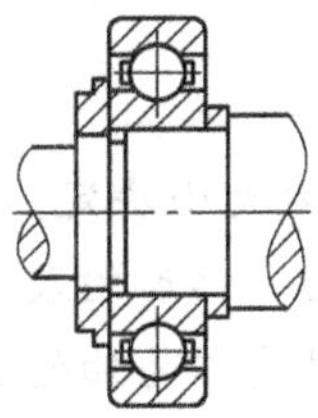 | 用于轴承转速较高、承受较大轴向载荷的场合，为防止螺母在旋转过程中松弛，可加止动垫圈防松 | 端面止推垫圈 | 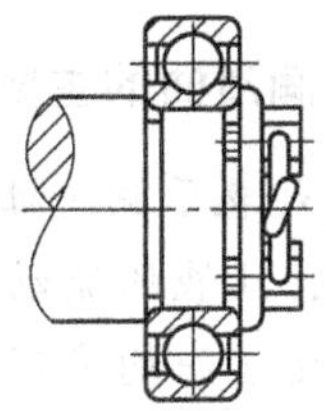 | 在轴向载荷较大、转速较高、轴颈上车螺纹有困难的情况下，可在轴端用两个螺钉定位，再用止动垫圈或铁丝防松 |
| 轴用弹性挡圈 | 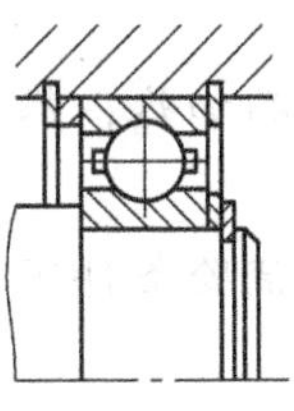 | 在轴向载荷不大、轴承转速不高、轴颈上车螺纹有困难的情况下，采用断面是矩形的弹性挡圈进行轴向定位，这种方法装拆方便，占用的空间小 | 紧定套 | 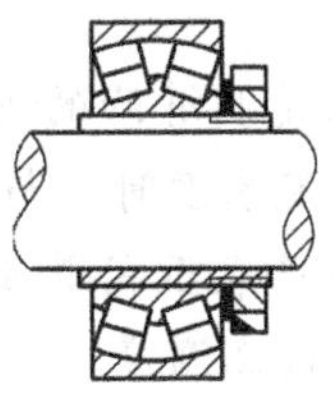 | 轴承转速不高、承受平稳径向载荷与不大轴向载荷的调心轴承，在轴颈上用锥形紧定套安装，紧定套用螺母和止动垫圈定位 |

**表 10-9 滚动轴承外圈的轴向固定**

| 定位零件 | 简　图 | 应用说明 | 定位零件 | 简　图 | 应用说明 |
|---|---|---|---|---|---|
| 端盖 | 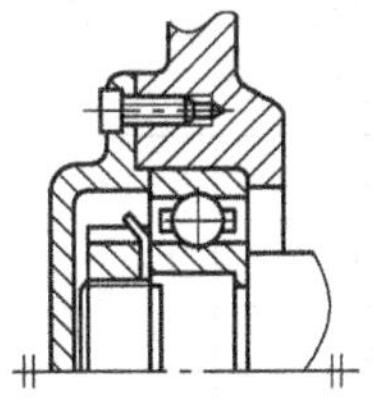 | 适用于转速高、轴向载荷大的各种向心轴承，端盖用螺钉压紧轴承外圈，端盖上可做成迷宫密封 | 止动环 | 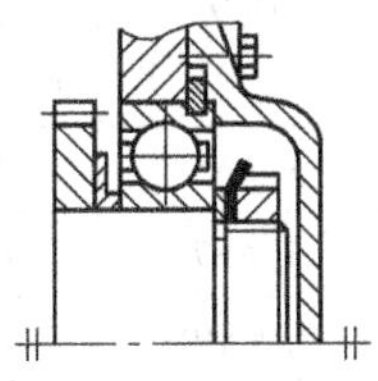 | 当轴承外壳孔内无法设置定位挡圈时，可采用轴承外圈上带止动槽的深沟球轴承，用止动环定位 |

## *第四节 机械润滑与密封

### 一、机械润滑

在各种机器设备中，机件之间的相对滑动会在接触表面产生摩擦。这种摩擦造成了动力的消耗、零件的磨损、设备精度及使用寿命的降低，严重的可导致设备报废。为此，人们采取了润滑的措施。润滑就是在摩擦面之间加入润滑剂，以降低其摩擦因数和减少磨损的措施。正确地润滑，是减小摩擦阻力、提高机械效率、延长设备使用寿命的有效途径。

### （一）常用的润滑剂

润滑剂除了具有润滑作用之外，还同时起到清洗、冷却、密封、防锈、缓冲与减振的作用。常用的润滑剂有润滑油与润滑脂。

**1. 润滑油**

润滑油一般由基础油和添加剂两部分组成。基础油是润滑油的主要成分，决定着润滑油的基本性质，添加剂则可弥补和改善基础油性能方面的不足，赋予某些新的性能，是润滑油的重要组成部分。润滑油的基础油主要分矿物基础油、合成基础油，以及生物基础油三大类。矿物基础油来源充足，成本低廉且稳定性好，目前在工业生产中应用最广。

**【知识链接】 润滑油的主要质量指标**

（1）粘度 粘度是表示润滑油粘稠度的指标，由油分子的内聚力大小决定。粘度越大，油分子的内聚力越大，油液的流动性越差，而工作时越容易形成油膜。粘度的表示方法有很多，我国与国际标准化组织均采用运动粘度。我国润滑油采用运动粘度作为油的牌号，如全损耗系统用油在40℃时测定的运动粘度为10mm²/s，则其代号为L-AN10。mm²/s是运动粘度的单位。

（2）闪点 闪点是润滑油的安全指标，指在规定条件下，将油品加热，蒸发出的油蒸气与空气混合达到一定浓度时，与明火接触产生闪燃时油的最低温度。

（3）倾点 倾点是表示润滑油低温流动性的指标，指在规定的试验条件下，将油品冷却到失去流动性时的最高温度。

常用润滑油主要质量指标和用途见表10-10。

**表10-10 常用润滑油的主要质量指标和用途**

| 名称 | 代号 | 主要质量指标 | | | 简要说明及主要用途 |
|---|---|---|---|---|---|
| | | 运动粘度/(mm²/s)（40℃） | 倾点/℃ 不高于 | 闪点/℃ 不低于 | |
| 全损耗系统用油（GB/T 7631.13—1995） | L-AN5 | 4.2～5.1 | -5 | 80 | 适用于润滑油无特殊要求的轴承，齿轮和其他低负荷机械部件的润滑 |
| | L-AN7 | 6.2～7.5 | -5 | 110 | |
| | L-AN10 | 9.0～11.0 | -5 | 130 | |
| | L-AN15 | 13.5～16.5 | -5 | 50 | |
| | L-AN22 | 19.8～24.2 | -5 | 50 | |
| | L-AN32 | 28.8～35.2 | -5 | 50 | |
| | L-AN46 | 41.4～50.6 | -5 | 60 | |
| | L-AN68 | 61.2～74.8 | -5 | 60 | |
| | L-AN100 | 90.0～110 | -5 | 80 | |
| | L-AN150 | 135～165 | -5 | 80 | |

（续）

| 名称 | 代号 | 主要质量指标 | | | 简要说明及主要用途 |
|---|---|---|---|---|---|
| | | 运动粘度/（$mm^2/s$）（40℃） | 倾点/℃ 不高于 | 闪点/℃ 不低于 | |
| 工业闭式齿轮油（GB/T 5903—2011） | L-CKC68 | 61.2～74.8 | -8 | 180 | 以矿物油为基础油，加入抗氧、防锈和抗磨等添加剂 适用于煤炭、水泥和冶金等工业部门的大型封闭式齿轮传动装置的润滑 |
| | L-CKC100 | 90～110 | -8 | 180 | |
| | L-CKC150 | 135～165 | -8 | 200 | |
| | L-CKC220 | 198～242 | -8 | 200 | |
| | L-CKC320 | 288～352 | -8 | 200 | |
| | L-CKC460 | 414～506 | -8 | 200 | |
| | L-CKC680 | 612～748 | -5 | 200 | |

### 2. 润滑脂

润滑脂是润滑油内加入皂类制成的糊状物。润滑脂的附着力强，密封简单，但是流动性差、摩擦损耗大。适用于圆周速度低于5m/s，环境恶劣，加油不方便，对冷却无要求的场合。

**【知识链接】 润滑脂的主要质量指标**

（1）滴点　滴点是润滑脂耐热性能的重要指标，是润滑脂受热溶化开始滴落的最低温度，可作为润滑脂使用温度的上限温度，一般滴点高于工作温度20～30℃。

（2）锥入度　锥入度是润滑脂稠度或软硬度的指标，是在规定温度下，以规定重量的标准锥体，在5s内沉入润滑脂的深度来表示，单位为0.1mm。

常用润滑脂的主要质量指标和用途见表10-11。

**表10-11　常用润滑脂的主要质量指标和用途**

| 名称 | 代号 | 主要质量指标 | | 使用温度/℃ | 主要用途 |
|---|---|---|---|---|---|
| | | 滴点/℃ 不低于 | 锥入度/（1/10mm）（25℃、150g） | | |
| 钙基润滑脂（GB/T 491—2008） | ZG1 | 80 | 310～340 | -10～60 | 适用于汽车、拖拉机、冶金、纺织等机械设备的润滑 |
| | ZG2 | 85 | 265～295 | | |
| | ZG3 | 90 | 220～250 | | |
| | ZG4 | 95 | 175～205 | | |
| 钠基润滑脂（GB 492—1989） | ZN2 | 160 | 265～295 | -10～100 | 适用于各种中等负荷机械设备的润滑，不适用于与水相接触的润滑部位 |
| | ZN3 | 160 | 220～250 | | |
| 通用锂基润滑脂（GB/T 7324—2010） | ZL-1 | 170 | 310～340 | -20～120 | 适用于各种机械设备的滚动和滑动摩擦部位 |
| | ZL-2 | 175 | 265～295 | | |
| | ZL-3 | 180 | 220～250 | | |

（续）

| 名称 | 代号 | 主要质量指标 | | 使用温度/℃ | 主要用途 |
|---|---|---|---|---|---|
| | | 滴点/℃ 不低于 | 锥入度/（1/10mm）（25℃、150g） | | |
| 复合钙基润滑脂（SH/T 0370—1995） | L-XADGA1 | 200 | 310～340 | | 适用于较高温度下摩擦部位的润滑 |
| | L-XADGA2 | 210 | 265～295 | | |
| | L-XADGA3 | 230 | 220～250 | | |
| 二硫化钼极压锂基润滑脂（SH/T 0587—1994） | L-XBCHB0 | 170 | 355～385 | -20～120 | 有良好的机械安定性、抗水性、防锈性、极压抗磨性，适用于压延机、锻造机、减速器等高负荷机械设备及齿轮、轴承润滑 |
| | L-XBCHB1 | 170 | 310～340 | | |
| | L-XBCHB2 | 175 | 265～295 | | |

润滑剂除润滑油和润滑脂外，还有固体润滑剂，如二硫化钼、石墨等。

**3. 润滑油和润滑脂的选用原则**

润滑油和润滑脂的选用原则见表10-12。

**表10-12 润滑油和润滑脂的选用原则**

| 工作环境 | 润滑油的选用原则 | 润滑脂的选用原则 |
|---|---|---|
| 重载、低速 | 应选粘度大的润滑油 | 应选锥入度小的润滑脂 |
| 高速、轻载 | 应选粘度较小的润滑油 | 应选锥入度较大的润滑脂 |
| 工作温度高 | 应选闪点高、粘度大、氧化安定性好和耐高温的润滑油 | 应选锥入度小、滴点高和耐高温的润滑脂。润滑脂的滴点温度应高于工作温度15～20℃。在较高温度工作用钠基润滑脂 |
| 潮湿工作环境 | 应选油性好、防锈、抗乳化性能好的润滑油 | 用钙基润滑脂 |
| 工作面制造精度高、间隙小 | 应选粘度较小的润滑油 | 应选锥入度较大的润滑脂 |
| 不同润滑方式 | 芯捻、油垫润滑，应选粘度小的润滑油；压力润滑应选粘度较小、氧化安定性好的润滑油 | 集中干油润滑系统应选锥入度较大的润滑脂 |

## （二）润滑方式和润滑装置

常用的机械润滑方式和润滑装置见表10-13。

**表 10-13　常用的机械润滑方式和润滑装置**

| 润滑方式 | 润滑装置示意图 | | 说　明 |
|---|---|---|---|
| 间歇润滑 | 压配式油杯 | 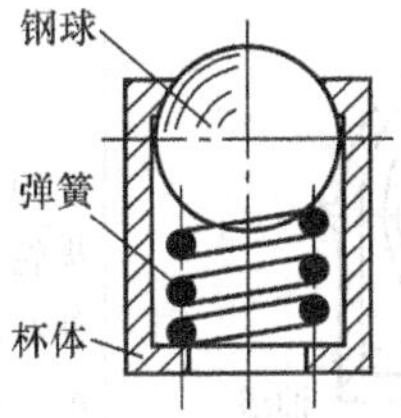 | 用于油润滑或脂润滑。将钢球压下可注油。不注油时，钢球在弹簧的作用下，使杯体注油孔封闭 |
| | 旋盖式油杯 | 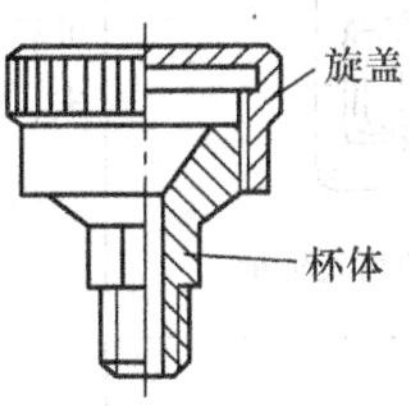 | 用于脂润滑。杯盖与杯体采用螺纹连接，旋合时在杯体和杯盖中都装满润滑脂，定期旋转杯盖，可将润滑脂挤入轴承内 |
| | 旋套式油杯 | 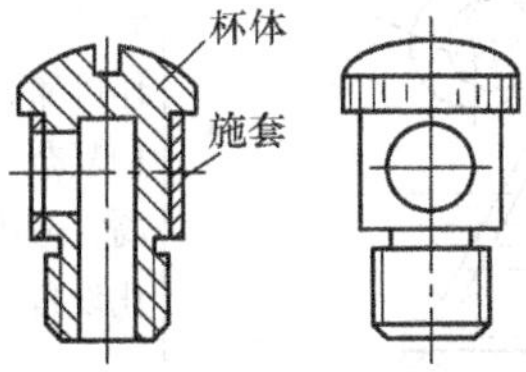 | 用于油润滑。转动旋套，当旋套孔与杯体注油孔对正时可用油壶或油枪注油。不注油时，旋套壁遮挡杯体注油孔，起密封作用 |
| 连续润滑 | 芯捻式油杯 | 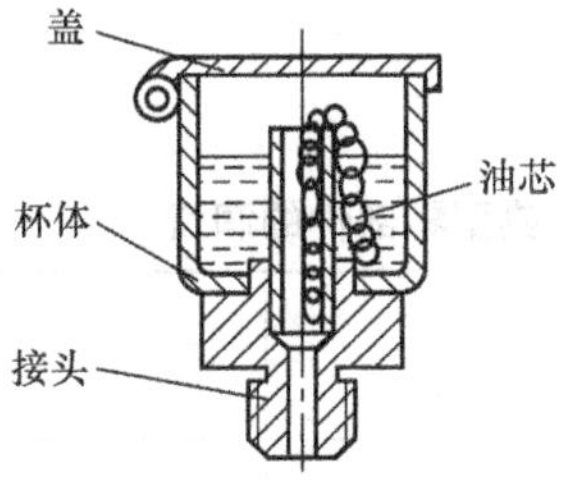 | 用于油润滑。杯体中储存润滑油，靠芯捻的毛细作用实现连续润滑。这种润滑方式注油量小，适用于轻载及轴颈转速不高的场合 |
| | 针阀式油杯 | 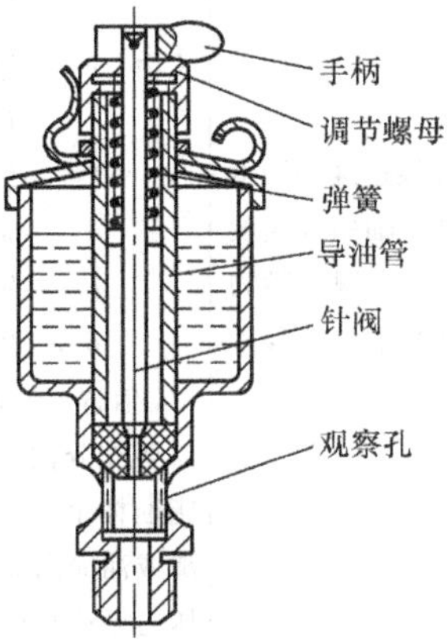 | 用于油润滑。当手柄位于水平位置时，针阀被弹簧压下堵住油孔；手柄垂直时，针阀被提升，油孔打开供油。调节螺母用来调节滴油量。这种润滑装置可以手动，也可以自动。常用于要求连续供油且供油量一定的场合 |

（续）

| 润滑方式 | | 润滑装置示意图 | 说明 |
|---|---|---|---|
| 连续润滑 | 溅油润滑 | 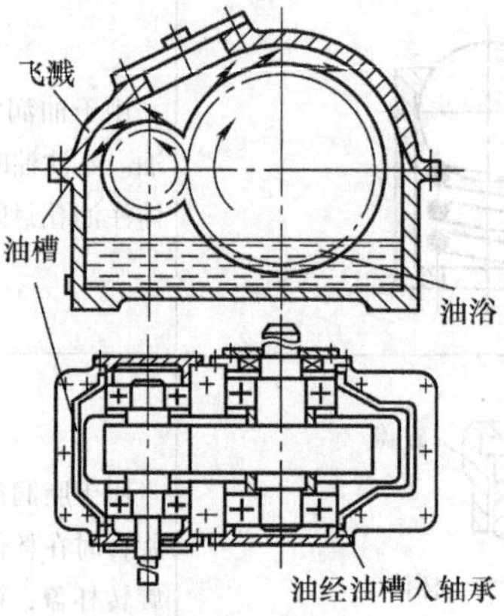 | 用于油润滑。如图所示，齿轮减速器的大齿轮有 1～2 个齿高浸在油中，齿轮转动时，使润滑油飞溅雾化扩散到啮合部位进行润滑。由于溅油润滑能保证在开车后自动将油送入摩擦副，而停车时自动停送，所以润滑可靠、耗油少、维护简单，广泛应用于机床、减速器及内燃机等闭式传动中 |
| | 压力润滑 | 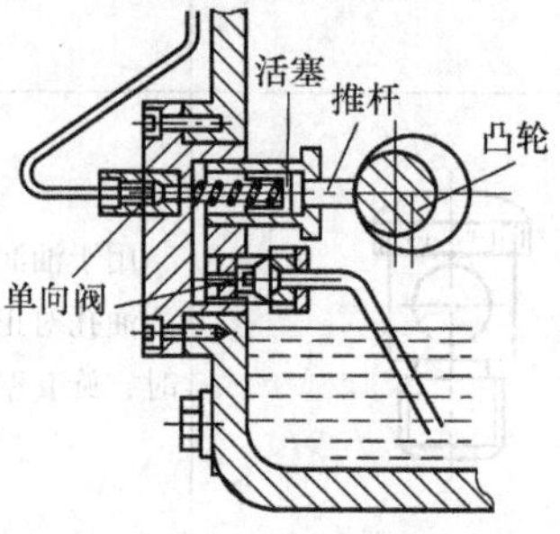 | 用于油润滑。利用液压泵通过润滑系统的管路，把油压送到各个摩擦副。压力润滑工作可靠、供油均匀并可循环使用，缺点是结构复杂，对油路的密封要求高，且费用较高，适用于大型、重载、高速、精密和自动化设备 |

## （三）典型零部件的润滑

典型零部件的润滑见表 10-14。

**表 10-14　典型零部件的润滑**

| 典型零部件名称 | 润滑剂的选择 | 润滑方式的选择 |
|---|---|---|
| 滑动轴承 | 一般采用油润滑，可按工作温度、轴颈线速度和轴承压力，参考表 10-15 选用。对于要求不高、轴颈线速度小于 5m/s、难以经常加油的滑动轴承可采用润滑脂润滑。按照轴承压力、轴颈线速度和最高工作温度，参考表 10-16 选用 | 滑动轴承润滑方法可根据载荷系数 $k$ 值确定：<br>$k = \sqrt{pv^3}$<br>式中 $p$——轴承承受的压力，$p = F/(Ld)$，单位为 MPa；<br>$F$——轴承所承受载荷，单位为 N；<br>$d$——轴颈直径，单位为 mm；<br>$L$——轴承长度，单位为 mm；<br>$v$——轴颈线速度，单位为 m/s。<br>$k$ 值越大，表示轴承载荷越大，发热越多，越需要充分供油才能保证润滑。$k \leqslant 2$ 时，用润滑脂油杯手工定时润滑；$k = 2 \sim 16$ 时，用滴油润滑或油绳润滑；$k = 16 \sim 32$ 时，用飞溅、油杯或压力循环润滑；$k > 32$ 时用压力循环润滑 |

（续）

| 典型零部件名称 | 润滑剂的选择 | 润滑方式的选择 |
| --- | --- | --- |
| 滚动轴承 | 润滑脂和润滑油都可用，也有用固体润滑剂的。脂润滑能承受较大的载荷，选用时轴承的工作温度应低于润滑脂的滴点。润滑油适用于高速、低温或高速、高温条件下工作的轴承，原则上，温度高、载荷大的场合应选粘度大的润滑油 | 若采用脂润滑，润滑脂的填充量要适中，一般为轴承间隙体积的1/2～1/3<br>油润滑的方式有浸油润滑、滴油润滑和喷雾润滑等 |
| 机床导轨 | 机床导轨常用的润滑剂有润滑油和润滑脂。其中滑动导轨用运动粘度大于46mm²/s的导轨油或全损耗系统用油；滚动导轨则两种润滑剂都可使用。相对速度高、载荷轻时，用粘度低的油；反之，用粘度高的油 | 人工加油或油杯滴油的润滑方法用于移动速度不高、载荷不重的导轨，如车床、铣床床身导轨，牛头刨床滑枕和横梁导轨，龙门刨床、立式车床的立柱导轨等；手动或电磁开关操纵的小型柱塞泵供油的润滑方法，适用于中速运行的导轨，如组合机床床身导轨；压力循环供油的润滑方法，适用于高速或重载低速运行的导轨，如龙门刨床床身导轨、大型镗铣床床身导轨等 |
| 齿轮传动 | 齿轮传动常用的润滑剂有润滑油和润滑脂。选用润滑油时，转速越高所用油的粘度应越低，反之应越高<br>对于一般要求的齿轮传动，如中小型减速器、卷扬机、中小型金属切削机床的齿轮，可选用粘度大于46mm²/s的全损耗系统用油；承受重载的齿轮，如压力机、轧钢机、重型切削机床的齿轮，应选用粘度大于68mm²/s的工业齿轮油<br>对于开式及半开式齿轮传动，因速度较低，通常为人工定期加油或用ZG2、ZG3钙基润滑脂进行润滑 | 闭式齿轮传动润滑方法可按齿轮的圆周速度来确定：<br>1）$v\leq 0.8$m/s且轻载时，采用滴油润滑<br>2）$v\leq 12$m/s时，可采用浸油或飞溅润滑。大齿轮的浸油深度以1～2个齿高为宜。速度高取小值，但不小于10mm；$v=0.5\sim0.8$m/s时，浸油深度为1/6大齿轮半径；速度更低时，浸油深度为1/3大齿轮半径。锥齿轮应将轮齿的全长都浸在油中，只有$v\geq 3$m/s时才考虑用飞溅润滑。<br>3）$v>12$m/s时，必须采用喷油润滑。可由供油站或油泵供油，借喷嘴将油喷到轮齿的啮合面上。当$v\leq 25$m/s时，喷嘴应放在轮齿啮入边或啮出边；但当速度$v>25$m/s时，喷嘴应放在轮齿啮出边，目的是润滑冷却刚啮合过的轮齿 |
| 蜗杆传动 | 选择润滑油的粘度和润滑方法主要取决于相对滑动速度和载荷的类型。速度低的开式传动，多选用润滑脂或高粘度的润滑油润滑 | 闭式传动可参照表10-17选择粘度，然后从表10-10选取润滑油牌号。采用油池润滑时，对于下蜗杆传动，浸油深度为蜗杆的一个齿高；上蜗杆时，浸油深度为蜗轮外径的1/3 |
| 链传动 | 一般情况下都采用润滑油润滑，只有在链速很低又无法供油时才用润滑脂。常用的有L-AN32、L-AN46、L-AN68全损耗系统用油，温度低时选粘度小的油，温度高时选粘度大的油 | 中、小功率，链速小于3.5m/s时，采用人工定时供油；大功率、链速大于30m/s时，采用压力喷油润滑；介于上述两者之间的中等速度时，选用浸油或飞溅润滑<br>链传动应在松边供油，因为这时链节处于松弛状态，润滑油容易进入各摩擦面 |

**表 10-15 滑动轴承润滑油的选择（工作温度 10～60℃）**

| 轴颈线速度 $v$/m/s | 轻载（$p$ < 3MPa） | | 中载（$p$ = 3～7.5MPa） | | 重载（$p$ > 7.5～30MPa） | |
|---|---|---|---|---|---|---|
| | 运动粘度 | 润滑油牌号 | 运动粘度 | 润滑油牌号 | 运动粘度 | 润滑油牌号 |
| < 0.1 | 80～150 | L-AN100<br>L-AN150 | 140～220 | L-AN150<br>L-CKC220 | 470～1000 | L-CKC460、680<br>L-CKC1000 |
| 0.1～0.3 | 65～120 | L-AN68<br>L-AN100 | 120～170 | L-AN100<br>L-AN150 | 250～600 | L-CKC220、320<br>L-CKC460 |
| 0.3～1.0 | 45～75 | L-AN46<br>L-AN68 | 100～125 | L-AN100 | 90～350 | L-AN100、150<br>L-CKC220、320 |
| 1.0～2.5 | 40～75 | L-AN32、46<br>L-AN68 | 65～90 | L-AN68<br>L-AN100 | | |
| 2.5～5.0 | 40～55 | L-AN32<br>L-AN46 | | | | |
| 5～9 | 15～45 | L-AN15、22<br>L-AN32、46 | | | | |
| > 9 | 5～23 | L-AN7、10<br>L-AN15、22 | | | | |

注：运动粘度为 $\gamma_{40}$（$mm^2/s$）。

**表 10-16 滑动轴承润滑脂的选择**

| 轴承压力 $p$/MPa | 轴颈线速度 $v$/（m/s） | 最高工作温度/℃ | 润滑脂牌号 |
|---|---|---|---|
| ≤1.0 | ≤1 | 75 | ZL-3 |
| 1.0～6.5 | 0.5～5 | 55 | ZL-2 |
| 1.0～6.5 | ≤0.1 | -50～100 | ZL-3 |
| ≤6.5 | 0.5～5 | 120 | ZL-2 |
| > 6.5 | ≤0.5 | 75 | ZL-3 |
| > 6.5 | ≤0.5 | 110 | ZL-1 |

**表 10-17 蜗杆传动的润滑油粘度推荐值和给油方法**

| 滑动速度/（m/s） | <1 | < 2.5 | < 5 | 5～10 | 10～15 | 15～25 | > 25 |
|---|---|---|---|---|---|---|---|
| 工作条件 | 重载 | 重载 | 中载 | — | — | — | — |
| 粘度/（$mm^2/s$） | 460 | 220 | 150 | 68 | 150 | 100 | 68 |
| 给油方法 | 油池浸油润滑 | | | 浸油或喷油 | 压力油润滑/MPa | | |
| | | | | | 0.07 | 0.2 | 0.3 |

## 二、密封

密封的目的是为了防止灰尘、水分、杂质等侵入轴承并阻止润滑剂的流失。良好的密封可保证机器正常工作，降低噪声并延长轴承的使用寿命。常用的密封方式有接触式密封和非接触式密封两类。接触式密封是利用毛毡圈、皮碗、橡胶圈与轴直接接触达到密封目的，适用于转速不高的场合；非接触式密封多利用间隙或迷宫密封，由于不直接与轴接触，可用于转速较高的场合。各种密封件都已标准化，使用时，可查阅有关技术手册进行选取。滚动轴承常用密封的种类、特性及应用见表 10-18。

**表 10-18 常用滚动轴承密封的种类、特性及应用**

| 种类 | | | 速度/(m/s) | 压力/MPa | 工作温度/℃ | 特性及应用 |
|---|---|---|---|---|---|---|
| 接触式密封 | 毛毡圈密封 | 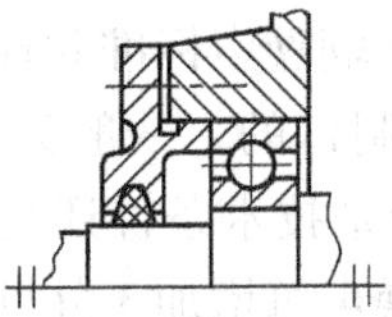 | 5 | 0.1 | 90 | 适用于脂润滑密封。当与其他密封组合使用时，也可用于油润滑密封。结构简单，成本低，尺寸小，对偏心与窜动不敏感，但摩擦阻力较大 |
| | O 形橡胶圈密封 | 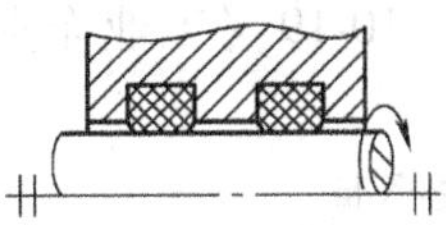 | 3 | 35 | -60 ~ 200 | 利用沟槽使密封圈预压缩而密封，在介质压力下可增强密封效果。且具有双向密封能力 |
| | J 形橡胶圈密封 | 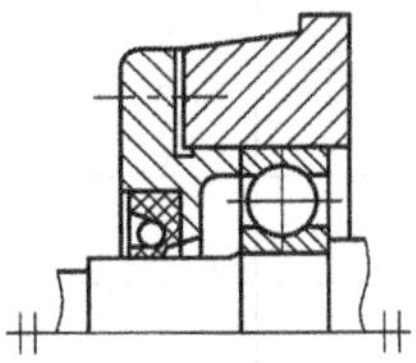 | 4 | 0.3 | -60 ~ 150 | 唇部密封，接触面窄，回弹力大。锁紧弹簧使唇部对轴有追随补偿作用。因此能以较小的唇口径向力获得良好的密封效果。结构简单，尺寸小，成本低 |
| 非接触式密封 | 沟槽密封 | 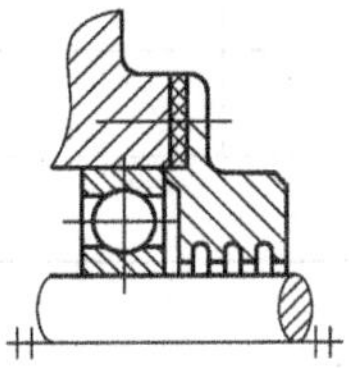 | | | | 用于润滑脂密封。利用间隙的节流效应产生密封作用，沟槽一般为 3 个，间隙一般取 0.1 ~ 0.3mm，槽内涂满润滑脂。缺点是轴的转速受沟槽内润滑脂熔化温度的限制 |
| | 迷宫密封 | 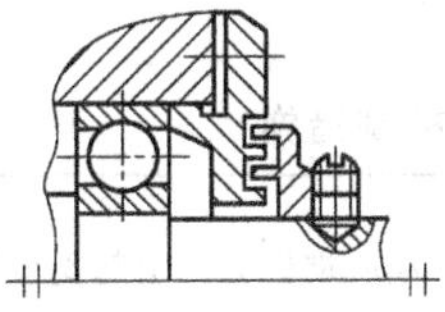 | 不限 | 20 | 600 | 用于润滑脂和润滑油密封，密封效果可靠。若与其他密封组合使用密封效果更好。对轴的偏心和窜动敏感 |

# *第五节 机械环保和安全防护

## 一、机械噪声的危害和控制

### 1. 噪声的危害及标准

随着现代工业的发展，机器的轰鸣声、发动机的隆隆声、飞机的尖啸声、打桩机的撞击声等，日益危害着人类的健康。这些嘈杂、刺耳、单调的声音，我们统称之为噪声。用物理学的观点，噪声是声压和频率的变化都不规则的声音。从广义的角度出发，凡是人们不需要的、令人厌恶的声音都可称为噪声。噪声是人类认识最早的环境污染。

噪声的危害是多方面的，一般强度的噪声，能引起正常人疲劳、头晕、头痛、失眠，继而情绪烦燥、反应迟钝、记忆力衰退；强噪声可以引起耳聋并诱发各种疾病，如咳嗽、消化不良、心律不齐、血压升高、肌肉抽搐等；特别强烈的噪声能损坏建筑物，影响仪器、设备的正常运转，甚至可以致人于死地。

把噪声控制在一定范围之内，使人们的生活不致受到不良影响，这个允许范围称为噪声标准。噪声标准主要分为三类，即听力保护标准、机动车辆噪声标准和环境噪声标准。听力标准的制订，主要是根据噪声性耳聋发病率的调查结果制订的，一般只有在 80dB（A）的条件下，才能保护 100% 的人不致耳聋。但在目前，无论是技术条件还是经济条件都难以实现。所以，大多数国家则根据国际标准化组织的建议，噪声每增加 3 分贝（即噪声能量增加一倍）工作时间减半，来制订本国的听力保护标准。表 10-19《工业企业噪声卫生标准》，是我国颁布的听力保护标准。

**表 10-19　工业企业噪声卫生标准**

| 噪声级/dB（A） | | 工作时间/h |
|---|---|---|
| 现有企业 | 新建、扩建、改建 | |
| 90 | 85 | 8 |
| 93 | 88 | 4 |
| 96 | 91 | 2 |
| 99 | 94 | 1 |
| 不得超过 115dB（A） | | |

**2. 噪声的形成和控制**

机械噪声是机械零件运动中相互碰撞、摩擦、冲击产生振动而引发的，其声源是固体的振动。噪声形成的原因及其控制措施见表 10-20。

**表 10-20　噪声形成的原因及其控制措施**

| | | |
|---|---|---|
| 噪声形成的原因 | 机械的运动 | 机械在作回转运动时，因为动不平衡而产生离心惯性力，引起支承件的振动和噪声。支承件通过轴承传到箱体和地基，迫使箱体和地基振动而辐射空气噪声 |
| | 零件相互作用力 | 由于加工、装配误差和载荷的交变；轮齿受力后的弹性变形及相互啮合作用；离合器的接合和分离；滚动体与内、外滚道的碰撞；刀具与工件的剧烈摩擦等都会产生冲击和振动，加上机构固有振动的激励使零件发出噪声。当这种接触振动传递到附近结构的共振点，则会发出尖叫声 |
| | 工作介质的作用 | 气缸、管道、喷嘴、鼓风机、螺旋桨、液压元件等，由于介质工况突变或从开口处高速流出，激励空气、壳体、管道振动引发噪声 |

（续）

| | | |
|---|---|---|
| 噪声的控制措施 | 控制噪声源 | 1）在不影响使用要求的条件下降低线速度，一般控制在10m/s以下。据实验，齿轮线速度降低一半，噪声可降低6dB（A）<br>2）提高加工精度，降低齿轮齿形误差、基节误差和齿向误差。据实验，降低齿形误差和基节误差，可使噪声级同比分别降低6～12dB（A）<br>3）提高齿轮箱体的刚度和密闭性，或隔振或加隔声罩，可使噪声下降10～40dB（A）<br>4）适当增大重叠系数，限制齿轮直径，修正轮齿缘。据实验，修缘合理可降低噪声6dB（A）<br>5）保证传动轴和齿轮足够刚度，改善回转件的动平衡，减少相对运动机件之间的间隙，或采用阻尼材料<br>6）尽量选用球轴承，外圈与座孔的配合以略松为宜，轴承孔附近的箱壁应加厚或加肋<br>7）对流体噪声，除采用消声措施外，应减少流体流动的障碍，控制液流非稳定流动，延长压力变化的时间<br>另外，还可通过改变工艺或传动方式，减少或避免零件之间的冲击和碰撞来降低噪声。如用挤压代替冲压；压接或焊接代替铆接；带传动或蜗杆传动代替齿轮传动；斜齿轮代替直齿轮；齿形链代替滚子链；带的胶接或缝接代替金属扣搭接；凸轮间歇机构代替槽轮间歇机构等 |
| | 控制噪声传播途径 | 噪声虽然来自物体的振动，但噪声也会激起周围构件振动而辐射噪声。噪声在传播途径上的控制，可采取阻断和屏蔽声波的传播，或使声波的传播能量衰减的措施。如使用吸声、隔声材料，采用消声、隔振、阻尼减振等。吸声是利用吸声材料和吸声结构吸收声能；隔声是用屏蔽物中断声音传播，例如，隔声罩、隔声间等；消声是用消声器来削弱声能，如安装了消声器的空调器，其噪声可降低18dB（A）；隔振是在机械设备下面安装减振垫，变刚性连接为弹性连接，减弱振动的传递；阻尼减振是在金属板上涂阻尼材料，抑制板材的振动，减少声音辐射<br>如果采取上述方法仍然不能达到预期减噪目标，则可对受噪声污染或干扰者进行个体防护，如在耳孔内塞防声棉或配戴防声耳塞、耳罩、头盔等防噪声用品，或者转移到隔声间操作 |

**【知识链接】　什么是阻尼材料**

阻尼材料是将固体机械振动能转变为热能而耗散的材料，主要用于振动和噪声控制。阻尼材料按照特性有四类：橡胶和塑料阻尼板，用作夹芯层材料，应用较多的有丁基橡胶、丙烯酸酯橡胶等；橡胶和泡沫塑料，用作阻尼吸声材料，应用较多的有丁基橡胶和聚氨酯泡沫；阻尼复合材料，用于振动和噪声控制，它是将前两类材料作为阻尼夹芯层，再同金属或非金属材料组合成各种夹层型材，经机械加工制成各种结构件；高阻尼合金，应用较多的是铜-锌-铝系、铁-铬-钼系合金等。

## 二、机械伤害与安全防护

### 1. 机械伤害及其特点

机械伤害是指机械在使用过程中，对人体造成的伤害。其伤害形式主要有碾压、剪切、切割、绞绕或卷入、戳扎或刺伤、冲撞或挤压、甩出或跌落、迸射物打击、流体喷射等。

与爆炸、中毒、火灾等事故相比，机械伤害事故有如下的特点：

1）事故发生的频率较高。据统计，近年来全国工业部门的机械伤害事故约占事故总起数的三分之一。

2）一次伤亡的人数少，但伤害的后果较严重。轻则皮肉损伤，重则肢体致残，甚至危及生命。

3）当事故发生后，虽及时紧急停机，但是因为速度过快，反应滞后，或者设备的惯性作用，当事人仍会受到致命的伤害。

【知识链接】 机械伤害事故案例

2002年4月23日，陕西省某煤机厂职工吴某在摇臂钻床上进行钻孔作业。测量零件时，吴某没有把钻床停下来。只是把摇臂推到一边，然后用戴手套的手去搬动工件。这时，快速旋转的钻头猛地绞住了吴某的手套，强大的力量拽着吴某的手臂往钻头上缠绕。吴某一边大声喊叫，一边拼命挣扎。等其他工友听到喊声赶来关闭钻床时，吴某的手套、衣服已被撕烂，右手小拇指也被绞断。

事故原因：吴某违章作业，测量工件必须停机；操作旋转设备禁止戴手套。

从以上案例分析，机械伤害事故发生的原因大多是操作人员缺乏安全知识，危险防范意识淡薄，违章作业；机械设备和作业环境存在事故隐患，安全防护装置和安全标识不完善，以及安全管理不到位等。

**2. 机械的安全防护**

在机械伤害事故中，切削机床事故较多。现将切削机床常见伤害形式、原因和防护措施列于表10-21中，也可作为操作其他机械的借鉴。

**表10-21 切削机床伤害形式、原因和防护措施**

| 导致伤害的原因 | 伤害形式 | 防护措施 |
|---|---|---|
| 1）操作人员没有经过专业培训，或者违反安全操作规程<br>2）机床没有定期检查、维修，安全防护和保险装置不完善<br>3）机床发生故障后，继续带“病”运行或停机自行拆卸<br>4）操作者擅自离开运转的机床<br>5）工作时注意力不集中，精神紧张<br>6）擅自起动别人操作的机床<br>7）照明不足，灯光直射产生目眩，噪声干扰 | 所有机床伤害形式都可能发生 | 1）操作人员必须经过专业培训，持证上岗，并且严格按操作规程操作<br>2）机床应定期检查和维修，完善安全防护、保险、联锁、信号指示、电气接地装置和冷却、润滑系统<br>3）机床发生故障，必须立即停机并切断电源。由专业人员检查处理，查出原因处理完毕，方可开机<br>4）因故需要离开岗位，必须停机并切断电源<br>5）操作者工作时应集中精力，密切注意机床运行状况<br>6）未经许可，不准操作别人的机床<br>7）调整照明，降低噪声 |
| 穿裙子、短裤、凉鞋、拖鞋，戴领带、围巾、头巾及饰物上机操作 | 绞伤、碾伤、烫伤、滑倒 | 按规定穿戴防护用品，扎紧袖口，把头发收拢到帽子里。禁止穿裙子、短裤、凉鞋、拖鞋，禁止戴领带、围巾、头巾及饰物上机操作 |

（续）

| 导致伤害的原因 | 伤害形式 | 防护措施 |
| --- | --- | --- |
| 用卡盘扳手夹紧工件后，没有取下扳手便起动车床 | 扳手甩出伤及头部、胸部或手指 | 用卡盘扳手夹紧工件后，扳手应立即取下，然后才可以起动车床。为了安全，应增设卡盘扳手互锁装置 |
| 工件、刀具、夹具装夹不牢固 | 飞出或崩碎伤人 | 工件、刀具、夹具必须装夹牢固，确保加工时不会松动 |
| 机床运转时，用手摸工件、刀具，用棉纱擦拭工件 | 刺伤、割伤手指，烫伤，卷绕伤人 | 在机床运转时，禁止用手去触摸刀具或工件，禁止用棉纱擦拭工件 |
| 头、手、衣服与旋转机件靠得太近 | 绞绕、卷入 | 旋转机件应有防护罩，操作中，注意头、手和衣服与旋转机件不能靠得太近 |
| 从机床旋转件上面递送工、刀、量具，随意把工、夹、刀、量具放在工作台、导轨、溜板和主轴箱上 | 物件跌落、击打伤人、卷入 | 禁止在旋转的机件上面递送工、夹、刀、量具等，禁止把工、夹、刀、量具放在工作台、导轨、溜板和主轴箱上 |
| 机床运转时，测量工件或变换转速 | 卷入、夹挤，量具磨损、齿轮损坏 | 测量工件或变换转速必须先停机 |
| 清除切屑用手拉或用嘴吹 | 刺伤、割伤手指，烫伤手、溅伤眼球 | 操作者应避开机床运动部位和切屑的飞溅方向，清除切屑应用专门的钩子或刷子，并尽量在停机后清除 |
| 旋转机件的键、楔、销突出，没有防护罩 | 绞缠人体 | 对旋转机件突出的键、楔、销安装防护罩，以隔绝身体任何部分与运动件接触 |
| 操作旋转设备时，戴手套或用手去刹转动卡盘 | 绞手伤人 | 操作旋转设备时，禁止戴手套，禁止用手去碰转动的卡盘 |
| 纵向自动进给超过极限，刀架和卡盘碰撞 | 碰撞碎片飞出伤人，设备损坏 | 纵向自动进给时，操作者应密切注意刀架和卡盘的安全距离，为了安全应增设纵向自动进给限位装置 |
| 砂轮安装或使用不当，磨削量过大 | 砂轮碎片飞出伤人 | 正确安装和使用砂轮，磨削量应按照工艺要求执行 |
| 刀具旋转时，在没有防护罩情况下调整切削液 | 切削液溅入眼内 | 调整切削液应在机床起动前进行，若刀具旋转后确需调整时，应安装透明挡板 |
| 装夹工件、刀具或夹具，工具使用不当，用力过猛 | 跌倒或与机床相撞 | 所有工、夹、刀、量具必须完好适用，紧固时用力要适当 |

（续）

| 导致伤害的原因 | 伤害形式 | 防护措施 |
|---|---|---|
| 加工超长轴时，伸出机床尾端部分无托架和标志 | 甩击伤人 | 加工超长轴时，应采用中心架或跟刀架，伸出尾端部分应有托架和标志 |
| 数控机床输入程序后便起动机床直接加工 | 碰撞，碎片、切屑或切削液飞出伤人 | 加工前，应用软件对程序进行模拟加工或者利用机床的模拟加工功能对程序进行检查并关闭安全门 |
| 停机检修或保养，没有切断电源 | 触电 | 停机检修或保养，必须切断电源，并要挂告示牌 |
| 机床接地不良，漏电，照明没有采用安全电压 | 触电 | 起动机床前，由专业人员检查机床电器状况，包括接地、照明电压等，确认无误后方可开机 |
| 操作场地狭窄，地面有油污，零件摆放在通道上 | 跌倒、碰伤 | 工作环境布局要合理，地面油污应及时清除干净，工件应分类整齐摆放且不得堵塞通道 |

想一想

图10-20所示为安全标志和危险图示，是用于警告操作者和维修人员可能遭受到的危险。你知道下面这些安全标志和危险图示的含义吗？

图10-20　安全标志和危险图示

## 本章小结

本章主要讲解了下列内容：

1. 轴的分类、结构、材料和应用。
2. 滑动轴承的特点、主要结构、常用材料，以及安装与维护。
3. 滚动轴承类型、特点、代号及选用。
4. 滚动轴承的组合方式和固定方法。
5. 机械润滑常用润滑剂的类型与选用，以及润滑方式的类型。
6. 典型零部件的润滑剂与润滑方式的选择。
7. 常用滚动轴承密封的种类、特性及应用。
8. 机械噪声的形成原因及其控制措施。
9. 机械伤害事故的特点及安全防护措施。

# 实训项目 10　深沟球轴承的装配

## 【项目内容】

完成深沟球轴承的装配。装配前，应认真检查配合的实际尺寸。轴承的形状误差必须在允许范围内，并根据配合要求，选择正确的装配方法。装配中，压力应作用在待配合的套圈上。装配后，轴承端面应紧贴在轴肩或孔肩上，用手转动轴承或轴承座，应均匀、灵活。在试运转时，温升不得大于允许值。

## 【项目目标】

通过深沟球轴承的装配实践，加深对滚动轴承结构和功用的认识，初步掌握滚动轴承的装配工艺和装配要求，形成机械操作和维护的初步能力。

## 【项目实施】（表 10-22）

表 10-22　深沟球轴承的装配实施步骤

| 步骤名称 | | 操 作 步 骤 |
|---|---|---|
| 分组 | | 分组实施，每小组 3～4 人，或视设备情况确定人数 |
| 工、量具及设备准备 | | 顶拔器、锉刀、锤子、千分尺、内径百分表、专用套筒或软钢棒，煤油、润滑油适量 |
| 实施过程 | 拆卸 | 使用顶拔器（俗称拉马），如图 10-21 所示。依靠 2～3 个拉爪钩住轴承内圈拆下轴承（要求内圈轴肩上有足够的高度）；如果没有顶拔器，可用锤子和软钢棒从轴承背面沿着内圈的周边轻轻将轴承拆出 |
| | 装配 | 1）检查轴承代号和精度等级，用内径百分表和千分尺测量壳体孔和轴颈尺寸是否符合要求<br>2）用锉刀将基座孔和轴颈上的毛刺去除并倒角<br>3）用煤油清洗轴承及与之配合的所有表面，擦干净锤子和专用套筒，严格保持清洁，防止杂物进入轴承<br>4）在轴颈和轴承内圈等配合表面涂上洁净的润滑油，并将轴承放置在轴承轴颈上，注意摆正，不得歪斜<br>5）用专用套筒顶住轴承内圈，用锤子敲击套筒中央，将轴承装配到位，如图 10-22 所示<br>6）当采用敲击法时，用锤子和软钢棒顶住轴承的内圈，沿着内圈四周对称交替敲击。用力要均匀，不能使轴承歪斜，直至装配到位 |
| | 检验 | 检查装配，用手转动轴承，应灵活自如 |
| | 5S | 整理工具、清扫现场 |
| | 注意事项 | 1）滚动轴承标有代号的端面应装在轴头一端，以便于更换时查验<br>2）用软钢做垫棒敲击时，要均匀、对称地敲击待配合的套圈端面，不允许敲击非配合套圈和保持架，不要用锤子直接敲击轴承<br>3）严禁用铜棒或铝棒做垫棒，以防铜屑或铝末掉入轴承滚道内 |

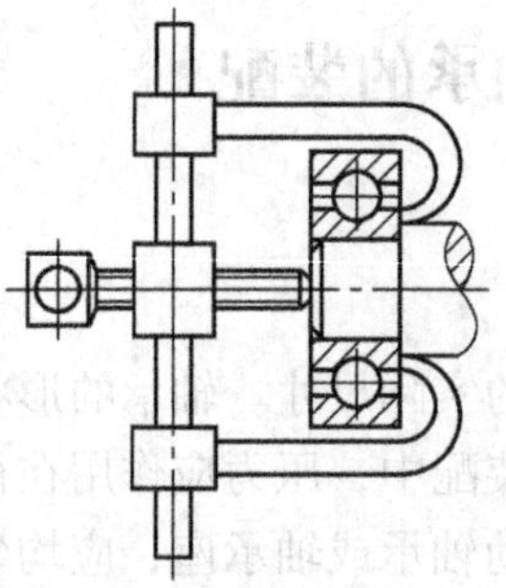

图 10-21 用顶拔器拆卸轴承内圈

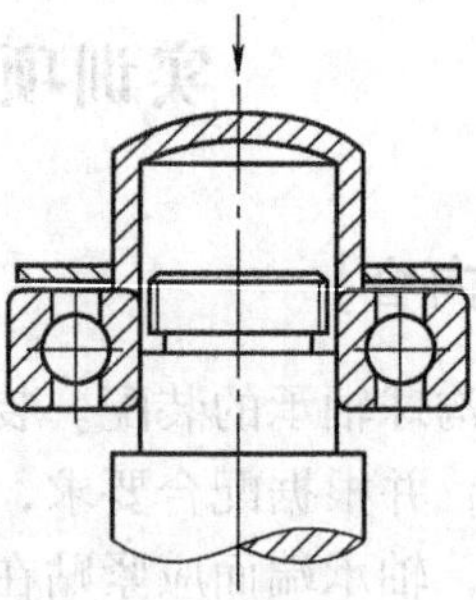

图 10-22 用锤子和套筒安装轴承内圈

## 【项目评价与反馈】（表 10-23）

**表 10-23 项目评价与反馈表**

班级：________姓名：________ ______年____月____日

| 序号 | 项目及要求 | 自我评价 | | | | 小组评价 | | | | 教师评价 | | | |
|---|---|---|---|---|---|---|---|---|---|---|---|---|---|
| | | 优 | 良 | 中 | 差 | 优 | 良 | 中 | 差 | 优 | 良 | 中 | 差 |
| 1 | 认真测量配合件实际尺寸 | | | | | | | | | | | | |
| 2 | 保持装配面清洁 | | | | | | | | | | | | |
| 3 | 操作规范，敲击力均匀、对称 | | | | | | | | | | | | |
| 4 | 装配后转动灵活自如 | | | | | | | | | | | | |
| 5 | 工量辅具摆放整齐 | | | | | | | | | | | | |
| 6 | 团队合作意识 | | | | | | | | | | | | |
| 7 | 实训小结 | | | | | | | | | | | | |
| 8 | 综合评价 | 综合评价等级： | | | | | | | | | | | |

# *第十一章　液压传动

液压转动相对于机械转动来说，是一门新的技术。在“二战”期间，由于液压传动反应快、精度高、功率大等特点，主要应用在军事工业上，战后，液压技术迅速转向民用，在机床，工程机械、汽车、船舶等行业逐步得到推广

自卸汽车

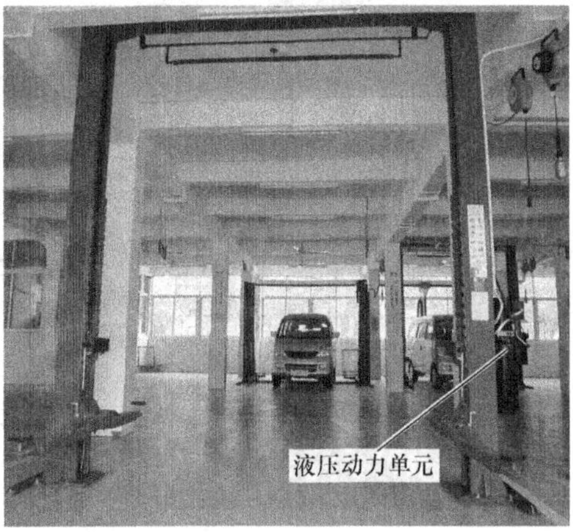


汽车举升机

【学习目标】

◆ 能描述液压传动的工作原理、组成和特点。
◆ 能运用静压传递原理和液流连续性原理进行液压传动的有关计算。
◆ 能描述各液压元件的工作原理和特点，会画各液压元件的图形符号。
◆ 会分析液压传动基本回路的功用、特点和应用。
◆ 能识读一般液压传动系统图，能用液压元件搭建简单常用回路。

【学习重点】

◆ 液压动力元件、执行元件和控制元件的结构、工作原理及元件图形符号。
◆ 液压传动基本回路的工作原理及应用。

# 第一节　液压传动的基本原理及组成

想一想　你见过液压千斤顶吗？利用它可以轻易地将汽车顶起来，你知道其中的奥秘吗？

## 一、液压传动的工作原理及组成

### 1. 液压传动的工作原理

图 11-1 所示为常见的液压千斤顶。大缸体 12 和大活塞 11 组成举升缸，杠杆手柄 1、泵体 2、小活塞 3、单向阀 5 和 7 组成手动液压泵。它们之间用密闭的管道连接起来，里面充满液压油。其工作过程见表 11-1。

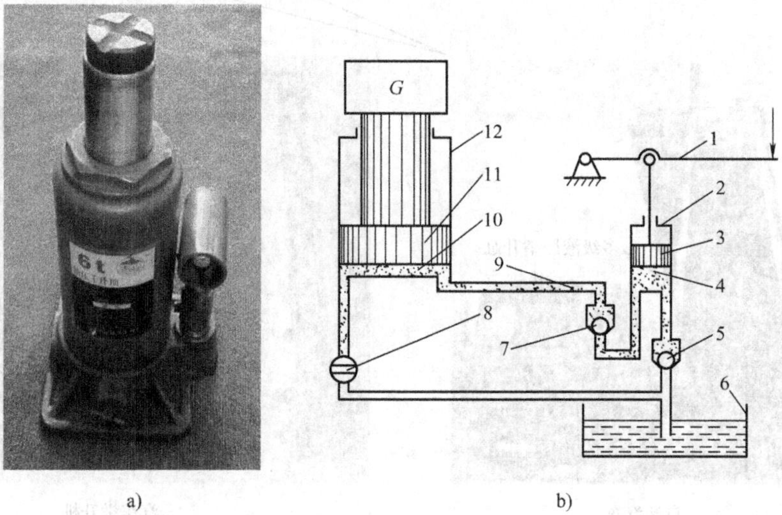


图 11-1　液压千斤顶

a）实物图　b）工作原理图

1—杠杆手柄　2—泵体　3、11—活塞　4、10—油腔

5、7—单向阀　6—油箱　8—放油阀　9—油管　12—缸体

**表 11-1　液压千斤顶的工作原理**

| 工作过程 | 工作原理 | 图　示 |
|---|---|---|
| 泵的吸油过程 | 工作时，关闭放油阀 8，提起杠杆手柄 1，小活塞 3 上行，活塞下腔 4 的密封容积增大，压力减小并形成真空，在大气压的作用下，油箱 6 内的油液经油管顶开单向阀 5 被吸入到泵体 2 中，完成一次吸油动作 | 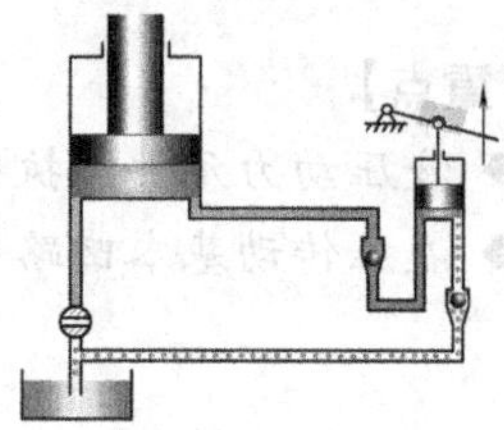 |

（续）

| 工作过程 | 工作原理 | 图示 |
|---|---|---|
| 泵的压油过程 | 当压下杠杆手柄 1，小活塞 3 下行，其密闭工作腔内容积减少，油液压力升高，迫使单向阀 5 关闭而单向阀 7 被顶开，液压油进入大活塞 11 的工作腔 10，驱动大活塞 11 上升，并将重物顶起做功<br>反复提、压杠杆手柄，就会连续不断地将油液压入大活塞的工作腔，使大活塞和重物不断举升，从而达到起重的目的 | 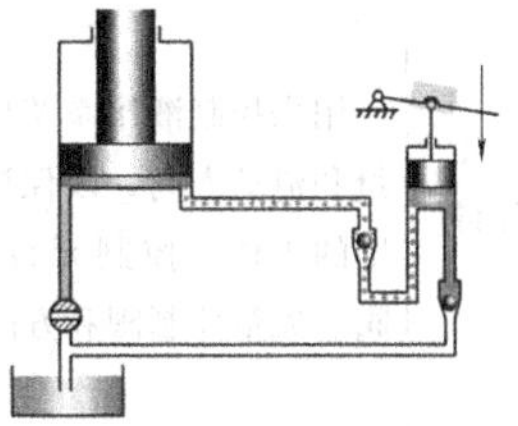 |
| 卸载过程 | 当需要放下重物时，将放油阀 8 打开（旋转 90°），在重物及大活塞自重的作用下，大缸体中的油液流回油箱，重物和大活塞就会下降到原位 | 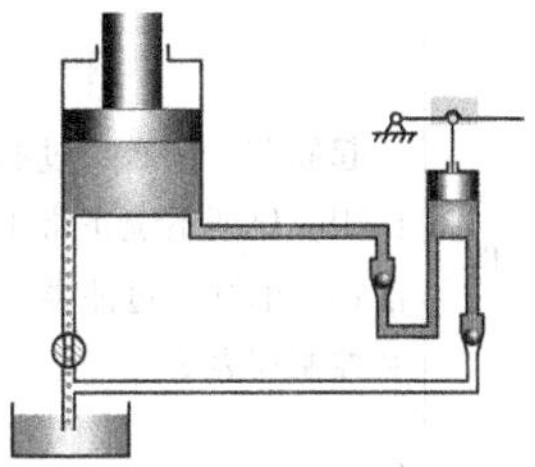 |

小结：液压千斤顶是一个简单的液压传动装置，从其工作过程可以看出，液压传动的工作原理是以油液作为工作介质，依靠密封容积的变化来传递运动，依靠油液内部的压力来传递动力。液压传动装置实质上是一种能量转换装置，它先将机械能转换为便于输送的液压能，随后再将液压能转换为机械能，以推动负载运动。

**2. 液压传动系统的组成**

由上例可以看出，一般液压传动系统除液压油外，应由下列几个部分组成，见表 11-2。

**表 11-2 液压传动系统的组成**

| 名称 | 功用 | 元件图示 |
|---|---|---|
| 动力元件 | 将原动机输出的机械能转换为油液的压力能，为液压系统提供液压油，是系统的动力源。液压泵是常用的动力元件 | <br>叶片泵<br><br>齿轮泵<br>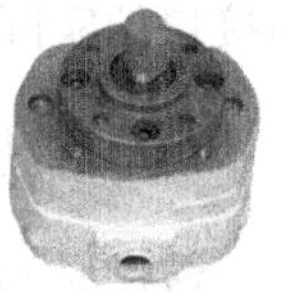<br>摆线泵 |
| 执行元件 | 将液压能转换为机械能，输出直线运动或旋转运动。执行元件有液压缸和液压马达 | 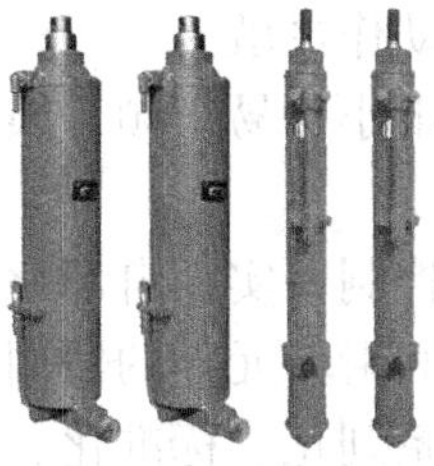<br>液压缸<br><br>液压马达 |

（续）

| 名称 | 功用 | 元件图示 |
| --- | --- | --- |
| 控制元件 | 用来控制液压系统中油液的压力、流量和流动方向，以保证执行元件完成预期的工作。控制元件有各种压力控制阀、流量控制阀和方向控制阀等 |  溢流阀  调速阀  换向阀 |
| 辅助元件 | 起储存、输送、过滤、测量和密封等作用，保证系统正常工作。辅助元件有油箱、油管、过滤器、蓄能器、密封件和控制仪表等 |  蓄能器 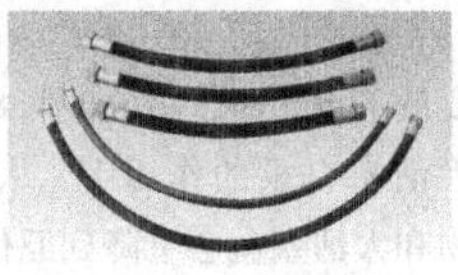 油管 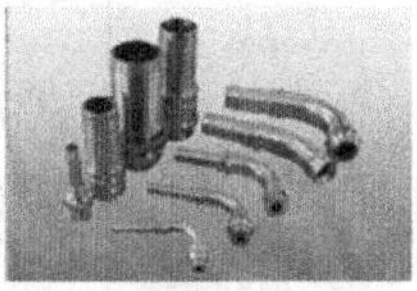 管接头 |

## 二、液压元件的图形符号

如图 11-1 所示的液压千斤顶工作原理图是用半结构式图形画出来的，这种图形直观性强，容易理解，但绘制起来比较麻烦，系统中元件数量多时更是如此。为了简化系统图的绘制，国家标准 GB/T 786.1—2009 对系统中各元件的图形符号作了具体规定，如图 11-2 所示。这些符号只表示元件的职能（即功能）、控制方式，以及外部连接口，不表示元件的具体结构、参数，以及连接口的实际位置和元件的安装位置。

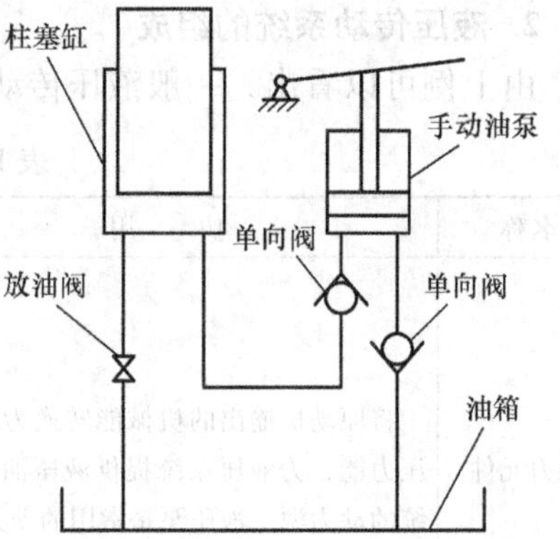


图 11-2　液压千斤顶工作原理简化结构示意图

## 三、液压传动的特点

液压传动与其他传动形式相比较，有如下特点：

1）易于获得很大的力和力矩。

2）调速范围大，易实现无级调速。

3）质量轻，体积小，动作灵敏。

4）传动平稳，换向冲击小，易于频繁换向。

5）易于实现过载保护。

6）便于采用电液联合控制，实现自动化。

7）液压元件能够自动润滑，元件的使用寿命长。

8）液压元件易于实现系列化、标准化、通用化。

9）液压传动中的泄漏，会引起能量损失，使传动比不精确，同时使传动效率较低。

10）液压系统出现故障时不易找出原因，维修困难。

11）液压传动对油温的变化比较敏感，不宜在很高和很低的温度下工作。

12）为了减少泄漏，液压元件的制造精度要求较高，价格昂贵。

# 第二节　液压传动的基本参数

## 一、压力 $p$

### 1. 压力的概念

油液的压力是由油液的自重和油液受到外力作用而产生的。在液压传动中，由于油液的自重而产生的压力一般很小，可忽略不计。

如图 11-3 所示，液压缸的左腔充满油液，当活塞受到向左的外力 $\boldsymbol{F}$ 作用时，液压缸左腔的油液受活塞的作用而处于被挤压状态。同时，油液对活塞有一个反作用力 $\boldsymbol{F}_p$，使活塞处于平衡状态。若活塞的有效作用面积为 $A$，活塞作用在油液单位面积上的力则为 $F/A$，称为压强，在工程中习惯称为压力，用符号 $p$ 表示，即

$$p = \frac{F}{A} \tag{11-1}$$

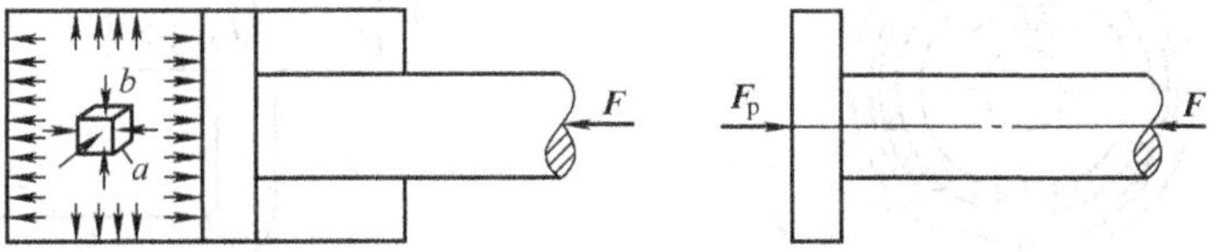


图 11-3　油液压力的形成

式中　$p$——油液的压力，单位为 $N/m^2$，也称帕斯卡（Pa），在液压传动中常采用兆帕（MPa）；

$F$——作用在油液表面上的外力，单位为 N；

$A$——油液表面的承压面积，即活塞的有效作用面积，单位为 $m^2$。

液压传动中，压力按其大小分为五级，见表 11-3。

**表 11-3　液压传动的压力分级**　（单位：MPa）

| 压力分级 | 低压 | 中压 | 中高压 | 高压 | 超高压 |
|---|---|---|---|---|---|
| 压力范围 | ≤2.5 | >2.5 ~ 8.0 | >8.0 ~ 16.0 | >16.0 ~ 32.0 | >32.0 |

### 2. 静压传递原理（帕斯卡原理）

静止油液的压力具有下列特性：

1）静止油液中任意一点所受到的各个方向的压力都相等，这个压力称为静压力。

2）油液静压力的作用方向总是垂直指向承压表面。

3）在密闭容器内的静止油液中，任意一点的压力变化，都将等值地传递给油液中的所有点，这就是静压传递原理，又称帕斯卡原理。

【知识链接】

帕斯卡（1623—1662 年），法国数学家、物理学家。帕斯卡经反复研究后发现了液体传

递压强的规律：加在密闭液体上的压强，能够大小不变地由液体向各个方向传递，后人称这一规律为帕斯卡原理。

**3. 静压传递原理（帕斯卡原理）在液压传动中的应用**

在生产和生活中，很多地方都应用了静压传递原理。图 11-4 所示为轿车的制动系统，当驾驶员踩下制动踏板 1 时，主缸活塞 3 压缩制动液，使制动主缸 4 中的油压升高，根据静压传递原理，该压力将等值地传递到各车轮的轮缸 6 中，轮缸活塞 7 在液压的作用下向外张开，将制动蹄片 10 压向制动鼓 8，从而使车轮减速或者停车。

如图 11-5 所示，液压千斤顶也是利用静压传递原理传递动力的。当柱塞泵活塞 1 受外力 $\boldsymbol{F}_1$作用时，柱塞泵油腔 5 中油液产生的压力为：

$$p_1 = \frac{F_1}{A_1}$$

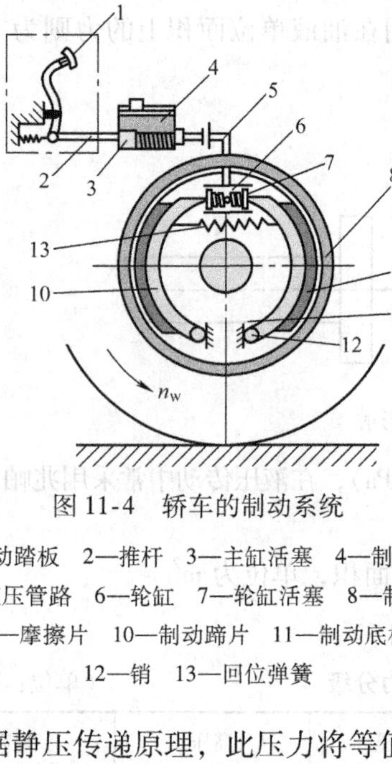


图 11-4 轿车的制动系统

1—制动踏板 2—推杆 3—主缸活塞 4—制动主缸 5—液压管路 6—轮缸 7—轮缸活塞 8—制动鼓 9—摩擦片 10—制动蹄片 11—制动底板 12—销 13—回位弹簧

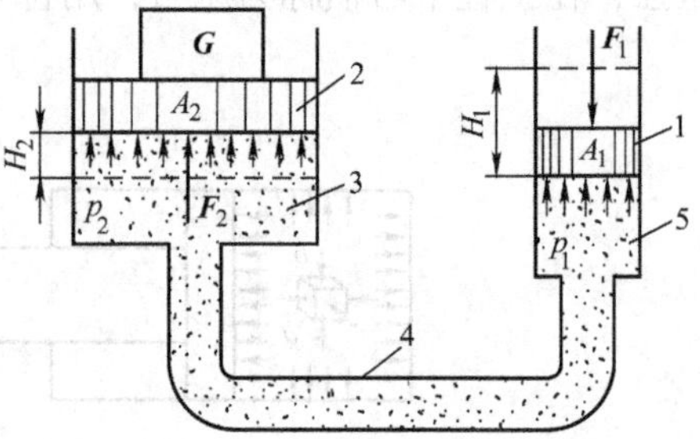


图 11-5 液压千斤顶的作用原理

1—柱塞泵活塞 2—液压缸活塞 3—液压缸油腔 4—油管 5—柱塞泵油腔

根据静压传递原理，此压力将等值地传递到液压缸油腔 3 中，因此 $p_1 = p_2 = p$，大活塞 2 受油液压力 $p$ 作用产生一个向上的作用力 $\boldsymbol{F}_2$，其大小为：

$$F_2 = pA_2 = F_1 \frac{A_2}{A_1} \tag{11-2}$$

式中 $F_1$——作用在柱塞泵活塞 1 上的力，单位为 N；

$F_2$——作用在液压缸活塞 2 上的液压作用力，单位为 N；

$A_1$、$A_2$——活塞 1、2 的有效作用面积，单位为 $m^2$。

上式表明：

1）液压缸活塞 2 上所受液压作用力 $\boldsymbol{F}_2$与液压缸活塞 2 的有效作用面积 $A_2$成正比。如果 $A_2$远大于 $A_1$，则只要在柱塞泵活塞 1 上作用一个很小的力 $\boldsymbol{F}_1$，便能在液压缸活塞 2 上产生很大的作用力 $\boldsymbol{F}_2$，用以举起重物。这就是液压千斤顶在人力作用下能顶起很重物体的道理。

2）因负载 $G=F_2$，故压力 $p=\frac{F_2}{A_2}=\frac{G}{A_2}$，即液压系统中的压力取决于外负载，负载大时压力也大，负载小时压力也小。

**例 11-1** 如图 11-5 所示，在液压千斤顶的压油过程中，已知柱塞泵活塞 1 的面积 $A_1=1.13\times10^{-4}\ \text{m}^2$，液压缸活塞 2 的面积 $A_2=9.62\times10^{-4}\ \text{m}^2$。压油时，作用在柱塞泵活塞 1 上的力 $F_1=5.78\times10^3\ \text{N}$。试问柱塞泵油腔 5 内的油液压力 $p_1$ 为多大？液压缸能顶起多重的重物？

**解**：1）柱塞泵油腔 5 内的油液压力：

$$p_1=\frac{F_1}{A_1}=\frac{5.78\times10^3\text{N}}{1.13\times10^{-4}\text{m}^2}=5.115\times10^7\text{Pa}=51.15\text{MPa}$$

2）液压缸活塞 2 上的液压作用力：

$$F_2=p_1A_2=5.115\times10^7\text{Pa}\times9.62\times10^{-4}\text{m}^2=4.92\times10^4\text{N}$$

3）能顶起重物的重量：

$$G=F_2=4.92\times10^4\text{N}$$

## 二、流量与平均流速

流量和平均流速是描述液体流动的两个主要参数。

### 1. 流量 $q_v$

单位时间内流过管道某一截面的液体体积称为流量。若在时间 $t$ 内流过管道某一截面的液体体积为 $V$，则流量 $q_v$ 为：

$$q_v=\frac{V}{t} \tag{11-3}$$

流量的单位为 $\text{m}^3/\text{s}$（米$^3$/秒），常用单位为 L/min（升/分）。换算关系为：

$$1\text{m}^3/\text{s}=6\times10^4\ \text{L/min}$$

### 2. 平均流速 $v$

流速是指液体质点在单位时间内流过的距离，其法定计量单位为 m/s。由于液体具有粘性，液体在管道或液压缸中流动时，在同一截面上各点的速度不可能完全相同，一般都以平均流速 $v$ 来计算。平均流速 $v$ 为通过截面的流量除以截面面积，即

$$v=\frac{q_v}{A} \tag{11-4}$$

式中 $v$ ——液流的平均流速，单位为 m/s；

$q_v$——流入液压缸或管道的流量，单位为 $\text{m}^3/\text{s}$；

$A$ ——活塞的有效作用面积或管道截面积，单位为 $\text{m}^2$。

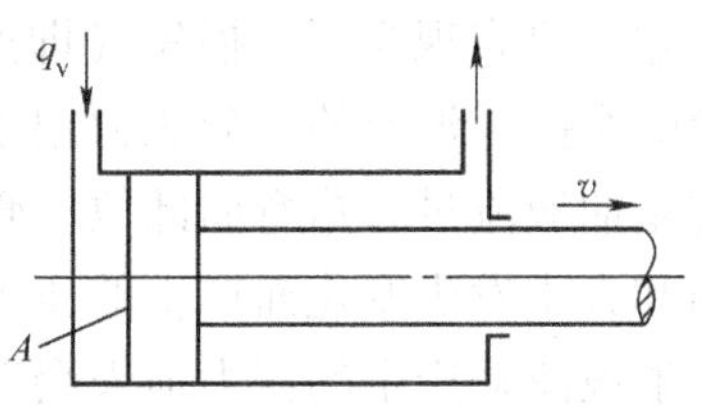

图 11-6 活塞运动速度与流量的关系

如图 11-6 所示，在液压缸中，液体的平均流速与活塞的运动速度相同，当液压缸的活塞有效作用面积一定时，活塞运动速度的大小由输入液压缸的流量来决定。

**3. 液流的连续性原理**

你见过用橡胶管（或塑料管）套在自来水龙头上冲洗地面或冲洗车吗？当你用手指将管口捏紧时，水流发生了什么变化？

液体的可压缩性极小，通常可视作理想液体。理想液体在无分支管路中稳定流动时，通过每一截面的流量相等，这称为液流连续性原理，如图 11-7 所示，即

$$A_1 v_1 = A_2 v_2 \tag{11-5}$$

式中 $A_1$、$A_2$——截面1、2 的面积，单位为 $m^2$；

$v_1$、$v_2$——液体流经截面 1、2 时的平均流速，单位为 m/s。

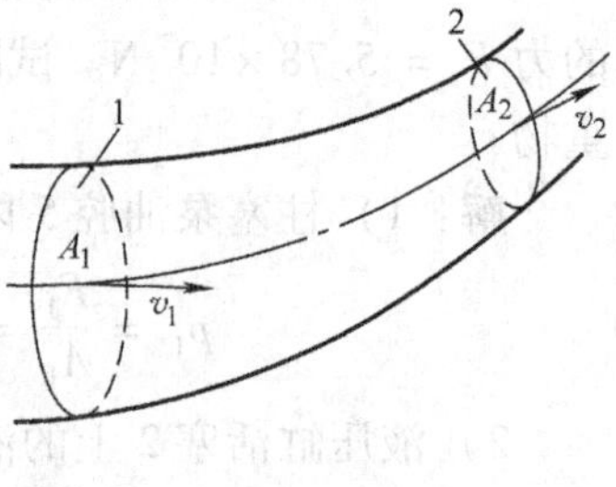


图 11-7 液流连续性原理

上式表明，液体在无分支管路中稳定流动时，流经管路不同截面时的平均流速与其截面积大小成反比。管路细的地方平均流速大，管路粗的地方平均流速小。

**例 11-2** 如图 11-5 所示，在液压千斤顶的压油过程中，已知柱塞泵活塞 1 的面积 $A_1 = 1.13 \times 10^{-4} m^2$，液压缸活塞 2 的面积 $A_2 = 9.62 \times 10^{-4} m^2$，油管 4 的截面积 $A_4 = 1.3 \times 10^{-5} m^2$。若柱塞泵活塞 1 上的下压速度 $v_1 = 0.2 m/s$，试求液压缸活塞 2 的上升速度 $v_2$ 和管路内油液的平均流速 $v_4$。

**解**：1）柱塞泵排出的流量为：

$$q_{v1} = A_1 v_1 = 1.13 \times 10^{-4} m^2 \times 0.2 m/s = 2.26 \times 10^{-5} m^3/s$$

2）根据液流连续性原理有 $q_{v1} = q_{v2}$，液压缸活塞 2 的上升速度为：

$$v_2 = \frac{q_{v2}}{A_2} = \frac{2.26 \times 10^{-5} m^3/s}{9.62 \times 10^{-4} m^2} = 0.0235 m/s$$

3）同理，管路内的流量 $q_{v4} = q_{v1} = q_{v2}$，管路内油液的平均流速为：

$$v_4 = \frac{q_{v4}}{A_4} = \frac{2.26 \times 10^{-5} m^3/s}{1.3 \times 10^{-5} m^2} = 1.74 m/s$$

## 三、液阻和压力损失

由于油液具有粘性，在油液流动时，油液的分子之间、油液与管壁之间的摩擦和碰撞会产生阻力，这种阻碍油液流动的阻力称为液阻。液阻的存在，在液体流动时就会引起能量损失，它主要表现为压力损失（即产生压力差）。当油液沿等截面的直管流动时，由于管壁对油液的摩擦，油液的部分压力用于克服这一摩擦阻力，这种压力损失称为沿程压力损失；另一种是油液流过管路弯曲部位、管路截面积突变部位及各种阀口等部位时，由于液流速度的方向和大小发生变化而产生的压力损失称为局部压力损失。

油液流动产生的压力损失会造成功率浪费、油液发热、泄漏增加，使液压元件因受热膨胀而“卡死”。因此应尽量减少液阻，以减少压力损失。一般情况下，只要油液粘度适当，管路内壁光滑，尽量缩短管路长度和减少管路的截面变化及弯曲，就可以使压力损失控制在很小的范围内。

## 第三节　液压动力元件

液压泵是液压系统的动力元件，它是将原动机（如电动机）输出的机械能转换为液压能的装置。其作用是向液压系统提供液压油。

### 一、液压泵的工作原理

图 11-8 所示为一个简单的单柱塞泵的结构原理图。它由偏心轮 1、柱塞 2、弹簧 3、泵体 4 和单向阀 5、6 等组成。柱塞 2 和泵体 4 形成密封容积，柱塞在偏心轮 1 和回程弹簧 3 的作用下，作上下往复运动。柱塞向上运动时，密封容积增大，形成局部真空，油箱中的油液在大气压力的作用下，经过单向阀 5 被吸入泵体，这一过程称为吸油，如图 11-8a 所示。当柱塞向下运动时，密封容积减小，使油液受到挤压而产生一定的压力，这时单向阀 5 关闭，泵体内的油液顶开单向阀 6 进入系统，这一过程称为压油，如图 11-8b 所示。若偏心轮不停地转动，泵就不停地吸油和压油。

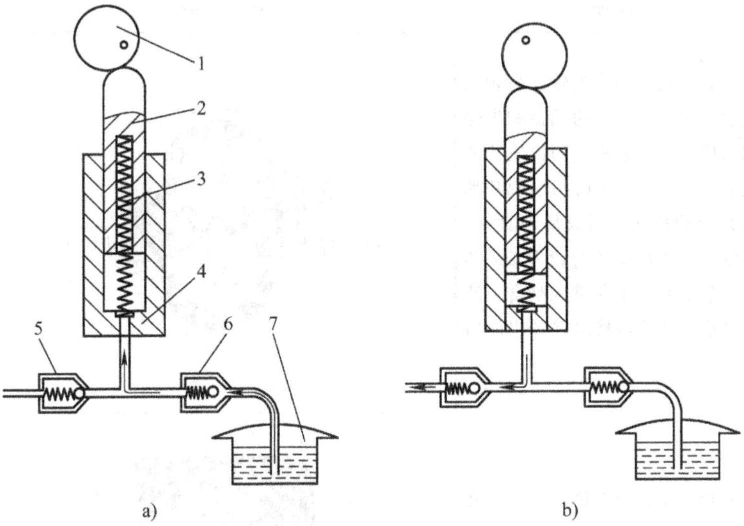


图 11-8　液压泵工作原理图

1—偏心轮　2—柱塞　3—弹簧　4—泵体　5、6—单向阀　7—油箱

由上述可知，液压泵是通过密封容积的变化来进行吸油和压油的。利用这种原理做成的液压泵称为容积式液压泵。容积式液压泵的流量决定于密封容积的变化量及变化频率。

### 二、液压泵的类型和图形符号

#### 1. 液压泵的类型

液压泵的种类很多，按其结构不同可分为齿轮泵、叶片泵、柱塞泵和螺杆泵等；按额定压力的高低可分为低压泵、中压泵和高压泵三类；按其输出的流量能否调节可分为定量泵和变量泵；按其输油方向能否改变可分为单向泵和双向泵。

### 2. 液压泵的图形符号

液压泵的图形符号见表11-4。

**表11-4 液压泵的图形符号**

| 类型 | 单向定量泵 | 双向定量泵 | 单向变量泵 | 双向变量泵 |
| --- | --- | --- | --- | --- |
| 图形符号 | 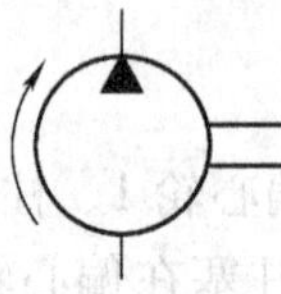 | 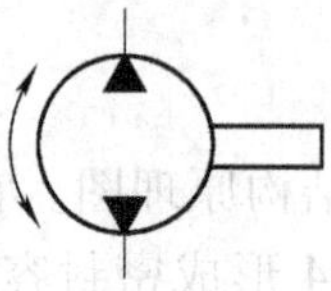 | 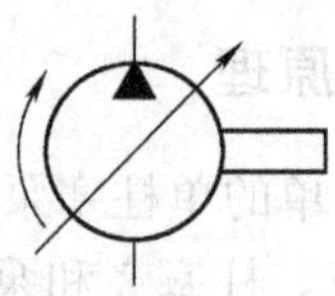 | 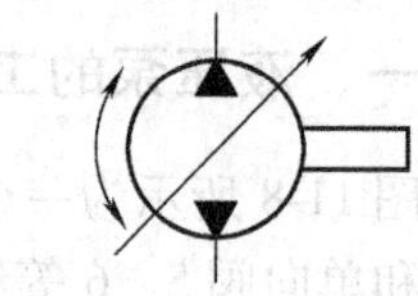 |

## 三、常用液压泵

常用液压泵的类型、工作原理、特点及应用见表11-5。

**表11-5 常用液压泵的类型、工作原理、特点及应用**

| 类型 | 工作原理 | 图示 | 特点及应用 |
| --- | --- | --- | --- |
| 齿轮泵 | 泵体内装有一对外啮合齿轮，齿轮两侧面靠端盖密封，泵体、两端盖和齿轮各轮齿间形成了密封容积。当齿轮按图示方向旋转时，*A*腔的轮齿相继脱开啮合，使密封容积增大，形成局部真空，从油箱吸油，油液被旋转的轮齿带入*B*腔，由于*B*腔的轮齿不断进入啮合，使密封容积减小，油液被挤出并经出油口排出 | 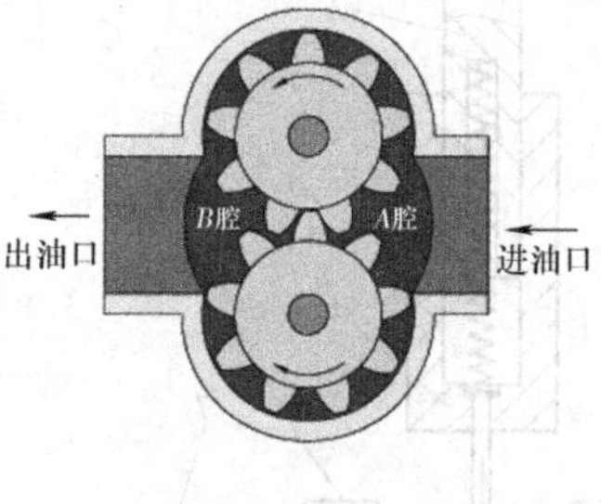 | 齿轮泵结构简单、成本低，抗污及自吸性强，但容积效率低，流量不可调，一般用于低压系统 |
| 叶片泵 | 双作用叶片泵主要由泵体、定子、转子、叶片和配油盘等组成。转子旋转时，在离心力和根部油压的作用下，叶片顶部紧贴在定子内表面上，这样，在相邻的两叶片、转子、定子内表面和侧板之间所形成的密封容积，先由小逐渐增大形成真空而吸油，再由大逐渐减小而压油，叶片每旋转一周时，完成两次吸油和两次压油<br>单作用叶片泵的吸油和压油原理与双作用叶片泵相同，只是转子每旋转一周，每个密封容积完成一次吸油和压油，所以称为单作用叶片泵 | 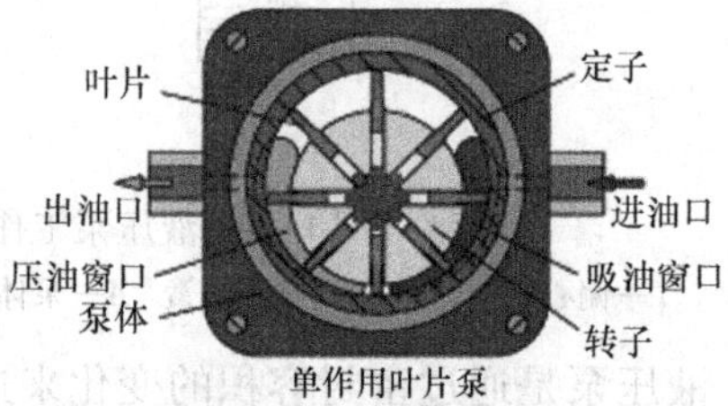<br>单作用叶片泵<br>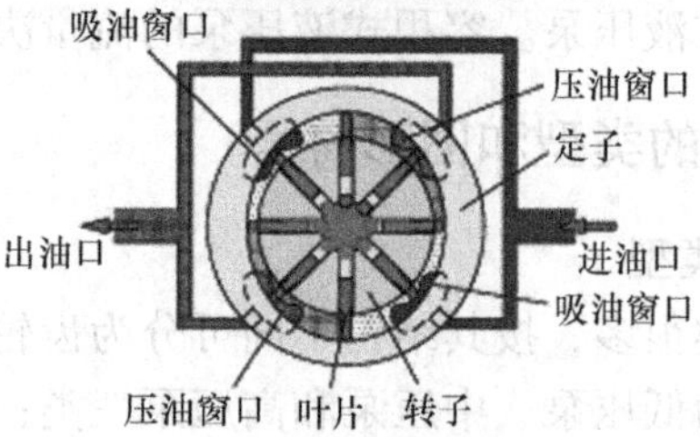<br>双作用叶片泵 | 单作用叶片泵多为变量泵，双作用叶片泵一般为定量泵，叶片泵输油量均匀，压力脉动小，容积效率高，但结构复杂，一般用于中压系统 |

（续）

| 类型 | 工作原理 | 图　示 | 特点及应用 |
|---|---|---|---|
| 柱塞泵 | 斜轴式轴向柱塞泵由缸体、配流盘、柱塞、连杆、中心轴和传动轴等组成。传动轴与缸体的轴线有交角 $\gamma$。当传动轴沿图示方向旋转时，连杆就带动柱塞连同缸体一起转动，柱塞同时也在孔内作往复运动，使柱塞孔底部的密封腔容积不断发生变化，容积增大时吸油，容积减小时压油 | 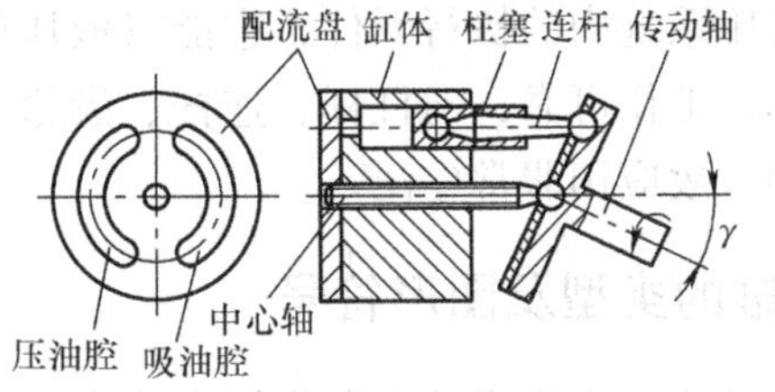 | 柱塞泵结构复杂，容积效率高，价格较贵，一般用于高压系统 |
| 螺杆泵 | 当电动机带动泵轴转动时，螺杆一方面绕本身的轴线旋转，另一方面它又沿衬套内表面滚动，于是形成泵的密封腔室。螺杆每转一周，密封腔内的液体向前推进一个螺距，随着螺杆的连续转动，液体以螺旋形方式从一个密封腔压向另一个密封腔，最后挤出泵体 | 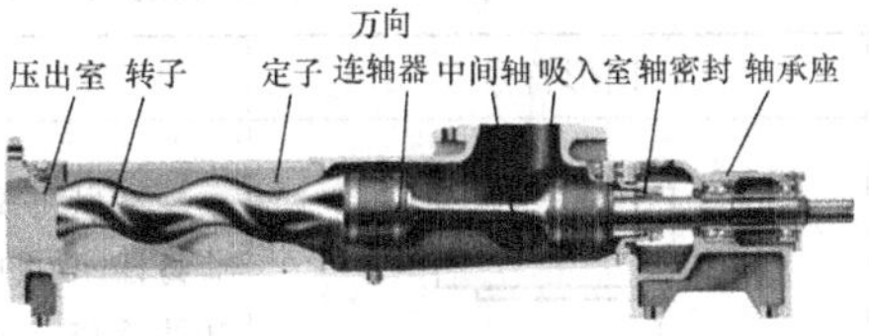 | 螺杆泵运转平稳，噪声小，自吸能力强 |

## 四、液压泵的选用

选择液压泵时，首先要根据液压系统中执行机构所需要的最大工作压力和最大流量选择液压泵的类型，然后对其性能、成本等进行综合考虑，最后确定所选用液压泵的类型、型号和规格。

表 11-6 为常用液压泵的性能参数比较表，可供选用时参考。

**表 11-6　常用液压泵的技术性能**

| 技术性能 \ 类型 | 外啮合齿轮泵 | 双作用叶片泵 | 限压式变量叶片泵 | 轴向柱塞泵 | 径向柱塞泵 | 螺杆泵 |
|---|---|---|---|---|---|---|
| 工作压力/MPa | 2.5~17.5 | 6.3~21 | 2.5~6.2 | 7.0~35 | 7.9~21 | 4~40 |
| 容积效率 | 0.70~0.95 | 0.80~0.95 | 0.60~0.90 | 0.90~0.98 | 0.85~0.95 | 0.75~0.95 |
| 总效率 | 0.60~0.85 | 0.65~0.85 | 0.55~0.85 | 0.80~0.95 | 0.75~0.92 | 0.70~0.85 |
| 流量调节 | 不能 | 不能 | 能 | 能 | 能 | 不能 |
| 流量脉动率 | 大 | 小 | 中等 | 中等 | 中等 | 很小 |
| 自吸特性 | 好 | 较差 | 较差 | 较差 | 差 | 好 |
| 对油的污染敏感性 | 不敏感 | 敏感 | 敏感 | 敏感 | 敏感 | 不敏感 |
| 噪声 | 大 | 小 | 较大 | 大 | 大 | 很小 |
| 单位功率造价 | 低 | 中等 | 较高 | 高 | 高 | 较高 |
| 应用范围 | 机床、工程机械、农机、航空、船舶、一般机械 | 机床、注塑机、液压机、起重运输机械、工程机械、飞机 | 机床、注塑机 | 工程机械、锻压机械、起重运输机械、矿山机械、冶金机械、船舶、飞机 | 机床、液压机、船舶机械 | 精密机床、精密机械、食品、化工、石油、纺织等机械 |

# 第四节 液压执行元件

液压缸是液压系统中的执行元件，它能将液压能转换为直线运动或往复摆动的机械能。液压缸结构简单，工作可靠，与杠杆、连杆、齿轮齿条、棘轮棘爪、凸轮等机构配合，能实现多种机械运动，故应用非常广泛。

## 一、液压缸的类型及图形符号

常见液压缸可按结构形式特点和作用方式进行分类，见表11-7。

表 11-7 液压缸的类型及图形符号

| 类型 | | 图形符号 | 说明 |
|---|---|---|---|
| 单作用液压缸 | 柱塞缸 | 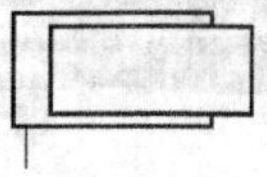 | 柱塞只能在液压力作用下单向运动，返回行程是利用自重或负荷将柱塞推回。常用于叉车起升液压缸和起重机吊臂变幅液压缸和伸缩套筒式液压缸 |
| | 单活塞杆式 | 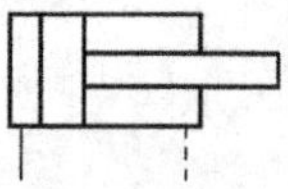 | 活塞只能在液压力作用下单向运动，返回行程是利用自重或负荷将活塞推回。常用于自卸车的液压翻斗液压缸和起重机吊臂变幅液压缸 |
| | 双活塞杆式 | 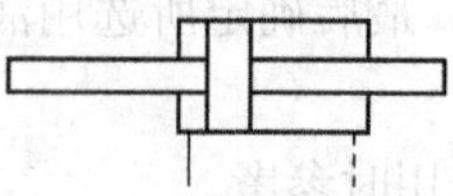 | 活塞的两侧都装有活塞杆，只能向活塞一侧供给液压油，返回行程通常利用弹簧力、重力或外力推回 |
| | 伸缩缸 | 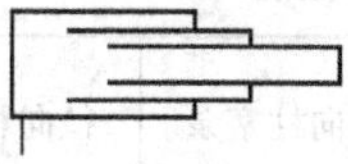 | 活塞杆为多段套筒式，以短缸获得长行程。用液压油由大到小逐节推出，靠外力由小到大逐节缩回 |
| 双作用液压缸 | 单活塞杆式 | 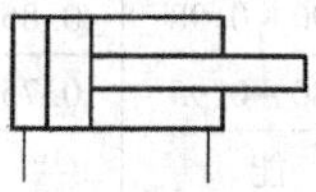 | 单边有杆，双向液压驱动，但往返速度、双向推力不相等 |
| | 双活塞杆式 | 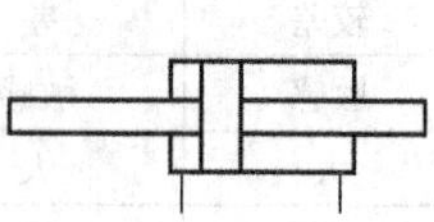 | 双边有杆，双向液压驱动，可实现等速往复运动 |
| | 伸缩缸 | 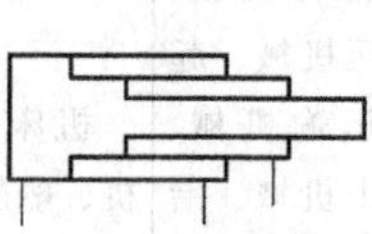 | 双向液压驱动，由大到小逐节推出，由小到大逐节缩回。常用于起重机吊臂和自卸车举升装置 |

## 二、典型液压缸

液压缸的类型很多，下面主要介绍双作用双活塞杆式液压缸、双作用单活塞杆式液压缸、柱塞缸、伸缩缸等几种典型液压缸的工作特点，见表 11-8。

**表 11-8　几种典型液压缸的工作特点**

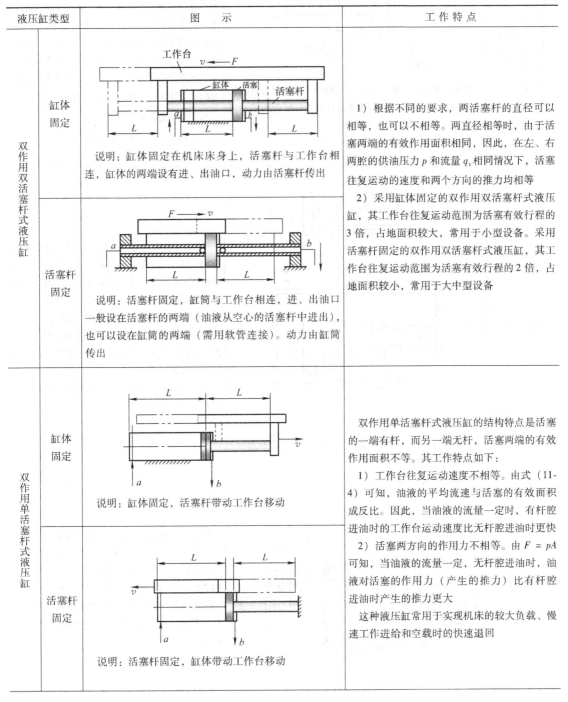

| 液压缸类型 | | 图　示 | 工 作 特 点 |
|---|---|---|---|
| 双作用双活塞杆式液压缸 | 缸体固定 | 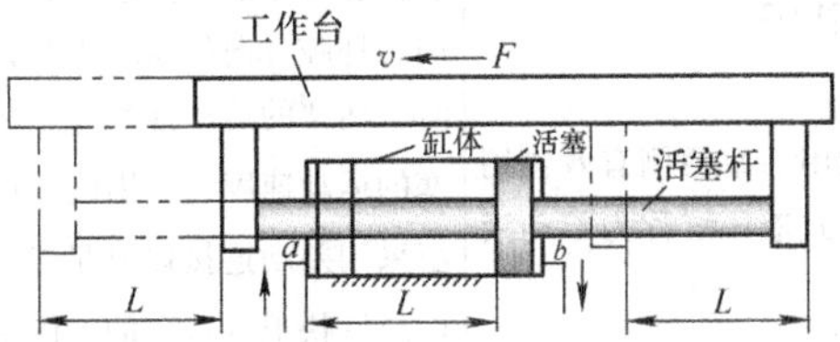<br>说明：缸体固定在机床床身上，活塞杆与工作台相连，缸体的两端设有进、出油口，动力由活塞杆传出 | 1）根据不同的要求，两活塞杆的直径可以相等，也可以不相等。两直径相等时，由于活塞两端的有效作用面积相同，因此，在左、右两腔的供油压力 $p$ 和流量 $q_v$ 相同情况下，活塞往复运动的速度和两个方向的推力均相等<br>2）采用缸体固定的双作用双活塞杆式液压缸，其工作台往复运动范围为活塞有效行程的 3 倍，占地面积较大，常用于小型设备。采用活塞杆固定的双作用双活塞杆式液压缸，其工作台往复运动范围为活塞有效行程的 2 倍，占地面积较小，常用于大中型设备 |
| | 活塞杆固定 | 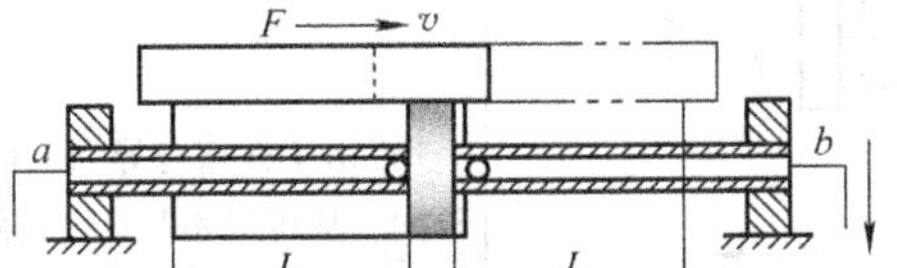<br>说明：活塞杆固定，缸筒与工作台相连，进、出油口一般设在活塞杆的两端（油液从空心的活塞杆中进出），也可以设在缸筒的两端（需用软管连接）。动力由缸筒传出 | |
| 双作用单活塞杆式液压缸 | 缸体固定 | 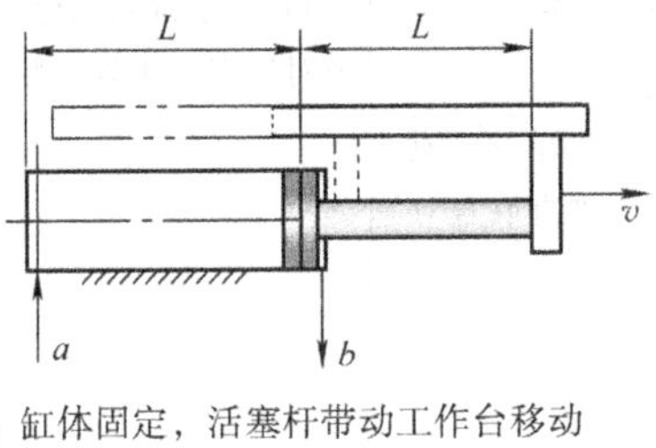<br>说明：缸体固定，活塞杆带动工作台移动 | 双作用单活塞杆式液压缸的结构特点是活塞的一端有杆，而另一端无杆，活塞两端的有效作用面积不等。其工作特点如下：<br>1）工作台往复运动速度不相等。由式（11-4）可知，油液的平均流速与活塞的有效面积成反比。因此，当油液的流量一定时，有杆腔进油时的工作台运动速度比无杆腔进油时更快<br>2）活塞两方向的作用力不相等。由 $F = pA$ 可知，当油液的流量一定，无杆腔进油时，油液对活塞的作用力（产生的推力）比有杆腔进油时产生的推力更大<br>这种液压缸常用于实现机床的较大负载、慢速工作进给和空载时的快速退回 |
| | 活塞杆固定 | 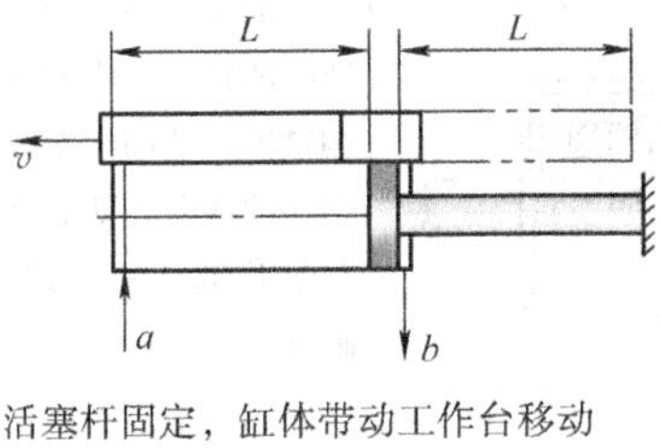<br>说明：活塞杆固定，缸体带动工作台移动 | |

（续）

| 液压缸类型 | | 图　示 | 工作特点 |
|---|---|---|---|
| 双作用单活塞杆式液压缸 | 差动连接 | 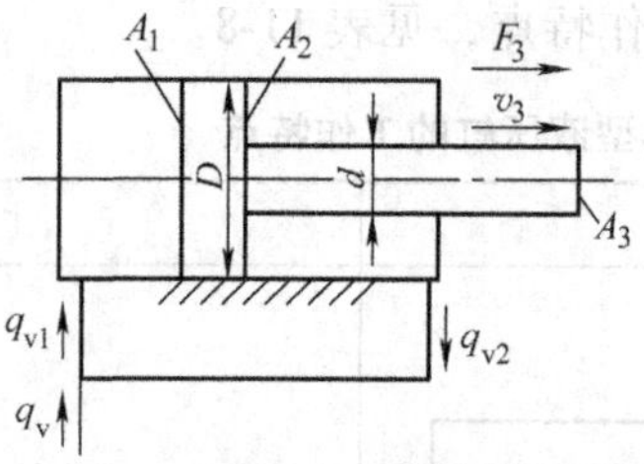<br>说明：两腔同时输入液压油，利用活塞两侧有效作用面积差进行工作的双作用单活塞杆式液压缸称为差动液压缸 | 改变管路连接方法，使双作用单活塞杆式液压缸左、右腔同时输入液压油。由于活塞两端的有效面积 $A_1$、$A_2$ 不等，因此作用于活塞两侧的推力不等，存在压力差。在此推力差的作用下，活塞向有杆腔方向运动。这时，液压缸有杆腔排出的油液进入液压缸无杆腔，使活塞向有杆腔方向的运动速度加快。可见差动连接时，活塞的运动速度 $v_3$ 大于非差动连接时活塞的运动速度 $v_1$。因此，在金属切削机床中广泛采用差动连接以满足实现快进（$v_3$）、工进（$v_1$）、快退（$v_2$）的工作循环 |
| 柱塞缸 | | 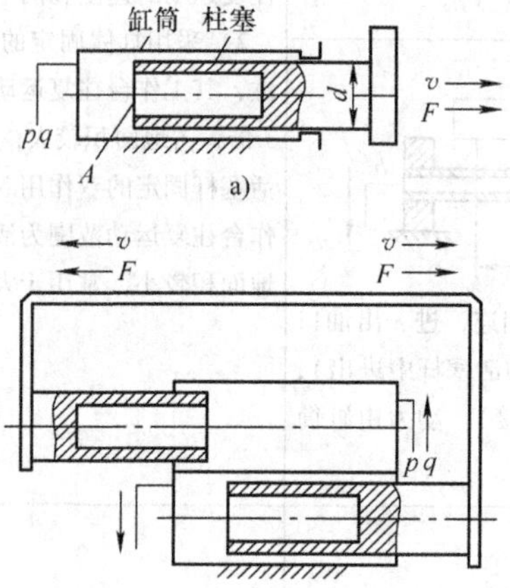<br>说明：柱塞缸只能在液压油的作用下产生单向运动，另一个方向的运动往往靠它本身的自重（垂直放置时）或弹簧力等其他外力来实现 | 1）由于柱塞与导向套配合，以保证良好的导向，故可以不与缸筒接触，因而对缸筒内壁的精度要求很低，不需要精加工。因此，柱塞缸成本低，特别适用于行程较长的场合<br>2）水平安装使用时，柱塞常做成空心的，这样可以减轻重量，以降低密封装置的单面磨损。为防止柱塞自重下垂，通常要设置柱塞支承套和托架<br>3）为了得到大行程的双向运动，柱塞缸常成对使用，如图 b 所示 |
| 伸缩缸 | | 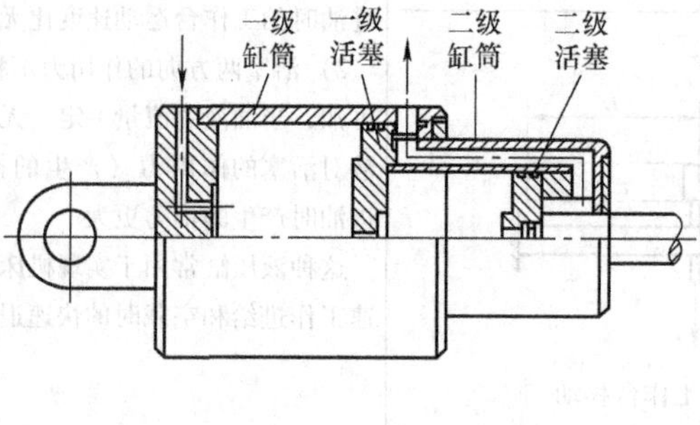 | 伸缩缸又称为多级缸，由两级或多级活塞缸套装而成，前一级活塞缸的活塞就是后一级活塞缸的缸筒。收缩后，液压缸的总长较短，结构紧凑，适用于安装空间受到限制而行程要求很长的场合，如起重机伸缩臂液压缸、自卸汽车举升液压缸（图 11-9）和消防云梯液压缸等 |

图 11-9 伸缩缸的应用

想一想

伸缩缸逐级伸出时，有效工作面积逐次减小，当输入流量相同时，伸出的速度如何变化？当负载恒定时，液压缸的工作压力如何变化？

## 三、液压缸的密封、缓冲和排气

### 1. 液压缸的密封

密封装置主要用来防止液压油的泄漏。由于液压缸是依靠密封油腔的容积变化进行工作的，故密封装置的优劣将直接影响液压缸的工作性能和效率。因此要求液压缸所选用的密封元件，应在一定的工作压力下具有良好的密封性能，使泄漏不致因压力升高而增加。此外，还要求密封元件结构简单、寿命长、摩擦阻力小，以避免相对运动的部件被卡死或产生爬行等现象。

液压缸的密封包括固定件的密封（如缸体与端盖间的密封）和运动件的密封（如活塞与缸体、活塞杆与端盖间的密封）。常用的密封方法有间隙密封和密封圈密封。

（1）间隙密封　如图 11-10 所示，间隙密封是依靠运动件之间很小的配合间隙来保证密封的。这种密封摩擦力小，内泄漏量大，密封性能差且加工精度要求高，只适用于低压、运动速度较快的场合。

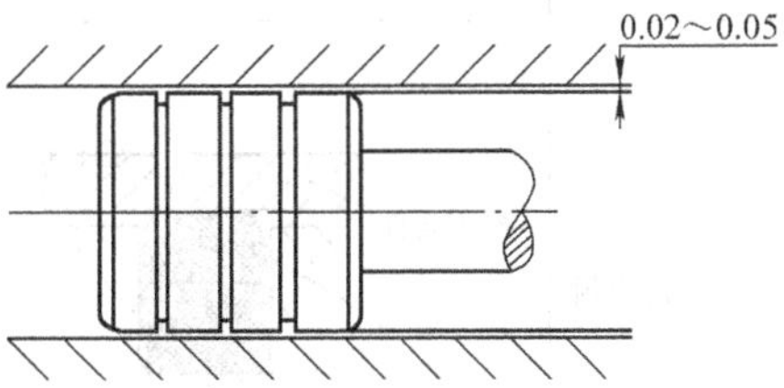


图 11-10 间隙密封

【知识链接】

环形槽的作用：一方面减小活塞与缸体内壁的接触面积；另一方面利用环形槽内油液压力的均匀分布，使活塞处于中心位置工作。

（2）密封圈密封　密封圈密封是液压系统中应用最广泛的一种密封方法。密封圈通常用耐油橡胶、尼龙等材料压制而成，它通过本身的受压弹性变形来实现密封。密封圈的常见类型见表 11-9。

表 11-9　密封圈的常见类型

| 类　型 | 图　示 | 说　明 |
|---|---|---|
| O 形密封圈 | 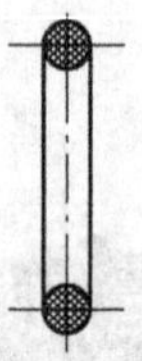 | O 形密封圈断面呈圆形，密封性能良好，摩擦阻力较小，结构简单，制造容易，体积小，装卸方便，适用压力范围较广，因此应用普遍，既可作动密封，又可作静密封 |
| Y 形密封圈 | 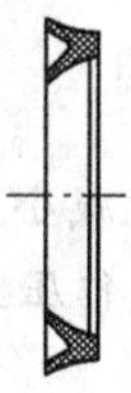 | Y 形密封圈断面呈 Y 形，结构简单，适应性广，密封效果好。在液压油的作用下，其唇边张开，紧贴在密封表面上，油压越大，密封性能越好，但使用时要注意安装方向，使其在液压油的作用下能张开 |
| V 形密封圈 | 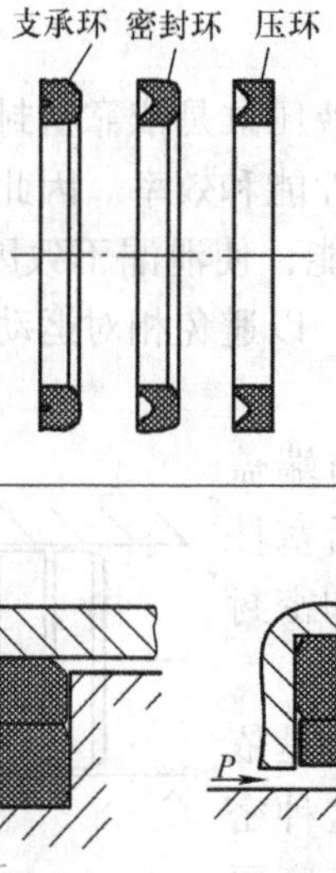 | V 形密封圈由形状不同的支承环、密封环和压环组成，接触面积大，密封可靠，但摩擦阻力大，主要用于移动速度不高的液压缸中 |
| 组合式密封 | 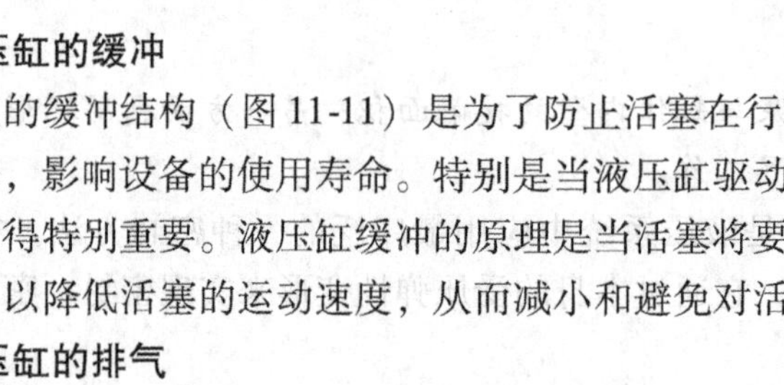 | 组合式密封装置由两个以上元件组成（其中包括密封圈），密封效果最佳，可用于 40MPa 的高压，缺点是安装不够方便 |

**2. 液压缸的缓冲**

液压缸的缓冲结构（图 11-11）是为了防止活塞在行程终了时，由于惯性力的作用与端盖发生撞击，影响设备的使用寿命。特别是当液压缸驱动重负荷或运动速度较大时，液压缸的缓冲就显得特别重要。液压缸缓冲的原理是当活塞将要达到行程终点、接近端盖时，增大回油阻力，以降低活塞的运动速度，从而减小和避免对活塞的撞击。

**3. 液压缸的排气**

液压缸中如果有残留空气，将引起活塞低速运动时爬行和振动，产生噪声和发热，甚至使整个系统不能正常工作。因此在液压缸上必须增加排气装置，如图 11-12 所示。

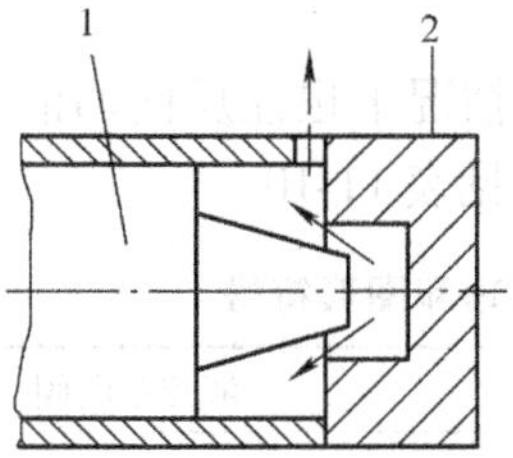


图　11-11　液压缸的缓冲结构

1—活塞　2—端盖

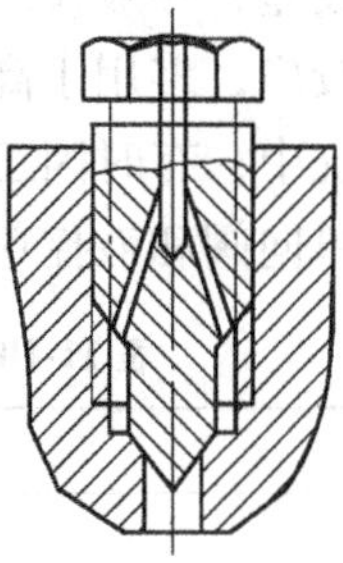

图 11-12　排气塞

## 第五节　液压控制元件

在液压传动系统中，用来对液流的方向、压力和流量进行控制和调节的液压元件称为液压控制元件，又称液压阀，简称阀。借助于这些阀，便能对执行元件的起动、停止、运动方向、速度、动作顺序和克服负载的能力进行调节与控制，使各类液压机械都能按要求协调地进行工作。

根据用途和工作特点的不同，液压控制元件分为三大类：

（1）方向控制阀　包括单向阀和换向阀等。

（2）压力控制阀　包括溢流阀、减压阀、顺序阀和压力继电器等。

（3）流量控制阀　包括节流阀和调速阀等。

### 一、方向控制阀

控制油液流动方向的阀称为方向控制阀。按用途分为单向阀和换向阀两种，如图 11-13 所示。

a)

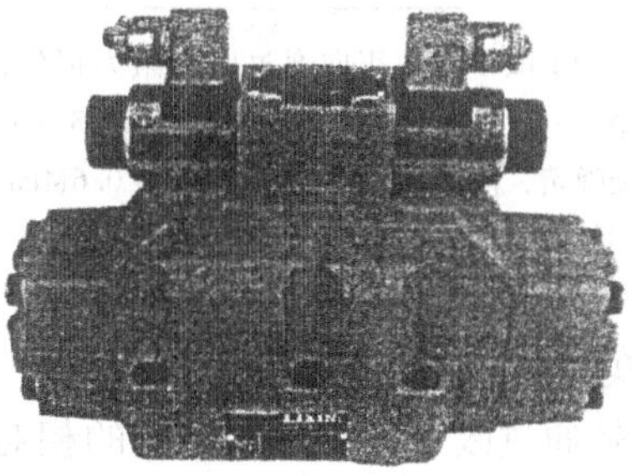

b)

图 11-13　方向控制阀

a）单向阀　b）换向阀

#### （一）单向阀

单向阀的作用是保证通过阀的液流只向一个方向流动而不能反方向流动，一般由阀体、阀芯和弹簧等零件构成。单向阀的阀芯分为钢球式和锥式两种。钢球式阀芯结构简单，价格低，但密封性较差，一般仅用在低压、小流量的液压系统中。锥式阀芯密封性好，使用寿命长，所以应用较广，多用于高压、大流量的液压系统中。

在液压系统中，有时因工作需要，要求单向阀在特定情况下也能反向通油，这时可采用液控单向阀。单向阀和液控单向阀的结构原理和图形符号见表 11-10。

**表 11-10　单向阀和液控单向阀的结构原理和图形符号**

| | 单向阀 | 液控单向阀 |
|---|---|---|
| 结构原理图 | 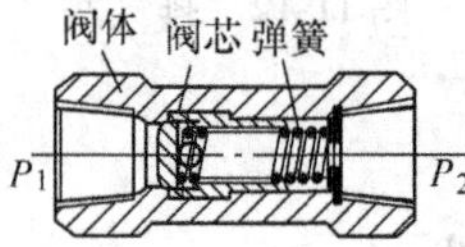 管式连接 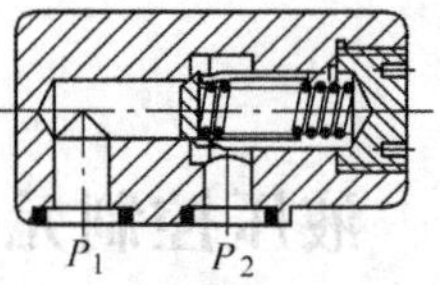 板式连接 | 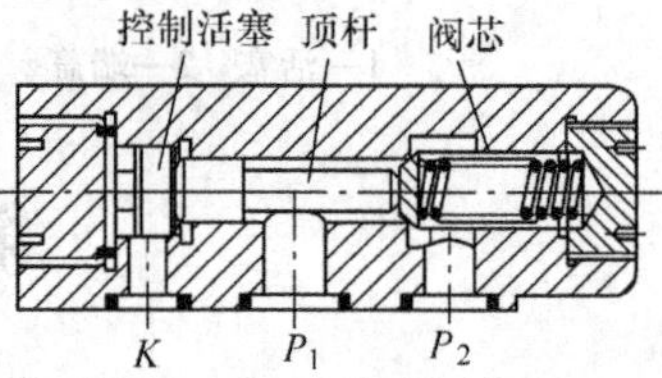 |
| 图形符号 | 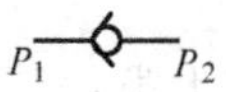 | 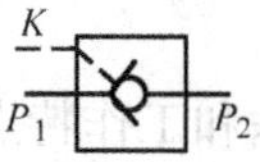 |
| 工作原理 | 液压油从进油口 $P_1$ 流入，顶开阀芯，经出油口 $P_2$ 流出；当液流反向时，在弹簧和液压油的作用下，阀芯压紧在阀体上，使阀口关闭，油液不能流动 | 当控制油口 $K$ 不通控制压力油时，油液只能从进油口 $P_1$ 进入，顶开阀芯，从出油口 $P_2$ 流出，油液不能反向流动；当从控制油口 $K$ 通入控制液压油时，控制活塞往右移动，通过顶杆将阀芯顶开，使进、出油口接通，油液可以沿两个方向自由流动 |
| 特点 | 为了减小油液正向通过时的阻力损失，弹簧刚度很小，一般单向阀的开启压力约为 0.03～0.05MPa；更换硬弹簧，使其开起压力达到 0.2～0.6MPa，便可当背压阀使用 | 液控单向阀未通控制油液时具有良好的反向密封性能，常用于保压、锁紧和平衡回路 |

## （二）换向阀

换向阀是通过改变阀芯与阀体间的相对位置，控制油液流动方向，接通或关闭油路，从而控制执行元件的换向、起动和停止。常用的换向阀阀芯在阀体内作往复滑动，称为滑阀，图 11-14 所示为滑阀式换向阀的结构原理图。滑阀是一个有多段环形槽的圆柱体，其直径大的部分称为凸肩，凸肩与阀体内孔相配合。阀体内孔中加工有若干段环形槽，每段环形槽都有孔道与外部的相应阀口相通。

### 1. 换向阀的工作原理

下面以图 11-14 所示二位四通换向阀为例说明换向阀是如何实现换向的。该换向阀有两个工作位置，即阀芯可移到阀体左端和右端；有四个通路口，即进油口 $P$、回油口 $T$ 和通往执行元件的油口 $A$、$B$。当阀芯处于如图 11-14a 所示（左端）位置时，$P$ 与 $B$ 相通，$A$ 与 $T$ 相通，活塞向左运动；当阀芯处于如图 11-14b 所示（右端）位置时，$P$ 与 $A$ 相通，$B$ 与 $T$ 相通，活塞向右运动。这就是滑阀式换向阀的工作原理。图中右侧用简化了的图形符号清晰地表明了以上所述的通断情况。

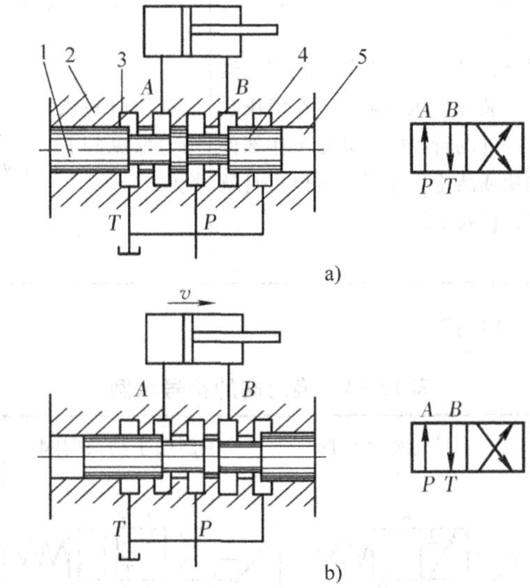


图 11-14 滑阀式换向阀换向原理

1—滑阀 2—阀体 3—环形槽 4—凸肩 5—阀孔

### 2. 换向阀的类型与图形符号

换向阀滑阀的工作位置数称为“位”，与液压系统中油路相连通的油口数称为“通”。常用的换向阀有二位二通、二位三通、二位四通、二位五通、三位四通、三位五通等类型。

换向阀按控制阀芯移动方式分为手动、机动、电动、液动、电液动等。常用换向阀的图形符号见表 11-11，换向阀常用的控制方式符号见表 11-12。

**表 11-11 常用换向阀的图形符号**

| | 图形符号 | | | 说明 |
|---|---|---|---|---|
| 换向阀类型 | 二位二通（常开） | 二位三通 | 二位四通 | “位”是指滑阀的工作位置数，用方格表示。两个方格表示“二位”，三个方格表示“三位”<br>“通”是指阀与油路连通的油口数，即箭头“↑”或封闭符号“⊥”与方格的交点数，“↑”表示两油口相通，“⊥”表示此油口封闭 |
| | 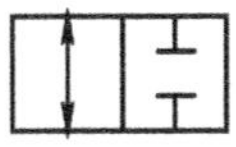 | 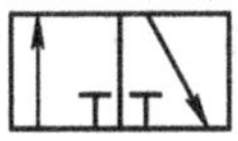 | 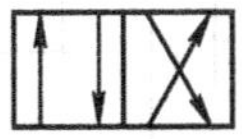 | |
| | 二位五通 | 三位四通 | 三位五通 | |
| |  | 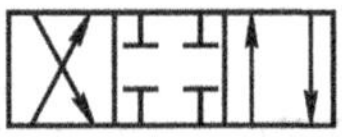 | 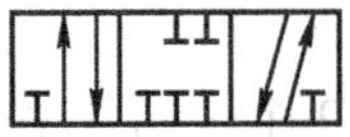 | |
| 阀口标志 | 液压油的进油口 | 通油箱的回油口 | | 连接执行元件的工作油口 |
| | $P$ | $T$ | | $A$、$B$ |

**表 11-12 换向阀常用的控制方式符号**

| 控制方式 | 手动控制（手柄式） | 机动控制 | | | 电动控制（电磁式） | 液动控制（直接压力控制） | 电液动控制（先导控制） |
|---|---|---|---|---|---|---|---|
| | | 顶杆式 | 滚轮式 | 弹簧式 | | | |
| 图形符号 | 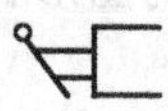 | 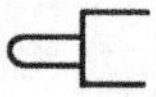 | 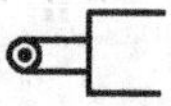 |  | 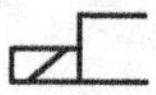 |  |  |
| 说明 | 利用手动杠杆直接操纵阀芯换位 | 利用机械控制方法改变阀芯位置。这种阀必须安装在液压缸附件，在液压缸驱动工作部件的行程中，装在工作部件一侧的挡块或凸轮移动到预定位置时就压下阀芯，使阀换位 | | | 利用电磁铁吸力操纵阀芯换位 | 利用液压油推动阀芯换位 | 由电磁换向阀和液动换向阀组合而成。电磁换向阀起先导作用（称为先导阀），用来控制液压油的流动方向，再用液压油推动阀芯换位 |

换向阀的符号示例见表 11-13。

**表 11-13 换向阀的符号示例**

| 名称 | 二位二通机动换向阀 | 二位三通电磁换向阀 | 三位四通手动换向阀 | 三位四通液动换向阀 |
|---|---|---|---|---|
| 图形符号 | 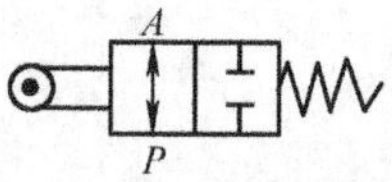  | 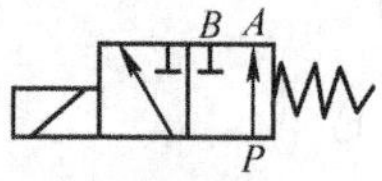  | 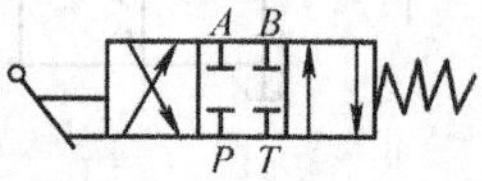  | 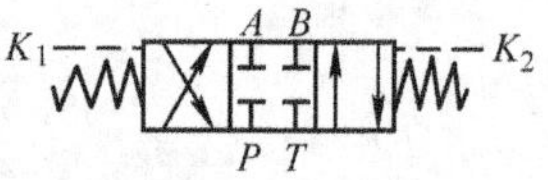  |

**3. 三位四通换向阀的中位机能**

三位换向阀在常态位置（即中位）时各油口的连通方式称为中位机能。中位机能不同，中位时对系统的控制性能也不相同。不同中位机能的阀，阀体通用，仅阀芯台肩结构、尺寸及内部通孔情况有所不同。三位四通换向阀常见的中位机能型号、图形符号及其特点见表 11-14。

**表 11-14 三位四通换向阀常见的中位机能型号、图形符号及其特点**

| 型号 | 结构原理图 | 图形符号 | 特 点 |
|---|---|---|---|
| O | 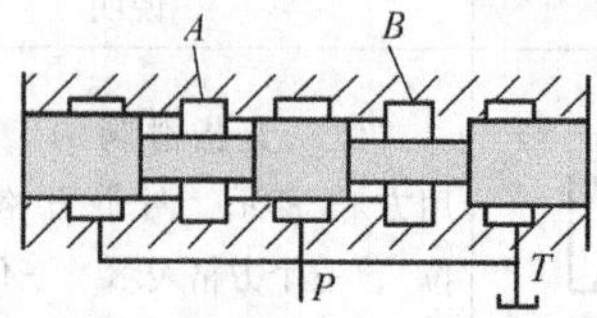  | 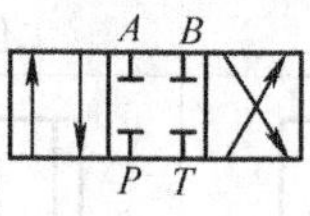  | *P*、*A*、*B*、*T* 四个油口全部封闭，液压缸闭锁，液压泵不卸荷 |
| H | 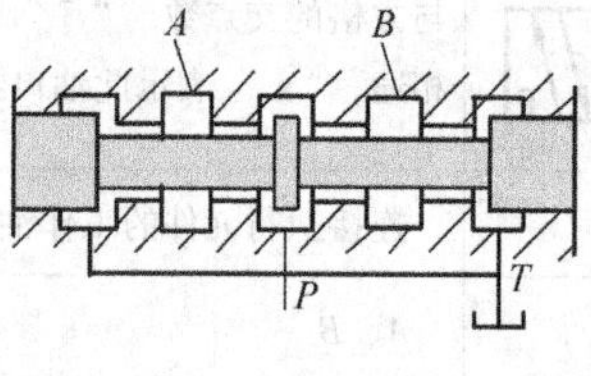  | 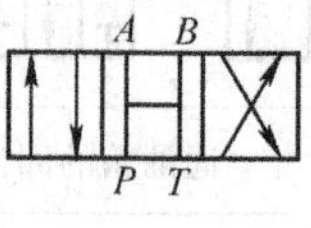  | *P*、*A*、*B*、*T* 四个油口全部相通，液压缸活塞呈浮动状态，液压泵卸荷 |

（续）

| 型号 | 结构原理图 | 图形符号 | 特　点 |
|---|---|---|---|
| Y | 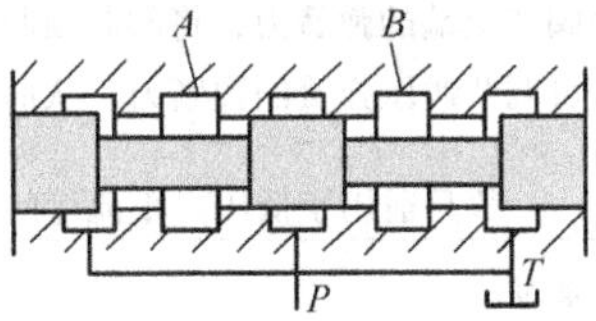  | 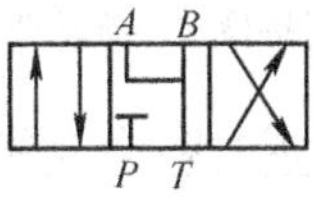  | 油口 *P* 封闭，*A*、*B*、*T* 三个油口相通，液压缸活塞呈浮动状态，液压泵不卸荷 |
| P | 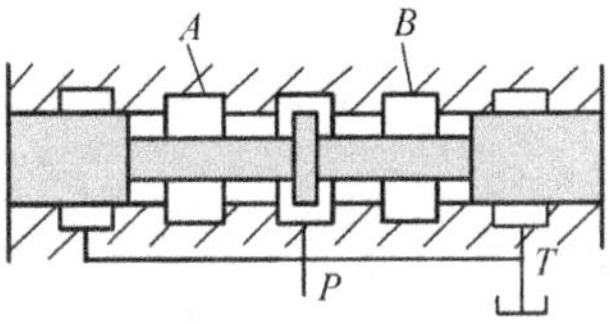  | 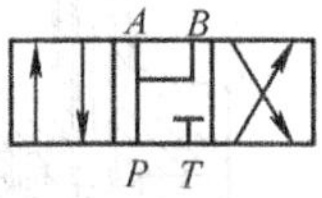  | *P*、*A*、*B* 三个油口相通，油口 *T* 封闭，液压泵与液压缸两腔相通，可组成差动回路 |
| M | 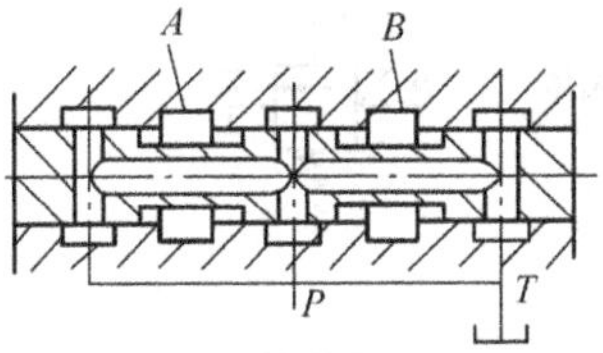  | 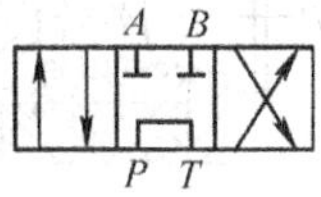  | *P*、*T* 油口相通，*A*、*B* 油口封闭，液压缸闭锁，液压泵卸荷 |

## 二、压力控制阀

压力控制阀的作用是控制液压系统中的压力，或利用系统中压力的变化来控制其他液压元件的动作，简称压力阀。按照用途不同，压力阀可分为溢流阀、减压阀、顺序阀和压力继电器等。它们的共同特点是利用阀芯上的液压力与弹簧力相平衡的原理来进行工作。

压力控制阀的一般图形符号见表 11-15。

**表 11-15　压力控制阀的一般图形符号**

| 溢流阀 | | 减压阀 | | 顺序阀 | | 压力继电器 |
|---|---|---|---|---|---|---|
| 直动式 | 先导式 | 直动式 | 先导式 | 直动式 | 先导式 | |
| 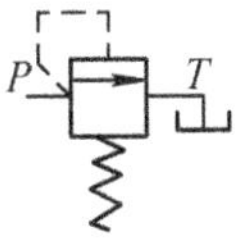  | 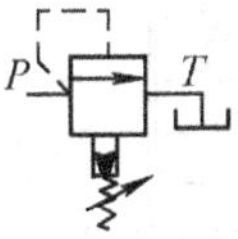  | 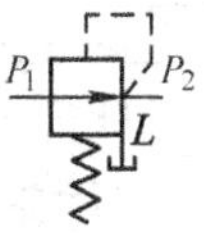  | 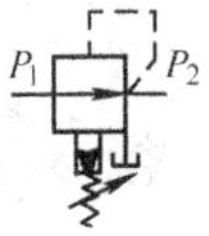  | 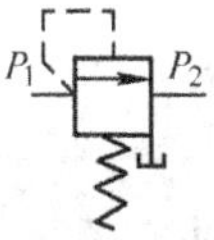  | 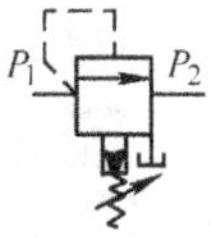  | 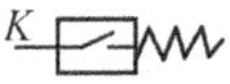  |

### （一）溢流阀

溢流阀的作用：一是起溢流和稳压作用，保持液压系统的压力恒定；二是起限压保护作用，防止液压系统过载。溢流阀一般安装在液压泵出口处的油路上。

根据结构和工作原理的不同，溢流阀可分为直动式溢流阀和先导式溢流阀两种。其工作原理见表 11-16。

**表 11-16　溢流阀的工作原理**

<table>
<tr><td rowspan="2">直动式溢流阀</td><td>工作原理</td><td>直动式溢流阀由阀体、阀芯、调压弹簧和调压螺母组成。液压油从进油口 $P$ 进入，并作用于阀芯底部，当进油口压力 $p$ 小于或等于溢流阀的调定压力 $p_k$ 时，阀芯在弹簧力作用下关闭阀口，油液不能溢出<br>当进油口压力 $p$ 大于溢流阀的调定压力 $p_k$ 时，液压力克服阀芯上端的弹簧力，将阀芯顶起，多余的油从出油口 $T$ 流回油箱，使系统油压保持稳定。旋动调压螺母可调节调压弹簧的预紧力，从而改变溢流阀的调定压力<br>直动式溢流阀结构简单、制造容易、成本低，压力稳定性差，一般只适用于低压、小流量的液压系统</td></tr>
<tr><td>图示</td><td><br>外观图<br>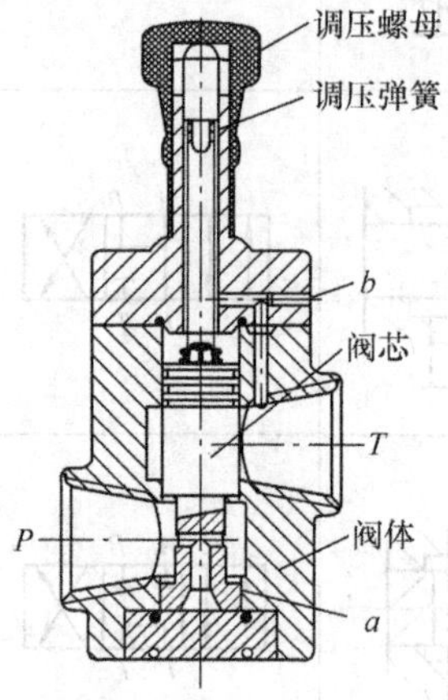<br><br>结构原理图<br>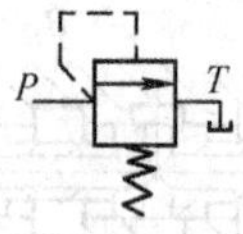<br><br>图形符号</td></tr>
<tr><td rowspan="2">先导式溢流阀</td><td>工作原理</td><td>先导式溢流阀由主阀Ⅰ和先导阀Ⅱ两部分组成。先导阀的阀芯是锥阀，用于控制压力；主阀阀芯是滑阀，用于控制流量<br>系统压力为 $p$ 的液压油从进油口 $P$ 进入主阀内腔以后分两路，一路经主阀芯油孔 $d$、中心孔 $a$ 流入阀芯下端油腔 $A$；另一路经油孔 $d$、阻尼孔 $b$ 流入阀芯上端油腔 $B$，再经先导阀体油孔 $c$ 作用在锥阀芯上<br>当系统压力 $p$ 较低，还不能打开先导阀锥阀芯时，主阀芯两端油压相等，在主阀弹簧的作用下主阀芯处于最下端位置，将溢流口封闭<br>当系统压力升高到能够打开先导阀锥阀芯时，压力油通过阻尼孔 $b$ 经锥阀、通道 $e$ 和回油口 $T$ 流回油箱。由于阻尼孔的作用，产生了压力降，所以阀芯上端的油压小于下端的油压，当阀芯两端的压力差所产生的作用力超过弹簧的作用力时，阀芯被推向上移动，油腔 $P$ 和 $T$ 连通，由进油口进入的压力油直接经回油口流回油箱，实现溢流作用<br>先导式溢流阀压力稳定，波动小，调压范围广，噪声低，灵敏度低于直动式溢流阀，主要用于中压液压系统中，先导式溢流阀有一个远程控制口 $K$，可用于远程调压或使泵卸荷的场合，不用时关闭</td></tr>
<tr><td>图示</td><td><br>外观图<br>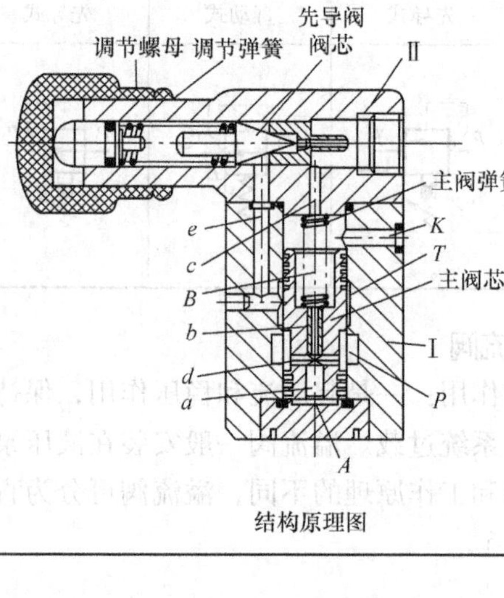<br><br>结构原理图<br>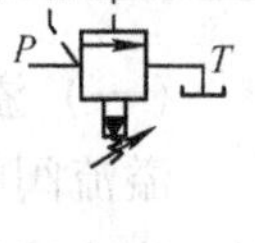<br><br>图形符号</td></tr>
</table>

## （二）减压阀

减压阀的作用是利用油液流过缝隙产生压降的原理，来降低液压系统中某一分支油路的压力，使之低于液压泵的供油压力，以满足执行机构的需要。

根据调节要求不同，减压阀可分为三类：用于保证出口压力为定值的定值减压阀；用于保证进出口压力差不变的定差减压阀；用于保证进出口压力成比例的定比减压阀。其中定值减压阀应用最广，简称为减压阀。

根据结构和工作原理的不同，减压阀又可分为直动式减压阀和先导式减压阀两种。一般采用先导式减压阀。其工作原理见表 11-17。

**表 11-17 减压阀的工作原理**

| | | |
|---|---|---|
| 直动式减压阀 | 工作原理 | 结构中，$h$ 为减压缝隙，$P_1$ 为进油口，$P_2$ 为出油口，$L$ 为泄油口。阀芯下腔受到向上的液压作用力 $p_2A$，上腔则受到调压弹簧力 $\boldsymbol{F}_T$。减压阀工作时，其进油口 $P_1$ 和出油口 $P_2$ 是连通的。油液经 $P_1$ 口进入，从 $P_2$ 口流出并作用在负载上。因此，压力 $p_2$ 的大小取决于出口所接的负载，负载增大，$p_2$ 增大。但是，最大值不超过减压阀的调定值<br>当 $p_2A < F_T$ 时，阀芯不动，$p_1 = p_2$，其压力值由出口负载决定<br>当 $p_2A > F_T$ 时，阀芯上移，使 $h$ 减小，起到减压作用，直至 $p_2A = F_T$，达到新的平衡，$p_2$ 将不再升高<br>若要增大或减小 $p_2$ 的值，只需旋转调压螺栓，调节弹簧的预紧力即可<br>直动式减压阀结构较简单，适用于低压系统 |
| | 图示 | 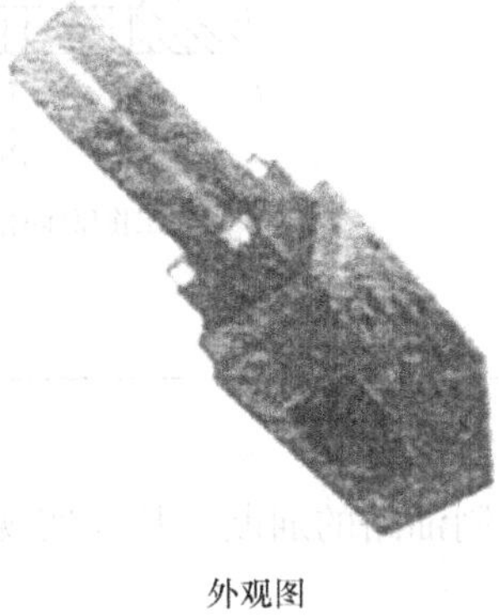<br>外观图<br>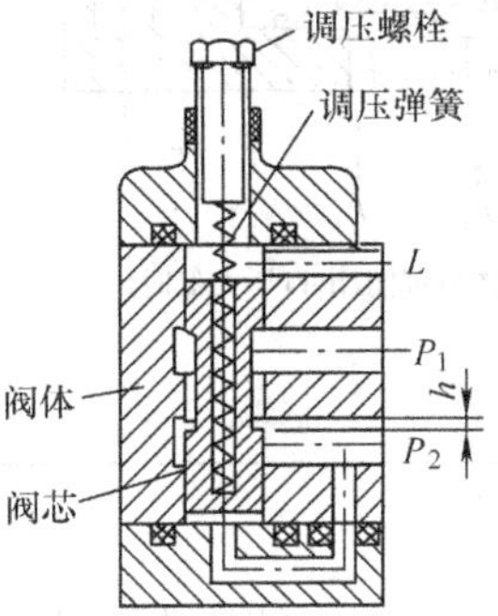<br><br>结构原理图<br>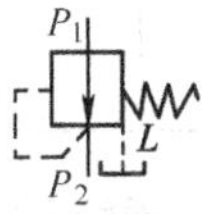<br><br>图形符号 |
| 先导式减压阀 | 工作原理 | 由主阀Ⅰ和先导阀Ⅱ两部分组成。结构中 $h$ 为减压缝隙，$b$ 为阻尼孔，$P_1$ 为进油口，$P_2$ 为出油口，$L$ 为泄油口。工作原理如图 d、e 所示，工作时压力为 $p_1$ 的油液从进油口 $P_1$ 进入主阀，经减压口 $h$ 后，压力降至 $p_2$ 并从出油口 $P_2$ 流出，送往执行元件；同时，出口液压油 $p_2$ 经主阀芯的轴心孔 $a$ 和阻尼孔 $b$ 分别进入主阀芯的左右两腔。进入主阀芯右腔的液压油 $p_3$ 再经过通孔 $c$、$d$ 作用在锥阀上并与调压弹簧的弹力 $\boldsymbol{F}_T$ 相平衡，以此控制出口压力的稳定<br>当负载较小、出口压力 $p_2$ 较低，未达到先导阀的调定值时，则 $p_3A < F_T$，即作用在锥阀上的液压力小于调压弹簧的弹簧力，先导阀锥阀口关闭，如图 d 所示，阻尼孔 $b$ 内的油液不流动，使得 $p_2 = p_3$，即主阀芯左右两腔的压力相等，主阀芯在主阀弹簧作用下处于最左端，减压口 $h$ 开至最大。进出口的油液压力基本相同，减压阀处于非调节状态<br>当出口压力 $p_2$ 升高超过先导阀的调定值时，即 $p_3A > F_T$，锥阀被顶开，油液经泄油口 $L$ 流回油箱，如图 e 所示，此时阻尼孔 $b$ 中有油液流过，使得 $p_2 > p_3$，即主阀芯左右两腔产生压力差（$\Delta p = p_2 - p_3$），当此压力差足以克服主阀弹簧的弹簧力时，主阀芯右移，使减压口 $h$ 减小，从而起到减压作用，使出口压力 $p_2$ 降低，直到出口压力恢复为调定压力。减压阀出口压力的大小，可通过调压弹簧进行调节。 |

（续）

| | | |
|---|---|---|
| 先导式减压阀 | 图示 |  a)外观图 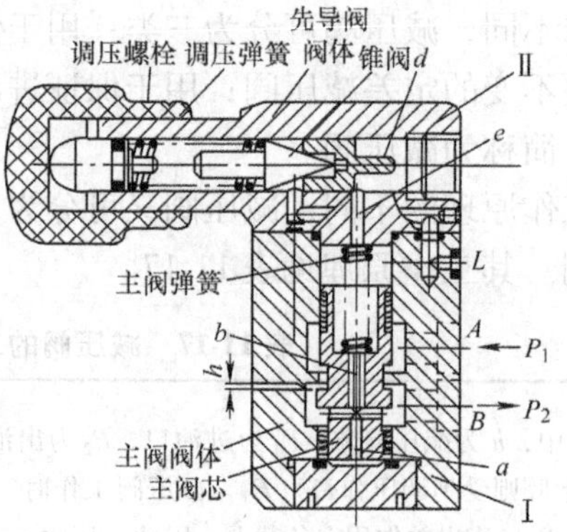  b)结构原理图 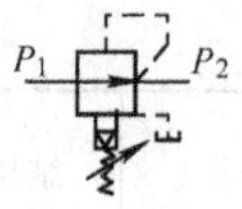  c)图形符号 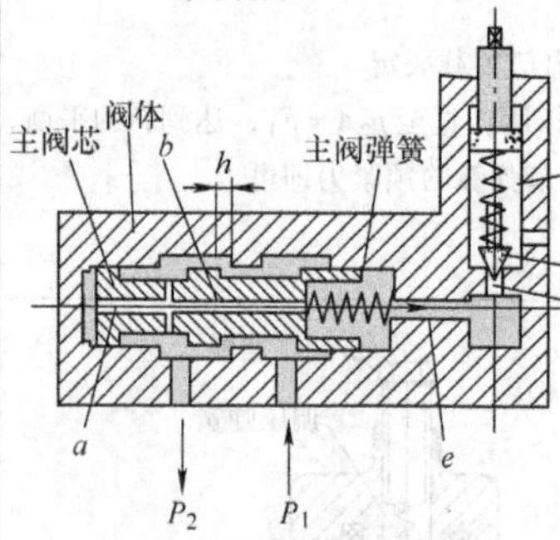  d)工作原理图(出口压力低时) 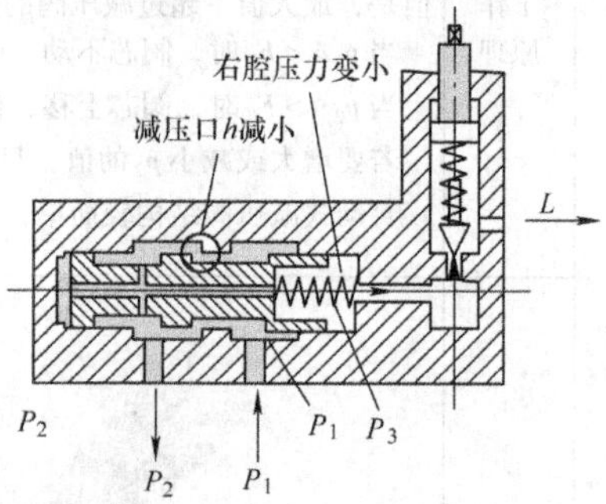  e)工作原理图(出口压力高时) |

（三）顺序阀

顺序阀是利用液压系统中的压力变化来控制油路的通断，从而实现多个液压元件按一定的顺序动作。

按其结构原理不同，顺序阀也分为直动式和先导式两类。

**1. 直动式顺序阀**

图 11-15 所示为直动式顺序阀。它由阀体 4、阀芯 3、调压弹簧 2 和调压螺母 1 等组成。液压油由进油口 $P_1$ 进入，当进口油压 $p$ 较低时，阀芯在弹簧作用下处于下端位置，此时进、出油口不通。当进口油压 $p$ 升高到一定值时，作用在阀芯底部的油压推力大于弹簧力，阀芯上移，使进、出油口接通，顺序阀打开。

**2. 先导式顺序阀**

图 11-16 所示为先导式顺序阀。其工作原理与先导式溢流阀相似，所不同的是先导式顺序阀的出油口 $P_2$ 通常与另一工作油路连接，该处油液为具有一定压力的工作油液，因此需设置专门的泄油口 $L$，将先导阀处溢出的油液输出阀外。先导式顺序阀的阀芯启闭原理与先导式溢流阀相同。

与溢流阀、减压阀相比较，顺序阀的工作特点见表 11-18。

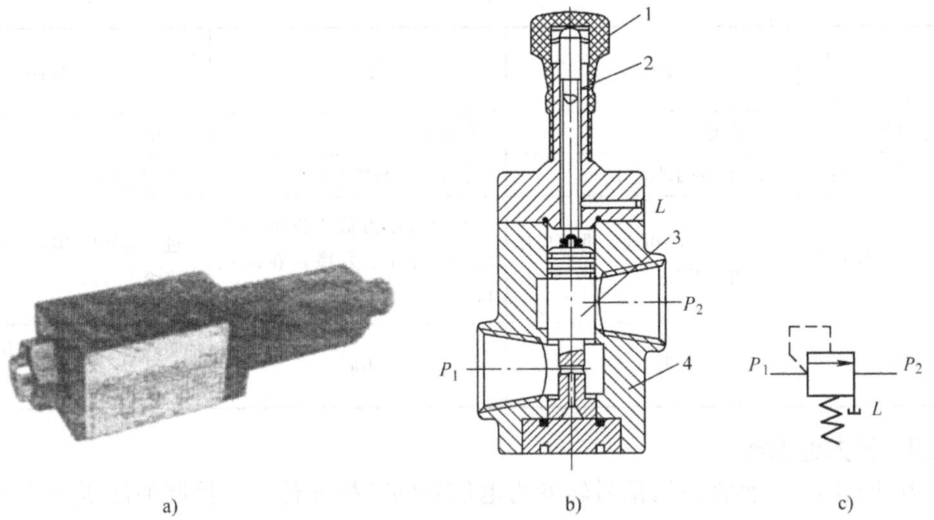


图 11-15　直动式顺序阀

a）外观图　b）结构原理图　c）图形符号

1—调压螺母　2—调压弹簧　3—阀芯　4—阀体

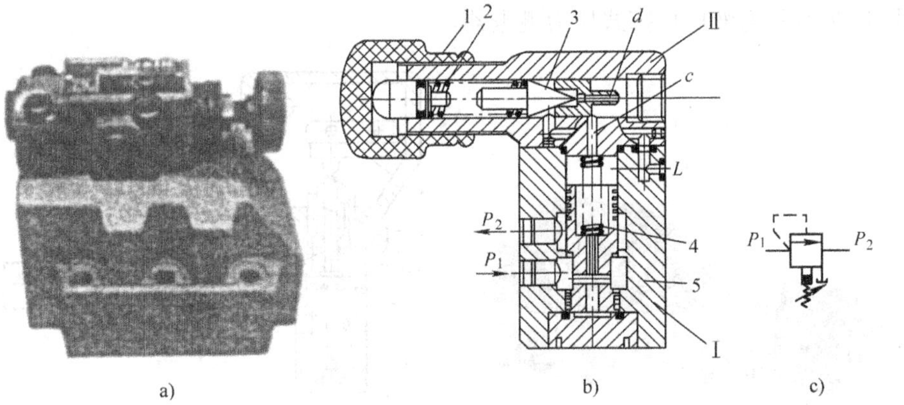


图 11-16　先导式顺序阀

a）外观图　b）结构原理图　c）图形符号

1—调节螺母　2—调压弹簧　3—锥阀　4—主阀弹簧　5—主阀芯

**表 11-18　溢流阀、减压阀、顺序阀的比较**

| 阀<br>工作特点 | 溢流阀 | 减压阀 | 顺序阀 |
|---|---|---|---|
| 控制油路的特点 | 通过调整弹簧的压力控制进油路的压力，保证进口压力稳定 | 通过调整弹簧的压力控制出油路的压力，保证出口压力稳定 | 直控式——通过调定弹簧的压力控制进油路压力<br>液控式——由单独油路控制压力 |
| 出油口情况 | 出油口与油箱连接 | 出油口与减压回路相连 | 出油口与工作回路相连 |

（续）

| 阀<br>工作特点 | | 溢流阀 | 减压阀 | 顺序阀 |
|---|---|---|---|---|
| 泄漏形式 | | 内泄式 | 外泄式 | 外泄式 |
| 进油口状态及压力值 | 常态 | 常闭（原始状态） | 常开（原始状态） | 常闭（原始状态） |
| | 工作状态 | 进、出油口相通，进油口压力为调整压力 | 出油口压力低于进油口压力，出油口压力稳定在调定值上 | 进、出油口相通，进油口压力允许继续升高 |
| 连接方式 | | 并联 | 串联 | 实现顺序动作时串联，作卸荷阀用时并联 |

### （四）压力继电器

压力继电器是一种将液压信号转变为电信号的转换元件。当控制油液压力达到调定值时，它能自动接通或断开有关电路，使相应的电气元件（如电磁铁、中间继电器等）动作，以实现系统的预定程序及安全保护。

压力继电器按结构特点可分为柱塞式、膜片式、弹簧管式和波纹管式四类，其中以柱塞式最为常用。

图 11-17 所示为液压柱塞式压力继电器。

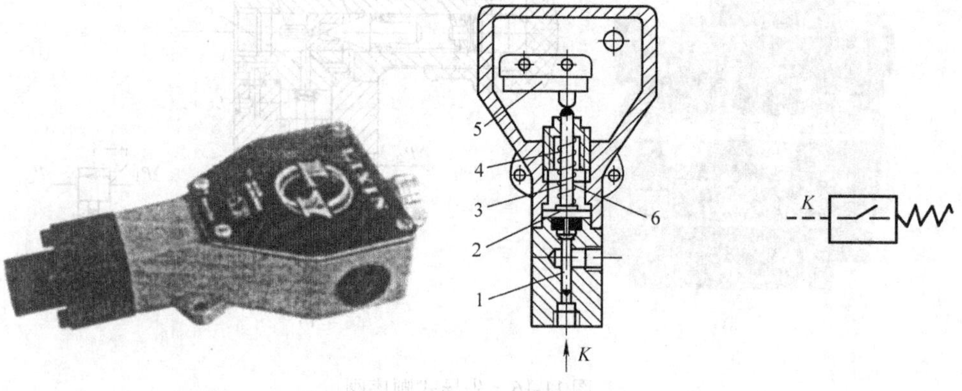


a)　　b)　　c)

图 11-17　液压柱塞式压力继电器

a）外观图　b）结构原理图　c）图形符号

1—柱塞　2—限位挡块　3—顶杆　4—调节螺杆　5—微动开关　6—调压弹簧

液压柱塞式压力继电器下部的控制口 $K$ 与系统相通，当系统压力达到预先调定的压力值时，液压力推动柱塞 1 上移并通过顶杆 3 触动微动开关 5 的触销，使微动开关发出电信号；当控制口 $K$ 处的油液压力下降至小于调定压力时，顶杆 3 在调压弹簧 6 的作用下复位，继而微动开关 5 的触销复位，从而切断电信号。限位挡块 2 可在系统压力超高时，对微动开关 5 起保护作用。

## 三、流量控制阀

流量控制阀是通过改变节流口通流面积来控制液压系统中液体的流量，从而控制执行元件运动速度的液压控制元件，简称为流量阀。常用的流量阀有节流阀和调速阀等。

### （一）节流阀

油液在经过节流口时会产生较大的液阻，通流截面积越小，油液受到的液阻就越大，通过阀口的流量就越小。所以，改变节流口的通流截面积，使液阻发生变化，就可以调节流量的大小，这就是流量控制阀的工作原理。

图 11-18 所示为节流阀，拧动手柄 1，可以使阀芯 3 作轴向移动，从而改变阀口的通流截面积，使通过节流口的流量得到调节。

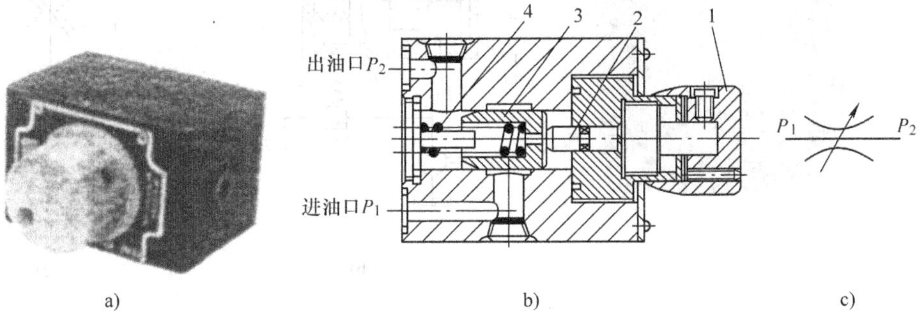


图 11-18 节流阀

a）外观图 b）结构原理图 c）图形符号

1—手柄 2—推杆 3—阀芯 4—弹簧

节流口的形式主要有针阀式、偏心式、三角槽式、周向缝隙式和轴向缝隙式等。图 11-19 所示为节流阀常用的节流口形式。

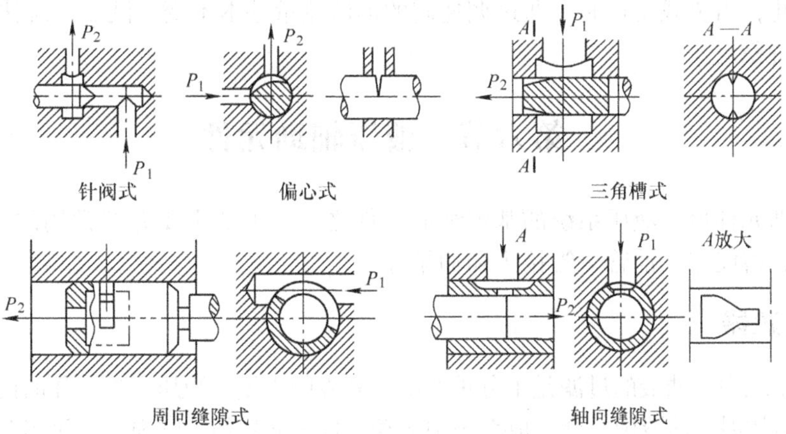


图 11-19 节流口形式

### （二）调速阀

调速阀是由定差减压阀和节流阀串联而成的组合阀。节流阀用来调节通过的流量，定差减压阀则用来保证节流阀前后的压力差 $\Delta p$ 不受负载变化的影响，从而使通过节流阀的流量保持稳定，因此，执行元件的运动速度就能保持稳定。

图 11-20 所示为调速阀。油液压力 $p_1$ 经节流减压后以压力 $p_2$ 进入节流阀，然后以压力 $p_3$ 进入液压缸左腔，推动活塞以速度 $v$ 向右运动。节流阀两端的压力差 $\Delta p = p_2 - p_3$。减压阀阀芯 1 右端的油腔 $c$ 经通道与节流阀出油口相通，其油液压力为 $p_3$。其肩部油腔 $b$ 和左端油腔 $a$ 经通道与节流阀进油口（即减压阀出油口）相通，其油液压力为 $p_2$。

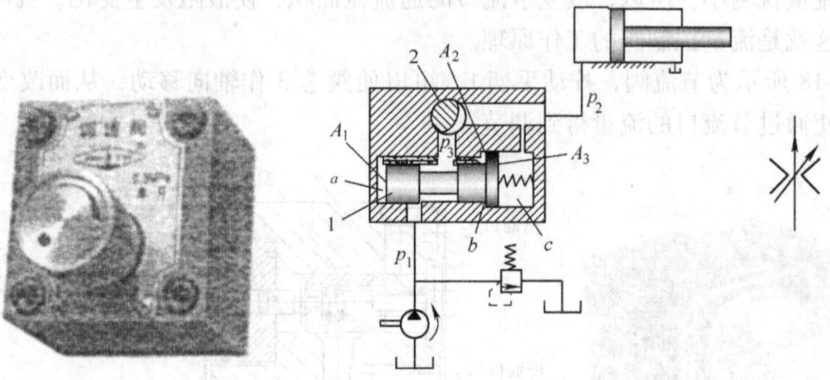


a) b) c)

图 11-20 调速阀

a）外观图 b）结构原理图 c）图形符号

1—减压阀阀芯 2—节流阀阀芯

$p_3$ 的大小由液压缸负载 $F$ 决定。当负载 $F$ 增大时，压力 $p_3$ 也增大，作用于减压阀阀芯右端的液压力也随之增大，使阀芯左移，减压口开度加大，减压作用减小，使减压阀出口（节流阀入口）处压力 $p_2$ 增大，结果保持了节流阀两端的压力差 $\Delta p = p_2 - p_3$ 基本不变。反之亦然。因此，当负载变化时，通过调速阀的油液流量基本不变，液压系统执行元件的运动速度就能保持稳定。

## 第六节 液压辅助元件

液压辅助元件也是液压系统的基本组成元件之一。本节主要介绍常用的一些辅助元件，包括过滤器、蓄能器、油管、管接头和油箱等。

### 一、过滤器

在液压系统中，油液的过滤是十分重要的。外界的尘埃、液压元件工作时的磨屑和油液氧化变质的析出物混入油液中，会造成系统中运动零件表面划伤、磨损，甚至卡死，还会堵塞阀和管路小孔，影响系统的工作性能并造成故障，因此，需用过滤器对油液进行过滤。常用的过滤器有网式过滤器、线隙式过滤器、纸芯式过滤器和磁性过滤器等，如图 11-21 所示。

过滤器可以安装在液压泵的吸油管路上或液压泵的输出管路上，以及重要元件的前面。在通常情况下，泵的吸油口装粗过滤器，泵的出油口或在重要元件之前装精过滤器。

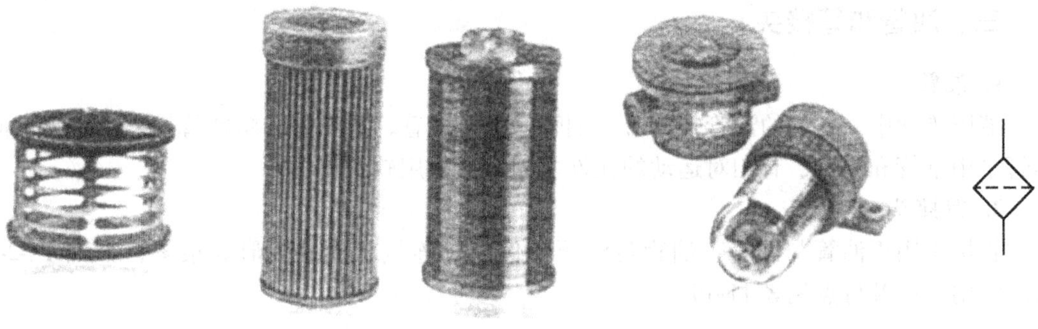

a) b) c) d) e)

图 11-21 过滤器

a）网式过滤器 b）纸芯式过滤器 c）线隙式过滤器 d）磁性过滤器 e）图形符号

## 二、蓄能器

蓄能器是液压系统中的能量储存装置，其主要功用是储存系统中的部分压力能，并在需要时释放出来供给系统，补偿泄漏以保持系统压力，吸收压力脉动与缓和液压冲击等。

蓄能器的种类很多，根据结构不同可分为重力式、弹簧式和充气式三大类。充气式蓄能器是目前应用较广泛的一种。根据蓄能器内油、气两者间隔离件的不同，充气式蓄能器又分为活塞式、气囊式和隔膜式三种。

图 11-22 所示为气囊式蓄能器。它主要由充气阀 1、壳体 2、气囊 3 和提升阀 4 组成。气囊式蓄能器的优点是气囊惯性小，反应灵敏，容易维护；缺点是气囊及壳体制造困难，容量较小。

图 11-23 所示为蓄能器的一种应用实例。在液压缸停止工作时，泵输出的液压油进入蓄能器，将压力能储存起来。液压缸动作时蓄能器与泵同时供油，使液压缸得到快速运动。

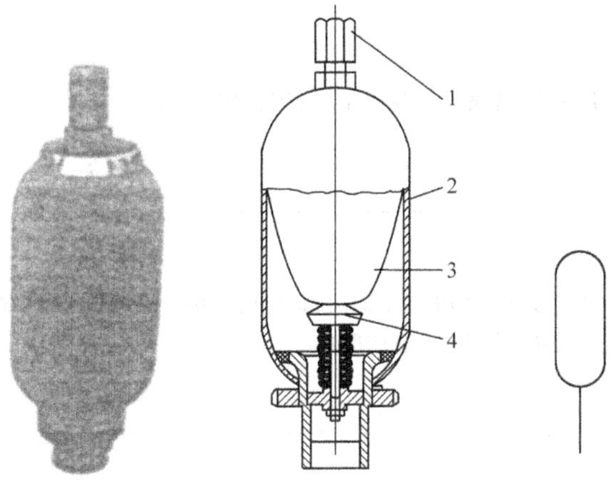


a) b) c)

图 11-22 蓄能器

a）外观图 b）结构原理图 c）图形符号

1—充气阀 2—壳体 3—气囊 4—提升阀

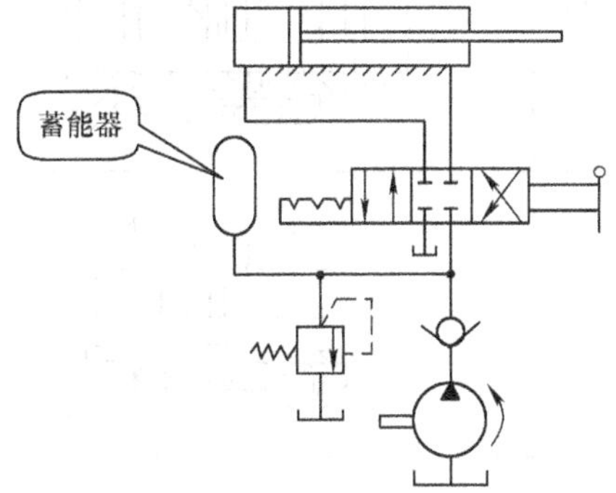


图 11-23 蓄能器的应用

## 三、油管和管接头

### 1. 油管

液压传动中，常用的油管有钢管、铜管、橡胶软管、尼龙管和塑料管等。固定元件间的油管常用钢管和铜管，有相对运动的元件之间一般采用软管连接。

### 2. 管接头

管接头用于油管与油管、油管与液压元件间的连接。管接头形式很多，如图 11-24 所示。常用类型及特点见表 11-19。

图 11-24　管接头

**表 11-19　管接头的常用类型及特点**

| 类型 | 示 意 图 | 应 用 特 点 |
|---|---|---|
| 扩口薄管接头 | 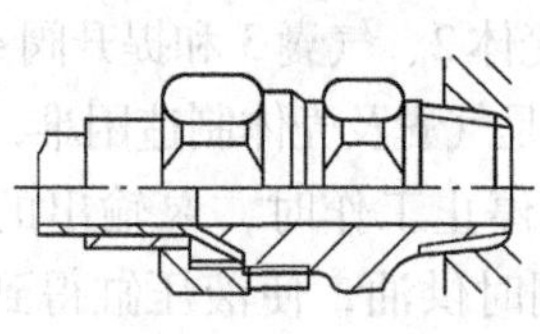 | 适用于铜管或薄壁钢管的连接，也可用来连接尼龙管和塑料管。在一般压力不高的机床液压系统中，扩口薄管接头应用较为普遍 |
| 焊接钢管接头 | 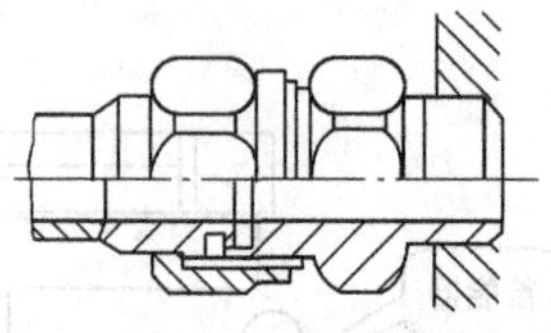 | 用来连接管壁较厚的钢管，适用于中压系统 |
| 卡套式管接头 | 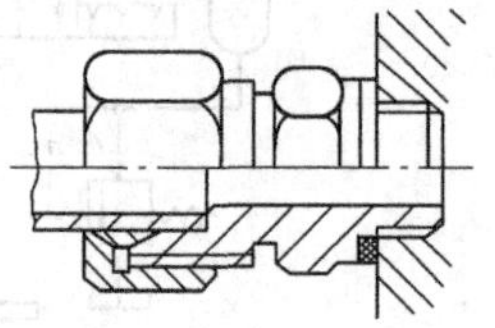 | 装拆方便，适用于高压系统的钢管连接，但制造工艺要求高，对油管的要求也比较严格 |
| 高压软管接头 | 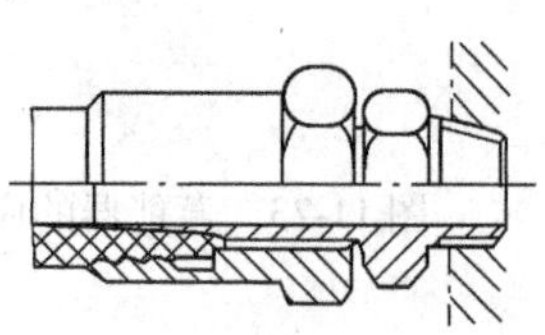 | 多用于中、低压系统的橡胶软管连接 |

## 四、油箱

除了用来储油以外，油箱还起散热及分离油中杂质和空气的作用。在机床液压系统中，可以利用床身或底座内的空间作油箱，也可采用单独油箱。前者使机床结构比较紧凑，回收漏油也较方便，但油温的变化容易引起床身的热变形，液压泵的振动也会影响机床的工作性能。所以，精密机床多采用单独油箱。

单独油箱的液压泵与电动机的安装方式有两种：卧式和立式，如图 11-25 所示。卧式安装时，液压泵及油管接头露在油箱外面，安装和维修较方便；立式安装时，液压泵和油管接头均在油箱内部，便于收集漏油，油箱外形整齐，但维修不方便。

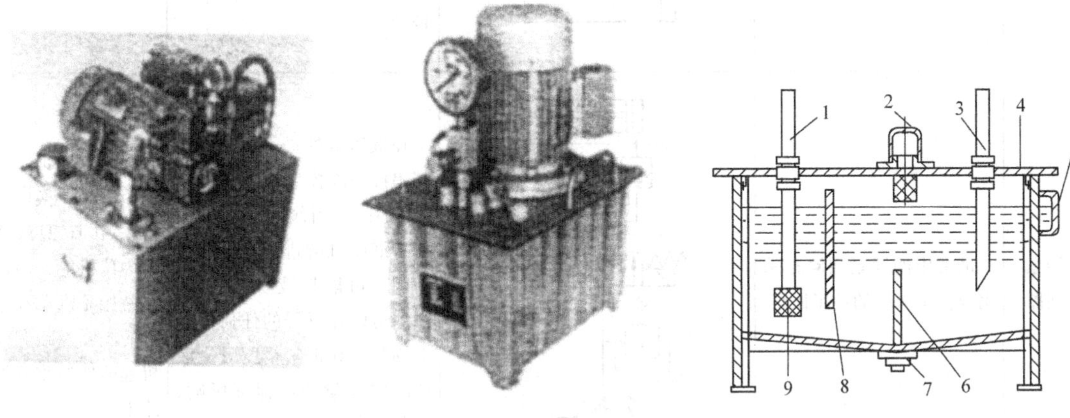


a) b) c)

图 11-25 油箱

a）液压泵卧式安装 b）液压泵立式安装 c）油箱结构图

1—吸油管 2—加油口 3—回油管 4—箱盖 5—液位计 6、8—隔板 7—放油塞 9—过滤器

# 第七节 液压基本回路

液压基本回路是指由一些液压元件与液压辅助元件按照一定关系组合，能够实现某种特定液压功能的油路结构。任何一个液压系统，无论其多么复杂，实际上都是由一些液压基本回路组成的。

液压基本回路按功能可分为方向控制回路、压力控制回路、速度控制回路和顺序动作控制回路等四大类。熟悉这些基本回路，对于分析整个液压系统，以及正确使用和维护液压系统都是十分重要的。

## 一、方向控制回路

在液压系统中，控制执行元件的起动、停止及换向的回路称为方向控制回路。方向控制回路有换向回路和锁紧回路，其工作过程及应用特点见表 11-20。

表 11-20 方向控制回路的工作过程及应用特点

| 类型 | 概　念 | 回 路 图 | 工 作 过 程 | 应 用 特 点 |
|---|---|---|---|---|
| 换向回路 | 执行元件的换向一般由换向阀来实现。根据执行元件换向的要求不同，可采用二位（或三位）四通（或五通）等各种换向阀进行换向。控制方式可以是手动、机动、电动、液动和电液动等 | 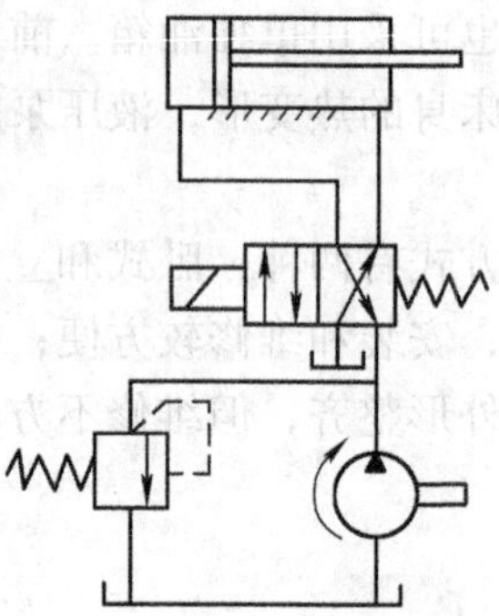 | 图中采用二位四通电磁换向阀，实现单杆液压缸的换向<br>电磁铁通电时，换向阀左位工作，液压油进入液压缸左腔，推动活塞杆向右移动；电磁铁断电时，换向阀右位工作，液压油进入液压缸右腔，推动活塞杆向左移动 | 在自动化程度要求较高的组合机床液压系统中应用较为广泛 |
| 锁紧回路 | 最常用的锁紧回路是采用液控单向阀的锁紧回路 | 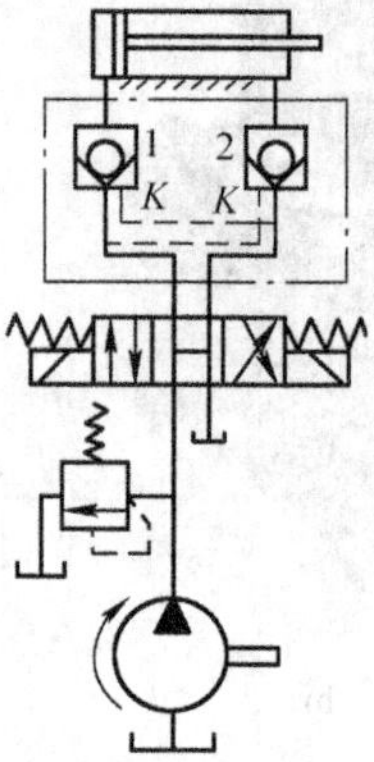 | 在液压缸的进、回油路中都串接一液控单向阀（又称液压锁），当阀芯处于中位时，液压缸的进、出口都被封闭，可以将液压缸锁紧。活塞可以在行程的任何位置上锁紧，其锁紧精度只受液压缸内少量的内泄漏影响，锁紧精度较高 | 为了保证锁紧迅速、准确，换向阀常采用 H 型或 Y 型中位机能。该回路常用于汽车起重机的支腿油路和飞机起落架的收放油路上 |

## 二、压力控制回路

压力控制回路是利用压力控制阀来调节系统或系统某一部分的压力，以满足液压系统不同执行元件对工作压力的不同要求。压力控制回路可以实现调压、减压、增压、卸荷等功能。其工作过程及应用特点见表 11-21。

表 11-21 压力控制回路的工作过程及应用特点

| 类型 | 概　念 | 回 路 图 | 工 作 过 程 | 应 用 特 点 |
|---|---|---|---|---|
| 调压回路 | 调压回路是用来调定或限制液压系统的最高工作压力，或者使执行元件在工作过程的不同阶段能够实现多种不同的压力变换。这一功能一般由溢流阀来实现 | 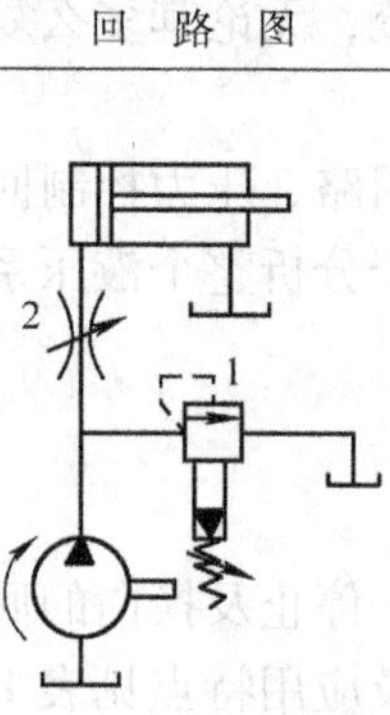 | 当改变节流阀 2 的开口大小来调节液压缸运动速度时，由于要排掉定量泵输出的多余流量，溢流阀 1 始终处于开启溢流状态，使系统工作压力稳定在溢流阀 1 的调定压力值附近 | 若回路中没有节流阀 2，则泵出口压力将直接随负载压力变化而变化，溢流阀 1 作安全阀使用，对系统起安全保护作用 |

（续）

| 类型 | 概　念 | 回 路 图 | 工 作 过 程 | 应 用 特 点 |
|---|---|---|---|---|
| 减压回路 | 减压回路的功能在于使系统某一支路上具有低于系统压力的稳定工作压力。最常见的减压回路是在所需低压的支路上串接一个定值减压阀 | 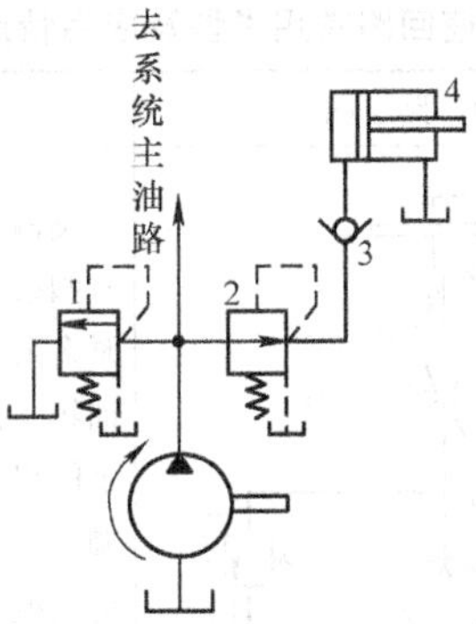 | 回路中的单向阀3用于当主油路压力由于某种原因低于减压阀2的调定值时，防止油液倒流，起短时保压作用<br>为了使减压回路工作可靠，减压阀的最低调整压力应不小于0.5MPa，最高调整压力至少应比系统压力低0.5MPa | 在机床的工件夹紧、导轨润滑及液压系统的控制油路中常需用减压回路 |
| 增压回路 | 增压回路用来使系统中某一支路获得比系统压力更高的压力油源，以满足局部执行元件的需要。增压回路中实现油液压力放大的主要元件是增压器，增压器的增压比取决于增压器大、小活塞的面积之比 | 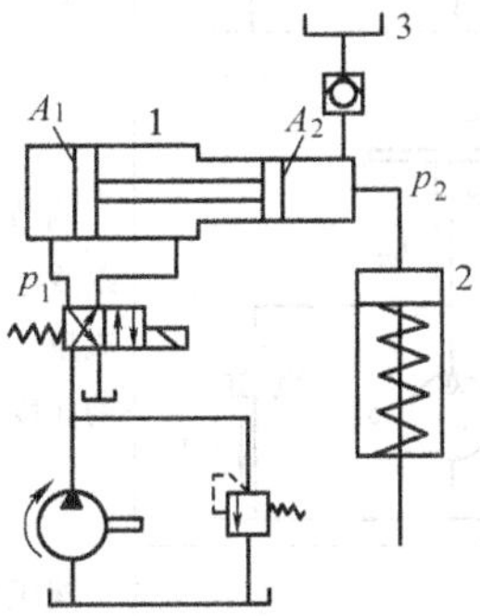 | 当换向阀处于右位时，增压器1输出压力为 $p_2 = p_1A_1/A_2$ 的液压油进入工作缸2；当换向阀处于左位时，工作缸2靠弹簧力回程，高位油箱3的油液在大气压力作用下经油管顶开单向阀向增压器1右腔补油。采用这种增压方式，液压缸不能获得连续稳定的高压油源 | 适用于单向作用力大、行程小、作业时间短的场合，如制动器、离合器等 |
| 卸荷回路 | 当液压系统中的执行元件停止工作时，应使液压泵卸荷，这样可以减少动力源和液压系统的功率损失，节省能源，降低液压系统的发热，从而延长液压泵的使用寿命 | 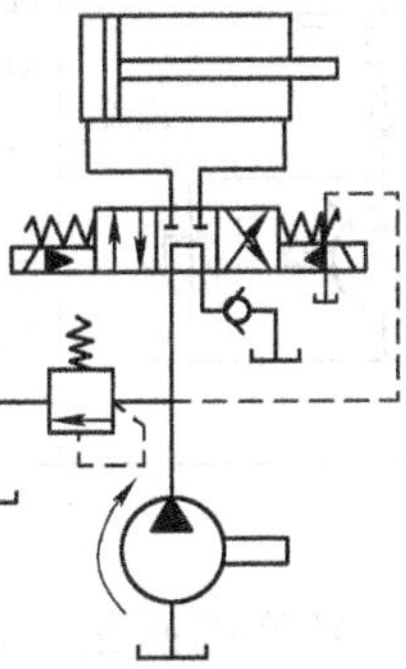 | 图中为采用M型（或H型）中位机能的卸荷回路。当换向阀处于中位状态时，液压泵输出的油液经换向阀中间通道直接流回油箱，实现液压泵卸荷 | 这种卸荷回路的结构均较简单，但当压力较高、流量大时，易产生冲击，一般用于低压小流量场合 |

## 三、速度控制回路

控制执行元件运动速度的回路称为速度控制回路。速度控制回路一般是通过改变进入执行元件的流量来实现的。速度控制回路的类型如下：

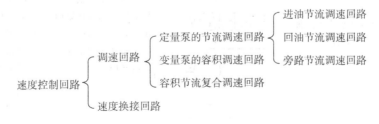

- 速度控制回路
  - 调速回路
    - 定量泵的节流调速回路
      - 进油节流调速回路
      - 回油节流调速回路
      - 旁路节流调速回路
    - 变量泵的容积调速回路
    - 容积节流复合调速回路
  - 速度换接回路

## （一）调速回路

调速回路就是用于调节工作行程速度的回路。其常用类型及应用特点见表 11-22。

**表 11-22 调速回路常用类型及应用特点**

| 类型 | 概 念 | 回 路 图 | 工 作 过 程 | 应 用 特 点 |
|---|---|---|---|---|
| 进油节流调速回路 | 将节流阀串联在液压泵与液压缸之间，即构成进油节流调速回路 | 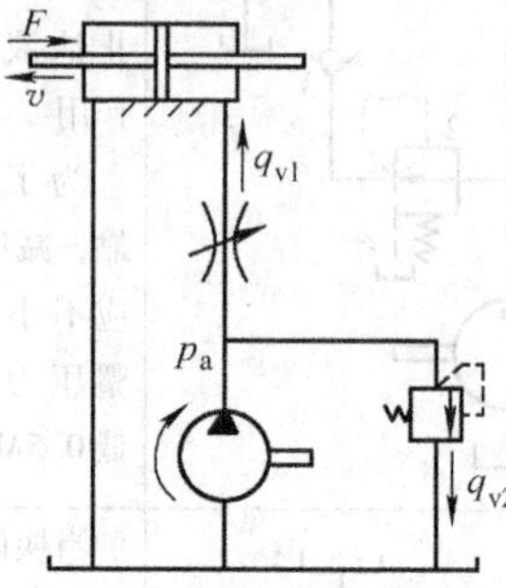 | 泵输出的油液一部分经节流阀进入液压缸的工作腔，泵多余的油液经溢流阀流回油箱。由于溢流阀有溢流，泵的出口压力 $p_B$ 保持恒定。调节节流阀通流截面积，即可改变通过节流阀的流量，从而调节液压缸的运动速度 | 结构简单，使用方便，若回油路不安装背压阀，则不能承受负载。一般应用在功率较小、负载变化不大的液压系统中 |
| 回油节流调速回路 | 将节流阀串联在液压缸与油箱之间，即构成回油节流调速回路 | 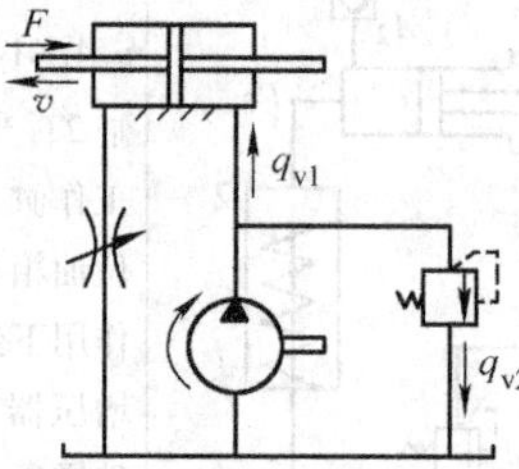 | 调节节流阀通流面积，可以改变从液压缸流回油箱的流量，从而调节液压缸的运动速度 | 广泛用于功率不大、承受负载能力强和运动平稳性要求较高的液压系统中 |
| 变量泵的容积调速回路 | 依靠改变液压泵的流量来调节液压缸速度的回路 | 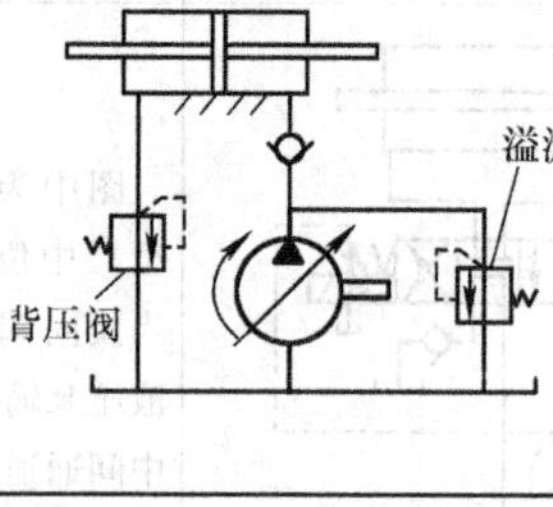 | 液压泵输出的压力油全部进入液压缸，推动活塞运动。改变液压泵输出油量的大小，从而调节液压缸的运动速度。溢流阀起安全保护作用。该阀平时不打开，在系统过载时才打开，从而限定系统的最高压力 | 适用于功率较大的液压系统中 |

## （二）速度换接回路

速度换接回路是指能实现不同速度相互转换的回路。其常用类型及应用特点见表 11-23。

**表 11-23 速度换接回路常用类型及应用特点**

| 类型 | 概 念 | 回 路 图 | 工 作 过 程 | 应 用 特 点 |
|---|---|---|---|---|
| 液压缸差动连接速度换接回路 | 利用液压缸差动连接获得快速运动的回路 | 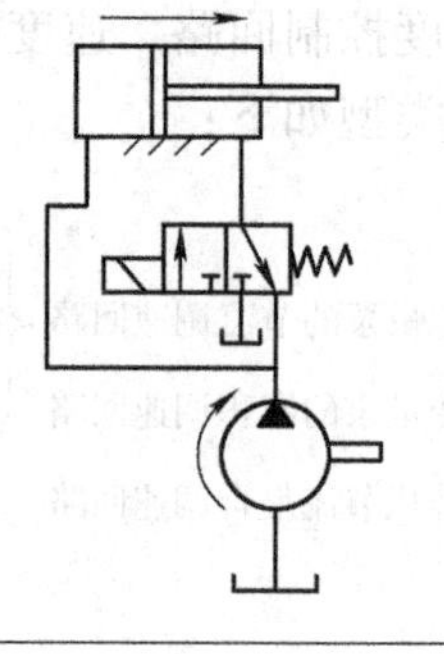 | 液压缸差动连接时，当相同流量进入液压缸时，其速度提高。图示用一个二位三通电磁换向阀来控制快慢速度的转换 | 在不增加液压泵输出流量的情况下，来提高工作部件运动速度的一种快速回路，其实质是改变了液压缸的有效作用面积。其结构简单，适用于要求运动速度较快的液压系统中 |

（续）

| 类型 | 概　　念 | 回　路　图 | 工 作 过 程 | 应 用 特 点 |
|---|---|---|---|---|
| 短接流量阀速度换接回路 | 采用短接流量阀获得快慢速运动的回路 | 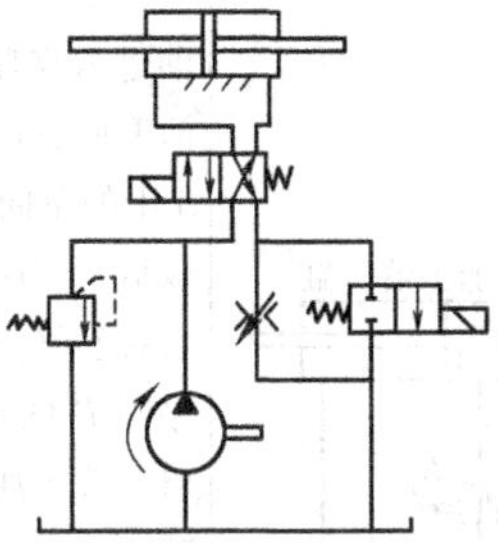 | 图示为二位二通电磁换向阀左位工作，回路回油节流，液压缸慢速向左运动。当二位二通电磁换向阀右位工作时，流量阀（调速阀）被短接，回油直接流回油箱，速度由慢速转换为快速。二位四通电磁换向阀用于实现液压缸运动方向的转换 | 结构简单，应用广泛。二位二通电磁换向阀和二位四通电磁换向阀的相互配合，可以实现快速进给→工作进给→工作退回→快速退回的工作循环 |
| 串联调速阀速度换接回路 | 采用串联调速阀获得速度换接的回路 | 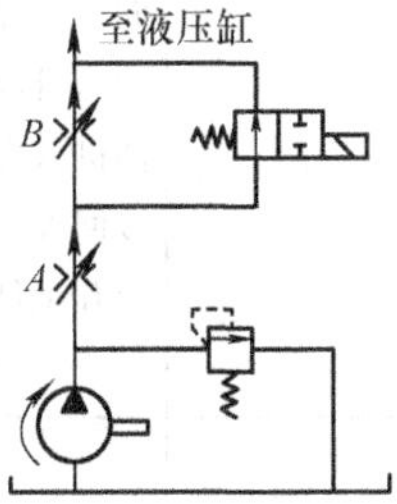  | 图示为二位二通电磁换向阀左位工作，液压泵输出的液压油经调速阀 $A$ 后，通过二位二通电磁换向阀进入液压缸，液压缸工作速度由调速阀 $A$ 调节；当二位二通电磁换向阀右位工作时，液压泵输出的液压油通过调速阀 $A$，须再经调速阀 $B$ 后进入液压缸，液压缸工作速度由调速阀 $B$ 调节 | 调速阀 $B$ 调节的工作进给速度只能比调速阀 $A$ 调节的工作进给速度低。适用于第二次工作进给速度要求较低的液压系统中 |
| 并联调速阀速度换接回路 | 采用并联调速阀获得速度换接的回路 | 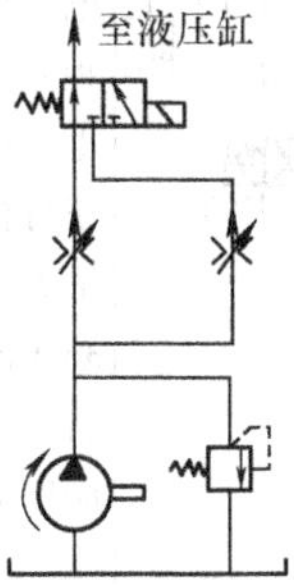  | 两工作进给速度分别由调速阀 $A$ 和调速阀 $B$ 调节。速度转换由二位三通电磁换向阀控制 | 两次进给速度可分别调节，但回路换接时会出现前冲现象，适用场合受到限制 |

## 四、顺序动作控制回路

控制液压系统中执行元件动作的先后次序的回路称为顺序动作控制回路。在多缸液压系统中，各缸往往需要按照一定的顺序依次动作。例如，采用液压传动的机床通常要求先定位、后夹紧、再加工等，这在液压传动系统中则采用顺序动作控制回路来实现。其工作过程及应用特点见表 11-24。

表 11-24 顺序动作控制回路工作过程及应用特点

| 类型 | 概　念 | 回　路　图 | 工 作 过 程 | 应 用 特 点 |
|---|---|---|---|---|
| 用压力控制的顺序动作回路 | 压力控制顺序动作回路就是利用油路本身的压力变化来控制液压缸的先后动作顺序，它主要利用压力继电器或顺序阀来控制顺序动作 | 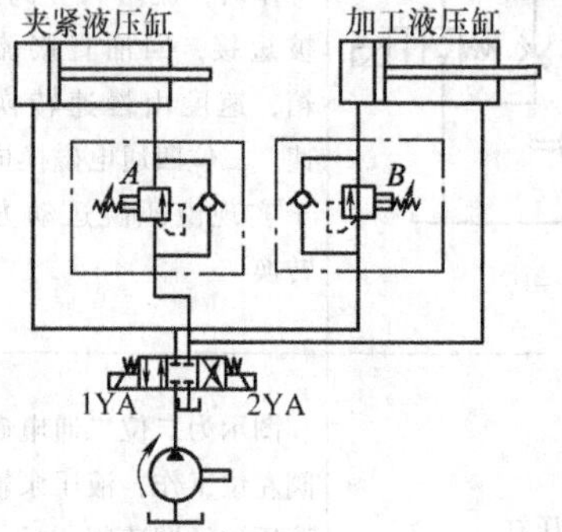 | 当电磁换向阀 1YA 通电时，液压油进入夹紧液压缸 1 的左腔，缸 1 活塞向右运动实现夹紧，右腔经阀 *A* 中的单向阀回油，此时由于压力较低，顺序阀 *B* 关闭。当缸 1 活塞右移至终点时，油压升高，达到顺序阀 *B* 的调定压力时，顺序阀开启，液压油进入加工液压缸 2 的左腔，右腔直接回油，缸 2 活塞向右运动实现加工。当缸 2 活塞右移至终点后，电磁换向阀 2YA 通电，此时液压油进入缸 2 的右腔，左腔经阀 *B* 中的单向阀回油，使缸 2 活塞向左运动实现快退，到达终点后，油压升高，使顺序阀 *A* 开启，液压油进入夹紧液压缸 1 右腔，左腔直接回油，使缸 1 活塞向左运动实现松开工件，完成工作循环 | 这种顺序动作回路的可靠性，在很大程度上取决于顺序阀的性能及其压力调整值 |
| 用行程控制的顺序动作回路 | 行程控制顺序动作回路是利用工作部件到达一定位置时，发出信号来控制液压缸的先后动作顺序，它可以利用行程开关、行程阀或顺序缸来实现 | 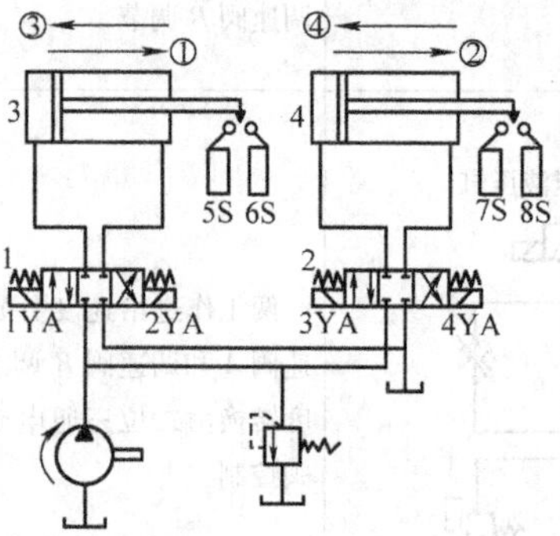 | 利用行程开关来控制电磁阀先后换向的顺序动作回路。其动作顺序是：按起动按钮，电磁铁 1YA 通电，缸 3 活塞右行；当挡铁触动行程开关 6S，使 1YA 断电，3YA 通电，缸 4 活塞右行；缸 4 活塞右行至行程终点，触动 8S，2YA 通电，缸 3 活塞左行；而后触动 5S，使 3YA 断电，4YA 通电，缸 4 活塞左行。至此完成了缸 3、缸 4 的全部顺序动作的自动循环 | 采用电气行程开关控制的顺序回路，调整行程大小和改变动作顺序都很方便，且可利用电气互锁使动作顺序可靠 |

## 第八节　液压传动系统应用实例

动力滑台是组合机床用来实现进给运动的通用部件，配置动力头和主轴箱后可以对工件完成孔加工、端面加工等工序。

图 11-26 所示为 YT4543 型动力滑台的液压系统。该系统采用限压式变量叶片泵及单杆活塞液压缸。通常实现的工作循环是：快进→第一次工作进给→第二次工作进给→固定挡铁

停留→快退→原位停止。其工作原理如下：

**1. 快进**

按下起动按钮，电磁铁1YA通电，电液换向阀4左位接入系统，顺序阀13因系统压力低而处于关闭状态，变量泵2则输出较大流量，这时液压缸5两腔连通，实现差动快进，其油路为：

进油路：过滤器1→泵2→单向阀3→换向阀4→行程阀6→液压缸5左腔。

回油路：液压缸5右腔→换向阀4→单向阀12→行程阀6→液压缸5左腔。

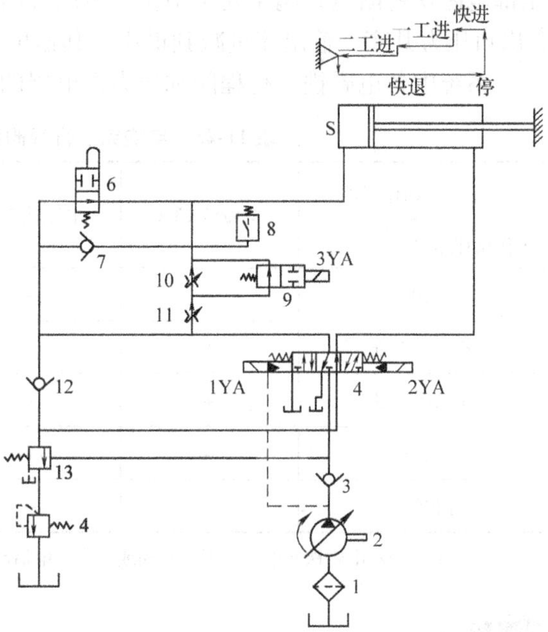

图11-26 YT4543型动力滑台的液压系统

**2. 第一次工作进给**

当滑台快进终了时，挡块压下行程阀6，切断快速运动进油路，电磁铁1YA继续通电，阀4仍以左位接入系统。这时液压油只能经调速阀11和二位二通换向阀9进入液压缸5左腔。由于工进时系统压力升高，变量泵2便自动减小其输出流量，顺序阀13此时打开，单向阀12关闭，液压缸5右腔的回油最终经溢流阀14流回油箱，这样就使滑台转为第一次工作进给运动。进给量的大小由阀11调节，其油路是：

进油路：过滤器1→泵2→单向阀3→换向阀4→调速阀11→换向阀9→液压缸5左腔。

回油路：液压缸5右腔→换向阀4→顺序阀13→溢流阀14→油箱。

**3. 第二次工作进给**

第二次工作进给油路和第一次工作进给油路基本上是相同的，不同之处是当第一次工进终了时，滑台上挡块压下行程开关，发出电信号使阀9电磁铁3YA通电，使其油路关闭，这时液压油须通过阀11和10进入液压缸左腔。回油路和第一次工作进给完全相同。因调速阀10的通流面积比调速阀11通流面积小，故第二次工作进给的进给量由调速阀10来决定。

**4. 固定挡铁停留**

滑台完成第二次工作进给后，碰上止挡块即停留下来。这时液压缸5左腔的压力升高，使压力继电器8动作，发出电信号给时间继电器，停留时间由时间继电器调定。设置固定挡块可以提高滑台加工进给的位置精度。

**5. 快速退回**

滑台停留时间结束后，时间继电器发出信号，使电磁铁1YA、3YA断电，2YA通电，这时阀4右位接入系统。因滑台返回时负载小，系统压力低，变量泵2输出流量又自动恢复到最大，滑台快速退回，其油路是：

进油路：过滤器1→泵2→单向阀3→换向阀4→液压缸5右腔。

回油路：液压缸5左腔→单向阀7→换向阀4→油箱。

**6. 原位停止**

滑台快速退回到原位，挡块压下原位行程开关，发出信号，使电磁铁2YA断电，至此全部电磁铁皆断电，阀 4 处于中位，液压缸两腔油路均被切断，滑台原位停止。这时变量泵 2 出口压力升高，输出流量减到最小，其输出功率接近于零。

系统中各电磁铁、行程阀和压力继电器的动作顺序见表 11-25。

**表 11-25 电磁铁、行程阀和压力继电器的动作顺序表**

| 动作元件<br>工作循环环节 | 电磁铁 1YA | 电磁铁 2YA | 电磁铁 3YA | 行程阀 | 压力继电器 |
|---|---|---|---|---|---|
| 快进 | + | − | − | − | − |
| 第一次工进 | + | − | − | + | − |
| 第二次工进 | + | − | + | + | − |
| 快退 | − | + | − | +、− | − |
| 原位停止 | − | − | − | − | − |

注：“+”表示电磁铁通电、压下行程阀或压力继电器动作并发信号，“−”则相反。

## 本章小结

本章主要讲解了下列内容：

1. 液压传动系统的基本原理和组成。
2. 液压系统中流量和压力的有关概念及其相关计算。
3. 液压泵的类型及其工作原理。
4. 液压缸的常见类型及特点。
5. 液压控制阀的类型、结构特点和工作原理。
6. 常见的液压基本回路的特点、工作原理和应用。

# 实训项目 11 搭建速度切换回路

## 【项目内容】

搭建一个用行程开关和调速阀控制的速度切换液压回路，可以实现“快进→工进→快退→停止卸荷”的工作循环。

## 【项目目标】

1）叙述各液压元件的作用和结构原理。

2）分析用行程开关和调速阀控制的速度切换回路的工作原理。

3）会用实物搭建液压速度切换回路。

4）培养动手能力和思考能力，提高对液压传动的学习兴趣。

## 【项目实施】（表 11-26）

**表 11-26 搭建速度切换回路的实施步骤**

| 步骤名称 | | 操作步骤 |
|---|---|---|
| 分组 | | 分组实施，每小组 3～4 人，或视设备情况确定人数 |
| 工、量具及设备准备 | | YY-18 型透明液压传动实验台（图 11-27）、定量泵、双作用单杆液压缸、调速阀、溢流阀、二位二通电磁换向阀、M 型三位四通电磁换向阀、行程开关、压力表、三通阀、油管若干 |
| 实施过程 | 液压元件识别 | 1）如图 11-28 所示，请在图形符号下方的方框内填写元件名称<br>2）准备好本项目所需的液压元件，并简单说明图中各液压元件的作用及工作原理 |
| | 搭建速度切换回路 | 1）图 11-29 所示为用行程开关和调速阀控制的速度切换回路，请根据工作要求填写电磁铁的动作顺序表 11-27，并分析该回路的工作原理（分组讨论）<br>2）根据图 11-29 所示，在 YY-18 型透明液压传动实验台上用相应液压元件实物搭建一个速度切换回路<br>① 将液压缸、齿轮泵、溢流阀、调速阀、换向阀、行程开关等液压元件固装在液压实验台的安装底板上，注意元件之间的空间布局要合理，尤其是行程开关的安装位置要准确<br>② 用油管（透明胶管）根据液压系统图连接各液压元件，若一个接头要同时接两条或两条以上的油管，可采用三通阀<br>③ 将电磁换向阀和行程开关的电线插头插入控制面板上的相应接口 |
| | 检查和调试 | 检查和调试液压回路：关闭调速阀，打开溢流阀，起动液压泵，慢慢旋紧溢流阀的手柄，使系统压力为 0.6MPa（油泵额定压力为 0.8～1.2MPa），再调节调速阀，观察液压缸的工作情况是否符合要求 |
| | 5S | 整理工具、清扫现场 |

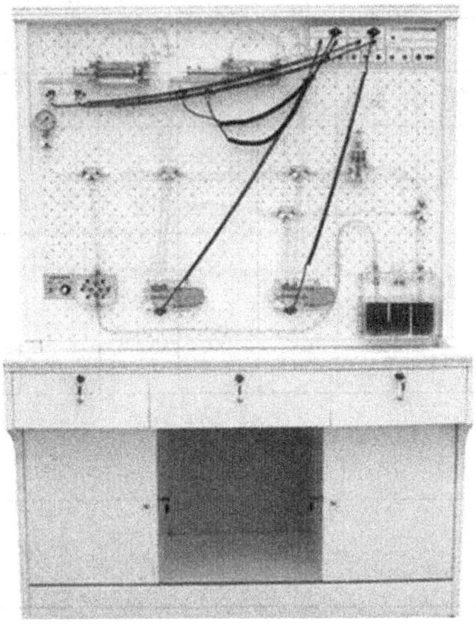

图 11-27 YY－18 型透明液压传动实验台

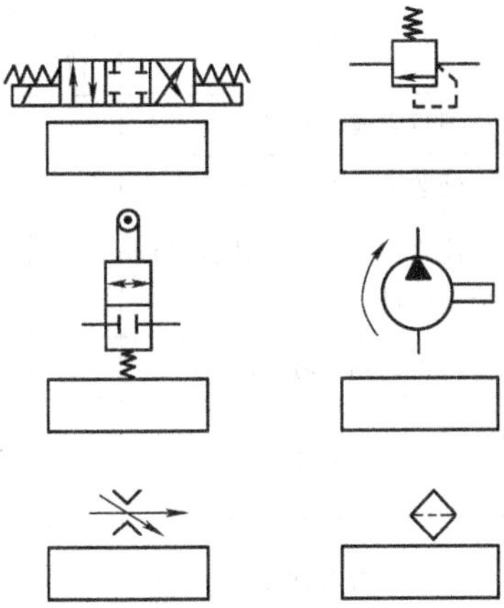

图 11-28 图形符号识别

表 11-27　电磁铁的动作顺序表

| 工作顺序 | 1YA | 2YA | 3YA |
|---|---|---|---|
| 快进 | | | |
| 工进 | | | |
| 快退 | | | |
| 停止卸荷 | | | |

注：电磁铁得电用“+”表示，电磁铁失电用“-”表示。

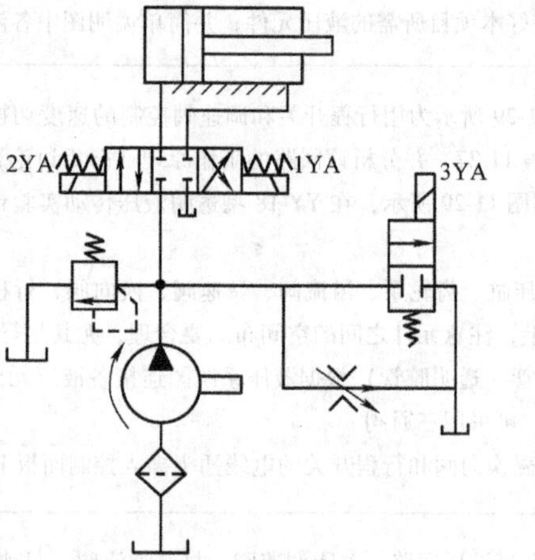


图 11-29　速度切换回路

## 【项目评价与反馈】（表 11-28）

表 11-28　项目评价与反馈表

班级：________姓名：________　　　　　　　　______年____月____日

| 序号 | 项目 | 自我评价 | | | | 小组评价 | | | | 教师评价 | | | |
|---|---|---|---|---|---|---|---|---|---|---|---|---|---|
| | | 优 | 良 | 中 | 差 | 优 | 良 | 中 | 差 | 优 | 良 | 中 | 差 |
| 1 | 项目完成的质量 | | | | | | | | | | | | |
| 2 | 问题解答的准确度 | | | | | | | | | | | | |
| 3 | 能否与同学相互协作共同完成项目 | | | | | | | | | | | | |
| 4 | 是否达到学习目标 | | | | | | | | | | | | |
| 5 | 实训小结 | | | | | | | | | | | | |
| 6 | 综合评价 | 综合评价等级： | | | | | | | | | | | |

【知识拓展】

1）参照图 11-30 自行搭建一个采用压力继电器的顺序动作回路。

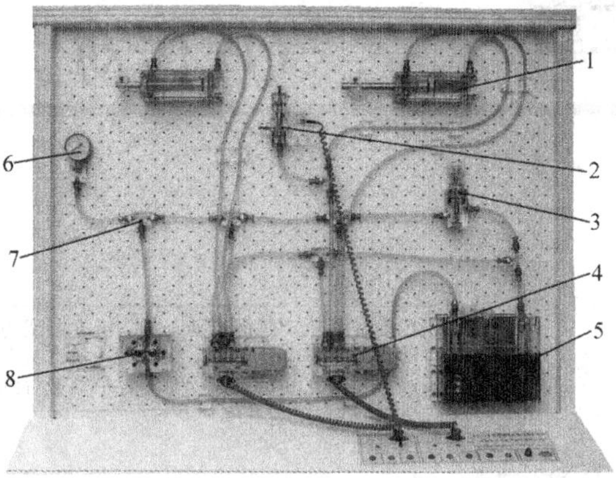


图 11-30 采用压力继电器的顺序动作回路
1—液压缸 2—压力继电器 3—溢流阀 4—二位四通电磁阀
5—油箱 6—压力表 7—三通阀 8—齿轮泵

2）根据实物图绘制采用压力继电器的顺序动作回路，并分析其工作原理。

# *第十二章　气压传动

气压传动与液压、机械传动一样，已发展成为实现生产过程自动化的一类重要技术，在机械设备、航空航天、冶金、食品、汽车，尤其是工具行业等各个领域得到广泛应用

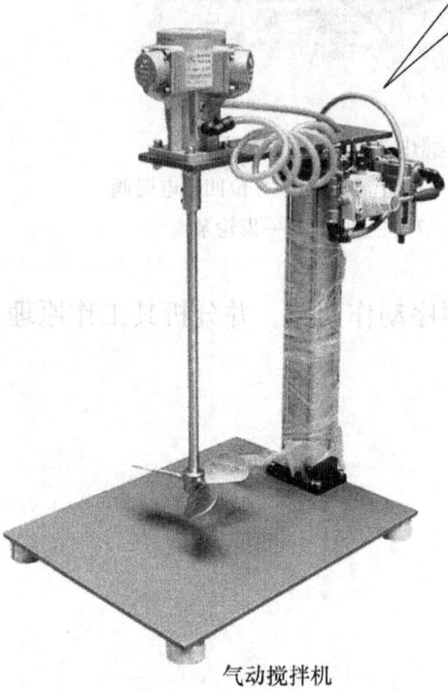

气动搅拌机

气动扳手

【学习目标】

◆ 叙述气压传动的组成、工作原理和应用特点。

◆ 叙述各气动元件的功用，能识别其图形符号。

◆ 能识读一般气压传动系统图。

【学习重点】

◆ 气压传动的基本原理及组成。

◆ 气动元件的功用及图形符号。

# 第一节　气压传动的工作原理及应用特点

## 一、气压传动的工作原理及组成

图 12-1 所示为一个简单的使机罩（工作件）升、降的气压传动系统。工作时，来自气源的压缩空气经过节流阀 3 和手动换向阀 4 后，进入气缸 2 的下腔，推动活塞上升并通过活塞杆将机罩 1 托起；当换向阀换位后，气缸下腔的气体经换向阀排入大气，机罩在自重作用下降回原位，就此完成机罩升、降的一次工作循环。

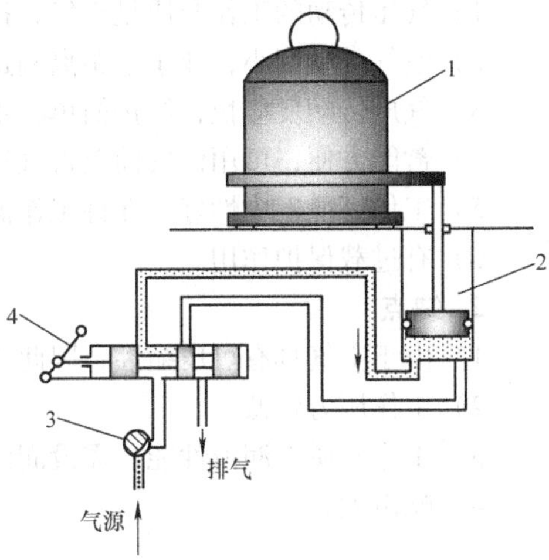


图 12-1　气压传动系统图

1—机罩（工作件）　2—气缸

3—节流阀　4—手动换向阀

由上述传动系统的工作过程可以看出，气动系统工作时要经过压力能与机械能之间的转换，其工作原理是利用空气压缩机使空气介质产生压力能，并在控制元件的控制下，把气体压力能传输给执行元件，从而使执行元件（气缸或气马达）完成直线运动或旋转运动。

气压传动系统是以压缩空气为工作介质来传递动力和控制信号的系统。典型的气压传动系统如图 12-2 所示。它由以下四部分组成：

（1）气源装置　获得压缩空气的装置，如空气压缩机、储气罐等。

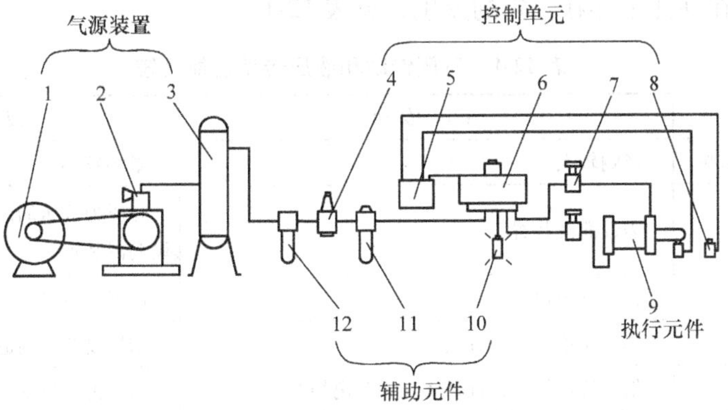


图 12-2　气压传动系统

1—电动机　2—空气压缩机　3—气罐　4—压力控制阀

5—逻辑元件　6—方向控制阀　7—流量控制阀　8—行程阀

9—气缸　10—消声器　11—油雾器　12—过滤器

（2）执行元件　将压力能转换成机械能的装置，如气缸、气马达等。

（3）控制元件　控制气体的压力、流量及流动方向的元件，如压力控制阀、流量控制阀、方向控制阀等。

（4）辅助元件　使压缩空气净化、润滑、消声，以及用于元件间的连接等所需的装置，如消声器、油雾器、过滤器、管件等。

## 二、气压传动的应用特点

**1. 优点**

1）气压传动的工作介质是空气，排放方便，不污染环境，经济性好。

2）空气的粘度小，便于远距离输送，能源损失小。

3）气压传动反应快，维护简单，不存在介质维护及补充问题，安装方便。

4）蓄能方便，可用储气筒获得气压能。

5）工作环境适应性好，允许工作温度范围宽。

6）有过载保护作用。

**2. 缺点**

1）由于空气具有可压缩性，因此工作速度稳定性较差。

2）工作压力较低。

3）工作介质无润滑性能，需设润滑辅助元件。

4）噪声大。

## 三、气压传动和液压传动的区别

气压传动和液压传动都是由若干元件组成的，都有动力元件、控制元件、执行元件及辅助元件，都是利用介质传递运动、动力和控制信号的，其工作原理和基本回路也基本相同。但由于介质不同，气压传动采用的介质是空气，液压传动采用的介质是液压油，因此，气压传动和液压传动在性能上存在一定的差别，见表12-1。

**表12-1　气压传动和液压传动性能比较**

| 比较项目 | 气压传动 | 液压传动 |
|---|---|---|
| 负载变化对传动的影响 | 影响较大 | 影响较小 |
| 润滑方式 | 需设润滑装置 | 介质为液压油，可直接用于润滑，不需设润滑装置 |
| 速度反应 | 速度反应快 | 速度反应慢 |
| 系统结构 | 结构简单，制造方便 | 结构复杂，制造相对较难 |
| 信号传递 | 信号传递较易，且易实现中距离控制 | 信号传递较难，常用于短距离控制 |
| 环境要求 | 可用于易燃、易爆、冲击场合，不受温度、污染的影响，存在泄漏现象，但不污染环境 | 对温度、污染敏感，存在泄漏现象，且污染环境，易燃 |
| 产生的总推力 | 具有中等能力 | 能产生大推力 |
| 节能、寿命和价格 | 所用介质为空气，寿命长，价格低 | 所用介质为液压油，寿命相对较短，价格较贵 |
| 维护 | 维护简单 | 维护复杂，排除故障困难 |
| 噪声 | 噪声大 | 噪声较小 |

# 第二节 气压传动元件

## 一、气源装置及气动辅助元件

如图 12-3 所示，气压传动系统是以空气压缩机作为气源装置。一般规定，当空气压缩机的排气量小于 $6m^3/min$ 时，直接安装在主机旁；当空气压缩机的排气量大于或等于 $6m^3/min$时，就应独立设置压缩空气站。

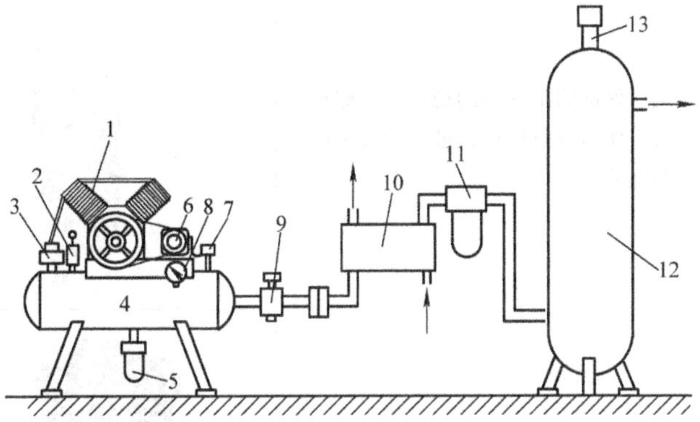


图 12-3 气源装置

1—空气压缩机 2—安全阀 3—单向阀 4—小气罐 5—自动排水器
6—电动机 7—压力开关 8—压力表 9—截止阀 10—冷却器
11—油水分离器 12—大气罐 13—安全阀

### 1. 空气压缩机

空气压缩机是气动系统的动力源，是气压传动的心脏部分，它是把电动机输出的机械能转换成气体压力能的能量转换装置。

空气压缩机及图形符号如图 12-4 所示。

图 12-4 空气压缩机及图形符号

### 2. 气动辅助元件

气动辅助元件是使空气压缩机产生的压缩空气得以经过净化、减压、降温及稳压等处理，供给控制元件及执行元件，保证气压传动系统正常工作。常用气动辅助元件见表 12-2。

表 12-2　常用气动辅助元件

| 名称 | 说　明 | 图示及图形符号 |
|---|---|---|
| 除油器 | 分离压缩空气中所含的油分、水分和灰尘等杂质，使压缩空气得到初步净化 |  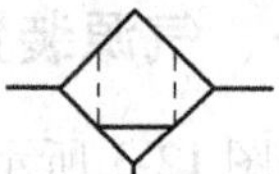 |
| 储气罐 | 消除压力波动，保证输出气流的稳定性；储存一定量的压缩空气，作为应急使用；进一步分离压缩空气中的水分和油分 |  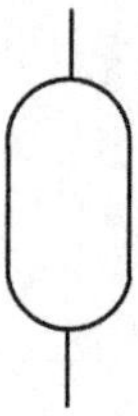 |
| 过滤器 | 滤除压缩空气中的杂质，达到系统所要求的净化程度 |  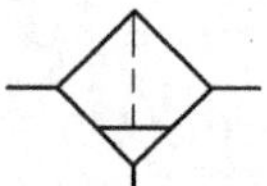 |
| 油雾器 | 一种特殊的注油装置。它以压缩空气为动力，将润滑油喷射成雾状并混合于压缩空气中，随压缩空气进入需要润滑的部位，达到润滑气动元件的目的 |  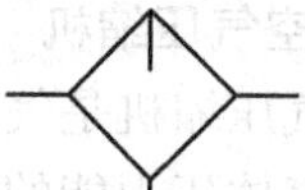 |
| 消声器 | 消除和减弱压缩气体直接从气缸或换向阀排向大气时所产生的噪声。消声器应安装在气动装置的排气口处 |  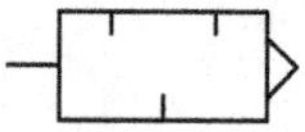 |

## 二、气缸

气缸是气压传动中所使用的执行元件，气缸常用于实现往复直线运动。双作用单活塞杆气缸及图形符号如图 12-5 所示。

## 三、气动控制元件

气动控制元件是控制和调节压缩空气的压力、流量和流向的控制元件。气动控制元件可

图 12-5　双作用单活塞杆气缸及图形符号

分为方向控制阀、压力控制阀及流量控制阀。

**1. 方向控制阀**

方向控制阀是用来控制压缩空气的流动方向和气流通断的一种阀，是气动控制元件中最重要的一种阀（表 12-3）。

**表 12-3　方向控制阀**

| 名称 | 功　用 | 图示及图形符号 |
| --- | --- | --- |
| 单向阀 | 只能使气流沿一个方向流动，不允许气流反向倒流 |  |
| 换向阀 | 利用换向阀阀芯相对阀体的运动，使气路接通或断开，从而使气动执行元件实现起动、停止或变换运动方向 | 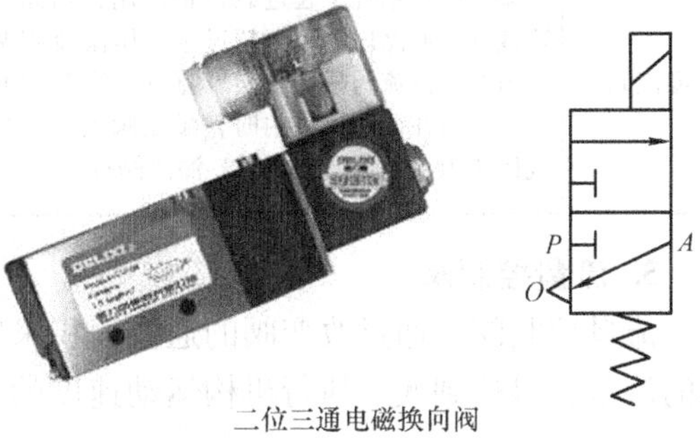<br>二位三通电磁换向阀<br>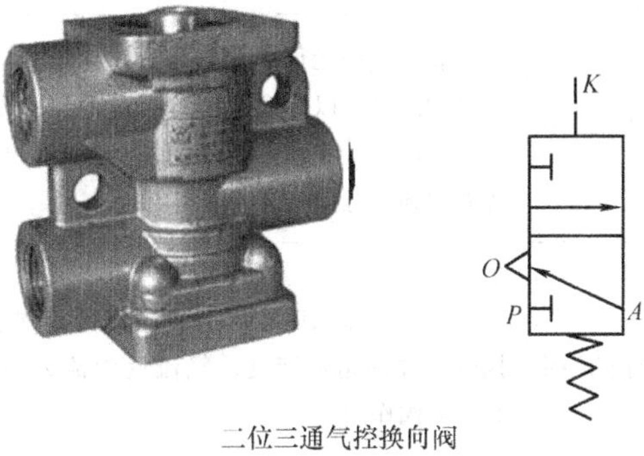<br>二位三通气控换向阀 |

### 2. 压力控制阀

压力控制阀的种类及功能见表12-4。

**表12-4 压力控制阀**

| 名称 | 功　用 | 图示及图形符号 |
|---|---|---|
| 减压阀 | 将从储气罐传来的压力调到所需的压力，减小压力波动，保持系统压力的稳定 |  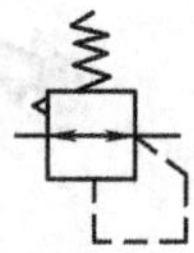 |
| | 减压阀通常安装在过滤器之后，油雾器之前。在生产实际中，常把这三个元件做成一体，称为气源处理装置（俗称气动三联件） | 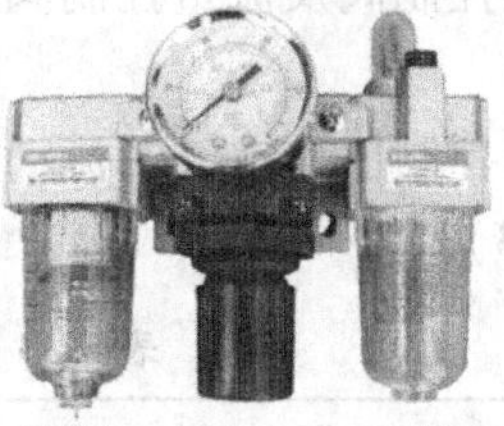 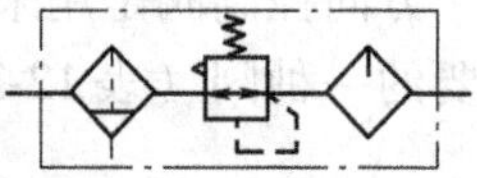 过滤器　液压阀　油雾器 |
| 顺序阀 | 依靠回路中压力的变化来控制执行机构按顺序动作的压力阀 | 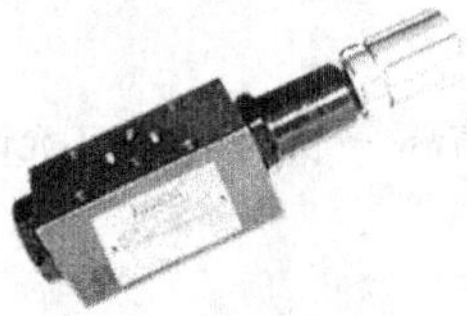 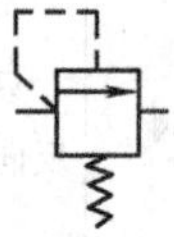 |
| 溢流阀 | 溢流阀在系统中起过载保护作用，当储气罐或气动回路内的压力超过某气压溢流阀调定值时，溢流阀打开并向外排气。当系统的气体压力在调定值以内时，溢流阀关闭；当气体压力超过该调定值时，溢流阀打开 |  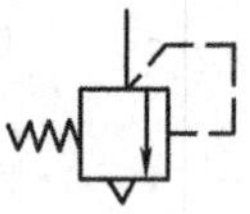 |

### 3. 流量控制阀

流量控制阀是通过改变阀的通流面积来实现流量控制的元件。流量控制阀主要是控制流体的流量，以达到改变执行机构运动速度的目的（表12-5）。

**表12-5 流量控制阀**

| 名称 | 功　用 | 图示及图形符号 |
|---|---|---|
| 排气节流阀 | 安装在气动元件的排气口处，调节排入大气的流量，以此控制执行元件的运动速度。它不仅能调节执行元件的运动速度，还能起到降低排气噪声的作用 |  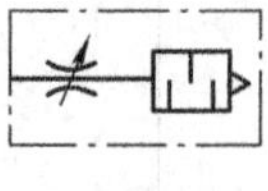 |
| 单向节流阀 | 气流正向流入时，起节流阀作用，调节执行元件的运动速度；气流反向流入时，起单向阀作用 |  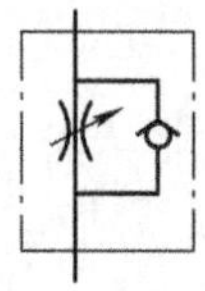  |

## 本章小结

本章主要讲解了下列内容：

1. 气压传动系统的基本原理和组成。
2. 气压传动的应用特点。
3. 气动元件的类型、功用及图形符号。

# 第十三章　综合实践项目

## 综合实践项目一　台虎钳的拆装与维护

【项目内容】

通过对台虎钳进行拆装、维护，了解台虎钳的结构和工作原理，掌握台虎钳维护的方法。

【项目目标】

1）叙述台虎钳的结构和工作原理，懂得螺旋传动的运动特性。
2）能够对台虎钳进行正确拆装与维护。
3）培养动手能力和思考能力，提高学习兴趣。

【知识链接】

台虎钳（图 13-1）是用来夹持工件的通用夹具，装置在工作台上，用以夹稳加工工件，是钳工车间必备工具。转盘式钳体可旋转，使工件旋转到合适的工作位置。

台虎钳是由钳体、底座、导螺母、丝杠、钳口体等组成，如图 13-2 所示。活动钳身通过导轨与固定钳身的导轨作滑动配合。丝杠装在活动钳身上，可以旋转，但不能轴向移动，并与安装在固定钳身内的丝杠螺母配合。当摇动手柄使丝杠旋转，就可以带动活动钳身相对于固定钳身作轴向移动，起夹紧或放松的作用。弹簧借助挡圈和开口销固定在丝杠上，其作用是当放松丝杠时，可使活动钳身及时地退出。在固定钳身和活动钳身上，各装有钢制钳口，并用螺钉固定。钳口的工作面上制有交叉的网纹，使工件夹紧后不易产生滑动。钳口经过热处理淬硬，具有较好的耐磨性。固定钳身装在转盘座上，并能绕转盘座轴心线转动，当转到要求的方向时，扳动夹紧手柄使夹紧螺钉旋紧，便可在夹紧盘的作用下把固定钳身固紧。转盘座上有三个螺栓孔，用以与工作台固定。

台虎钳的规格以钳口的宽度表示，有 100mm、125mm、150mm 等。

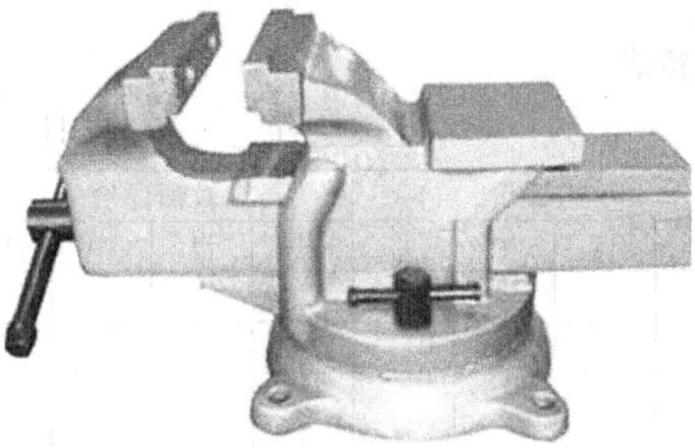

图 13-1　台虎钳

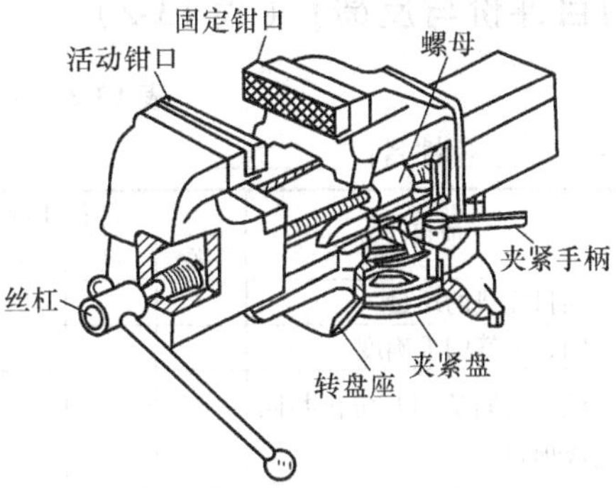


图 13-2　台虎钳结构图

## 【项目实施】（表 13-1）

**表 13-1　台虎钳的拆装与维护实施步骤**

| 步骤名称 | | 操作步骤 |
|---|---|---|
| 分组 | | 分组实施，每小组 3～4 人，或视设备情况确定人数 |
| 工、量具及设备准备 | | 台虎钳（图 13-1）、扳手、机油、润滑脂、刷子、游标卡尺 |
| 实施过程 | 结构认知 | 熟悉台虎钳的结构（图 13-2），回答下面的问题（可在拆卸后作答）：<br>1）钳口的最大宽度为____mm，台虎钳的规格是______<br>2）丝杠的牙型是____型，旋向为____旋，线数为____线，螺距为____mm，导程为____mm，大径为____mm<br>3）丝杠与螺母的相对运动形式属于____________________________<br>4）台虎钳上有几种螺纹？分别是什么螺纹 |
| | 拆卸 | 拆卸台虎钳（转盘座不拆解）：<br>1）逆时针转动丝杠手柄，旋出活动钳身到终点位置<br>2）旋松传动螺母的固定螺钉，取出传动螺母<br>3）取出活动钳身和丝杠总成<br>4）松开夹紧手柄，取下固定钳身 |
| | 清洁 | 1）清洁丝杠、传动螺母、钳身、转盘座和夹紧盘<br>2）用机油润滑转盘座、夹紧盘和钳身之间的接触面和螺纹孔，所用全损耗系统用油牌号为________ |
| | 安装 | 1）安装固定钳身，旋紧夹紧手柄<br>2）在丝杠和螺母上涂上润滑脂，安装活动钳身，将螺母套在丝杠尾端，旋进丝杠手柄，安装螺母固定螺钉。所用润滑脂的牌号为__________ |
| | 5S | 整理工具、清扫现场 |
| | 注意事项 | 1）拆装前必须了解台虎钳的有关知识<br>2）文明拆装，切忌盲目。拆卸前要仔细观察零部件的结构及位置，考虑好合理的拆装顺序，拆下的零部件要妥善安放好，避免丢失和损坏。禁止用铁器直接打击加工表面和配合表面<br>3）注意安全，轻拿轻放，爱护工具和设备 |

## 【项目评价与反馈】（表 13-2）

表 13-2 项目评价与反馈表

班级：________ 姓名：________ ____年____月____日

| 序号 | 项目 | 自我评价 | | | | 小组评价 | | | | 教师评价 | | | |
|---|---|---|---|---|---|---|---|---|---|---|---|---|---|
| | | 优 | 良 | 中 | 差 | 优 | 良 | 中 | 差 | 优 | 良 | 中 | 差 |
| 1 | 项目完成的质量 | | | | | | | | | | | | |
| 2 | 问题解答的准确度 | | | | | | | | | | | | |
| 3 | 能否与同学相互协作共同完成项目 | | | | | | | | | | | | |
| 4 | 是否达到学习目标 | | | | | | | | | | | | |
| 5 | 实训小结 | | | | | | | | | | | | |
| 6 | 综合评价等级 | 综合评价等级： | | | | | | | | | | | |

## 【知识拓展】

根据台虎钳维护的方法，结合本校实际情况，对车床的溜板或汽车转向器（循环球式）进行简单维护。

# 综合实践项目二 减速器的拆装

## 【项目内容】

按正确步骤拆装减速器及各轴系，分析减速器结构及各零件功用，绘出传动示意图并标明主要参数。

## 【项目目标】

1）叙述减速器的结构，会分析减速器中各零件的作用、结构形状及装配关系。
2）叙述减速器装配的基本要求，会检测减速器的主要参数。
3）能正确使用工、量具。
4）能规范地拆装减速器。

## 【知识链接】

减速器（图 13-3）是由封闭在箱体内的齿轮或蜗杆传动所组成的独立部件，常安装在机械的原动机与工作机之间，用以降低输入转速并相应地增大输出转矩。

减速器主要由传动零件（齿轮或蜗杆）、轴、轴承、箱体及其附件所组成，如图 13-3b 所示。

减速器的主要类型有：齿轮减速器（包括圆柱齿轮减速器和锥齿轮减速器）、蜗杆减速器、齿轮—蜗杆减速器和行星齿轮减速器等。

蜗杆减速器的主要特点是具有反向自锁功能，可以有较大的减速比，输入轴和输出轴不在同一轴线上，也不在同一平面上。但是一般体积较大，传动效率不高，精度不高。

行星齿轮减速器的优点是结构比较紧凑，回程间隙小、精度较高，使用寿命很长，额定输出转矩可以做得很大，但价格略贵。

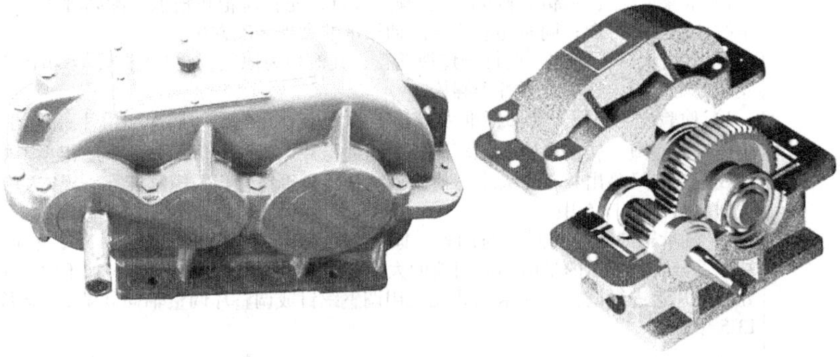

a)　　b)

图 13-3　减速器

a）实物图　b）结构图

## 【项目实施】（表 13-3）

**表 13-3　减速器的拆装实施步骤**

| 步骤名称 | | 操作步骤 |
|---|---|---|
| 分组 | | 分组实施，每小组 3 ~ 4 人，或视设备情况确定人数 |
| 工、量具及设备准备 | | 单级圆柱齿轮减速器（图 13-3）、拔销器、锤子、内外卡钳、钢直尺、游标卡尺、百分表及表架、铅丝、顶拔器、铜棒、活扳手、套筒扳手等 |
| 实施过程 | 拆卸 | 仔细观察减速器外部各部分的结构，从观察中思考以下问题<br>1）减速器的型号是什么？其参数有何意义<br>2）如何保证箱体支承具有足够的刚度，箱体所采用的材料是什么<br>3）减速器的附件，如吊钩、定位销、启盖螺钉、油标尺、油塞、观察孔和通气孔等各起何作用？应如何合理布置<br>4）轴承座两侧的上下箱体连接螺栓应如何布置<br>5）支承该螺栓的凸台高度应如何确定<br>6）如何减轻箱体的重量和减少箱体的加工面积 |
| | | 用扳手拆下观察孔盖板，考虑观察孔位置是否妥当，大小是否合适 |
| | | 拆卸箱盖<br>1）用扳手拆下轴承端盖的紧定螺钉<br>2）用扳手或套筒扳手拆卸上、下箱体之间的连接螺栓；拆下定位销。将螺钉、螺栓、垫圈、螺母和销等放在塑料盘中，以免丢失。拧动启盖螺钉卸下箱盖<br>3）仔细观察箱体内各零部件的结构和位置。从观察中思考如下问题<br>① 对轴向游隙可调的轴承应如何进行调整？轴的热膨胀如何进行补偿<br>② 轴承是如何进行润滑的？如箱座的结合面上有油沟，则下体应采取怎样的相应结构才能使上体上的油进入油沟<br>③ 为了使润滑油经油沟后进入轴承，轴承盖的结构应如何设计？在何种条件下滚动轴承的内侧要用挡油环或封油环<br>4）测量减速器齿轮的中心距、中心高、齿轮端面与箱体内壁的间距、大齿轮顶圆与箱体内壁的间隙、轴承内端面至箱内壁的距离等数据，并记录于表 13-4 中 |
| | | 卸下轴承盖，将轴和轴上零件随轴一起从箱座取出，按合理的顺序拆卸轴上零件。并思考下列问题<br>1）所用到的齿轮是什么样的齿轮？测量其尺寸参数并计算传动比，将数据记录于表 13-4 中<br>2）轴上齿轮在轴向和周向采用的是什么固定方式 |

（续）

| 步骤名称 | | 操作步骤 |
|---|---|---|
| 实施过程 | 清洁 | 用零件清洗液清洗齿轮、轴承、轴承盖、轴、键、螺栓等零件 |
| | 装配 | 1）装配时按先内部后外部的合理顺序进行，先将齿轮和轴承装配到轴上。装配轴套和滚动轴承时，应注意方向；同时还应注意滚动轴承的合理装配方法<br>2）装合上、下箱体，仅打开窥视孔盖，其他均为原装。在装配上、下箱体之间的螺栓前应先安装好定位销，然后拧紧各个螺栓<br>3）检验齿侧间隙 $j_n$（旧标准为 $C_n$）的大小。在齿轮之间插入一铅片（或铅丝），其厚度稍大于假设的侧隙。转动齿轮，碾压齿轮之间的铅片。铅片变形部分的厚度相当于侧隙大小。用千分尺或游标卡尺测出其厚度大小，检验该减速器是否符合相关国家标准所规定的侧隙要求。将检验数据填写在表 13-5 中<br>4）轴承轴向间隙的测定与调整。固定好百分表，用手推动轴至一端，然后再推动它至另一端，百分表所指示的量即轴向间隙的大小。检查是否符合规格要求，如不符合要求，增减轴承盖处的垫片组进行调整（对卡入式端盖用调整螺钉或调整环调整轴向间隙）。将检验数据填写在表 13-5 中 |
| | 5S | 整理工具、清扫现场 |
| | 注意事项 | 1）拆装前必须了解减速器的有关知识，初步了解减速器装配图<br>2）文明拆装，切忌盲目。拆卸前要仔细观察零部件的结构及位置，考虑好合理的拆装顺序，拆下的零部件要妥善安放好，避免丢失和损坏。禁止用铁器直接打击加工表面和配合表面<br>3）注意安全，轻拿轻放，爱护工具和设备 |

**表 13-4　单级圆柱齿轮减速器检测数据**

| 减速器型号 | | 设备编号 | |
|---|---|---|---|
| 名称 | 符号 | 测量数据或计算结果 | |
| 中心距 | $a$ | | |
| 中心高 | $H$ | | |
| 齿轮端面与箱体内壁的间距 | $L_1$ | | |
| 大齿轮顶圆与箱体内壁的间隙 | $\Delta$ | | |
| 轴承内端面至箱内壁的距离 | $L_2$ | | |
| 模数 | $m$ | | |
| 压力角 | $\alpha$ | | |
| 齿轮齿数 | $z_1$ | | |
| | $z_2$ | | |
| 分度圆直径 | $d_1$ | | |
| | $d_2$ | | |
| 传动比 | $i$ | | |

**表 13-5　齿侧间隙和轴向间隙的检验**

| 减速器 | | 设备编号 | |
|---|---|---|---|
| 项目 | 测量值/mm | 标准规定值/mm | 是否符合要求？如何处理 |
| 侧隙大小 $j_n$ | | | |
| 项目 | 测量值/mm | 规范要求值/mm | 调整后的间隙值/mm |
| 输入轴轴向间隙 | | | |
| 输出轴轴向间隙 | | | |

【项目评价与反馈】（表 13-6）

表 13-6 项目评价与反馈表

班级：________姓名：________ ______年____月____日

| 序号 | 项目 | 自我评价 | | | | 小组评价 | | | | 教师评价 | | | |
|---|---|---|---|---|---|---|---|---|---|---|---|---|---|
| | | 优 | 良 | 中 | 差 | 优 | 良 | 中 | 差 | 优 | 良 | 中 | 差 |
| 1 | 拆卸熟练程度 | | | | | | | | | | | | |
| 2 | 装配熟练程度 | | | | | | | | | | | | |
| 3 | 使用工具规范程度 | | | | | | | | | | | | |
| 4 | 团结合作程度 | | | | | | | | | | | | |
| 5 | 实训小结 | | | | | | | | | | | | |
| 6 | 综合评价等级 | 综合评价等级： | | | | | | | | | | | |

## 综合实践项目三 卧式车床的入门操作与维护保养

### 【项目内容】

通过教师现场讲解和示范，认识车床各部分的名称和作用；观察变速变向机构；练习车床润滑、调整、变速、进给、装夹、找正等入门操作，对卧式车床进行一级维护保养。

### 【项目目标】

1）能正确描述卧式车床各部分结构和工作原理。

2）会对卧式车床进行润滑、调整、变速、进给、装夹、找正等基本操作。

3）会正确使用工、量具。

4）能正确地按照操作规范对机床进行维护保养。

### 【知识链接】

车床是机械制造业中使用最为广泛的机床，主要用于加工各种回转表面。这类机床的加工通常是由工件的旋转运动和刀具的直线移动来实现。图 13-4 所示为 C6132A 型卧式车床。

（一）车床的主要组成部分及其用途

（1）车床主轴箱　主要作用是通过变换箱外手柄的位置使主轴获得各种不同的转速，并带动主轴及卡盘转动。

（2）交换齿轮箱　交换齿轮箱又称挂轮箱，用于把主轴的运动传递给进给箱，并通过更换箱内的齿轮配合进给箱的变速运动。

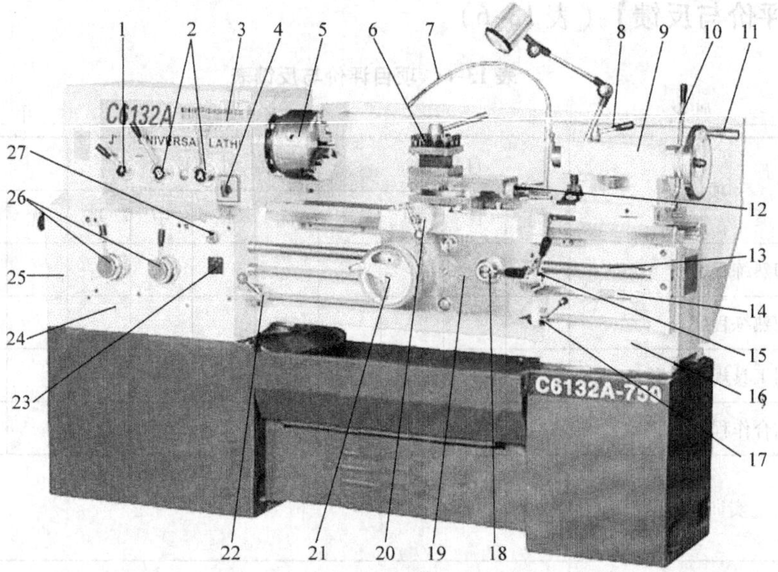


图 13-4 C6132A 型卧式车床

1—左、右螺纹变换手柄 2—主轴变速手柄 3—主轴箱 4—主轴高低速旋钮 5—自定心卡盘 6—刀架 7—冷却液管 8—顶尖套筒夹紧手柄 9—尾座 10—尾座偏心锁紧手柄 11—顶尖套筒移动手轮 12—小滑板进给手柄 13—丝杠 14—光杠 15—纵横进给手柄 16—床身 17—正反车手柄 18—开合螺母手柄 19—溜板箱 20—中滑板移动手柄 21—床鞍纵向移动手轮 22—操纵杆手柄 23—冷却泵开关 24—进给箱 25—交换齿轮箱 26—螺距、进给量调整手柄 27—急停按钮

（3）进给箱 作用是把交换齿轮箱的运动通过变换箱外手柄的位置变速后，传递给丝杠或光杠，以车削不同螺距的螺纹或满足不同纵向、横向进给量。

（4）丝杠、光杠、操纵杆 丝杠是车床主要精密件之一，用来带动床鞍作纵向移动，车削螺纹；光杠把进给箱的运动传递给溜板箱，使刀架作纵向或横向进给运动；操纵杆控制车床主轴正转、反转或停车。

（5）溜板箱 作用是把光杠或丝杠的运动传递给床鞍及中滑板，变换箱外手柄形成车刀的纵向或横向进给运动。

（6）床鞍、滑板 床鞍用于支承滑板并实施纵向进给。滑板分中滑板和小滑板，中滑板用于横向进给，小滑板用于对刀、短距离的纵向进给、车圆锥等。

（7）刀架 刀架用于装夹车刀。

（8）尾座 尾座装上顶尖，可支顶工件；装上钻头，可用于钻孔；装上板牙、丝锥，可套螺纹、攻螺纹；装上铰刀，可铰孔等。

（9）冷却泵 作用是向切削区浇注充分的切削液，降低切削温度。

（10）床身 床身是车床上精度要求很高的部件，它的主要作用是支持及安装车床的各个部件，并使它们工作时保持准确的相对位置。

普通车床的传动系统框架图如图 13-5 所示。

### （二）车床的润滑方式和润滑要求

#### 1. 卧式车床的润滑方式

车床的不同部位采用不同的润滑方式，常见的润滑方式有：

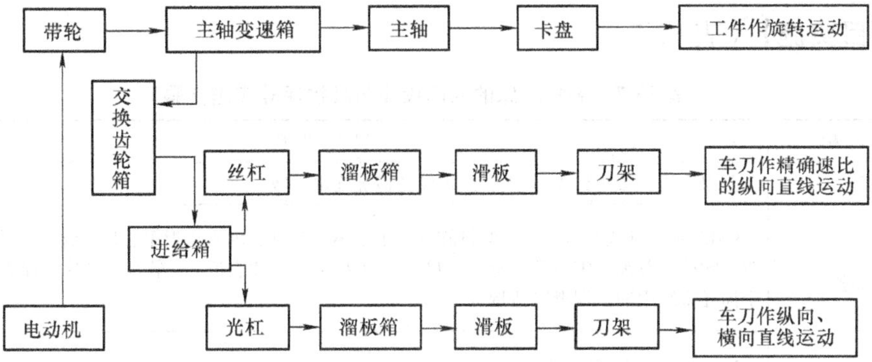


图 13-5　C6132A 型卧式车床传动系统

（1）浇油润滑　浇油润滑常用于外露的滑动表面，如床身导轨和滑板导轨面等。

（2）溅油润滑　溅油润滑常用于密闭的箱体，如车床的主轴箱，它利用箱中齿轮的转动将箱内下方的润滑油溅射到箱体上部的油槽中，然后经槽内油孔流送到各润滑点进行润滑。

（3）油绳导油润滑　油绳导油润滑常用于车床进给箱和溜板箱的油池中，它利用毛线易吸油又易渗油的特性，通过毛线把油引入润滑点，间断地滴油润滑。

（4）弹子油杯注油润滑　弹子油杯注油润滑常用于尾座、中滑板摇手柄和丝杠、光杠、操纵杆支架的轴承处。注油时，用油枪端头油嘴压下油杯上的弹子，注入润滑油。

（5）黄油杯润滑　黄油杯常用于交换齿轮箱挂轮架的中间轴或不便经常润滑的地方。在黄油杯中事先装满钙基润滑脂，需要润滑时，拧进油杯盖，将杯中的油脂挤压到润滑点（如轴承套）中去。使用油脂润滑比加注全损耗系统用油方便，且存油期长，不需要每天加油。

（6）压力润滑　即采用液压泵输油润滑，常用于转速高、需要大量润滑油连续强制润滑的场合，如车床主轴箱内许多润滑点就采用这种方式润滑。

**2. C6132A 型车床的润滑要求**

（1）主轴箱内的零件　轴承采用液压泵输油润滑，齿轮采用飞溅润滑。箱内润滑油每 3 个月更换一次，车床运转时，箱体上油标应不间断有油输出。

（2）进给箱内的齿轮和轴承　采用飞溅润滑和油绳导油润滑，每班向储油池加油一次。

（3）交换齿轮箱的中间齿轮轴轴承　采用黄油杯润滑，每班一次，每 7 天向黄油杯加钙基润滑脂一次。

（4）尾座和中、小滑板手柄，以及光杠、丝杠、刀架的转动部位　采用弹子油杯注油润滑，每班一次。

（5）床身导轨、滑板导轨　每班工作前、后擦拭干净，并用油枪浇油润滑。

**（三）车床的日常维护保养要求**

1）每班工作后，切断电源，擦净车床导轨面（包括中、小滑板），要求无油污、无铁屑，并浇油润滑。

2）擦拭车床各表面、罩壳、操纵手柄和操纵杆等，使车床外表清洁，同时保证工作场地整洁。

3）每周要求清洁、润滑车床床身和中、小滑板的导轨面及转动部位，要求油孔通畅、油标清晰，清洗油绳和护床油毛毡，保持车床外表和工作场地整洁。

## 【项目实施】（表 13-7）

表 13-7 卧式车床的入门操作与维护保养实施步骤

| 步骤名称 | | 操作步骤 |
| --- | --- | --- |
| 分组 | | 分组实施，每小组 3～4 人，或视设备情况确定人数 |
| 工、量具及设备准备 | | C6132A 型卧式车床、一字螺钉旋具、十字螺钉旋具、内六角扳手、18#活扳手、钢丝钳、卡簧钳、铜棒、胶锤、钢直尺、游标卡尺、百分表（含磁性表座）、车刀、垫片、油壶、圆钢坯料、全损耗系统用油、润滑脂适量 |
| 实施过程 | 车床基本操作训练 | 1. 车床起动操作练习<br>1）检查车床变速手柄是否处于空档位置，离合器是否处于正确位置，操纵杆是否处于停止状态，确认无误后，合上车床电源总开关<br>2）把急停按钮顺时针松开<br>3）向上提起溜板箱右侧的操纵杆手柄，主轴正转；操纵杆手柄回到中间位置，主轴停止转动；操纵杆手柄向下压，主轴反转（注意主轴正反转的转换要在主轴停止转动后进行，避免因连续转换操作使瞬间电流过大发生电气故障） |
| | | 2. 主轴箱的变速操作练习<br>1）按照主轴箱铭牌标示，依次调整变速手柄的位置。调整主轴变速分别为 $n=25\mathrm{r/min}$、$n=360\mathrm{r/min}$和 $n=560\mathrm{r/min}$，确认后起动车床并观察。每次进行主轴转速调整必须停车<br>2）选择车削右旋螺纹和车削左旋螺纹的手柄位置，注意溜板的移动方向 |
| | | 3. 进给箱的变速操作练习<br>1）按照进给箱铭牌标示，调整手柄位置作纵向进给，选择进给量为 0.05mm/r 和 0.20mm/r；调整手柄位置作横向进给，进给量为 0.10mm/r 和 0.30mm/r<br>2）调整手柄的位置车削螺距分别为 $P=1\mathrm{mm}$、$P=1.5\mathrm{mm}$、$P=2\mathrm{mm}$ |
| | | 4. 手动进给操作练习<br>1）摇动大手轮，利用刻度盘的刻度使床鞍和溜板箱作纵向移动 $L=10\mathrm{mm}$ 和 $L=20\mathrm{mm}$<br>2）摇动中滑板手柄，利用刻度盘的刻度使中滑板横向移动 5mm 和 10mm<br>3）扳转小滑板分度盘的角度，使车刀可以车削圆锥角 $\alpha=30°$ 的圆锥体 |
| | | 5. 机动进给操作练习<br>1）调整主轴转速 $n=25\mathrm{r/min}$ 和 $n=360\mathrm{r/min}$，使床鞍和中滑板分别作纵向、横向机动进给（变换方向时，必须停车）<br>2）合上开合螺母，使溜板箱及床鞍作机动进给；在操作的过程中体会手柄变换的手感；溜板箱及床鞍机动进给时注意保持卡盘和尾座的距离<br>3）擦干净套筒内孔和顶尖锥柄，安装后顶尖；松开套筒固定手柄，摇动手轮使套筒后退并退出后顶尖 |
| | | 6. 尾座的操作练习<br>1）手动沿床身导轨纵向移动尾座至合适位置，逆时针方向扳动尾座固定手柄，将尾座固定；注意移动尾座时用力不要过大<br>2）松开套筒固定手柄，摇动尾座手轮，使套筒作进、退移动；锁紧套筒固定手柄，将套筒固定在选定的位置 |
| | | 7. 自定心卡盘装夹工件和找正练习。注意扳手要随即取下<br>8. 装夹车刀练习。注意刀头伸出长度，垫片尺寸，刀尖高度和螺钉拧紧顺序等 |

（续）

<table>
<tr><th colspan="2">步骤名称</th><th>操作步骤</th></tr>
<tr><td rowspan="11">实施过程</td><td rowspan="9">车床一级维护保养</td><td>车床运行500h后，需进行一级维护保养。一级维护保养工作以操作工人为主，在维修工人配合下进行。保养时，必须先切断电源，以确保安全，然后按以下内容和顺序进行</td></tr>
<tr><td>1. 主轴箱部分<br>1）拆下过滤器并进行清洗，使其无杂物，然后复装<br>2）检查主轴，其锁紧螺母应无松动现象，紧定螺钉应拧紧<br>3）调整制动器及离合器摩擦片的间隙</td></tr>
<tr><td>2. 交换齿轮箱部分<br>1）拆下齿轮、轴套、扇形板等进行清洗，然后复装，在黄油杯中注入新润滑脂<br>2）调整齿轮啮合间隙<br>3）检查轴套应无晃动现象</td></tr>
<tr><td>3. 刀架和滑板部分<br>1）拆下方刀架清洗<br>2）拆下中、小滑板的丝杆、螺母、镶条，进行清洗<br>3）拆下床鞍防尘油毛毡，进行清洗、加油和复装<br>4）中滑板的丝杠、螺母、镶条、导轨加油后复装，调整镶条间隙和丝杠螺母间隙<br>5）小滑板丝杠、螺母、镶条、导轨加油后复装，调整镶条间隙和丝杠螺母间隙<br>6）擦净方刀架底面，涂油、复装、压装</td></tr>
<tr><td>4. 尾座部分<br>1）拆下尾座套筒和压紧块，进行清洗，涂油<br>2）拆下尾座丝杆、螺母，进行清洗，加油<br>3）清洗尾座并加油<br>4）复装尾座部分并调整</td></tr>
<tr><td>5. 润滑系统<br>1）清洗冷却泵、过滤器和盛液盘<br>2）检查并保证油路畅通，油孔、油绳、油毡应清洁无铁屑<br>3）检查润滑油，油质应保持良好，油杯应齐全，油标应清晰</td></tr>
<tr><td>6. 电气部分<br>1）清扫电动机、电气箱上的尘屑<br>2）电气装置固定整齐</td></tr>
<tr><td>7. 车床外表<br>1）清洗车床外表及各罩盖，保持其清洁、无锈蚀、无油污<br>2）清洗丝杠、光杠和操纵杆<br>3）检查并补齐各螺钉、手柄、手柄球</td></tr>
<tr><td>8. 清理机床附件<br>中心架、跟刀架、配换齿轮、卡盘等应齐全、洁净，摆放整齐。保养工作完成时，应对各部件进行必要的润滑</td></tr>
<tr><td>5S</td><td>整理工具、清扫现场</td></tr>
<tr><td>注意事项</td><td>1）操作者必须熟悉机床的结构原理和性能，掌握操作手柄的功用，否则不得动用车床<br>2）操作前必须穿着规定的工作服、套袖，戴好工作帽和眼镜，严禁戴围巾、手套操作<br>3）工件、刀具和夹具都必须装夹牢固才能切削，夹紧工件后，必须随手将卡盘扳手取下，以免扳手飞出造成伤害事故<br>4）工件转动过程中不准用手摸工件，不准用棉纱擦拭工件，不得用手去清除切屑，不得用手强行制动<br>5）主轴变速、装夹工件、紧固螺钉、测量工作、清除切屑或离开机床等都必须停车<br>6）切削时勿将头部靠近工件及刀具，以免铁屑飞出，造成伤害<br>7）机床导轨上严禁放置任何物品<br>8）训练结束时，应将大拖板及尾座摇到车床导轨后端，防止导轨长时间受压变形，并在导轨面上加润滑油，切断电源</td></tr>
</table>

## 【项目评价与反馈】（表13-8）

**表13-8 项目评价与反馈表**

班级：________姓名：________ ________年____月____日

| 序号 | 项目及要求 | 自我评价 | | | | 小组评价 | | | | 教师评价 | | | |
|---|---|---|---|---|---|---|---|---|---|---|---|---|---|
| | | 优 | 良 | 中 | 差 | 优 | 良 | 中 | 差 | 优 | 良 | 中 | 差 |
| 1 | 车床结构认识 | | | | | | | | | | | | |
| 2 | 润滑方法正确、无遗漏 | | | | | | | | | | | | |
| 3 | 中小滑板镶条间隙调整适当 | | | | | | | | | | | | |
| 4 | 手动进给熟练、准确 | | | | | | | | | | | | |
| 5 | 机动进给熟练、准确 | | | | | | | | | | | | |
| 6 | 装夹工件动作规范 | | | | | | | | | | | | |
| 7 | 找正误差小 | | | | | | | | | | | | |
| 8 | 装夹车刀动作规范 | | | | | | | | | | | | |
| 9 | 正、反转和变速操作熟练 | | | | | | | | | | | | |
| 10 | 正确使用工、量具 | | | | | | | | | | | | |
| 11 | 车床一级维护保养动作规范 | | | | | | | | | | | | |
| 12 | 文明操作 | | | | | | | | | | | | |
| 13 | 实训小结 | | | | | | | | | | | | |
| 14 | 综合评价 | 综合评价等级： | | | | | | | | | | | |

## 【知识拓展】

综合所学知识，结合C6132A卧式车床维护保养的方法，对其他机床（如钻床、铣床）进行一般维护保养。

# 参考文献


[1] 机械设计手册编委会. 机械设计手册 [M]. 北京：机械工业出版社，2007.
[2] 刘孝民，黄卫萍. 机械设计基础 [M]. 广州：华南理工大学出版社，2006.
[3] 王军，严丽. 机械基础 [M]. 广州：华南理工大学出版社，2004.
[4] 广东、北京、广西中等职业技术学校教材编写委员会. 机械基础 [M]. 广州：广东高等教育出版社，2000.
[5] 机械工业职业技能鉴定指导中心. 机修钳工技术 [M]. 北京：机械工业出版社，1999.
[6] 梁中平. 机械技术基础 [M]. 广州：广东高等教育出版社，2005.
[7] 机械设备维修问答丛书编委会. 设备润滑维修问答 [M]. 北京：机械工业出版社，2005.
[8] 李万春. 机械常识 [M]. 北京：人民交通出版社，2004.
[9] 李瑞琴. 机械原理 [M]. 北京：国防工业出版社，2008.
[10] 李世维. 机械基础 [M]. 北京：高等教育出版社，2006.
[11] 乔西铭. 机械工程基础 [M]. 北京：清华大学出版社，2006.
[12] 蒋瑞萍，周鑫. 机械知识 [M]. 北京：电子工业出版社，2008.
[13] 顾淑群. 机械基础 [M]. 北京：中央广播电视大学出版社，2007.
[14] 劳动和社会保障部教材办公室. 机械基础 [M]. 4 版. 北京：中国劳动社会保障出版社，2007.
[15] 劳动和社会保障部教材办公室. 机械基础 [M]. 3 版. 北京：中国劳动社会保障出版社，2001.
[16] 姜佩东. 液压与气动技术 [M]. 北京：高等教育出版社，2000.
[17] 王英杰. 金属工艺学 [M]. 北京：机械工业出版社，2008.
[18] 技工学校机械类通用教材编写委员会. 金属工艺学 [M]. 北京：机械工业出版社，2006.
[19] 成大先. 机械设计手册：常用工程材料 [M]. 北京：化学工业出版社，2004.
[20] 陈培里. 工程材料及热加工 [M]. 北京：高等教育出版社，2007.
[21] 劳动和社会保障部教材办公室. 金属材料及热处理 [M]. 4 版. 北京：中国劳动社会保障出版社，2004.
[22] 陈景秋，张培源. 工程力学 [M]. 北京：机械工业出版社，2004.
[23] 申向东. 材料力学 [M]. 北京：水利水电出版社，2005.
[24] 韩向东. 工程力学 [M]. 北京：机械工业出版社，2005.
[25] 钟起辉. 工程力学 [M]. 北京：中国铁道出版社，2007.
[26] 吴宝瀛. 工程力学 [M]. 北京：清华大学出版社，2008.
[27] 黄飞彪，张朝晖. 工程力学 [M]. 郑州：黄河水利出版社，2008.
[28] 马成英. 工程力学 [M]. 北京：中国铁道出版社，2005.